普通高等教育"十一五"国家级规划教材

北京市高等教育精品教材立项项目

中国石油和化学工业优秀出版物奖（教材奖）一等奖获奖教材

材 料 物 理

（第二版）

李志林　编著

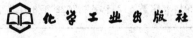
化学工业出版社

·北京·

本书为普通高等教育"十一五"国家级规划教材，中国石油和化学工业优秀出版物奖（教材奖）一等奖获奖教材，北京市高等教育精品教材。本书主要描述材料中的物理现象及其本质机理和应用。本书分为10章，分别是材料的晶态结构、晶体缺陷、材料的固态相变、材料的固态扩散、材料的电子理论、材料的电学性能、材料的磁学性能、材料的热学性能、材料的力学性能、材料的光学性能。为便于学习使用，在每章后附有思考题和习题。

本书可作为材料科学与工程等工科专业材料物理课程的教材，也可作为相近专业研究生和本科生的教材和参考书以及材料科学工作者和材料工程技术人员的参考书。

图书在版编目（CIP）数据

材料物理/李志林编著．—2版．—北京：化学工业出版社，2014.11（2022.8重印）

普通高等教育"十一五"国家级规划教材　中国石油和化学工业优秀出版物奖（教材奖）一等奖获奖教材　北京市高等教育精品教材

ISBN 978-7-122-22030-1

Ⅰ.①材…　Ⅱ.①李…　Ⅲ.①材料科学-物理学-高等学校-教材　Ⅳ.①TB303

中国版本图书馆 CIP 数据核字（2014）第 235787 号

责任编辑：杨　菁　　　　　　　　　　　文字编辑：王　琪
责任校对：蒋　宇　　　　　　　　　　　装帧设计：关　飞

出版发行：化学工业出版社（北京市东城区青年湖南街 13 号　邮政编码 100011）
印　　装：三河市延风印装有限公司
787mm×1092mm　1/16　印张 20¼　字数 512 千字　2022 年 8 月北京第 2 版第 9 次印刷

购书咨询：010-64518888　　　　　　售后服务：010-64518899
网　　址：http://www.cip.com.cn
凡购买本书，如有缺损质量问题，本社销售中心负责调换。

定　　价：50.00 元

前　言

　　本书第一版出版以后，蒙众多院校选为材料物理课程的教材，获得了普遍的好评。使用本书的学生、任课教师，同行专家对本书贯通金属材料和无机非金属材料、紧密联系工程实际和知识体系的系统性等方面的特点给予充分肯定。

　　本书第一版出版之后，材料物理学科近年来相继出现了一些令人瞩目的新进展，笔者觉得有必要在本书中向读者介绍。另外，限于笔者的学识水平，本书第一版在使用过程中也发现了一些瑕疵和不当。基于此，在第一版的基础上进行了内容和阐述方式的增加和修订，主要体现在：第一，增加了材料物理学科中近年来的进展；第二，更正了第一版中的不当之处和某些问题的叙述方法，使之更容易为读者接受；第三，在部分章节增加了少量思考题或习题，便于读者通过思考练习理解本书内容；第四，在附录中增加了常用物理常量，便于读者计算时查找；第五，调整了部分章节的顺序，方便读者理解。

　　同样，本书注意保持第一版浅显实用的特色，使之适用于工科学生。除了作为工科的材料物理教材外，本书还可以作为相近专业研究生和本科生的教材和参考书。

　　囿于笔者的学识水平，书中难免还存在缺点、疏漏，希望读者给予批评指正。

编著者

2014 年 9 月

第一版前言

材料是人类文明发展的重要标志。可以说人类文明的进展一直是与材料的发展同步进行的。所以才有历史学家以某一时代占主导地位或代表文明水平的材料来划分历史时代，即所谓的石器时代、青铜时代、铁器时代。

尽管我们为中国以瓷器闻名于世而骄傲，为我们的祖先在商朝就创造了光辉灿烂的青铜文明而自豪，但我们对材料的使用和研究在大多数情况下是自发的、不系统的。整个人类也是如此。直到约200年前，由于大机器工业对新材料的追求，才逐渐出现了现代意义上的冶金工业。矿业、冶金、交通运输等近代工业的发展促进了冶金学、冶金物理化学、凝固和固态相变理论、晶体结构理论等的相继出现。近几十年来，随着物理学的进展，材料研究逐渐深入到了其电子理论的本质层次。量子力学与统计力学结合，从单原子体系到多原子体系，逐渐可以解决材料中的多体系问题。特别是能带理论对材料导电、导热等机理的成功揭示标志着材料科学的发展进入了一个新的阶段。

然而，这些理论的成功更多地体现在金属和合金中。尽管人类在几千年前就开始使用陶瓷材料，但对其进行系统研究的时间并不长。人们开始深入地研究特种陶瓷不过有几十年的历史。人们对有机高分子材料的认识则更晚。近几十年来，伴随着现代石油化学工业的蓬勃发展，人工合成的高分子材料才开始大行其道。意识到了不同材料的优点和不足，顺理成章地，人们开始有目的地将不同的材料用不同的方式组合在一起，这就是所谓的复合材料。

由于材料的发现和使用是分散的，人们对材料的研究也缺乏系统性。在近20年前，多数人仍然对无机材料和有机材料结构、性能等中的共同规律认识不足。所以我们的材料教育也一直是分割成若干部分。涉及材料的专业就有金相（金属材料及热处理）、铸造、锻压、焊接、冶金物理化学、金属腐蚀与防护、金属物理、粉末冶金、钢铁冶金、有色金属冶金、高温合金、精密合金、电子材料、硅酸盐、矿物岩石材料、建筑材料、耐火材料、无机非金属材料、高分子材料、生物医学材料、复合材料等。

随着材料科学与工程的发展，人们越来越意识到了材料中的结构、性能等方面共性的东西。材料学（materialurgy）这一名词的出现标志着材料科学开始成为一门统一的科学。教育部1998年公布新的专业目录时，在材料科学与工程一级学科下设置材料学、材料加工工程、材料物理化学三个专业，这一方面是为了适应培养通才、拓宽专业口径的教学改革思想，另一方面也反映了材料科学发展的进程。同时，各校在该专业目录之外还保留了一些材料类的特色专业，如高分子材料、生物医学材料等。

但是，新的材料专业的教学体系的构建远非一个专业目录就可以完成的。专业名称改革之前，在不同的专业中，有关材料中的物理问题分散于固体物理、金属物理、金属学、热处理原理、陶瓷学、无机非金属材料工程学、高分子物理、金属物理性能、金属力学性能等课程中。新的专业教学体系迫切需要将金属材料、无机非金属材料、有机高分子材料乃至复合材料中的物理问题融合为统一整体的材料物理教材。

　　教育部新的专业目录公布后，1999年国内就有同时涉及这些材料的材料物理教材问世，满足了一时之急需。但短时间的仓促成书也显出一些弊病，一是未经实际教学检验，二是虽将不同材料的问题编写在一起，但缺乏有机的融合。之后也有相应教材的成熟之作问世，但就我们所见的教材是适用于理科的本科生和研究生的，学习该类教材的学生必须有较好的数理基础，对工科的材料学、材料加工工程等专业的本科生来讲有一定的难度。所以，工科类材料科学与工程专业的材料物理课程教学中一直难于找到合适的教材，这是笔者编写本教材的初衷。同时，本教材力求适应工科材料学及相关专业学生的数理基础，较全面地反映材料中共有的物理现象及其本质。教材编写过程中注意从材料中的物理现象出发，在一定的模型、假设的基础上，用一定的理论结果对现象进行形象的定性描述。当然，用方程式来描述材料中的物理现象是比任何语言都更准确的，但在有限的学时中能否使学生完全掌握则存在问题。因此本书对现象的说明尽量略去繁复的推导，使初学者逐步了解和掌握材料中的物理现象及其本质原因。如果使用后表明本书确实具有上述特色，笔者将感到十分欣慰。

　　除了作为工科的材料物理教材外，本书还可以作为相近专业研究生和本科生的教材和参考书。

　　由于笔者的学识水平有限，书中可能存在一些疏漏和错误，希望读者给予批评指正。你的指正必然有助于本书的完善，笔者对此不胜感激。

编著者

2008. 12

目　录

第4章　材料的固态扩散 / 103

第5章　材料的电子理论 / 120

第6章　材料的电学性能 / 144

第 7 章　材料的磁学性能 / 186

第 8 章　材料的热学性能 / 213

第 9 章　材料的力学性能 / 241

第 10 章　材料的光学性能 / 289

附录　物理常量表 / 311

参考文献 / 312

第1章 材料的晶态结构

材料的性能从本质上说是由其电子结构决定的。然而同样的元素在原子（分子）按不同的方式排列成固体时，由于原子（分子）所处的环境不同，原子（分子）间距不同，使它们之间的键合强弱不同。实际上，材料的力学性能更强烈地依赖于其原子和分子的排列方式。如同样是含碳量（质量分数，以下余同）为 1.0% 的铁碳合金，在加热到 1200℃ 时塑性很好，可以进行锻造和轧制等成形加工。加热后缓慢冷却（如随炉冷却或在空气中冷却）后硬度较低，可对其进行切削加工，将其制成一定形状的零件。而加热后快速冷却（如直接淬入水中）则硬度很高，可以作为金属低速切削的刀具，实现所谓"用钢切钢"。性能如此明显的差异源于不同的加热或冷却处理使其中的原子排列方式产生了明显的不同。

材料中的原子（或分子）在三维空间的排列可能是有规则的，也可能是无规则的。对材料中的原子（分子）排列是否有规则、是何种排列规则的描述即材料的晶态结构。按原子（分子）空间的排列方式可将材料分成三类。原子（或分子）在三维空间作有规则的周期性重复排列的材料称为晶体，即其中的排列方式为长程有序。如果材料中的原子（或分子）不规则地排列则称为非晶体。准晶体是一种介于晶体和非晶体之间的有序结构。

1.1 晶体学基础

1.1.1 点阵和晶胞

人们对材料晶态结构的认识始于对天然晶体，如食盐、水晶、宝石等规则外形的认识。可以说，人们对晶体结构本质上的认识始于 1912 年索末菲等用 X 射线照射晶体发现了衍射现象和布拉格父子提出了布拉格定律。这是一箭双雕的伟大发现，不仅证实了此前劳厄等提出的 X 射线是电磁波的假设，也证明了晶体排列的规律性。用现代的分析测试方法可以非常直观地看到晶体中原子排列的规律性。图 1-1 就是用透射电子显微镜（transmission electron microscope，TEM）拍摄的金（200）晶面的晶格照片。可以看到，在箭头的方向上，每隔 0.204nm 就有一个原子，这就是原子排列的一种规律性。不同的晶体具有不同的规律，晶体中原子（分子）的排列规律如何描述呢？

1.1.1.1 点阵（晶格）

为研究原子或分子在空间的排列情况，将周围环境相同，彼此等同的原子、分子或原子群、分子群的中心抽象为规则排列于空间的无数个几何点，这种几何点的空间排列称为空间点阵，简称点阵（crystal lattice）。点阵中的点子称为阵点或结点。

图 1-1　金（200）晶面的透射电镜显微照片

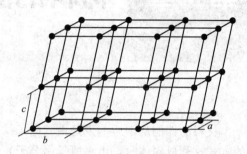

图 1-2　点阵示意图

进行了抽象之后，点阵中的原子、分子等都成为彼此等同的点。不同晶体的区别就在于点的排列方式不同。为观察方便，用许多平行直线把阵点连接起来，就是点阵的几何图像，如图 1-2 所示。对于这一点阵，如果确定某一阵点为原点，沿不同的方向，分别平移 a、b、c，即可再找到一个阵点。而沿其他方向，则可能每平移 $\sqrt{a^2+b^2}$、$\sqrt{a^2+b^2+c^2}\cdots\cdots$，又可找到一个阵点。晶体排列的周期性得到了体现。

从理论上讲，理想晶体的点阵应该一直排列到晶体的边界。在边界上向外平移不再能找到阵点。也就是说，晶体排列的周期性在晶体的边界被破坏。然而，实际晶体的原子数目是非常大的。原子的尺度在 10^{-10} m 的数量级，因此，即使是 1cm³ 的晶体，所含的原子数也有 $(10^7\sim10^8)^3$ 的数量级，所以考虑其阵点的排列时，可以不考虑边界的作用，而将点阵看成是无穷大的。我们在研究阵点的排列方式时，当然不可能画出无穷大的点阵，那么，点阵应该画成多大呢？

1.1.1.2　晶胞

由于各阵点的周围环境相同，空间点阵具有周期重复性，在研究不同的点阵时只研究三个不平行方向的一个周期即可。所以，为说明点阵排列的规律和特点，在点阵中取出一个具有代表性的基本单元作为点阵的组成单元，称为晶胞（crystal cell）。图 1-3 是晶胞示意图。点阵实际上可由晶胞在不同的方向上复制得到。

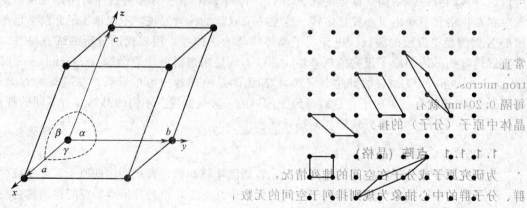

图 1-3　晶胞示意图　　　　　图 1-4　二维晶胞的不同取法

对同一点阵，晶胞也可以有不同的取法。图 1-4 示意地表示出二维点阵中晶胞的不同取法。为研究方便，一般选取只在每个角上有一个阵点的平行六面体作为晶胞，称为初级晶胞或简单晶胞。有时为更好地表现点阵的对称性，也可不取简单晶胞而使晶胞的中心或表面的中心（全部或部分表面）也有阵点，如体心（六面体几何中心）、面心（每个表面的中心）或底心（上下底面的中心）也有阵点的晶胞。

晶胞的形状由其三个棱边长 a、b、c 和晶轴 x、y、z 之间的夹角 α、β、γ 限定。将这六个参数称为晶胞参数（点阵常数，晶格常数，lattice constant，lattice parameter）。实际上，用点阵矢量 a、b、c 可更方便地描述晶胞。这三个矢量不仅确定了晶胞的形状和大小，而且可完全确定空间点阵。任选一原点，就可以确定点阵中任一阵点的位置：

$$r_{uvw} = ua + vb + wc \tag{1-1}$$

式中，u、v、w 为该点的坐标，或从原点起沿点阵矢量 a、b、c 平移的单位数。

图 1-5 形象地表示出了从原子排布到点阵、晶胞的抽象过程。

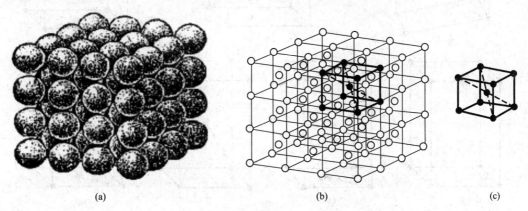

(a)　　　　　　　　　　　　(b)　　　　　　　　　　　　(c)

图 1-5　从原子排布到点阵、晶胞的抽象过程
(a) 原子排布；(b) 点阵；(c) 晶胞

1.1.1.3　晶系

为描述不同点阵中的阵点的排列特点，在晶体学中，常按晶系（crystal system）对晶体进行分类，其分类依据是点阵常数和它们之间的关系，即晶胞的三个棱边长 a、b、c 是否相等，晶轴的夹角 α、β、γ 是否相等及是否有直角。在此情况下，晶系只有 7 种类型，如表 1-1 所示。所有的晶体点阵都可以归于这 7 种晶系之中。

表 1-1　晶系

晶　系	棱边长度和夹角关系	举　例
三斜	$a \neq b \neq c, \alpha \neq \beta \neq \gamma \neq 90°$	K_2CrO_7
单斜	$a \neq b \neq c, \alpha = \gamma = 90° \neq \beta$	$\beta\text{-S}, CaSO_4 \cdot 2H_2O$
正交	$a \neq b \neq c, \alpha = \beta = \gamma = 90°$	$\alpha\text{-S}, Ga, Fe_3C$
六方	$a_1 = a_2 = a_3 \neq c, \alpha = \beta = 90°, \gamma = 120°$	$Zn, Cd, Mg, NiAs$
菱方	$a = b = c, \alpha = \beta = \gamma \neq 90°$	As, Sb, Bi
四方（正方）	$a = b \neq c, \alpha = \beta = \gamma = 90°$	$\beta\text{-Sn}, TiO_2$
立方	$a = b = c, \alpha = \beta = \gamma = 90°$	Fe, Cr, Cu, Ag, Au

1.1.1.4 布拉菲点阵

布拉菲（A.Bravais）首先用数学的方法确定，按"每个阵点周围环境相同"的要求，空间点阵只能有 14 种形式，称为布拉菲（Bravais）点阵，即三斜晶系的简单三斜，单斜晶系的简单单斜、底心单斜，正交晶系的简单正交、底心正交、体心正交、面心正交，六方晶系的简单六方，菱方晶系的菱形（三角），四方晶系的简单四方、体心四方，立方晶系的简单立方、体心立方、面心立方。这 14 种布拉菲点阵的晶胞如图 1-6 所示。

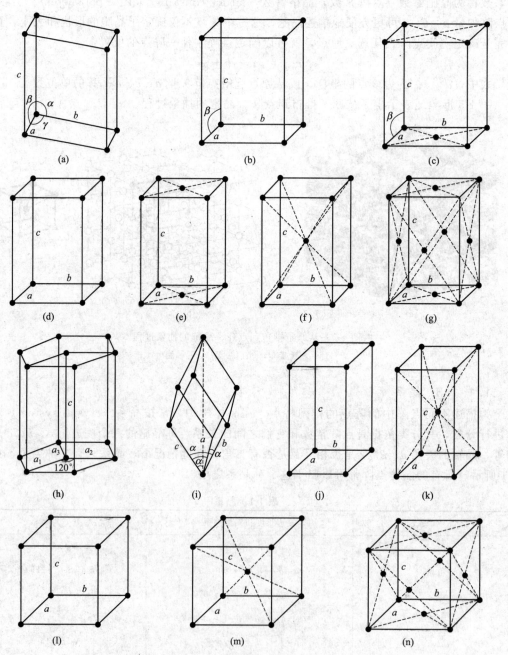

图 1-6 14 种布拉菲点阵的晶胞

（a）简单三斜；（b）简单单斜；（c）底心单斜；（d）简单正交；（e）底心正交；（f）体心正交；（g）面心正交；h）简单六方；（i）菱形（三角）；（j）简单四方；（k）体心四方；（l）简单立方；（m）体心立方；（n）面心立方

前已述及，同一点阵的晶胞可以有不同的取法。例如，14 种布拉菲点阵中的底心、面心、体心晶胞都可以取成简单晶胞。上述 14 种布拉菲点阵是根据阵点在三维空间的排列方式，考虑更好地反映点阵的对称性等因素选取的。例如，简单六方点阵的晶胞也可以取成平行六面体的形式，如图 1-7 所示。但这种取法对这一点阵的对称性显示得不明显，不如取成六棱柱的形式为好。又如，体心立方晶胞的点阵也可用三斜晶胞表示，如图 1-8 所示。再如，面心立方晶胞的点阵也可用菱形晶胞表示，如图 1-9 所示。但这样的取法都不能充分地反映这些点阵的高度对称性，故一般不采用这样的取法。

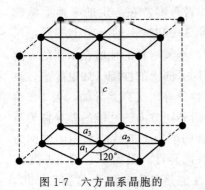
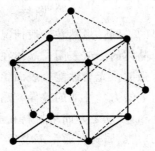
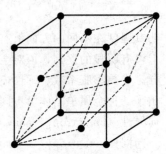

图 1-7　六方晶系晶胞的　　　图 1-8　体心立方晶胞的点阵　　　图 1-9　面心立方晶胞的点阵
　　　　不同取法　　　　　　　　　　所取的简单晶胞　　　　　　　　所取的简单晶胞

1.1.1.5　晶体结构和空间点阵

晶体结构和空间点阵既有区别又有联系。空间点阵是晶体中阵点（抽象的几何点）的排列方式的抽象，用于表示晶体结构的周期性和对称性。由于阵点彼此等同，周围环境相同，所以空间点阵只有 14 种。晶体结构则是晶体中原子或分子的具体排列情况，其中的原子可以是同类的，也可以是异类的。即使原子的相对位置、原子排列的对称性完全相同，其中的原子类型不同，也属于不同的晶体结构。因此可能存在的晶体结构种类是无限的。但所有的晶体结构经抽象后都可以归入 14 种布拉菲点阵中。

不同的晶体结构可以属于同一点阵，相似的晶体结构可以属于不同的点阵。图 1-10 给出了铜、氯化钠和氟化钙的晶体结构。这三种结构显然有很大的差异，属于不同的晶体结构类型。然而，分别以每个铜原子作为阵点，将相邻的一个钠原子和一个氯原子抽象成一个个周围环境相同的阵点，将相邻的一个钙原子和两个氟原子抽象成一个个周围环境相同的阵点，就可以看出这三种晶体结构都属于面心立方点阵。图 1-11 给出了铬和氯化铯的晶体结构。可以看出这两种晶体结构是相似的，都属于体心立方结构。但以每个铬原子作为阵点，

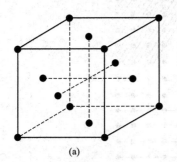
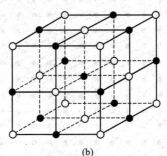
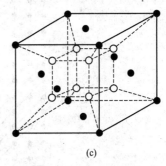

(a)　　　　　　　　　　(b)　　　　　　　　　　(c)

图 1-10　铜、氯化钠和氟化钙的晶体结构
(a) 铜；(b) 氯化钠；(c) 氟化钙

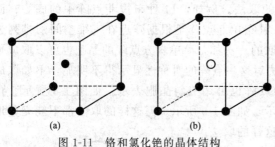

图 1-11 铬和氯化铯的晶体结构

(a) 铬; (b) 氯化铯

则可看出铬属于体心立方点阵; 而将相邻的一个氯原子和一个铯原子抽象成一个个周围环境相同的阵点, 则可看出氯化铯属于简单立方点阵。

1.1.2 晶向指数和晶面指数

某些材料的性质在不同方向上有明显的差别。如岩石常常在一定的平面上解理断裂, 云母总是在特定的方向上剥开, 说明其强度在不同的方向上有明显的不同。虽然在一般情况下, 金属材料的性质在不同的方向上没有明显的差别, 但对金属单晶体的测试表明, 晶体在不同方向上的性能(如电导率、热导率、热膨胀系数、弹性模量、强度、光学性能、表面化学性质等)是有差异的。表 1-2 给出了几种金属单晶体沿不同方向上的力学性能的差异。晶体沿不同方向的性能的差异称为各向异性(anisotropy, anisotropism)。反之, 如果材料在所有的取向上的性能都相同则称为各向同性(isotropy, isotropism)。金属材料通常不表现出各向异性, 是由于它们通常是由许多取向不同的小单晶体(称为晶粒, grain)组成的, 其性能是各取向的小单晶的平均, 这种情况称为假(伪)等向性。

表 1-2 几种金属单晶体的各向异性

金属	弹性模量/GPa		抗拉强度/MPa		延伸率/%	
	最大	最小	最大	最小	最大	最小
Cu	191	66.7	346	128	55	10
α-Fe	293	125	225	158	80	20
Mg	50.6	42.9	840	294	220	20

晶体各向异性源于其微观结构在不同方向上的差异。图 1-12 是沿 z 轴方向观察到的简单立方晶体中的阵点排列。可见在不同方向的直线上阵点的间距是不同的, 在不同取向上具有阵点的一组平行平面的间距也不同。为了描述这种差异, 将晶体中的特定方向, 一般是连

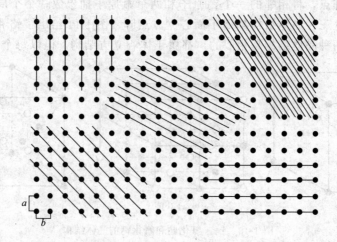

图 1-12 沿 z 轴方向观察到的简单立方晶体中不同方向阵点排列的差异

接特定方向的阵点列的直线称为晶向；将晶体中特定取向的平面，一般是阵点所构成的平面称为晶面。为表示不同晶向和晶面的取向，需要一种统一的标号，国际上通用的为密勒指数（Miller indices），包括晶向指数和晶面指数。

1.1.2.1　晶向指数

如图 1-13 所示，任意晶向$\overline{OP}$可以用点阵矢量 a、b、c 表示：

$$\overline{OP} = ua + vb + wc \tag{1-2}$$

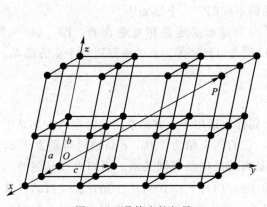

图 1-13　晶体中的矢量

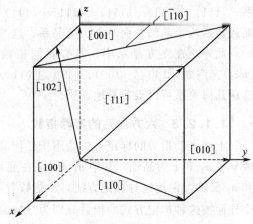

图 1-14　立方晶系中一些晶向的指数

不同的晶向只是 u、v、w 数值不同。故可以用 $[uvw]$ 表示晶向指数（orientation index）。

晶向指数的确定方法为：以晶胞的晶轴为坐标轴 x、y、z，以点阵矢量 a、b、c 的长度（晶胞边长）为坐标轴的长度单位。从晶轴坐标系的原点沿所指方向的直线取最近的一个阵点的坐标 u、v、w，将其化为最小整数，并加上方括号。如果坐标为负，将负号标于数字上方。图 1-14 给出了立方晶系中一些晶向的指数。

晶体中因对称关系而等同的各组晶向可归并为一个晶向族，用 $\langle uvw \rangle$ 表示。例如对立方晶系，$[111]$、$[\bar{1}11]$、$[1\bar{1}1]$、$[11\bar{1}]$、$[\bar{1}\,\bar{1}1]$、$[\bar{1}1\bar{1}]$、$[1\bar{1}\,\bar{1}]$ 和 $[\bar{1}\,\bar{1}\,\bar{1}]$ 这八个晶向是完全等同的，因此它们都属于 $\langle 111 \rangle$ 晶向族。不同晶系的对称性不同，因此其晶向族中所包含的晶向个数也不一定相同。例如对立方晶系，$\langle 100 \rangle$ 晶向族包括 $[100]$、$[010]$、$[001]$、$[\bar{1}00]$、$[0\bar{1}0]$ 和 $[00\bar{1}]$ 六个晶向，而对于正交晶系，$[100]$、$[010]$ 和 $[001]$ 不是等同的晶向，不能归于一个晶向族。

1.1.2.2　晶面指数

晶面指数（index of crystal plane）的确定方法为：以晶胞的晶轴为坐标轴 x、y、z，以点阵矢量 a、b、c 的长度（晶胞边长）为坐标轴的长度单位。取该晶面在三个坐标轴的截距的倒数，化为最小的简单整数，并加上圆括号。如果截距为负，得到的晶面指数将负号标于数字上方。如果晶面平行于某晶轴，则该晶面在该晶轴上的截距为∞。

图 1-15 给出了立方晶系中一些晶面的指数。

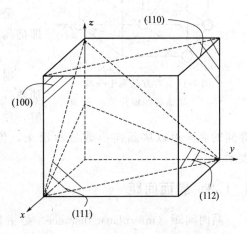

图 1-15　立方晶系中一些晶面的指数

一组平行晶面在三个晶轴上的截距虽然不同，但它们是成比例的，其倒数也是成比例的，因此经简化可得到相同的最小整数比。所以所有相互平行的晶面的指数是相同的，或者至多相差一个负号。可见晶面指数所代表的不仅是某一晶面，而是代表一组相互平行的晶面。

晶体中具有等同阵点排列方式和相同面间距的因对称关系而等同的各组晶面可归并为一个晶面族，用 $\{hkl\}$ 表示。如对立方晶系，（100）、（010）、（001）、（$\bar{1}$00）、（0$\bar{1}$0）和（00$\bar{1}$）这六个晶面构成晶胞的立方体表面，所以将它们归并为 $\{100\}$ 晶面族。

由于不同晶系的对称性不同，其晶向族中所包含的晶面也不一定相同。例如对立方晶系，$\{111\}$＝(111)＋($\bar{1}$11)＋(1$\bar{1}$1)＋(11$\bar{1}$)＋($\bar{1}$$\bar{1}$1)＋($\bar{1}1\bar{1}$)＋(1$\bar{1}$$\bar{1}$)＋($\bar{1}$$\bar{1}$$\bar{1}$)，即 $\{111\}$ 晶面族包括八个晶面。而对于正交晶系，这八个晶面不能归于一个晶面族。

此外，在立方晶系中，具有相同指数的晶向和晶面必定是相互垂直的，即 $[hkl] \perp (hkl)$。例如 $[100] \perp (100)$、$[110] \perp (110)$、$[111] \perp (111)$ 等。此关系只适用于立方晶系，这用几何关系可以很容易地证明。

1.1.2.3 六方晶系的密勒指数

上述密勒指数的标定方法适用于任何晶系，同样也适用于六方晶系。此时在六方晶系中取 a_1、a_2 和 c 为晶轴，其中 a_1 和 a_2 在底面上，它们的夹角为 $120°$，c 晶轴同时垂直于 a_1 和 a_2 晶轴。但按这种标记方法，从指数看不出晶面或晶向的等同关系。例如六方晶胞的六个柱面按这种标记方式的指数分别为 （100）、（010）、（$\bar{1}$10）、（$\bar{1}$00）、（0$\bar{1}$0）和（1$\bar{1}$0），其晶面指数是不相类同的。为此给六方晶系另规定了一套指数标定方法，根据六方晶系的对称特点，在底面上增加一个 a_3 晶轴，使 a_1、a_2 和 a_3 之间的夹角都为 $120°$，c 晶轴同时垂直于 a_1、a_2 和 a_3 晶轴。此时以四个指数 $(hkil)$ 表示晶面，$[uvtw]$ 表示晶向。

例如按四轴标记六个柱面的指数分别为 （10$\bar{1}$0）、（01$\bar{1}$0）、（$\bar{1}$100）、（$\bar{1}$010）、（0$\bar{1}$10）和（1$\bar{1}$00），如图 1-16 所示。从晶面指数可容易地看出它们可归入 $\{10\bar{1}0\}$ 晶面族。

然而，三维空间独立的坐标轴至多只有三个，因此可以容易地看出，尽管标定的晶面指数在形式上是四个，但其中的前三个指数中只有两个独立，即 $i = -(h+k)$ 或 $h+k+i=0$。

采用四轴指数时，晶向指数的标定方法仍如前述，即把晶向沿四个晶轴分解为四个分矢量：

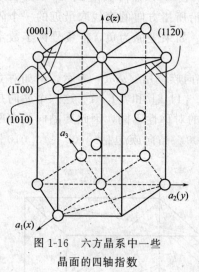

图 1-16　六方晶系中一些晶面的四轴指数

$$\overline{OP} = ua_1 + va_2 + ta_3 + wc \qquad (1-3)$$

则晶向指数就可用 $[uvtw]$ 表示。但同时要有附加条件 $u+v = -t$ 或 $u+v+t=0$。这样就可得到唯一解，使每个晶向有确定的晶向指数。此方法的优点是等同的晶向可以从晶向指数显示出来，但标定过程麻烦，故有时仍用三轴指数 $[uvw]$ 表示。

1.1.3 晶面间距

晶面间距（interplanar distance）是指相邻的两平行晶面之间的距离。晶体对 X 射线的衍射可看成是晶体对 X 射线的选择性反射，由布拉格定律可知，布拉格角就取决于不同晶系的晶体的晶面间距不同。从实验测定的布拉格角计算出各晶面的不同晶面间距是晶体结构分析和用 X 射线衍射方法进行物相鉴定的基础。所以晶面间距是晶体的重要性质。

由图 1-12 可见，在晶体中不同取向的晶面间距不同。一般来说，低指数面面间距大，高指数面面间距小，如图 1-17 所示。面间距还和点阵类型有关，例如面心立方点阵的最大面间距在 {111}，体心立方点阵的最大面间距在 {110}，都不是 {100}。可以证明，晶面间距最大的面总是原子或阵点最密排的面，面间距越小，则晶面上的阵点排列越稀疏。根据几何关系可以方便地由晶面指数计算出晶面间距。

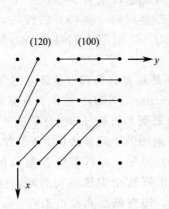
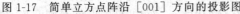

图 1-17　简单立方点阵沿 [001] 方向的投影图

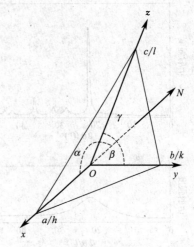

图 1-18　晶面间距推导的几何关系

对简单晶胞的 (hkl) 晶面的面间距 d_{hkl} 推导如下：由晶面指数的定义可知，距原点 O 最近的一个 (hkl) 晶面在晶轴 x、y、z 上的截距分别是 a/h、b/k 和 c/l，如图 1-18 所示。过原点 O 作 (hkl) 晶面的法线 N，则法线 N 与距原点最近的 (hkl) 晶面的交点到原点的距离就是 (hkl) 晶面的面间距 d_{hkl}。设法线 N 与晶轴 x、y、z 的夹角分别为 α、β 和 γ，则由几何关系可知：

$$d_{hkl} = \frac{a}{h}\cos\alpha = \frac{b}{k}\cos\beta = \frac{c}{l}\cos\gamma \tag{1-4}$$

所以：

$$d_{hkl}^2 \left[\left(\frac{h}{a} \right)^2 + \left(\frac{k}{b} \right)^2 + \left(\frac{l}{c} \right)^2 \right] = \cos^2\alpha + \cos^2\beta + \cos^2\gamma \tag{1-5}$$

对直角坐标系的简单（简单正交、简单正方、简单立方）点阵，有：

$$\cos^2\alpha + \cos^2\beta + \cos^2\gamma = 1 \tag{1-6}$$

所以：

$$d_{hkl} = \frac{1}{\sqrt{\left(\dfrac{h}{a} \right)^2 + \left(\dfrac{k}{b} \right)^2 + \left(\dfrac{l}{c} \right)^2}} \tag{1-7}$$

对简单立方可简化为：

$$d_{hkl} = \frac{a}{\sqrt{h^2 + k^2 + l^2}} \tag{1-8}$$

对六方晶系，有：

$$d_{hkl} = \cfrac{1}{\sqrt{\cfrac{4}{3} \times \cfrac{h^2 + hk + k^2}{a} + \left(\cfrac{l}{c}\right)^2}} \qquad (1\text{-}9)$$

对复杂晶胞，计算时还应考虑晶面层数的影响。如面心立方晶胞（001）面之间还有一层（002）面，所以其面间距 $d = d_{001}/2$。

1.1.4 非晶态材料的结构

由定义可以知道，非晶体中的原子（或分子）排列是不规则的，因此对其结构的描述比晶体要困难得多。最初人们只是从玻璃、塑料等典型的非晶体中认识非晶态，但从 20 世纪 60～70 年代人们用液态急冷法获得非晶态金属以来逐渐发现了非晶态金属的一些特异的性质，如高磁导率和低矫顽力等，引起人们对非晶态更为深入的研究。

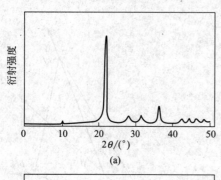

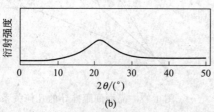

图 1-19　方石英和石英玻璃的 X 射线衍射图
（a）方石英；（b）石英玻璃

图 1-19 是对方石英和石英玻璃的 X 射线衍射（X-ray diffraction，XRD）结果。石英的化学成分为 SiO_2，方石英和石英玻璃的化学成分没有区别，其 X 射线衍射图的不同显然是由于其结构的不同。从图 1-19（a）可见，方石英的 X 射线衍射强度在特定的角度出现数个尖锐的衍射峰，这是典型的晶体的特征，即在满足布拉格条件 $2d\sin\theta = n\lambda$ 的角度有强衍射峰，而偏离这些角度则只有背底强度。石英玻璃是典型的非晶体。虽然由于没有特定晶面间距的晶面，不会在特定的角度产生满足布拉格条件的强衍射峰，但从图 1-19（b）可见，在 $2\theta = 23°$ 附近也有一个 X 射线衍射峰，不同的是这一衍射峰是明显宽化的，且其衍射强度比晶体的最强衍射峰弱得多。非晶物质虽然没有特定间距的晶面存在，但其原子间距分布在一定的尺寸区间。对其结构可定性地描述为：长程无序，短程有序。即非晶体中的排列方式虽然是长程无序的，但其中可以存在短程有序。

非晶体的结构可以用径向分布函数和位置矢径分布函数来定量描述。径向分布函数 $\rho(r)$ 是指距某参考原子 r 处存在的原子密度（单位容积的原子数）。位置矢径分布函数是距某原子 r 处原子的存在几率，以径向分布函数 $\rho(r)$ 和平均原子密度 ρ_0 的比值 $\rho(r)/\rho_0$ 衡量。由于对特定尺寸的原子，平均原子密度 ρ_0 是一个常数，所以以径向分布函数和位置矢径分布函数的趋势是一致的。

图 1-20 给出了液态金的位置矢径分布函数，其中底部的竖线表示晶态金的位置矢径分布函数。对液态金，由于原子间的相互排斥作用，在与参考原子的

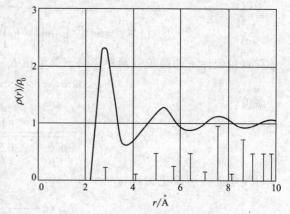

图 1-20　液态金的位置矢径分布函数
（1Å＝0.1nm）

距离 r 小于原子半径的地方 $\rho(r)=0$；随后 $\rho(r)$ 出现了一个明显的峰值，再远处是几个较小的峰，这表明参考原子周围近邻的原子分布有一定的规律性。对比晶态金的位置矢径分布函数可见二者的原子密度分布有相符之处，即在晶态金的原子出现的间距上出现液态金的位置矢径分布函数的峰值。但液态金的这种不均匀分布特征随着 r 的增大很快消失，波动幅度逐渐减小，当 $r>10\sim15\text{Å}$（$1.0\sim1.5\text{nm}$）时，$\rho(r)$ 趋于稳定且近似等于平均原子密度 ρ_0。这说明原子的排布趋于无序。液体是典型的非晶体，这一结果也说明了非晶体的短程有序、长程无序的特征。

1.1.5 准晶体的结构

最初人们对非晶体的定义就是晶体以外的材料，但 1984 年 Shechtman 等在急冷 Al-Mn 合金中首次发现了不同于晶体的有序结构，该结构显然不能归入非晶态，从而提出了准晶体（quasicrystal）的概念。

晶体、非晶体、准晶体结构的区别可从其原子排列的旋转对称性来说明。图 1-21 是立方 ZrO_2 单晶体和 Si_3N_4 非晶体的电子衍射花样。单晶体的电子衍射斑点是不同取向和晶面间距的晶面对电子束产生不同角度的衍射的结果，从中可见晶体中的原子排列有明显的对称性。非晶体中的原子排列是无序的，不能在特定的角度产生电子衍射，所以其衍射花样只有一个中心透射斑点，这反映出非晶体中的原子排列没有对称性。

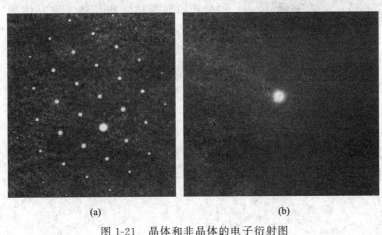

(a)　　　　　　　　　　(b)

图 1-21　晶体和非晶体的电子衍射图
(a) 立方 ZrO_2 单晶体；(b) Si_3N_4 非晶体

如果某一物体绕某一轴旋转一定角度后与原来的物体重叠，则称此轴为旋转对称轴，在旋转一周（360°）的过程中可以重叠几次，就称为几次旋转对称轴。如果某物体具有几次旋转对称轴，就称该物体具有几次旋转对称性。例如，矩形或长方体就具有 2 次旋转对称性，正三角形或正四面体就具有 3 次旋转对称性，正方形或立方体就具有 4 次旋转对称性，正六边形或正六棱柱就具有 6 次旋转对称性。由于任何物体绕固定轴旋转一周后又回复原来的位置，因此任何物体具有 1 次旋转对称性。显然具有 4 次旋转对称性的图形必然同时具有 2 次旋转对称性，具有 6 次旋转对称性的图形必然同时具有 2 次和 3 次旋转对称性等。

晶体实际可能存在的旋转对称轴只能有 1 次、2 次、3 次、4 次、6 次这五种，5 次和高于 6 次的旋转对称轴不可能存在。这是因为具有 5 次和高于 6 次的旋转对称轴的图形重复排列时不能填满平面或空间，如图 1-22 所示。所以具有 5 次和高于 6 次的旋转对称轴的晶胞在空间堆垛时形成的材料是有空隙的，不能形成连续的材料。

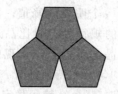 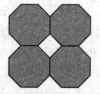

图 1-22　具有 5 次和 8 次旋转对称性的图形填不满平面

而准晶体虽然是长程有序的，但实验证明准晶体具有 5 次、8 次旋转对称性。1984 年在急冷 Al-Mn 合金中得到了图 1-23 所示的电子衍射图谱，证实了该合金中的 5 次旋转对称性。

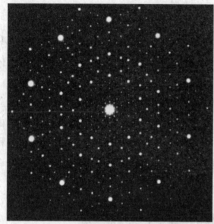

图 1-23　准晶体中具有 5 次旋转对称性的电子衍射图谱

准晶体也是原子按不同方式排列形成，也是连续的材料，所以准晶体不可能是同样的晶胞反复堆垛形成的。因此可将其设想为不同的单胞或形状相同取向不同的单胞按一定的规则周期性地重复堆垛形成。但堆垛的规则和具体方式人们仍不清楚，目前只有设想的不同模型。图 1-24 的 Penrose 拼图是从几何上设想的一种准晶体堆垛方式的模型。

虽然准晶体的结构仍然不很清楚，但通过上面的分析可对晶体、非晶体、准晶体的区别进行如下大致上的归纳。晶体可看成是相同的单胞按同样的规则堆垛形成。而非晶体是长程无序的，无单胞，也没有原子排列的对称性。准晶体是不同的单胞或形状相同取向不同的单胞按一定的规则周期性地重复堆垛形成，是介于晶体和非晶体之间的长程有序结构。

图 1-24　Penrose 拼图

1.2　金属材料的结构

金属的概念实际上仍然是不清晰的。从光泽、导电性、化合价等性质，人们对典型的金属和典型的非金属是明确的。但某些元素，如碳、硅、锑、铋等，虽然其中可能是共价键结合，但又是良导体，归为金属或非金属都有一定道理。已经明确的是，金属通常都是晶体，只有在特殊情况下才可能形成非晶体和准晶体。因此，研究金属的晶态结构都是从纯金属的典型晶体结构开始。

1.2.1 纯金属的典型晶体结构

纯金属多为具有高对称性的简单结构，典型的有面心立方（A1，fcc）、体心立方（A2，bcc）和密排六方（A3，hcp）。金属的结构也随其在周期表中的位置呈周期性变化，如图1-25所示。出现这种周期性变化的原因尚无定论。

族名	IA	IIA	IIIA	IVA	VA	VIA	VIIA		VIII		IB	IIB	IIIB
价电子数N	1	2	3	4	5	6	7	8	9	10	11(1)	12(2)	13(3)

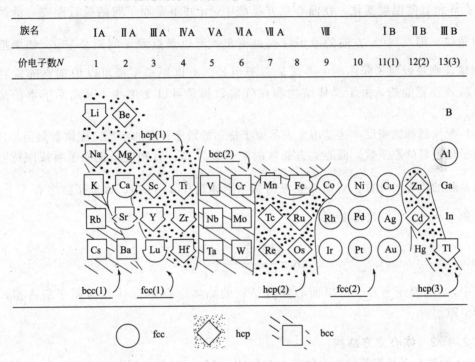

图 1-25　金属的晶体结构在周期表中的分布

1.2.1.1 面心立方结构

约 20 种纯金属具有此结构，如 Al、Cu、Ni、Ag 和 Au 等。图 1-26 给出了这种结构的晶胞。可见面心立方点阵的每个阵点上只有一个金属原子，结构很简单。下面从几个方面进一步分析这种结构的特征。

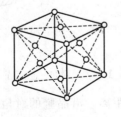

图 1-26　面心立方晶体的晶胞

图 1-27　面心立方晶胞内原子数示意图

(1) 晶胞内原子数　由于晶体可看成是由许多晶胞堆砌成的，故晶胞角上的原子可以看成同时属于相邻的 8 个晶胞，每个晶胞实际只占有该原子的 1/8。同样道理，位于晶胞立方体每个表面中心的原子同时属于相邻的两个晶胞，每个晶胞只占有该原子的一半。如果设想将一个晶胞从晶体中切割出来，如图 1-27 所示，就可清楚地看出这种情况。所以面心立方晶胞中的原子数为 $\frac{1}{8} \times 8 + \frac{1}{2} \times 6 = 4$。

（2）点阵常数 虽然多种金属都具有面心立方晶体结构，但它们的点阵常数是不同的。每种金属在一定的温度下有其特有的晶胞尺寸。晶胞的尺寸习惯上以 Å 为单位，现在也常用国际单位 nm 表示。其换算关系为 $1\text{Å} = 0.1\text{nm} = 10^{-10}\text{m}$。面心立方晶体只有一个点阵常数 a，点阵常数随温度变化。在面心立方晶胞中，a 并不是原子间的最近距离。沿晶胞表面的对角线，即 $\langle 110 \rangle$ 方向的原子排列最密集，所以最近原子间距是 $\frac{\sqrt{2}}{2}a$。如果把原子看成刚球，则最近原子间距的一半就是原子半径。所以原子半径可以根据点阵常数推算出来。应该注意的是，由于晶体结构和点阵常数都是可以变化的，因此原子半径是可以变化的。

（3）配位数和致密度 这是用来表示原子排列的紧密程度的参数。配位数是指晶体中与任一原子最近邻的原子数。面心立方晶体的配位数为 12。致密度是把原子看成刚球时，刚球所占晶胞的体积的分数。对面心立方结构，刚球直径 $d = \frac{\sqrt{2}}{2}a$，每个晶胞中有 4 个原子，晶胞体积 $V = a^3$，所以致密度为：

$$K = \frac{4 \times \frac{4}{3}\pi r^3}{a^3} \approx 74\%$$

式中，r 为原子半径。所以面心立方结构的晶体中有 74% 体积为原子所占据，其余 26% 为空隙。

1.2.1.2 体心立方结构

约 30 种纯金属具有此结构，如 Cr、V、Nb、Mo、W 等。图 1-28 和图 1-29 分别给出了这种结构的晶胞和晶胞内原子数计算模型示意图。

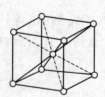

图 1-28 体心立方晶体的晶胞   图 1-29 体心立方晶胞内原子数示意图

可见体心立方晶胞中的原子数为 $\frac{1}{8} \times 8 + 1 = 2$。体心立方晶体也只有一个点阵常数 a。在体心立方晶胞中，a 也不是原子间的最近距离。沿晶胞的对角线，即 $\langle 111 \rangle$ 方向的原子排列最密集，所以最近原子间距是 $\frac{\sqrt{3}}{2}a$，原子半径 $r = \frac{\sqrt{3}}{4}a$。体心立方晶体的配位数为 8，致密度为：

$$K = \frac{2 \times \frac{4}{3} \pi r^3}{a^3} \approx 68\%$$

可见体心立方结构的配位数和致密度都比面心立方的低，即其原子密排程度低。

1.2.1.3 密排六方结构

Be、Mg、Zn 等多种金属具有此结构。图 1-30 和图 1-31 分别给出了这种结构的晶胞和晶胞内原子数计算模型示意图。

 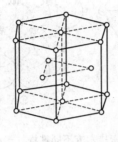 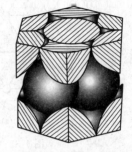

图 1-30　密排六方晶体的晶胞　　　　　　图 1-31　密排六方晶胞内原子数示意图

按原子的排列方式，密排六方晶体结构不属于 14 种布拉菲点阵的任何一种。但如果将晶胞角上的一个原子和相应的晶胞内的一个原子组成的原子对看成一个阵点，则可看出密排六方结构属于简单六方点阵。也可将密排六方晶胞看成由两个简单六方晶胞穿插而成。

密排六方晶胞中的原子数为 $\frac{1}{6} \times 12 + \frac{1}{2} \times 2 + 3 = 6$。密排六方晶体有两个点阵常数 a 和 c。在理想情况下，密排六方晶胞的配位数为 12，轴比 $c/a = 1.633$。最近邻原子间距为 a。可计算出其致密度也是 74%，与面心立方结构相同，都是最密排结构。

但实际的轴比常常偏离理想的 1.633，表 1-3 列举了一些密排六方金属在室温下的轴比，可见它们都与理想轴比有一些偏差。所以严格地讲其配位数应为 6，考虑到次近邻的原子，也可写成 6+6。

表 1-3　一些密排六方金属在室温下的轴比

项目	Be	α-Ti	α-Zr	α-Co	Mg	Zn	Cd
a/Å	2.2856	2.9506	3.2312	2.506	3.2094	2.6649	2.9788
c/Å	3.5832	4.6788	5.1477	4.069	5.2105	4.9468	5.6167
c/a	1.568	1.586	1.593	1.624	1.624	1.856	1.886

密排六方和面心立方都是最密排结构，其区别在于二者的原子堆垛顺序不同。面心立方和密排六方结构的最密排面分别为 {111} 和 (001)。这两种晶面上的原子都是紧密排列的。同层相邻的三个原子（刚球）的中心形成正三角形。三角形的中心是三个球的间隙，上下相邻层的原子就处于这一间隙形成的"低谷"中，上层或下层原子的球心与原来的三个原子的球心形成正四面体。如果以某层原子球心所处的位置为 A 位置，与之相邻的层的原子球心所处的位置为 B 位置，则第三层的原子球心可处于两种不同的位置，即 B 层原子形成的"低谷"位置有两种：一种与 A 位置相同，仅高度不同；另一种与 A 位置完全不同，将其称

为 C 位置。第三层原子与第一层原子在不同高度上，位置重合或不重合。图 1-32 给出了面心立方和密排六方不同堆垛方式示意图，该图是沿密排面的法线方向所作的投影图。如果堆垛顺序为 ABCABCABC……，就形成面心立方结构。如果堆垛顺序为 ABABABABAB……，就形成密排六方结构。

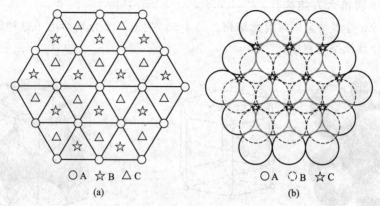

○A ☆B △C
(a)

○A ◌B ☆C
(b)

图 1-32　面心立方和密排六方不同堆垛方式示意图
（a）不同的堆垛位置；（b）实际堆垛方式

1.2.1.4　多晶型性

我们已经知道所谓同素异形体，如碳元素有石墨、金刚石和无定形的形态变化，并从图 1-33 的原子排布方式的区别解释了石墨和金刚石的硬度差别。这里所谓的"形"就是指晶体结构。图 1-34 给出了石墨和金刚石的晶胞。可见石墨属于六方晶系。而金刚石属于立方晶系，可看成面心立方晶胞的四条对角线的 1/4 长度处各有一个原子，即晶胞内原子数为 8，原子坐标为 (0, 0, 0)、(0, 1/2, 1/2)、(1/2, 0, 1/2)、(1/2, 1/2, 0)、(1/4, 1/4, 1/4)、(1/4, 3/4, 3/4)、(3/4, 3/4, 1/4)、(3/4, 1/4, 3/4)。实际上，从图 1-25 可见，许多元素都具有两种或更多的晶体结构，这种现象称为元素的多晶型性或同素异构转变。

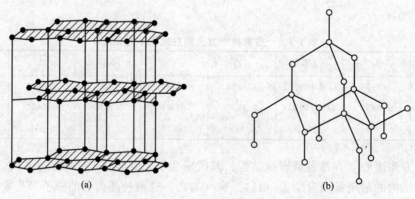

图 1-33　石墨和金刚石的原子排布
（a）石墨；（b）金刚石

例如，对纯铁在不同温度测定线膨胀系数，结果如图 1-35 所示。可见其膨胀系数在 912℃、1394℃、1538℃有突变。X 射线衍射分析表明，这些突变的温度发生了如下结构变化：

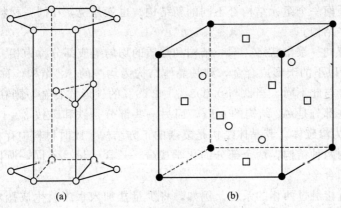

图 1-34　石墨和金刚石的晶胞

(a) 石墨；(b) 金刚石

$$\alpha\text{-Fe}(\text{A2}) \underset{}{\overset{912℃}{\rightleftharpoons}} \gamma\text{-Fe}(\text{A1}) \underset{}{\overset{1394℃}{\rightleftharpoons}} \delta\text{-Fe}(\text{A2}) \underset{}{\overset{1538℃}{\rightleftharpoons}} 液态$$

结构由体心立方变成面心立方，再变成体心立方，之后变成非晶态的液相，是典型的同素异构转变。

多晶型性不仅限于单质，许多金属化合物也具有多晶型性。例如，氧化锆在缓慢加热时有如下晶体结构转变：

$$m \text{ 相（单斜晶系）} \xrightarrow{1180℃} t \text{ 相（正方晶系）} \xrightarrow{2370℃}$$

$$c \text{ 相（立方晶系）} \xrightarrow{2680℃} 液相$$

这种现象也可称为"同分异构"现象。但要注意与有机化学中的同分异构的区别，这里所说的结构是晶体结构，有机化学中所说的结构是分子结构。

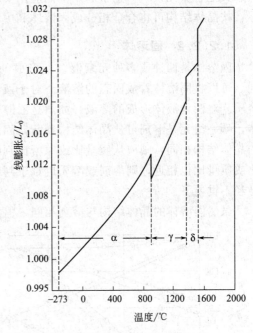

图 1-35　纯铁加热时的膨胀曲线

1.2.2　合金相结构

1.2.2.1　合金相的概念

工程中使用的金属材料只在少数情况下是纯金属，例如用纯铜制造的导线。在多数情况下，特别是对于结构材料，纯金属的性能有明显的局限。例如，纯铁的抗拉强度 σ_b 约为 220MPa，而加入合金元素制成马氏体时效钢，σ_b 可达 2000MPa。又如，纯 Al 的退火板材 σ_b 可达 80～100MPa，而加入合金元素制成超硬铝（一种铝合金），σ_b 可达 500MPa。所以目前应用的金属材料绝大多数为合金。尽管纯金属元素只有几十种，但实际使用的金属材料却有成千上万种。

合金是由两种或两种以上的金属或金属与非金属，经熔炼、烧结或其他方法组合而成的具有金属特性的物质。例如，普通的碳钢是由铁和碳组成的合金，黄铜是由铜和锌组成的合金。加入合金元素的目的是通过改变材料的化学成分来改变其组织结构，从而改变其性能。合金元素加入后，材料可能仍然保持某组元的晶体结构，也可能在保持某一组元的晶体结构的同时还形成与任何一个组元结构都不同的新结构。也就是说，在同一材料中，可能有两种或两种以上的晶体结构。

将合金中具有同一聚集状态、同一结构和性质的均匀组成部分称为相。例如，在室温下如果铁与0.008%以下的碳形成合金，则其晶体结构为均一的A2结构，称为α-Fe，这时的合金是单相合金。与此不同，当铁与0.008%～6.69%的碳形成合金，则在缓慢冷却到室温下时，其中的某些部分是A2结构的α-Fe，而另一些部分是铁和碳按3:1的原子比形成的化合物Fe_3C，称为渗碳体，其晶体结构是复杂的正方结构。此时材料中存在处于不同部位、有明显界面分开的两种结构，两个部分的化学成分——含碳量也不同，所以其性能也不同，这时的合金是两相合金。

其实我们早就接触过两相的系统。例如，将少量盐加入水中就生成盐水，是单相物质；而将过饱和量的盐加入水中，则生成的是盐水＋盐，是两相系统。不同的是，盐是固态，而盐水是液态，即这一系统中的两相的聚集状态不同。本书所说的材料，一般研究其固态，在固态中，同样会有不同晶体结构的两相或多相。由于合金中各相的数量、形态、大小、分布不同，导致合金的性能千差万别，可以满足不同场合的应用要求。例如，铁中加入不同量的碳和其他合金元素，产生了满足不同应用要求的几千种的钢铁牌号。

按晶体结构可将合金相分成固溶体和中间相两大类，下面将分别论述。

1.2.2.2 固溶体

固溶体是两种或多种元素混合所形成的单一结构的结晶相，其结构与某一组成元素相同。可以将固溶体看成固态的溶液。对于液体和固体形成的溶液，显然液体是溶剂，固体是溶质。对两种液体形成的溶液，如酒是乙醇和水的溶液，溶质和溶剂则难于判断。对于固溶体，哪一组元是溶剂可从晶体结构判断，固溶体的结构与溶剂相同。如果形成固溶体的组元的晶体结构相同，则应从质量比或原子比判断溶剂或溶质，在这种情况下，如果组元的原子比或质量比也相近，则溶剂或溶质也难于判断，但此时哪一组元是溶质，而哪一组元是溶剂已经不重要了。

虽然固溶体的晶体结构与溶剂相同，但由于溶入了原子尺度不同的其他组元，固溶体的性能与纯组元相比一般有明显的不同。例如，固溶体的强度比纯组元高，电阻比纯组元大，所以在需要高强度的场合可通过形成固溶体获得强化效果。而铜导线几乎都是纯铜，如果有合金元素，则会增大电阻损耗。

加入溶质组元后，固溶体的点阵常数都会发生变化，而且溶质浓度越高，点阵常数的变化量越大。粗略地可以认为，溶质原子引起的点阵常数变化量与溶质的原子浓度成线性关系，这一关系被称为维伽（L. Vigard）定律。图1-36是一些固溶体的点阵常数与化学成分的关系。可见这些固溶体的点阵常数变化都不同程度地偏离维伽定律，这是由于固溶体的点阵常数除

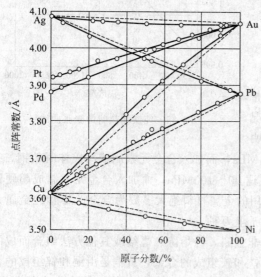

图1-36 一些固溶体的点阵
常数与化学成分的关系

了受溶质的原子尺度影响外，还受溶质和溶剂的原子价差别、电负性差别等因素影响。

　　按溶解度可以将固溶体分为无限固溶体和有限固溶体。无限固溶体又称为连续固溶体，是指组元能以任何比例互溶，无限溶解的固溶体，其成分可从一组元连续过渡到另一组元。如 Cu-Ni 合金就是这样的固溶体。有限固溶体则是指溶解度存在一定限度的固溶体。如 Zn 在 Cu 中的溶解度为 39%，超过溶解度即开始在合金中出现另外的相。有限固溶体的溶解度一般随温度降低而减小。

　　按溶质原子在溶剂点阵中的位置可将固溶体分为置换固溶体和间隙固溶体。置换固溶体又称为代位固溶体，是指溶质原子代替溶剂结构中的一部分原子形成的固溶体，即溶质原子在固溶体中占据溶剂的点阵位置。间隙固溶体也称为填隙固溶体，是指溶质原子处于溶剂结构中的间隙位置形成的固溶体。

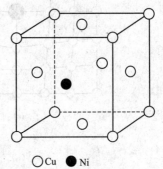

○Cu　●Ni
图 1-37　Cu-Ni 合金置换
固溶体的晶胞示意图

　　图 1-37 是 Cu-Ni 合金置换固溶体的晶胞示意图。当然，由于 Cu-Ni 合金可以形成无限固溶体，每个晶胞中可以有不同数量的溶剂原子被置换，这一数量可以不是整数，即可能数个晶胞中有一个溶剂原子被置换，每个晶胞中平均的被置换原子数就是溶质的原子浓度。

　　但实际上，溶质在溶剂点阵中一般并不是均匀分布的，其分布状态可分为三种情况，如图 1-38 所示。如果溶质原子在晶体点阵中的位置是随机的，呈统计性分布，即理论上任一溶剂原子最近邻的原子为溶质原子的几率等于溶质原子在固溶体中的百分数，则称为无序分布。也就是说，在无序分布时任一微区的溶质原子百分数都等于宏观的平均溶质百分数。实际上只有在高温时溶质原子才可能接近无序分布。如果同类原子倾向于聚集在一起成群地分布着，则称为偏聚。在溶质原子偏聚区，其浓度远远超过了它在固溶体中的平均浓度。同类原子 AA 或 BB 结合力较异类原子 AB 的结合力强时，就会出现溶质原子偏聚。如果溶质原子在点阵中的位置趋向于按一定规则呈有序分布，且这种有序分布通常只在短距离小范围存在，则称为短程有序。当异类原子 AB 的结合力比同类原子 AA 或 BB 的结合力强，就可能出现短程有序。

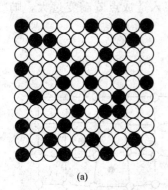
(a)
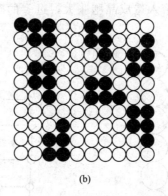
(b)
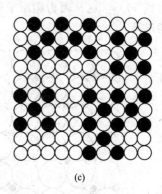
(c)

图 1-38　置换固溶体中溶质原子的分布状态示意图
（a）无序分布；（b）偏聚分布；（c）短程有序

　　由于任何不同元素的原子都有不同的尺度，溶质原子和溶剂原子的尺寸不会相同，所以溶质原子在置换固溶体中总会引起溶剂的点阵畸变，如图 1-39 所示。当溶质原子比溶剂原子大时，则溶质原子向周围排挤其周围的溶剂原子；当溶质原子比溶剂原子小时，则周围的溶剂原子向溶质原子靠拢。众多溶质原子的共同作用引起宏观的点阵畸变。溶质原子和溶剂原子的尺度相差越大，点阵畸变程度越大，畸变能越高，结构的稳定性越低，溶质原子越难更多溶入，即溶解度越小。基于这一推断，有人根据经验总结出，只有溶质和溶剂的原子半径差小于 15％时，才可能形成无限固溶体。

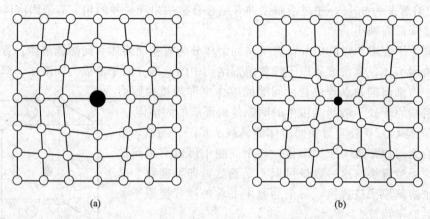

图 1-39　形成置换固溶体时的点阵畸变
(a) 溶质原子比溶剂原子大；(b) 溶质原子比溶剂原子小

若溶质原子半径甚小，与溶剂原子半径相差很大，溶质原子可能接近溶剂间隙的尺寸，则它们可能形成间隙固溶体。间隙固溶体的结构如图 1-40 所示。形成间隙固溶体的溶质原子都是半径小于 0.1nm 的非金属小原子，如原子半径为 0.046nm 的氢，0.097nm 的硼，0.077nm 的碳，0.071nm 的氮，0.060nm 的氧等。由于尺寸最小的氢原子半径也比一般元素的间隙半径大（间隙半径是指把原子看成刚球时，原子之间的间隙可容纳的最大球半径），所以间隙溶质原子几乎总是引起溶剂的点阵畸变，如图 1-41 所示。而且这种畸变总是使点阵常数增大。由于随着溶质原子溶入量的增加，点阵畸变能升高，所以当溶入溶质原子过多时能量过高，间隙固溶体的溶解度不会太高。例如，面心立方的 γ-Fe 中的间隙数与原子数相等，其最大溶碳量（原子分数）为 9.2％，相当于 10 个间隙中才有一个碳原子，而不会达到 50％，这是因为碳原子的溶入造成晶胞胀大，过多的碳溶入造成点阵畸变过大，畸变能过高。

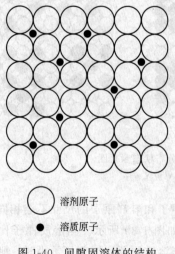

○　溶剂原子

●　溶质原子

图 1-40　间隙固溶体的结构

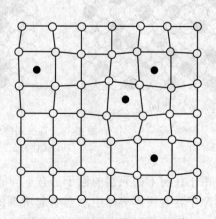

图 1-41　间隙固溶体的点阵畸变

间隙固溶体的溶质原子同样有无序、偏聚、短程有序等分布状态。而且，间隙固溶体的溶解度不仅与溶质原子的大小有关，还与溶剂的间隙形状和大小有关。

1.2.2.3 中间相

中间相是组元间形成的与任一单一组元结构都不同的新相。当溶质原子的含量超过溶解度以后，就会析出新相。生成的新相如果不是其他的纯组元或组元间的其他固溶体，就是组元间形成的中间相。如碳在铁中的浓度超过溶解度后，就会生成中间相 Fe_3C（渗碳体）。中间相一般可理解为组元间形成的化合物相，因其在二元相图上总是处于两种固溶体的中间部位，故将其称为中间相。若形成中间相的组元都是金属，则等同于金属间化合物，如 Ni_3Al 就是一种中间相。中间相是在金属固溶体中产生的，一般与金属基体共生，难于分离，所以金属中难于得到纯粹的中间相。图 1-42 是用金相显微镜拍摄的碳钢中的中间相 Fe_3C 的照片。其中的白色部分是固溶体 α-Fe，黑色部分是中间相 Fe_3C，二者难于分离。

从上面的例子可见，中间相通常按一定或大致一定的原子比结合起来，可用化学分子式表示。但这一原子比只是大致一定，可在一定范围内波动。

图 1-42　碳钢中的固溶体和中间相

例如，在碳钢回火过程中随着温度升高、时间延长，原子扩散的增加，从过饱和固溶体（马氏体）中析出某种结构的铁碳化合物，且化合物的含碳量是持续升高的，所以写成 Fe_xC，其中的 x 可以在 1～3 变化。由于金属间化合物的结合是以金属键为主，故往往不遵循化合价规律。例如，铜和锌之间就可以形成 $CuZn_3$、Cu_5Zn_8 等不同的中间相，显然这里的价态是与通常的化合价概念不同的，固体中的原子价有不同的含义。

中间相具有不同于组分元素的另一种晶体结构，组元原子各占据一定的点阵位置，呈有序排列。但也有一些中间相的有序度不是很高。虽然中间相的性能不同于组元，但一般仍然保持金属特性。中间相的形成也受原子尺寸、电子浓度、电负性等因素的影响。

中间相的类型很多，分类也不一致，下面简单介绍几种。

(1) 正常价化合物　是指符合于化合的原子价规律的中间相。金属与周期表中的 ⅣA、ⅤA、ⅥA 族元素形成的化合物常为正常价化合物，如 Mg_2Sn、Mg_3Sb_2、ZnS、$ZnSe$ 等。组元间的电负性差越大，形成的化合物越稳定。例如 Mg_2Si、Mg_2Sn、Mg_2Pb 的熔点分别为 1102℃、778℃、550℃，表明其稳定性依次降低，其原因为 C、Si、Ge、Sn、Pb 的电负性依次减小。

正常价化合物一般有 AB、A_2B（或 AB_2）、A_3B_2 三种类型，其晶体结构常常对应于具有同类分子式的离子化合物的结构：AB 型为 NaCl 或 ZnS 结构，A_2B（或 AB_2）型为 CaF_2 或反 CaF_2 结构，A_3B_2 型为 M_2O_3（M 为金属）结构。NaCl、CaF_2 和 ZnS 的晶体结构如图 1-43 所示。NaCl 的结构如图 1-43(a) 所示，可以看成是由两种离子各自构成面心立方点阵彼此穿插而成，即一个点阵的顶角原子位于另一点阵的 (1/2, 0, 0) 处。CaF_2 的结构如图 1-43(b) 所示，其中 Ca^{2+} 构成面心立方结构，F^- 位于面心立方晶胞的四个对角线的八个

1/4 长度处。反 CaF_2 的结构就是将两种离子的位置互换。闪锌矿的化学组成是 ZnS，是立方结构，又称为 α-ZnS，图 1-43(c) 示出了其晶胞，它也是由两种原子的面心立方点阵穿插而成，不同的是一个点阵的顶角原子处于另一点阵的（1/4，1/4，1/4）处，如果两种原子是同类原子，这一结构就与前面介绍的金刚石结构相同。ZnS 的另一结构是纤锌矿（硫锌矿），又称为六方 ZnS 或 β-ZnS，图 1-43(d) 示出了其结构，其中的每个原子有 4 个近邻的异类原子，两种原子各自组成密排六方的结构，彼此沿 c 轴错开一定距离，图 1-43(d) 仅给出了六方晶胞的三分之一（120°角）的部分。

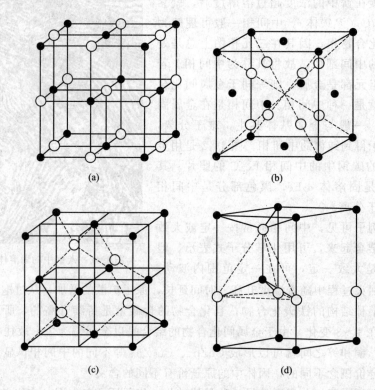

图 1-43　NaCl、CaF_2 和 ZnS 的晶体结构
（a）NaCl 结构；（b）CaF_2 结构；（c）立方 ZnS（闪锌矿）结构；（d）六方 ZnS（纤锌矿）结构

正常价化合物包括从离子键、共价键到金属键为主的一系列化合物。如硫的电负性很强，故 MgS 为典型的离子化合物。锡的电负性比硫弱些，所以 Mg_2Sn 主要为共价键性质，显示出典型的半导体特性，其电阻率甚高，电导率随温度升高而增大。铅的电负性较弱，Mg_2Pb 呈金属性质，金属键占主导地位，其电阻率仅为 Mg_2Sn 的 1/188。正常价化合物一般具有较高的硬度和脆性，其中的具有半导体性质的化合物（主要是以共价键为主的化合物）引起了人们的重视。

（2）电子化合物　是在特定电子浓度下形成的化合物。该类化合物为合金中所独有，是由 W. Hume-Rothery 首先发现的，所以又称为 Hume-Rothery 相。

电子浓度定义为合金中价电子数目 e 与原子数目 a 的比值。

$$\frac{e}{a} = \frac{A(100-x)+Bx}{100} \tag{1-10}$$

式中，A、B 分别为溶剂和溶质的原子价；x 为溶质的原子分数。

研究发现，某些合金在特定的电子浓度形成的化合物具有特定晶体结构，如表 1-4 所示。对于 Cu-Zn 合金，当含锌的原子浓度超过 38.5％时，开始出现 A2 结构的 β 相 CuZn；Cu-Al 合金超过溶解度限时出现的 β 相为 Cu_3Al；以及 Cu-Sn 合金形成的 β 相 Cu_5Sn，其电子浓度都是 3/2，晶体结构都是体心立方。这些合金系在 21/13 的电子浓度下出现复杂立方结构的 γ 相，在 7/4 的电子浓度下出现密排六方结构的 ε 相。在 Ag、Au、Fe、Ni、Co、Pd 等的多种合金中都发现了电子化合物。电子化合物的结合性质为金属键，故它们有明显的金属特性。

表 1-4　Cu 的几种电子化合物及其结构类型

合金系	电子浓度 3/2(21/14)	电子浓度 21/13	电子浓度 7/4(21/12)
Cu-Zn	CuZn	Cu_5Zn_8	$CuZn_3$
Cu-Al	Cu_3Al	Cu_9Al_4	Ag_5Al_3
Cu-Sn	Cu_5Sn	$Cu_{31}Sn_8$	Cu_3Sn
晶体结构	β 相，A2 结构	γ 相，复杂立方结构	ε 相，A3 结构

　　如果组元间可形成电子化合物，从电子浓度的计算结果就可以预测形成的化合物的结构。从理论计算出发预测不同成分合金的结构和性能是合金设计的主要内容。所以 Hume-Rothery 的发现是合金设计的一个重要的里程碑。然而，虽然决定电子化合物的基本因素是电子浓度，但尺寸因素及电化学性质等对结构也有影响。例如，上述电子浓度为 3/2 的电子化合物，在两组元原子尺寸相近时易为密排六方 A3 结构，相差较大时易为体心立方结构。

　　而且，电子化合物虽有一定的分子式，但其实际成分是在一定范围内变化的，因此其电子浓度有一个范围。例如，图 1-44 是铜基和银基合金 β 相区的电子浓度范围。无序的 β 相在高温时稳定，浓度范围宽。降温时其浓度范围变窄，结果形成了 V 形相区。Cu-In 合金的 β 相区电子浓度明显低于 3/2，可能与尺寸因素有关。电子化合物有一定的成分范围可看成是化合物为基的固溶体。

　　又如，对 Ni-Al 合金中的 NiAl 相，当其铝原子含量高于 50％时，为维持电子化合物一定的电子浓度，生成大量 Ni 原子空位（可达 8％），使晶胞中的电子浓度保持 3/2 不变，保证 β 相的稳定。

　　考虑上述复杂的因素，简单地以元素通常的化合价预测电子化合物的结构，进行合金设计，往往是不准确的。现在已有基于 Hume-Rothery 理论的多种经验的合金设计方法，从不同的方面对其进行修正。

　　(3) 间隙相与间隙化合物　是指过渡金属与 H、B、C、N 等非金属小原子形成的化合物。这些小原子浓度较低时形成间隙固溶体，当超过溶解度时局部形成有序结构的中间相，非金属小原子仍处于金属原子的间隙位置，即间隙相和间隙化合物。这类中间相通常具有金属性质，有很高的熔点和极高的硬度。

　　这类中间相按非金属原子半径 r_X 和金属原子半径 r_M 的比值分为两类：如果 $r_X/r_M <$ 0.59 则称为间隙相；$r_X/r_M > 0.59$ 则称为间隙化合物。

　　间隙相分子式常为 M_4X、M_2X、MX 和 MX_2，具有简单的晶体结构。金属原子位于 A1 或 A3 结构的正常位置上，非金属原子处于其间隙位置，形成新结构。如 MX 可为 NaCl 或立方 ZnS 结构这类简单结构。例如，VC 就属于 NaCl 结构。多数间隙相具有一定的成分范围，实际上是以化合物为基的固溶体，有极高的硬度和熔点，但很脆，一般有金属特性，如

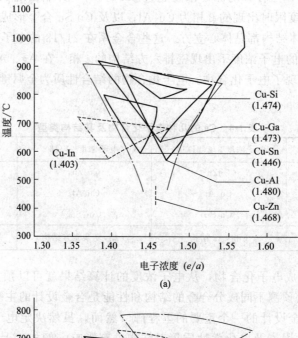

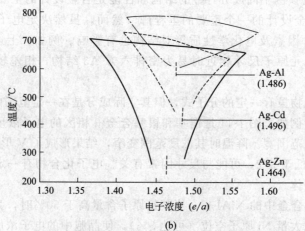

图 1-44　一些铜基和银基合金 β 相区的电子浓度范围
(a) Cu 合金；(b) Ag 合金

金属光泽、导电、正的电阻温度系数，甚至为超导体。这些特性表明，间隙相结合既具有共价键的性质，又具有金属键的性质。间隙相如 VC、W_2C、TiC 和 NbC 等的高硬度在合金工具钢、硬质合金、表面合金化、表面涂层等方面得到了广泛的应用。

间隙化合物的类型很多，结构也复杂。如钢中常见的就有 M_3C、M_7C_3、$M_{23}C_6$、M_6C 等类型，其中 M 为一种或一种以上的金属原子。如 Fe_3C、$(Fe,Mn)_3C$、$(Cr,Fe,Mo,W)_{23}C_6$ 等。括号中的元素可以互相取代。Fe_3C 即渗碳体，维氏硬度高达 $950\sim1050$，其晶体结构为复杂的正方结构，其晶胞如图 1-45 所示，每个晶胞中有 4 个碳原子和 12 个铁原子，分别位于高度为 0.065nm、0.25nm、0.435nm、0.565nm、0.75nm、0.935nm 的平面上，其中的 Fe 可被 Mn、Cr、Mo、V、W 等置换，当 Fe 原子被置换时，点阵发生不同程度的畸变，点阵常数有相应的变化。

(4) 拓扑密堆相（TCP 相）　是由两种大小不同的原子通过适当的配合构成的空间利用率

和配位数都很高的结构复杂的中间相，英文写作 topologically close-packed phase。前面已经述及，面心立方和密排六方结构是同类原子的最密堆结构，其配位数为 12，同类原子不可能排成具有更大配位数的结构。而大小原子配合可达到高度密堆，配位数可达 12～16，这样形成的中间相由于具有拓扑学特点而被称为拓扑密堆相。图 1-46 示出了配位数为 14～16（CN14～CN16）时近邻的原子中心连接起来形成的配位多面体及其投影图。

TCP 相的类型很多，如拉弗斯相（$MgCu_2$、$MgZn_2$、$ZrFe_2$ 和 $TiFe_2$ 等）、σ 相（FeCr、FeV 和 FeMo 等）、μ 相（Fe_7W_6、Fe_7Mo_6 和 FeMo 等）、Cr_3Si 型相（Cr_3Si、Nb_3Sn 和 Nb_3Sb 等）、R 相（$Cr_{18}Mo_{31}Co_{51}$ 等）和 P 相（$Cr_{18}Ni_{40}Mo_{42}$ 等）。一方面这些相在合金中多数是有害的，如 σ 相在不锈

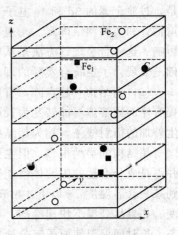

图 1-45　Fe_3C 的晶胞

钢、耐热钢或高温合金中析出时，其塑性明显降低，脆性大为增加。但另一方面有些 TCP 相却是重要的超导材料，如 Cr_3Si 型化合物 Nb_3Sn 等。因此，了解 TCP 相的结构特点和形成的成分范围，对合金成分设计和处理工艺的制定有重要意义。

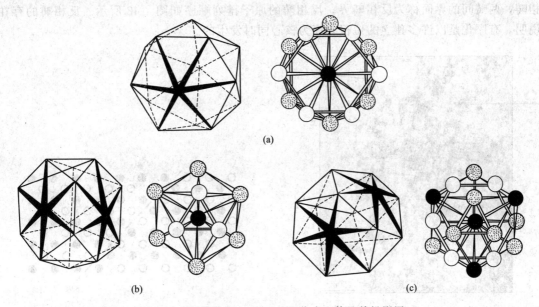

图 1-46　配位数为 14～16 的配位多面体及其投影图
(a) CN14；(b) CN15；(c) CN16

现在材料的成分日趋复杂，加入的元素达 10 种以上，用实验的方法极难优化其成分。20 世纪 60 年代中期提出了用电子计算机进行相计算的方法——PHACOMP，用这一经验的方法来预测高温合金中的 TCP 相的出现，效果很好。例如，由经验总结出 σ 相单相区对应的平均电子空位数为 3.35～3.68。合金的成分设定后，其平均电子空位数 N_v 可由下式求得：

$$N_v = \sum_i^n c_i N_i \qquad (1-11)$$

式中，c_i 为第 i 种元素的原子分数；N_i 为其电子空位数；n 为元素的总数。应该注意的

是，过渡金属的 3d 和 4s 电子有交叠，N_i 不能简单地用 $10-d$ 层电子数求出，而要通过理论估计和实验测定确定。c_i 也不能由合金的名义成分求得，而应扣除 σ 相析出前先析出相的影响。这一合金设计方法是从电子理论进行合金设计的又一里程碑。近年来又在该方法的基础上发展出了更符合实际的理论，如 d-cluster 理论。

(5) 超结构（超点阵，有序固溶体） 是指在一定温度下，成分接近于一定原子比的短程有序的固溶体可能转变为长程有序，即超结构。长程有序固溶体在 X 射线衍射图上会产生外加的衍射线条，称为超结构线，故将该固溶体称为超结构或超点阵。

超结构的类型很多，但主要形成于面心立方、体心立方和密排六方结构的固溶体中。但并不是成分合适的固溶体就能够形成有序固溶体，一般在高温下固溶体是无序的，缓慢冷却到某一临界温度 T_c 以下才出现长程有序。这种合金由无序到长程有序的转变称为有序化转变。如果从高温下快速冷却，可以在低温下仍保持高温的无序状态，但该无序状态为亚稳状态，长时间保温使原子充分地扩散重排后仍可能发生有序化转变。

20 世纪 50 年代末用透射电子显微镜（TEM）发现，有序固溶体是由许多称为有序畴的小区域组成的，如图 1-47 所示。畴内的原子呈有序排列，各畴块内的原子排列取向是一致的，但相邻畴块的原子排列的顺序却不越过畴块而中断于畴间，相邻畴块间有明显的分界面，界面两侧的原子排列的顺序反相。因此也将有序固溶体中这种相位不同的小区域称为反相畴，两畴间的界面称为反相畴界。反相畴的原子排列顺序如图 1-48 所示。反相畴的存在说明，有序化是以许多独立的短程有序为核心同时发生的。

图 1-47　Cu_3Au 反相畴的 TEM 像

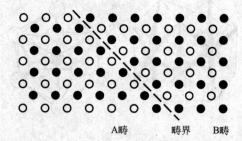

A畴　　　畴界　　B畴

图 1-48　反相畴的原子排列顺序

有序化后，合金的性能也出现相应的改变，如 Cu-Au 合金，有序化后的电阻率仅为无序状态的 $1/3 \sim 1/2$。有序化还使合金的强度、硬度升高。对 Ni_3Mn 和 Cu_2MnAl 等合金，无序状态下为顺磁性，有序化后变为铁磁性。

1.3　陶瓷材料的结构

尽管人类应用陶瓷（ceramics）已经有上万年的历史，但陶瓷的定义目前仍然不甚统一。一般狭义地理解陶瓷包括硅酸盐、日用陶瓷、玻璃、水泥、耐火材料等，这一分类显然是不严格的，因为硅酸盐包含玻璃、水泥等。有人根据制备工艺将陶瓷定义为：在加热或同时加热加压的条件下制备成的固体化合物。更有人将无机非金属材料都称为陶瓷，按此定义，碳、硅、干冰等也应归入陶瓷的范围。一般来说，可以将陶瓷理解为金属与非金属元素形成的离子型或共价型的化合物或它们混合构成的材料。

传统的陶瓷只包括日用陶瓷、玻璃、水泥、耐火材料等。现代陶瓷除传统陶瓷外，还包括先进陶瓷（advanced ceramics）或称特种陶瓷，是指用人工合成的原料采用普通陶瓷工艺制得的新材料，如氧化物、碳化物、氮化物、硼化物、硅化物等。

陶瓷的结构可以是晶态的，如大部分特种陶瓷通常都是晶态的。陶瓷也可以是完全非晶态的，如玻璃。但在许多情形下，陶瓷材料的结构是晶相和非晶相的混合，而且陶瓷材料中总是或多或少地含有气体和孔洞。本节主要讨论其晶相和非晶相的固态结构。

1.3.1 特种陶瓷的结构

特种陶瓷一般由人工原料制成，是较纯的化合物或数种较纯的化合物的简单混合体。常见的这类化合物包括 BN、ZrO_2、Si_3N_4、Al_2O_3、SiC、Y_2O_3、TiO_2 和 Fe_2O_3 等许多种。由于存在空位等缺陷，这些化合物也可以是非化学计量比的，如有正离子空位的 $Fe_{1-x}O$、$Co_{1-x}O$、$Cu_{2-x}O$、$Ni_{1-x}O$、γ-$Al_{2-x}O_3$、γ-$Fe_{2-x}O_3$ 和有负离子空位的 ZrO_{2-x}、TiO_{2-x} 等，其中，x 是一个小数，可高达 0.3。

这些化合物的结构一般为简单的晶体，典型的结构有闪锌矿结构、纤锌矿结构、NaCl结构、CsCl结构、方石英结构、金红石结构、萤石结构、赤铜矿结构、刚玉结构、Ti_2O_3 结构等许多种。闪锌矿结构、纤锌矿结构、NaCl结构、CsCl结构和萤石（CaF_2）结构等前面已有介绍，这里再择要介绍数种。

图 1-49 示出的是赤铜矿（Cu_2O）结构的晶胞。该结构属于立方晶系，其中，负离子（O^{2-}）在晶胞中的坐标为 $(0，0，0)$、$(1/2，1/2，1/2)$，正离子（Cu^+）在晶胞中的坐标为 $(1/4，1/4，1/4)$、$(1/4，3/4，3/4)$、$(3/4，1/4，3/4)$、$(3/4，3/4，1/4)$。Ag_2O 和 Fe_2S 等许多化合物具有此种结构。

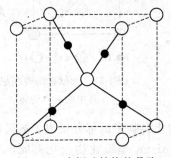

图 1-49　赤铜矿结构的晶胞

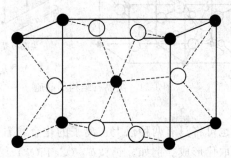

图 1-50　金红石结构的晶胞

图 1-50 所示的是金红石（TiO_2）结构的晶胞。金红石属于四方晶系，晶胞中有 2 个 Ti 原子和 4 个 O 原子，其中，Ti 原子的坐标为 $(0，0，0)$、$(1/2，1/2，1/2)$，O 原子的坐标为 $(x，x，0)$、$(1-x，1-x，0)$、$(1/2+x，1/2-x，1/2)$、$(1/2-x，1/2+x，1/2)$，其中，x 是一个小于 1 的正数，可随化合物中的正、负离子半径的变化而改变。

以二元化合物来说，随着正、负离子尺寸的变化，AB、A_2B（或 AB_2）、A_3B_2 型化合物的结构都有不同的变化，难于一一列举，表 1-5 列出了一些二元氧化物的结构类型。

表 1-5　二元氧化物的主要结构

负离子堆积方式	M/O 配位数	正离子位置	结构名称	举　例
立方密堆	6:6	全部八面体间隙	岩盐	$NaCl$、KCl、LiF、CaO、FeO
立方密堆	4:4	1/2 四面体间隙	闪锌矿	ZnS、BeO、SiC
立方密堆	4:8	全部四面体间隙	反萤石	Li_2O、Na_2O、K_2O、硫化物
立方密堆[①]	6:3	1/2 八面体间隙	金红石	TiO_2、CeO_2、SnO_2、MnO_2、VO_2
六角密堆	4:4	1/2 四面体间隙	纤锌矿	ZnS、ZnO、SiC
六角密堆	6:6	全部八面体间隙	砷化镍	$NiAs$、FeS、$FeSe$、$CeSe$
六角密堆	6:4	2/3 八面体间隙	刚玉	Al_2O_3、Fe_2O_3、Cr_2O_3、Ti_2O_3
简立方	8:8	全部立方间隙	CsCl	$CsCl$、$CsBr$、CsI
简密堆	8:4	1/2 立方间隙	萤石	CaF_2、ThO_2、PrO_2、ZrO_2、CeO_2、HfO_2
互联四面体	4:2	一	硅石	SiO_2、CeO_2

① 畸变结构。

在许多情况下，这些化合物有两种以上的正离子，此时其结构更复杂。如尖晶石（Al_2MgO_4）结构属于面心立方，其晶胞中含有 8 个分子（56 个原子），其中的原子分别处在：Mg 的坐标为 (0, 0, 0)、(1/4, 1/4, 1/4)，Al 的坐标为 (5/8, 5/8, 5/8)、(5/8, 7/8, 7/8)、(7/8, 5/8, 7/8)、(7/8, 7/8, 5/8)，O 的坐标为 (x, x, x)、$(1/4-x, 1/4-x, 1/4-x)$、$(x, 1-x, 1-x)$、$(1/4-x, 1/4+x, 1/4+x)$、$(1-x, x, 1-x)$、$(1/4+x, 1/4-x, 1/4+x)$、$(1-x, 1-x, x)$、$(1/4+x, 1/4+x, 1/4-x)$。

其中，x 是一个小于 1 的正数，可随化合物中的正、负离子半径的变化而改变。这样复杂的晶胞很难用立体图清楚地表示晶胞中各原子的位置，如果将一个晶胞平行于各坐标轴均匀切成八块，可得到两种不同的均匀小块，称为 A 块和 B 块，图 1-51 给出了这两种小块的立体图，并标明其在晶胞中的位置，有助于理解其中的原子位置。

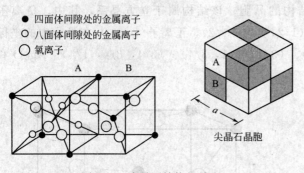

● 四面体间隙处的金属离子
○ 八面体间隙处的金属离子
○ 氧离子

尖晶石晶胞

图 1-51　尖晶石结构的晶胞

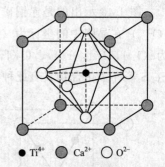

● Ti^{4+}　● Ca^{2+}　○ O^{2-}

图 1-52　钙钛矿结构晶胞及其中的氧八面体

也可将具有两种以上正离子的化合物看成一种正离子的化合物中的部分正离子被其他正离子取代形成。例如，钙钛矿（$CaTiO_3$）结构可以看成是 M_2O_3 型氧化物变化而成，其通式为 ABO_3，其中，A 离子半径较大，一般为 0.1～0.14nm，与氧离子半径较接近，可以与氧离子共同形成密堆积，各个氧八面体顶点相连；而 B 离子半径较小，一般为 0.045～0.075nm，能够处在氧八面体间隙，适合于八面体配位。同时，A、B 离子价数的总和要等于氧离子价数的 3 倍。而且，三种离子的半径间应满足一定的条件。理想的钙钛矿结构是立方的，其晶胞如图 1-52 所示，其中 Ca^{2+} 的坐标为 (0, 0, 0)，Ti^{4+} 的坐标为 (1/2, 1/2, 1/2)，O^{2-} 的坐标为 (0, 1/2, 1/2)、(1/2, 0, 1/2)、(1/2, 1/2, 0)。属于这种结构的化合物还有 $BaZrO_3$、$PbZrO_3$、$SrSnO_3$、$BaSnO_3$、$CdCeO_3$、$PbCeO_3$、$LaMnO_3$、$KNbO_3$、$NaWO_3$ 等。

有多种正离子的化合物的结构变化更多，表1-6列出了一些三元氧化物的主要结构类型。随正、负离子尺寸和价态的变化，这些结构还会发生许多变化。

表 1-6　三元氧化物的主要结构类型

负离子堆积方式	M/O 配位数	正离子位置	结构名称	举　　例
立方密堆	12∶6∶6	1/4 八面体间隙 B	钙钛矿	$CaTiO_3$、$SrTiO_3$、$CdTiO_3$、$SrZrO_3$
立方密堆	4∶6∶4	1/8 四面体间隙 A 1/2 八面体间隙 B	尖晶石	Al_2MgO_4、$FeAl_2O_4$、$ZnAl_2O_4$
立方密堆	4∶6∶4	1/8 四面体间隙 A 1/2 八面体间隙 A、B	反尖晶石	$FeMg_2O_4$、Mg_2TiO_4
六角密堆	6∶6∶4	2/3 八面体间隙 A、B	钛铁矿	$FeTiO_3$、$NiTiO_3$、$CoTiO_3$
六角密堆	6∶6∶4	1/2 八面体间隙 A 1/8 四面体间隙 B	橄榄石	Mg_2SiO_4、Fe_2SiO_4

1.3.2　硅酸盐的晶体结构

硅酸盐种类繁多，其中的正、负离子都可以全部或部分地被其他离子取代，化学组分复杂。其化学组成可以用构成硅酸盐的氧化物表示，例如 $K_2O \cdot Al_2O_3 \cdot 6SiO_2$ 表示钾长石；也可用无机盐写法，按离子数的比例表示其化学组成，例如 $KAlSi_3O_8$ 也表示钾长石。硅酸盐的结构也很复杂，但其结构上有共同的特点，即都是 $[SiO_4]^{4-}$ 四面体按不同方式的组合。总体上说，可将硅酸盐的结构特点归结如下。

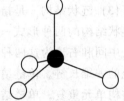

图 1-53　孤立的硅氧四面体

硅酸盐的基本结构单元是 $[SiO_4]^{4-}$，即一个 Si^{4+} 存在于四个 O^{2-} 为顶点的四面体中心，构成硅氧四面体，如图 1-53 所示，其中的化学键为离子键和共价键的混合，二者各占约一半的比例。硅氧四面体中的 Si—O—Si 键的键角平均为 145°，存在一个 120°~180° 的角度分布范围。硅酸盐中不存在 Si^{4+} 之间的键，Si^{4+} 通过 O^{2-} 连接，其中的每个氧最多被两个硅氧四面体共有。硅氧四面体可以相互孤立地存在于结构中，也可以相互连接成链状、平面或三维网状，连接的方式只能是共顶（有公共顶点）。

不同的硅酸盐材料中硅氧四面体的连接方式不同，使其结构有许多变化。而且硅酸盐一般不是密堆结构，其中又可能有不同种类的杂质，使其分子一般较大，结构也特别复杂。按其硅氧四面体的连接方式，一般将其分为如下几类。

(1) 岛状结构　该结构中硅氧四面体以孤立状态存在，即其顶角间互不相连，每个 O^{2-} 除了与 Si^{4+} 成键外，还与金属正离子配位，使硅氧四面体之间通过金属正离子联系起来。锆英石（$ZrSiO_4$）、镁橄榄石（Mg_2SiO_4）、蓝晶石（$Al_2O_3 \cdot SiO_2$）等都具有这种结构。图 1-54 给出了锆英石的结构。

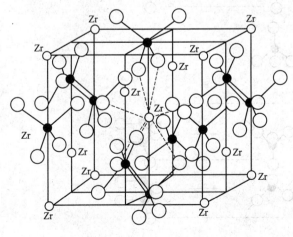

图 1-54　锆英石的结构

(2) 组群状结构 该结构中由 2 个、3 个、4 个、6 个硅氧四面体通过公共氧相连接，形成孤立的硅氧络阴离子，如图 1-55 所示，硅氧络阴离子再通过其他金属正离子连接起来。硅氧四面体之间共用的 O^{2-} 原子价已经饱和，称为非活性氧；而只用去一价的 O^{2-} 还可与金属正离子配位，称为活性氧。例如，硅钙石（$Ca_3Si_2O_7$）、铝方柱石（$Ca_2Al_2SiO_7$）、镁方柱石（$Ca_2MgSi_2O_7$）、蓝锥矿（$BaTiSi_3O_9$）、绿宝石（$BeAl_2Si_6O_{18}$）都具有组群状结构。

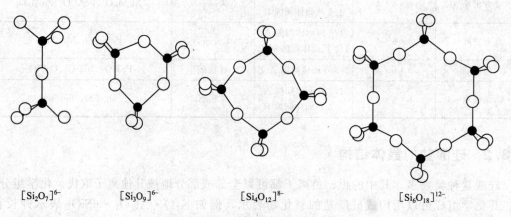

$[Si_2O_7]^{6-}$ $[Si_3O_9]^{6-}$ $[Si_4O_{12}]^{8-}$ $[Si_6O_{18}]^{12-}$

图 1-55 孤立的硅氧四面体的组群

(3) 链状结构 是指硅氧四面体通过共用的氧连接起来形成的连续的链。图 1-56 示出了链状结构的两种形式——单链和双链，其中的最上面为单链的一段，最下面为双链的一段，中间和右边为这两种链段在相应方向的投影。单链是指硅氧四面体通过一个共用的氧连接成的一维长链。单链结构的硅氧四面体中有两个 O^{2-} 变成非活性氧，常常以 $[Si_2O_6]^{4-}$ 为结构单元重复。单链结构中的硅氧四面体按不同的取向成链可导致结构的不同变化，如图 1-57 所示。透辉石（$CaMgSi_2O_6$）、顽火辉石（$MgSiO_3$）、锂辉石（$LiAlSi_2O_6$）等具有单链结构。由于链内 Si—O 键比链间的 M—O 键强得多，单链结构材料易沿链间结合较弱处劈

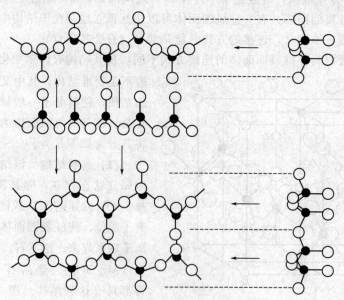

图 1-56 硅氧四面体的链状结构

裂成纤维。例如，角闪石、石棉均为细长纤维。

图 1-57　单链的不同结构

图 1-58　双链的不同结构

　　两条相同的单链再通过单链中未共用的氧连接起来就构成了双链。双链结构常常以 $[Si_4O_{11}]^{6-}$ 为结构单元重复。双链结构中的硅氧四面体按不同的取向成链也可导致结构的不同变化，如图 1-58 所示。例如，透闪石 $[Ca_2Mg_5(Si_4O_{11})_2(OH)_2]$ 即具有双链结构。

　　(4) 层状结构　是指硅氧四面体通过三个共用氧所构成的向二维空间无限伸展的六方环状硅氧层为基本单元的结构。图 1-59 所示为层状结构的六方环，在六方环中可以取出一个 $a=0.52nm$、$b=0.90nm$ 的矩形单位 $[Si_4O_{10}]^{4-}$。在层状结构中，每个硅氧四面体上只有一个活性氧可以与金属正离子发生配位关系。按活性氧的方向不同，层状结构还可分为两类：一类的所有活性氧都指向一个方向；另一类活性氧交错地指向相反的两个方向。滑石 $[3MgO\cdot4SiO_2\cdot H_2O,Mg_3Si_4O_{10}(OH)_2]$、高岭石、水云母、白云母等矿物都具有层状结构。这些矿物中还常常有以 OH^- 形式存在的结晶水，由于结合不牢固，这些结晶水除去时不会破坏晶格。由于层与层之间结合不牢固，这些化合物容易沿层间劈开，显示明显的各向异性。

　　(5) 架状结构　是指硅氧四面体通过共用氧连接成的三维骨架网络结构。在架状结构中，硅氧四面体中的所有 O^{2-} 都是共用氧。例如，将活性氧交错指向相反方向的硅氧层叠置起来，使每两个活性氧

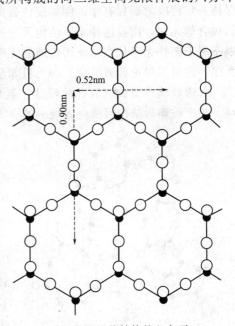

图 1-59　层状结构的六方环

被一个共用氧代替，从而使片与片之间通过共用氧连接起来，就形成一种蜂巢状的架状结构。该结构的基本单元是 SiO_2，由于硅氧四面体的连接方式不同，使得 Si—O 键长和 Si—O—Si 之间的键角发生变化，导致 SiO_2 存在许多变体，引起结构差异。

　　常压下 SiO_2 存在 7 种同质异构晶型，其中石英、鳞石英和方石英是最主要的。不同晶型间的转变如下：

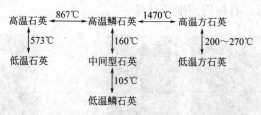

$$\text{高温石英} \xrightarrow{867℃} \text{高温鳞石英} \xrightarrow{1470℃} \text{高温方石英}$$

高温石英 $\downarrow$ 573℃　高温鳞石英 $\downarrow$ 160℃　高温方石英 $\downarrow$ 200～270℃

低温石英　　中间型石英　　低温方石英

中间型石英 $\downarrow$ 105℃

低温鳞石英

其中横向的转变是缓慢升温降温时的转变，纵向的是快速升温降温时的转变。由于天然硅酸盐矿物中一般都含有一定量的杂质，即金属正离子取代一部分 Si^{4+}，使结构更为复杂，对称性下降为三斜和单斜。例如除石英外，霞石（$NaAlSiO_4$）、沸石（$NaAlSi_2O_6 \cdot H_2O$）、长石（$M[AlSi_3O_8]$）都具有架状结构，长石中的 M＝K，Na，Ca，Ba，分别称为钾、钠、钙、钡长石。

1.3.3　玻璃的结构

玻璃的典型结构是非晶态的，所以通常也将非晶态称为玻璃态。在特殊的条件下金属也能形成非晶态，有人将非晶态的金属称为金属玻璃。非晶态结构的本质是不像晶体一样存在三维的长程有序结构。材料的无序可以表现为组分无序和结构无序。组分无序时异类原子的排列次序是随机的，但在结构上仍然保持晶态，因为这种情况下化学键仍然是有序的，如固溶体的偏聚结构。结构无序又可分为键无序和拓扑无序。键长和键角的无序称为键无序，它可以改变晶体的周期性结构。拓扑无序是一种更严重的无序，指原子的长程有序不存在，但保持一定程度的短程有序，例如配位数保持基本不变，但键长和键角发生变化。拓扑无序必然包含键无序，而且这种无序结构无法通过键的调整再回到周期性的晶体结构。大部分的玻璃态属于拓扑无序状态，金属玻璃的无序程度更大，配位数也是不确定的，可能是结构完全无序。这里只讨论普通玻璃，即无机非金属玻璃。

普通玻璃的组成一般有硅酸盐、氧化物等，硼酸盐、锗酸盐、磷酸盐等也容易形成玻璃。关于玻璃的结构目前尚无统一的令人信服的理论或模型，这里简要介绍两种较为普遍地被接受的学说。

1932 年查哈里阿生（Zachariasen）提出了玻璃的无规则网络模型，该模型依据结晶化学的观点提出用三维网络的空间结构解释所有氧化物玻璃的结构。网络中的一个氧离子最多同两个形成网络的正离子 M（如 B、Si 等，称为网络形成正离子）连接，M 的配位数是 3～4。正离子在氧多面体（三角体 MO_3 或 MO_4）的中央，这些氧多面体通过顶角上的共用氧依不规则方向相连，但不能以氧多面体的边或面相连，这些共用氧连接两个网络形成正离子而成为"氧桥"，通过氧桥搭接成向三维空间发展的无规则连续网络。玻璃中还可能有一价正离子 R^+（如 Na^+、K^+ 等）或二价正离子 R^{2+}（如 Ca^{2+}、Mg^{2+} 等），这些离子称为网络改变正离子，它们会破坏 Si—O 键使部分氧桥断裂，使结构发生变化。图 1-60 示出了无规则网络学说的石英玻璃结构模型。对硅酸盐，认为由

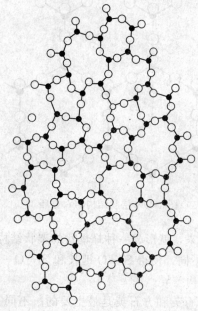

图 1-60　石英玻璃的无规则网络模型

$[SiO_4]^{4-}$四面体无序排列，形成无周期反复的结构构成玻璃。这种结构模型反映了玻璃结构短程有序、长程无序的特点。

图 1-61 示出了玻璃中 SiO_2 的网络结构。在普通玻璃中加入添加剂 R_2O、RO，如 Na_2O、K_2O、Li_2O、MgO、CaO 等网络改变剂（network modifier），则形成特殊玻璃，分别称为钠玻璃、钾玻璃、锂玻璃、镁玻璃、钙玻璃等。由于添加剂可破坏部分 Si—O 网络，断裂氧桥，使其可改变玻璃的黏度。图 1-62 是钠钙玻璃结构示意图，其中的 Na—O 弱键使玻璃的黏度降低。添加剂在改变玻璃黏度的同时还可能改变玻璃的颜色。

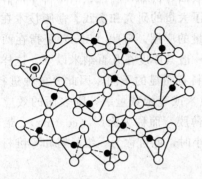

图 1-61　玻璃中 SiO_2 的网络结构

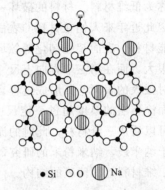

● Si　○ O　◉ Na

图 1-62　钠钙玻璃结构示意图

另一种玻璃结构模型为微晶模型（crystallite model），该模型的提出来自对玻璃的折射率随温度变化的解释。图 1-63 是硅酸盐玻璃加热时的折射率与室温折射率之差 Δn 与温度 T 的关系。可见在 500℃ 以上折射率突然降低，这种现象对不同的玻璃都有一定的普遍性。上述折射率突变的温度范围正与 β 石英→α 石英多晶型性转变温度相符合，因此推断玻璃中存在石英的"微晶"，从而提出了玻璃结构的微晶模型。该模型认为玻璃是由极其微小的"晶体"（原子的集合体）构成的，这些小晶体分散在无定形的介质中，将这种小晶体称为晶子。许多实验都可证实玻璃中微晶的存在。对玻璃进行 X 射线衍射测试，可见宽化峰的存在，可作为微晶存在的实验证据。又如含 SiO_2 在 70% 以上的 $Na_2O\text{-}SiO_2$、$K_2O\text{-}SiO_2$ 系玻璃在 85～120℃、

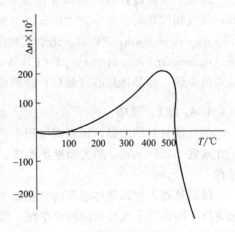

图 1-63　硅酸盐玻璃的折射率与温度的关系

145～165℃、180～210℃ 范围内折射率有明显突变，正好和磷石英、方石英的多晶型性转化温度相符，说明玻璃中可同时存在几种微晶。而玻璃的折射率变化与 SiO_2 含量有关，说明其中的微晶数量与玻璃的化学组成有关。

可以看出，不同的玻璃结构模型各能解释一些实验现象，但都不能解释所有的实验现象。也就是说，不同的模型都有合理的成分，但都不能完全正确地描述玻璃的结构。因此关于玻璃结构模型的发展可能要依靠上述模型的相互借鉴与融合，统一于短程有序、长程无序。与光的波粒二象性相似，将玻璃考虑成微晶分布于无定形的介质中。但其中有序无序的比例、结构等方面目前还难于统一，有待于进一步研究。对玻璃结构的深入理解有利于指导制造具有预期性质的玻璃。

1.4 低维材料的结构

一般来说，材料是三维固体。前面所述的理想的晶体在三维空间中应该是无穷大的，理论上晶体是没有边界的，即没有表面的。实际上无穷大的材料当然是不存在的，但材料在三维方向上都应该是宏观的尺度。如果材料在某一方向或某几个方向的尺度相对于其他方向很小，则称为低维材料。材料的破坏一般首先发生在表面。例如，腐蚀、磨损都是从表面开始发生。因此近年来人们在材料的表面改性方面进行了大量的研究和实践。薄膜技术在电子工业、功能材料、表面超强韧化等领域已经获得了大量的应用。薄膜（film）是指在两个方向上尺寸很大，而在第三个方向上尺寸很小的材料，一般其厚度在几百纳米以下，这样的材料具有相对很大的表面，其形成过程、结构都与体材料有明显的不同，因此要单独进行描述。如果表面涂覆层的厚度超过一定尺寸，例如达到微米或毫米数量级，则表面的效应不再明显，就可以看成三维材料，此时的涂覆层不再称为薄膜，而称为涂层（coating）。最近又有许多关于纳米线、纳米粉末的研究，当其尺寸足够小时，就可称为一维材料和零维材料。本节讲述二维材料，即薄膜的结构。

1.4.1 薄膜的形成过程

薄膜的形成过程对其结构和性能有直接的影响。形成机制也因制备方法不同而异。例如，仅气相沉积制备薄膜方法就有真空蒸发、溅射镀膜、离子镀膜、物理气相沉积（physical vapor deposition，PVD）、化学气相沉积（chemical vapor deposition，CVD）、分子束外延（molecular beam epitaxy，MBE）等方法。但各种方法的薄膜形成过程都要经历形核＋长大的步骤，即晶体核心（晶核）的形成和晶核长大的过程。

1.4.1.1 形核

与三维材料的结晶，即凝固过程不同，薄膜的形核不是在液相中进行，一般是气相的原子在基底（substrate）的表面聚集而成，一般包括吸附、凝结、临界核形成、稳定核形成等过程。

吸附是指入射到基体表面的气相原子被悬挂键吸引住的现象。所谓悬挂键是指在固体表面突然中断的原子或分子间的化学键。吸附分为物理吸附和化学吸附。物理吸附是指被吸附原子与基底表面靠范德华力连接的情形。化学吸附是指被吸附原子与基底表面靠离子键、共价键等化学键连接的情形。

当原子被吸附到基底表面时，无论发生物理吸附还是化学吸附，都与表面的悬挂键形成键合力，降低表面能，因此吸附后要放出吸附热。释放了吸附能后，原子仍然可以有多余的能量，这种能量可以是使原子在基底表面水平移动的动能，这是先后吸附到基底表面的原子能够聚集而凝结的原因。如果原子的初始动能较高，在释放了吸附能后仍可以越过能垒发生垂直移动，跳离基底表面。这种被吸附的原子脱离表面再蒸发的现象称为解吸。气相沉积过程实际上是吸附和解吸过程的动态平衡。单位时间、单位面积上吸附的原子数量与基板温度、沉积方法（原子动能、气相浓度）等因素有关。

由于吸附后的原子仍可发生解吸，吸附的原子不能在基底表面稳定存在，自发形成固态的薄膜。吸附后的原子可能发生凝结过程。凝结即吸附原子在基底表面形成原子对或更大的原子集团的过程。气体原子在基体表面形成吸附原子后，只具有水平方向的动能，使其在表面不同方向进行扩散运动，扩散结果使单个原子间相互碰撞，形成原子对和更大的原子集团，即凝结。但无论吸附还是凝结仍然是动态平衡过程，可能发生分解和蒸发，只有在满足了一定的热力学条件后才能形成稳定的固相薄膜。对于形核的热力学条件，有基于不同模型的推导。

热力学界面能形核理论是建立在与凝固的非均匀形核过程相似的模型上的。所谓均匀形核是指新相晶核在均一的母相内均匀地形成。例如，凝固时晶体核心可能在均一的液相中不同部位随机形成。所谓非均匀形核是指新相晶核在母相中不均一处择优地形成。例如，凝固时靠近型壁（容器）界面处的液体温度低，且液体与型壁的界面能与液体表面能不同，往往成为晶核形成的优先位置。

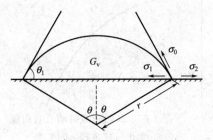

图 1-64　基底表面的球冠形晶核

薄膜晶核是依附于基底形成的，与凝固时型壁上的非均匀形核过程很相似。设晶核是半径为 r 的球冠形，如图 1-64 所示。则晶核形成时，原来的气相-基底界面被晶核覆盖而减小，但同时增加了晶核-气相界面、晶核-基底界面，使体系自由能升高。但由于形成的固相的体积自由能比气相低，并且减少了气相-基底界面，使体系的自由能降低。所以晶核形成时的总自由能变化为：

$$\Delta G = V_\alpha \Delta G_v + A_0 \sigma_0 + A_1 \sigma_1 - A_2 \sigma_2 \tag{1-12}$$

式中，V_α 和 ΔG_v 分别是晶核的体积和晶核形成时单位体积的自由能变化；A_0、σ_0，A_1、σ_1 和 A_2、σ_2 分别是晶核-气相界面、晶核-基底界面和晶核形成时减少的气相-基底界面的面积和界面能。且有：

$$A_1 = A_2 \tag{1-13}$$

在晶核、基底和固相的交叉点处，表面张力应达到平衡，所以有：

$$\sigma_2 = \sigma_0 \cos\theta_1 + \sigma_1 \tag{1-14}$$

式中，θ_1 是晶核与基底的接触角，且 $\theta_1 = \theta$。

又由于晶核-基底界面面积为：

$$A_1 = \pi (r\sin\theta)^2 \tag{1-15}$$

晶核-气相界面面积为：

$$A_0 = 2\pi r^2 (1 - \cos\theta) \tag{1-16}$$

球冠形晶核的体积为：

$$V_\alpha = \pi r^3 \left(\frac{2 - 3\cos\theta + \cos^3\theta}{3} \right) \tag{1-17}$$

将这些公式代入式(1-12) 并整理得：

$$\Delta G = V_\alpha \Delta G_v + A_0 \sigma_0 + A_1 \sigma_1 - A_2 \sigma_2$$

$$= \pi r^3 \left(\frac{2 - 3\cos\theta + \cos^3\theta}{3} \right) \Delta G_v + [2\pi r^2 (1 - \cos\theta) - \pi r^2 \sin^2\theta\cos\theta]\sigma_0$$

$$= \left(\frac{4}{3}\pi r^3 \Delta G_v + 4\pi r^2 \sigma_0 \right) \left(\frac{2 - 3\cos\theta + \cos^3\theta}{4} \right) = \left(\frac{4}{3}\pi r^3 \Delta G_v + 4\pi r^2 \sigma_0 \right) f(\theta) \tag{1-18}$$

$$f(\theta) = \frac{2 - 3\cos\theta + \cos^3\theta}{4} \tag{1-19}$$

式中，$f(\theta)$ 为几何形状因子。

对一定的体系，θ 是定值，所以 $f(\theta)$ 是定值，ΔG_v 和 σ_0 也是定值，所以 ΔG 只是 r 的函数，其函数关系如图 1-65 所示。可见 ΔG 随 r 的变化有极大值，以 r_c 表示出现极大值时的球冠形晶核半径，则有以下关系。

① 当 $r < r_c$，长大使 ΔG 升高，晶核趋向于解体。

② 当 $r > r_c$，长大使 ΔG 降低，晶核自动长大。

③ 当 $r = r_c$，处于临界状态，晶核长大和解体的趋势相同，长大和缩小均使体系自由能降低。

因此，将长大和缩小均使体系自由能降低的晶核称为临界核。将长大时使体系的自由能降低的晶核称为稳定核。此处 $r = r_c$ 的晶核就是临界核，$r > r_c$ 的晶核就是稳定核。值得注意的是，虽然晶核半径超过临界晶核半径，体系的自由能会降低，但是形成该尺寸的晶核时体系的总自由能变化 $\Delta G > 0$，晶核形成仍然需要外界能量补偿。临界

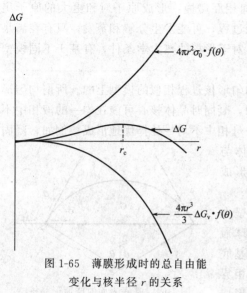

图 1-65　薄膜形成时的总自由能
变化与核半径 r 的关系

晶核形成所需的外界能量补偿称为形核功。

由于 $r = r_c$ 时 ΔG 处于极大值，有：

$$\frac{\mathrm{d}(\Delta G)}{\mathrm{d}r} = 0 \tag{1-20}$$

即：

$$4\pi r^2 \Delta G_v f(\theta) + 8\pi r \sigma_0 f(\theta) = 0 \tag{1-21}$$

所以临界晶核半径为：

$$r_c = -\frac{2\sigma_0}{\Delta G_v} \tag{1-22}$$

但将块状材料的 σ_0 和 ΔG_v 代入式(1-22)，得到的临界晶核半径与实际偏差较大。因此热力学界面能形核理论用来处理薄膜的形核是不准确的，但从该模型得到了临界核和稳定核的概念。该模型不准确的原因是由于薄膜实际形核时临界核很小，不能形成球冠的形状，宏观的表面能、界面能、体积自由能的统计数据在此处不再有意义。例如，Yang 在 1954 年计算真空沉积时的临界核只有 9 个原子，所有原子都在表面，宏观表面能和体积自由能当然不再有意义。因此需要新的模型处理薄膜的形核。

原子聚集理论就是基于临界核和稳定核都是少数原子集团的情形提出的。该理论把原子团看成宏观分子，研究原子团内的键合和结合能与临界核形状、大小和成核速率的关系。例如，D. Walton 提出在基板温度很低时，单个原子就是临界核，随基板温度的升高，临界核逐渐增大。而且在临界核的基础上，原子集团再增加一个原子就可以变成稳定核。例如，当基板温度从低到高时，临界核可能是有 1 个、2 个、3 个原子，如图 1-66 所示，则稳定核可能有 2 个、3 个、4 个原子，具有图中所示的形状。再假设原子结合到原

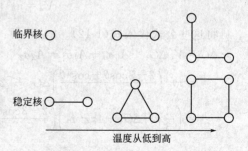

图 1-66　Walton 模型的临界核和
稳定核的大小、形状随温度的变化

子集团后其势能降低，降低值就是其在原子集团中的键能。基于此假设，可推导出二维或三维原子集团的形核速率（单位时间、单位面积上的形核数量）为：

$$I = R \frac{\sigma_n}{a} \left(\frac{Ra^2}{\nu} \right)^n \exp \left[(nQ_{ad} + Q_{ad} + E_{n^\cdot} - Q_D) \frac{1}{kT} \right] \tag{1-23}$$

式中，R 为原子从气相的入射速率；a 为吸附点之间的距离；n 为原子集团中的原子数；σ_n 为原子集团捕获单个原子以形成具有合适形状的原子集团的捕获宽度；ν 为撞击频率；Q_{ad} 为原子形成三维晶核的附加能量；$E_{n^\cdot}$ 为与原子集团的大小 n 及结构相关的原子集团的键能；Q_D 为表面扩散的激活能；k 为玻耳兹曼常数；T 为基板温度。按此模型得到的形核速率在许多实验条件卜都是适用的。

1.4.1.2 生长

生长是指形成稳定核之后的薄膜形成过程。生长一般都要经历岛状、联并、沟道、连续膜四个阶段。图 1-67 示出了薄膜生长的一般过程。该过程实际就是分散在基底表面的大量晶核长大，直至互相接触并逐渐布满整个基底表面形成连续薄膜的过程。

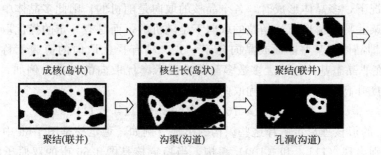

图 1-67　薄膜生长的一般过程

1.4.2　薄膜的结构

由于具有相对非常大的表面，薄膜的结构与缺陷不同于块状材料，但其厚度远大于一般的固体表面的厚度，所以其结构也不同于块状材料的表面结构。而且与基板温度、气相浓度、气相获得方式、沉积速率等制备工艺密切相关。

1.4.2.1　薄膜的晶态结构

薄膜的晶态结构是指薄膜的结晶形态，有无定形、多晶、织构、单晶等几种形态，且结晶时的结构与块状材料也有所不同。

薄膜可以是无定形态，即非晶态的。降低基体温度可降低吸附原子的表面扩散速率，有利于形成非晶态。提高沉积速率使表面吸附原子来不及充分扩散排成晶体，也有利于形成非晶态。引入反应气体可生成氧化层，阻挡晶粒生长。加入掺杂元素使原子排列易发生混乱，也有利于形成非晶态。

许多薄膜具有多晶体（polycrystal）结构。多晶体是指由取向不同的多个小晶体形成的晶体，这些小晶体称为晶粒（grain）。图 1-68 给出了多晶体的结构和形貌。多晶体是晶体的普遍存在形式。例如，前面讲到的金属材料通常不表现出各向异性，而是表现出假（伪）等向性，就是由于金属材料通常是多晶体，由许多晶粒组成，多个晶粒的随机取向使各方向的性能都是多个晶粒的平均值。

对块状材料，形成多晶体的原因是在凝固过程中有许多部位同时形核，与此类似，薄膜

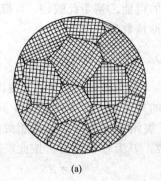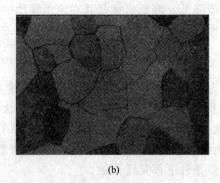

(a)   (b)

图 1-68　多晶体的结构和形貌

(a) 结构示意图；(b) 形貌照片

形成时的各个小岛状晶核取向也是不同的，每个小岛生长至相互接触时都可发展成独立的晶粒，小岛聚集后形成多晶薄膜。

在一般情况下，多晶体形成时，各个晶核的取向是随机的，因此多晶体中晶粒的取向是随机的。但在某些特殊情形下，晶粒的取向不是随机的，而是有一定的择优取向（preferred orientation），即晶体的某些晶面或晶向趋于一致。具有择优取向的薄膜就称为织构（texture）薄膜。在非晶态基体上，大多数多晶薄膜显示择优取向的倾向。例如，对 fcc 结构薄膜，随基板温度升高，实验测得择优取向有下列变化：

$$随机取向 \rightarrow \langle 100 \rangle \rightarrow \langle 100 \rangle + \langle 111 \rangle \rightarrow \langle 111 \rangle$$

用 Walton 的形核理论可解释这些织构的出现。例如，稳定核是图 1-66 中的三角形和正方形时，将分别出现 $\langle 111 \rangle$ 和 $\langle 100 \rangle$ 织构，当稳定核是图 1-66 中的双原子集团时，则不会出现织构。但显然按照这一理论，$\langle 111 \rangle$ 和 $\langle 100 \rangle$ 织构出现的温度顺序与实验相反，这种差别的出现是由于 Walton 的理论中认为原子间成键的键能都相同。李志林等用固体与分子经验电子理论计算了气相沉积过程中不同原子集团中原子间的不同键能，对 Walton 的理论进行修正后预测的织构顺序与实验相同。

在特殊的条件下可获得单晶结构薄膜。单晶结构薄膜一般是用外延生长的方法制备的。所谓外延生长（epitaxy）是指在单晶基片上形成晶体结构和取向都和基片有关的薄膜的过程。外延生长分为同质外延（homoepitaxy）和异质外延（heteroepitaxy），前者指薄膜与基底的成分相同时发生的外延，后者指薄膜与基底材料不同时发生的外延。提高基板温度，使吸附原子充分扩散有利于外延生长。

如果发生异质外延的薄膜和基体的晶面间距分别为 a、b，则定义错配度为：

$$m = \frac{|b-a|}{a} \tag{1-24}$$

过去认为 m 越小，异质外延越易实现，甚至提出 $m > 15\%$ 时即不能发生异质外延，但实验发现了 $m > 30\%$ 的异质外延，因此上述发生异质外延的判别条件不能解释全部的实验事实。发生异质外延的条件目前尚不清楚。

大多数情况下薄膜中晶粒的晶体结构与块状材料相同，但其晶格常数有变化。晶格常数变化的原因是薄膜中有较大的内应力和表面张力。假设点阵常数的变化由表面张力引起，在基板上有一半径为 r 的半球形晶粒，其单位面积的表面能为 σ，则表面张力对这个晶粒产生的压力为：

$$f = 2\pi\sigma r \tag{1-25}$$

这一压力分布在 $S=\pi r^2$ 的面积上，因此压应力为：

$$p=\frac{f}{S}=\frac{2\pi\sigma r}{\pi r^2}=\frac{2\sigma}{r} \tag{1-26}$$

根据虎克定律，晶格常数变化率为：

$$\frac{\Delta a}{a}=\frac{1}{3}\times\frac{\Delta V}{V}=-\frac{1}{3}\times\frac{1}{E_v}p=-\frac{2\sigma}{3E_v r} \tag{1-27}$$

式中，V 为晶粒体积；ΔV 为体积变化量；E_v 为薄膜的体弹性模量。可见晶粒越小，点阵常数变化越大。由于微晶的熔点总比块状材料低，因此薄膜的熔点一般也较块状材料低。

另外，由于薄膜的形成多为远离平衡的非平衡过程，与块状材料相比，多晶薄膜经常出现一些块状材料所没有的亚稳相结构，这是多晶薄膜的一个重要特征。例如，在 ZrO_2 的沉积过程中会形成四方的亚稳相，该亚稳相在块状 ZrO_2 中是不能稳定存在的。沉积工艺条件、基体、杂质、电磁场都是影响亚稳相形成的重要因素。

1.4.2.2 薄膜的晶粒结构

对多晶结构的薄膜，随基底温度等工艺条件的变化，其表面的晶粒结构会发生锥状、纤维状、柱状、等轴状等晶粒形状的变化。1969 年 Movchan 总结了大量的实验事实，提出了溅射多晶薄膜的晶粒结构与气体压力和基板温度的关系，1977 年 Thornton 对该关系进行了修正，形成 Movchan-Thornton 薄膜结构模型，如图 1-69 所示。该模型中用基板温度 T_s/薄膜熔点 T_m 来衡量基板温度。

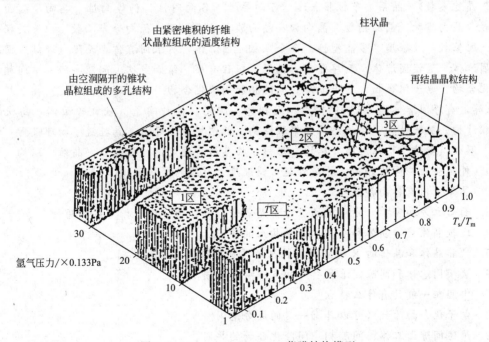

图 1-69　Movchan-Thornton 薄膜结构模型

可见在低温的 1 区为锥状晶粒，其原因是低温下吸附原子扩散速率低，成核少，少量晶核纵向生长，易长成锥状晶粒。锥状晶粒之间有几十微米的纵向气孔，结构不致密。温度升高进入 T 区，晶界变得较模糊，形成密排的纤维状晶粒结构，该结构致密，力学性能好。温度再升高进入 2 区，形成完全致密的柱状晶。温度进一步升高进入 3 区，柱状晶粒长大并形成等轴晶，即形核不仅限于在基底表面，在不同厚度的薄膜上还可形成新的晶核，不同厚度上有数层晶粒。

从上述模型还可见，无论是锥状晶粒、纤维状晶粒还是柱状晶粒，甚至等轴晶粒，其中都可能有一定数量的孔洞。孔洞的多少和薄膜的制备工艺有关，如提高基底温度、增加薄膜厚度等可减少孔洞。

孔洞的多少直接影响薄膜的性能。一般情况下希望薄膜是致密的，即孔洞数量和体积应尽量少。但也有希望孔洞多的特殊情况，如在催化时就可能希望多孔增加表面积从而增大催化活性。

一般用薄膜的聚集密度 P 来衡量薄膜的致密性，定义为：

$$P = \frac{薄膜中固体部分的体积}{薄膜的总体积} \tag{1-28}$$

对实际薄膜，一般 P 为 $0.75 \sim 0.95$。采用离子镀、溅射等技术制备的薄膜，可达到 P 趋近于 1。

思考题和习题

1　掌握下列重要名词含义

晶体　非晶体　准晶体　点阵（晶格）　晶胞　初级晶胞（简单晶胞）　点阵常数（晶格常数，晶胞参数）　晶系　布拉菲点阵　各向异性　各向同性　伪等向性　晶向　晶面　密勒指数　晶向指数　晶面指数　晶向族　晶面族　晶面间距　径向分布函数　位置矢径分布函数　配位数　致密度　多晶型性　合金　相　固溶体　有限固溶体　无限（连续）固溶体　间隙固溶体　置换固溶体　无序分布　偏聚　短程有序　维伽定律　间隙半径　中间相　正常价化合物　电子化合物　电子浓度　间隙相和间隙化合物　拓扑密堆（TPC）相　超结构（超点阵，有序固溶体）　有序化转变　反相畴　陶瓷　特种陶瓷　硅氧四面体　岛状结构　组群状结构　链状结构　层状结构　架状结构　低维材料　吸附　悬挂键　物理吸附　化学吸附　解吸　凝结　均匀形核　非均匀形核　临界核　稳定核　多晶体　晶粒　织构（择优取向）　外延生长　同质外延　异质外延　错配度　薄膜的聚集密度

2　晶体为何有各向异性？

3　面心立方和密排六方点阵的原子都是最密排的，为什么它们形成了两种点阵？

4　比较晶体、非晶体和准晶体在结构上的异同。

5　从非晶体和晶体的 X 射线衍射特征的区别解释其结构的区别。

6　置换固溶体和间隙固溶体引起的点阵畸变有何不同？

7　中间相一般具有什么特点？

8　电子化合物为什么可以具有一定的成分范围？

9　试述间隙固溶体、间隙相、间隙化合物的异同。

10　钠钙玻璃与石英玻璃在结构上有何不同？性能又有何不同？

11　简述玻璃的无规则网络模型和微晶模型。

12　简述薄膜形核的过程和长大的过程。

13　为何从球冠形晶核模型推导出的临界晶核半径与实际偏差很大？更符合实际的模型是什么样的？

14　薄膜的晶态结构有几种形态？各有何特点？

15 薄膜的晶体结构与体材料有区别吗？如果有，是怎样的区别？

16 结合图 1-69 解释薄膜的晶粒结构与基板温度的关系。

17 在晶胞中画出下列晶面和晶向：[111]，[110]，[$\bar{1}$11]，[1$\bar{1}$0]，[20$\bar{1}$]；(111)，(110)，(225)，($\bar{1}$10)，(0$\bar{1}$2)。

18 标出图中晶向和晶面的指数。

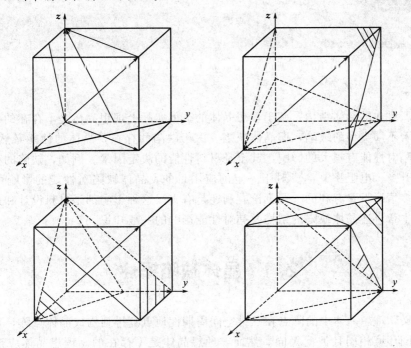

19 计算面心立方和体心立方结构的致密度，画出其任一原子的配位原子，比较两种结构的区别。

20 求密排六方结构的理想轴比。

21 银属于面心立方点阵，若其原子半径为 1.44Å，原子量为 108，求其晶格常数和密度。

22 Al 和 Ag 均属于面心立方点阵，已知原子半径 $r_{Al}=1.428$Å，$r_{Ag}=1.441$Å，从原子尺度判断它们在固态下是否可能无限互溶？为什么？

23 定义晶面上的原子密度为单位面积上的原子数，晶向上原子密度为单位长度上的原子数，分别求出面心立方晶格、体心立方晶格 {100}、{110}、{111} 晶面和 〈100〉、〈110〉、〈111〉 晶向的原子密度，指出其原子最密排晶面和最密排晶向。

24 在面心立方晶格中画出体心正方晶胞，并求出其晶格常数之比 c/a。

25 证明原子最密排面（原子密度最大的晶面）的晶面间距最大。

第2章 晶体缺陷

第 1 章所讲述的晶体结构是基于理想晶体的。但实际上理想晶体是不存在的。实际晶体中总是存在着不同类型的缺陷，即晶体缺陷。由于缺陷的存在，晶体的性能必然发生变化，某些晶体缺陷对性能有很大的影响，甚至是材料性能的决定因素。例如，缺陷的存在导致金属材料强度升高、电阻率升高。对于一定的应用目的，晶体缺陷对性能的影响可能是有害的，但在许多情形下是有利的。但无论有利还是有害，这种影响都是材料设计和选用必须考虑的因素。本章讲述晶体缺陷的结构及其对性能影响的一般知识。

2.1　晶体缺陷概述

按照定义，理想晶体中的阵点在三维空间周期性地重复排列构成晶体点阵，点阵中的每个阵点的周围环境相同且彼此等同。然而，理想晶体是不存在的。理想晶体应该是无穷大的，而实际晶体总是有边界（表面）的。表面上的阵点（原子、分子、原子群、分子群等）的周围环境不可能与内部的阵点的周围环境相同，因此实际晶体不可能是理想晶体。另外，从本章的分析中还可看出，除了表面以外，即使是热力学平衡状态的单晶体中也总是存在点缺陷的，这是理想晶体不存在的另一主要理由。

将晶体中偏离理想的完整结构的区域称为晶体缺陷。由于晶体缺陷的存在，实际晶体的性质与根据理想晶体模型推断出的性质有很大的差异。就像木桶可装水的多少取决于最短的桶板一样，实际晶体的性能在很多情况下是由其中的缺陷决定的。另外，虽然从结构上看晶体缺陷是不完整的，但其决定的性质却有许多方面是可以利用的。因此研究实际晶体的性质不能不研究晶体缺陷。在强烈塑性变形后，晶体中缺陷数量急剧增多，但位置偏移很大的原子数目平均至多占原子总数的千分之一。所以实际晶体仍然是近似完整的，晶体缺陷可用确切的几何模型来描述。

按形成晶体缺陷的原子种类，可将晶体缺陷分成化学缺陷和点阵（几何）缺陷两类。化学缺陷是指由局部的成分与基体不同导致的缺陷。例如，前面讲述过的间隙型溶质原子和置换型溶质原子，都引起局部的点阵畸变和点阵常数的变化，都属于化学缺陷。点阵（几何）缺陷是指原子排列处于几何上的混乱状态，而与构成晶体的元素无关的晶体缺陷。本章主要研究点阵（几何）缺陷。

按点阵缺陷在三维空间的尺度，又可将点阵缺陷分为点缺陷、线缺陷、面缺陷三类。点缺陷是指在 x、y、z 方向的尺寸都很小（相当于原子尺寸）的点阵缺陷，也称为零维缺陷，包括空位和间隙原子。线缺陷是指在两个方向上尺寸都很小，另一个方向上相对很长的点阵缺陷，也称为一维缺陷，如位错。面缺陷是指在两个方向上尺寸很大，另一个方向上尺寸很小的点阵缺陷，也称为二维缺陷，如堆垛层错、晶界、孪晶界、反相畴界、相界和外表面等。也有的论著将空腔和气泡等三维尺寸都较大的缺陷称为体缺陷，在这些部位虽然晶体结构的完整性也受到了破坏，但由于尺寸较大，尽管处于晶体内部，也相当于存在真空或气相，是表面或相界，与介观或宏观缺陷难于区分，因此多数著作不将其列入点阵缺陷中讨论。

2.2 点 缺 陷

2.2.1 肖特基缺陷和弗兰克尔缺陷

点缺陷包括空位和间隙原子。空位是由于原子迁移到点阵中其他位置形成的空结点。间隙原子是指处于点阵中间隙位置的原子。图 2-1 给出了不同点缺陷示意图。其中图 2-1(a) 示出的是肖特基缺陷，其形成是由于点阵中某原子迁移至表面、晶界等处形成空位；图 2-1 (b) 示出的是弗兰克尔缺陷，其形成是由于点阵中某原子迁移至晶体内的其他位置，在形成空位的同时形成一个间隙原子。即在弗兰克尔缺陷中，空位和间隙原子是成对出现的。另外，表面或晶界的原子迁移到点阵内部也可形成间隙原子。

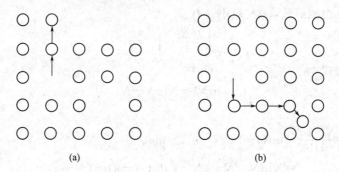

图 2-1　不同点缺陷示意图
（a）肖特基缺陷；（b）弗兰克尔缺陷

2.2.2 点缺陷的特点

由热力学可知晶体的自由能为：

$$F = E - TS \tag{2-1}$$

式中，E 为内能；T 为温度；S 为熵。当缺陷存在时，缺陷引起 E 与 S 均增加，有：

$$\Delta F = \Delta E - T \Delta S \tag{2-2}$$

由于每个点缺陷都引起一定的内能增加，ΔE 与缺陷浓度 C 成正比。由后面的计算可知，实际晶体的缺陷浓度很小，因此缺陷间的相互作用可忽略，即每一个缺陷都引起熵增大，但缺陷浓度越大，单个缺陷对混乱度的影响越小。所以熵增量 ΔS 在 C 较低时变化快，随后变化减缓。因此，晶体的总自由能变化 ΔF 与缺陷浓度 C 的关系如图 2-2 所示。可见总存在某一浓度 C_v，在该浓度缺陷引起的体系总自由能增加最小，也就是说在平衡态，即自由能最低的状态，缺陷浓度 $C_v \neq 0$。所以点缺陷是热力学平衡缺陷，亦即在平衡状

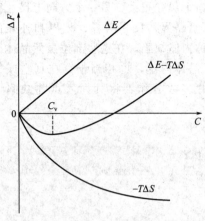

图 2-2　点缺陷浓度与自由能的关系

态下也总以一定的浓度存在，这是点缺陷与其他缺陷的不同之处。这也是理想晶体不存在的一个原因。

2.2.3　点缺陷的平衡浓度

这里以空位为例推导点缺陷的平衡浓度，间隙原子平衡浓度的推导与此类似。

空位引入的熵变为：

$$\Delta S = \Delta S_c + \Delta S_f \tag{2-3}$$

式中，ΔS_c 为原子排列组态变化引起的组态熵变；ΔS_f 为空位引起的原子振动改变形成的振动熵变。设 N 个原子形成的晶体中有 n 个空位，则由玻耳兹曼统计分布理论有：

$$\Delta S_c = k \ln \frac{N!}{(N-n)!n!} \tag{2-4}$$

式中，k 为玻耳兹曼常数。所以：

$$\Delta F = \Delta E - T\Delta S = nE_f - T\left[n\Delta S_f + k\ln \frac{N!}{(N-n)!n!} \right] \tag{2-5}$$

式中，E_f 为单个空位形成所需的能量，即空位形成能。

平衡时体系自由能最低，ΔF 最小，有：

$$\left[\frac{\partial(\Delta F)}{\partial n} \right]_T = 0 \tag{2-6}$$

应用斯特林公式：

$$\ln N! \approx N\ln N - N \tag{2-7}$$

可得：

$$\begin{aligned}
\ln \frac{N!}{(N-n)!n!} &= \ln N! - \ln(N-n)! - \ln n! \\
&= N\ln N - N - (N-n)\ln(N-n) + (N-n) - n\ln n + n \\
&= N\ln N - (N-n)\ln(N-n) - n\ln n
\end{aligned} \tag{2-8}$$

所以：

$$\begin{aligned}
\left[\frac{\partial(\Delta F)}{\partial n} \right]_T &= \frac{\partial}{\partial n}\{nE_f - Tn\Delta S_f + Tk[N\ln N - (N-n)\ln(N-n) - n\ln n]\} \\
&= E_f - T\Delta S_f + Tk\ln \frac{n}{N-n}
\end{aligned} \tag{2-9}$$

由于 $N \gg n$，$\frac{n}{N-n} \approx C$，故平衡时：

$$E_f - T\Delta S_f + Tk\ln C_v = 0 \tag{2-10}$$

$$\ln C_v = -\frac{E_f}{kT} + \frac{\Delta S_f}{k} \tag{2-11}$$

$$C_v = \exp\left(-\frac{E_f}{kT} + \frac{\Delta S_f}{k} \right) = A\exp\left(-\frac{E_f}{kT} \right) \tag{2-12}$$

$$A = \exp\left(\frac{\Delta S_f}{k} \right) \tag{2-13}$$

式中，A 为熵因子。可见平衡空位浓度与温度成指数关系，随温度升高急剧增大。表

2-1 示出了这种变化。

表 2-1　Cu 晶体中的空位浓度随温度的变化

温度/K	100	300	500	700	900	1000
空位浓度(n/N)	10^{-57}	10^{-19}	10^{-11}	$10^{-8.1}$	$10^{-6.3}$	$10^{-5.7}$

对间隙原子的平衡浓度可推导出与式(2-12)同样的公式。不同的是，间隙原子的形成能比空位形成能大 2～3 倍，故其平衡浓度比空位小几个数量级，一般相对于空位可以忽略。例如，Cu 的空位和间隙原子形成能分别为 0.17aJ 和 0.48aJ（$1aJ = 10^{-18}J$），在 1273K 时空位和间隙原子平衡浓度分别为 10^{-4} 和 10^{-14} 的数量级。

2.2.4　空位形成能

前面提到 Cu 的空位形成能和平衡浓度，那么空位形成能是如何测定的呢？由式(2-12)可知，只要根据不同温度下的平衡空位浓度的测定结果给出 $\ln C_v - \frac{1}{T}$ 曲线，就可得到空位形成能 E_f（曲线斜率）。通常可采用下面几种方法通过实验测定不同温度下的空位浓度。

(1)　西蒙斯-巴卢菲（Simons-Balluffi）法　将试样加热到不同温度，并使之处于平衡状态。同时测定其宏观长度变化率 $\frac{\Delta L}{L}$ 和点阵常数变化率 $\frac{\Delta a}{a}$，由于空位引起热膨胀以外的额外体积膨胀，使 $\frac{\Delta L}{L} > \frac{\Delta a}{a}$，以室温的 L 和 a 为基准，则 $C_v = 3\left(\frac{\Delta L}{L} - \frac{\Delta a}{a}\right)$（具体推导可参阅第 8 章）。

(2)　正电子湮没法　^{22}Na 等同位素原子核崩塌放出正电子，正电子打入试样引起正电子-电子对湮没过程中放出 γ 射线，空位的存在引起射线的能量变化，检测此能量变化就可以测知温度与空位浓度的关系，估算 E_f 值。

(3)　急冷法　此方法是一种非平衡方法。将试样加热到某温度 T，急冷（例如淬到水中），由于冷却足够迅速，空位来不及扩散到表面、晶界、位错等处或与间隙原子复合而消失，使高温下的空位被冻结到室温，通过测量试样的电阻变化可在室温下测量出高温下的空位浓度。

一方面如果晶体中的原子间的键合力越大，这种键合越不容易被破坏，晶体的熔点将越高；另一方面这种键合力越强，原子越不容易跳跃离开平衡位置而形成空位，空位形成能应该越大。因此可设想空位形成能 E_f 与熔点 T_m 之间应该有某种关系。根据测试结果得到了如下的经验公式：

$$E_f = 9kT_m \tag{2-14}$$

式中，k 为玻耳兹曼常数。

将式(2-14)代入式(2-12)，再代入不同的温度即可计算出熵因子 A，进而计算出在熔点温度 C_v 在 10^{-4} 数量级。由于温度升高，空位浓度增大，熔点的平衡空位浓度是晶体中可存在的最大平衡空位浓度。也就是说，晶体接近崩溃时，其最大平衡空位浓度也只在原子总数的万分之一的数量级。这也是我们有关平衡空位浓度推导过程中可以认为 $N \gg n$ 的原因。

2.2.5　点缺陷对性能的影响

缺陷的存在必然使晶体的性能偏离理想晶体。

由于点缺陷（主要是空位）引起电子在传输过程中的额外散射，增加电子在电场中定向移动的阻力，所以随空位浓度升高，导体的电阻升高。这也是用急冷法测定空位形成能时可通过测量电阻测定空位浓度的原因。

空位对晶体性能的另一重要影响是导致扩散加快，空位是扩散的重要媒介，这一点在第4章中将详细论述。

空位引起体积增大、密度减小则是明显的问题，这是用西蒙斯-巴卢菲法测定空位形成能时可用体积变化测定空位浓度的原因。

辐照损伤是点缺陷影响晶体性能的另一种形式。其含义为用电子、中子、质子、α粒子等高能粒子照射材料，在材料中导入大量空位和间隙原子，引起的材料损伤。例如，核反应堆壁的材料受到α粒子（氦离子）的辐照，形成大量空位，空位聚集形成空腔，氦离子聚集还可形成氦气泡，在材料中形成空腔和气泡，是体缺陷，造成更严重的材料损伤。对于一般的材料，辐照损伤是甚少遇到的问题。但对于应用于核设施及其他辐照环境下的材料，辐照损伤就成为必须考虑的问题。

2.2.6　过饱和点缺陷

前面所述的空位浓度计算都是针对平衡态的，即热力学上的自由能最低状态，材料中无论何时都存在该浓度的点缺陷。但实际上材料常常处于非平衡态，其点缺陷浓度可能高于其平衡浓度。晶体中超过平衡浓度的点缺陷就称为过饱和点缺陷。过饱和点缺陷通常可能由于下列原因产生。

（1）高温淬火　由平衡空位浓度 C_V 与温度的关系可知，在高温平衡空位浓度高。如果在高温缓慢冷却到环境温度，则多余的空位逐渐迁移至表面、晶界、位错等处或与间隙原子复合而消失，空位浓度降低，空位浓度达到环境温度的平衡浓度。但如果快速冷却（淬火），点缺陷无充分的迁移时间，大部分空位保留至低温，使浓度超过了平衡浓度，形成淬火空位。淬火空位对时效析出过程起重要作用。用此方法保留了空位，是急冷法测定空位形成能的基础。使用此方法测定空位形成能的前提是冷却速度足够快，使高温的空位能够大部分保留，扩散消失的空位数目相对可忽略。对不同的材料，由于空位扩散能力不同，这一临界的冷却速度也不同。

（2）冷加工　冷加工是指在再结晶温度以下对材料进行的塑性变形。冷加工过程中由于位错交割可产生大量的点缺陷，其具体过程将在位错和材料力学性能的有关章节中详细讨论。冷加工产生的过饱和空位可能形成位错运动阻力，引起材料的强度、硬度升高，塑性、韧性降低。

（3）高能辐照　前面已经讲述过，用高能粒子（如电子、中子、质子、α粒子等）照射到材料（称为辐照），与点阵中的原子碰撞使之离位可形成大量间隙原子或空位，形成过饱和点缺陷，引起辐照损伤。

2.3　位　　错

2.3.1　位错的发现

一般认为晶体中的线缺陷就是位错。少数学术著作在线缺陷中还列入向错。但对实际晶体最有意义的线缺陷肯定是位错，因此本书中所说的线缺陷就是指位错。位错学说的建立源于对材料塑性变形的研究。如图 2-3（a）所示，如果有一个正应力作用于某原子面（晶面），在应力较小时，该应力只能引起材料的弹性变形。如果应力足够大，则该正应力将导致原子面上与应力垂直方向的键断裂，使两个原子面分开，引起材料的断裂。因此正应力的作用结果是材料的弹性变形或断裂。而塑性变形，对某些晶体特别是对金属晶体是极为常见的现象，只能由切应力作用下原子面（晶面）的相对滑动引起，如图 2-3（b）所示，拉力 **F** 的分力在晶面上形成切应力，导致晶面之间相对滑动，称为滑移。原子到了新的平衡位置，外力去除后也不会再回到原位置，就是材料在宏观上不再恢复原来的形状和尺寸，即发生了塑性变形。垂直于该方向的分力在该晶面上形成正应力，该正应力仅引起弹性变形，外力去除后变形消失。这种设想很早就已经为实验所证实。人们对表面抛光的金属塑性变形后用金相显微镜观察，在金属表面发现了一系列平行的线条，即滑移的痕迹，将其称为滑移带。滑移带是滑移变形机制的直接证据。图 2-4 是铜单晶滑移带的金相显微照片。

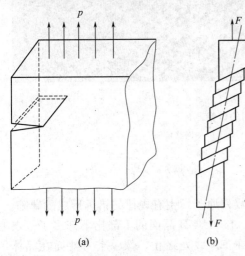
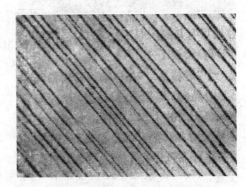

图 2-3　正应力和切应力对材料的作用示意图
（a）正应力作用于晶面；（b）切应力作用于晶面

图 2-4　铜单晶滑移带的金相显微照片

但下列问题在滑移学说出现后的很长一段时间一直得不到合理的解释。按照图 2-5 设想的滑移过程，两晶面发生整体滑移，推导出的晶面发生滑移的临界切应力，即材料的理论剪切强度为：

$$\tau = \frac{G}{2\pi} \tag{2-15}$$

式中，G 为材料的切弹性模量。按此计算出的理论剪切强度是实验测得的剪切强度的 $10^3 \sim 10^4$ 倍。

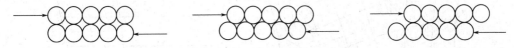

图 2-5　最初设想的晶面整体滑移过程

为解释上述矛盾，1934 年 Taylor、Polanyi 和 Orowan 几乎同时提出了位错的概念。他们认为滑移不是在整个晶面上同时进行的，而是在晶面上的几列原子上进行。进行滑移的原子列在应力作用下向一个方向不断推移，滑过整个晶面就形成一个滑移台阶。这个不断推移的原子列就是所谓的位错。他们先后按照位错模型推导了不同的剪切强度公式，所得的结果大多与实验值在数量级上相符。直到 20 世纪 60 年代后，由于透射电子显微镜的出现，人们在实验上直接观察到了位错的存在，位错结构才得到了普遍的公认，并基于位错结构模型建立了完整的材料强韧性理论。虽然位错理论产生于对金属材料塑性变形过程的揭示，但后来人们在陶瓷材料中同样观察到了位错，表明位错是晶体中普遍存在的点阵缺陷。图 2-6 是材料中观察到的位错照片。

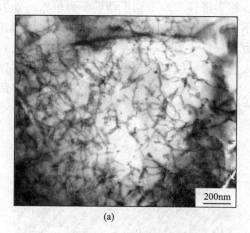
(a)

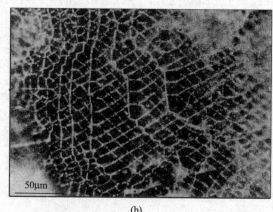
(b)

图 2-6 材料中观察到的位错照片
（a）6061 铝合金中的位错；（b）KCl 中的网状位错

2.3.2 位错的概念和柏氏矢量

位错（dislocation）可定义为晶体中某一列或数列原子发生有规律的错排形成的缺陷。

图 2-7 是一种位错的模型。由图 2-7(a) 可见，在 *ABCD* 晶面的上部比下部多了一层原子面 *EFGH*，即该原子面仅在晶体的上部存在，在 *EF* 线处终止，像一个刀片插在晶体中间，*EF* 线则像刀刃，这样形成的位错称为刃型位错。由于半原子面的存在，晶体点阵在 *EF* 线附近的原子相对于原来的平衡位置均发生不同程度的偏离，造成点阵畸变，如图 2-7（b）所示。将发生强烈点阵畸变的数列原子称为位错线。刃型位错用符号 ⊥ 表示。图 2-8 给出了刃型位错附近的原子排布示意图，更清楚地表示出了刃型位错的结构。

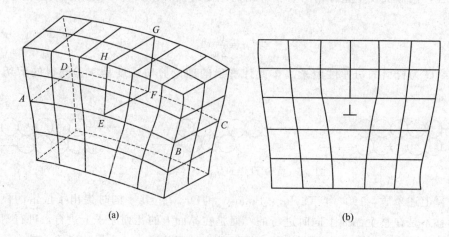
(a)   (b)

图 2-7 刃型位错示意图
（a）立体模型；（b）平面图

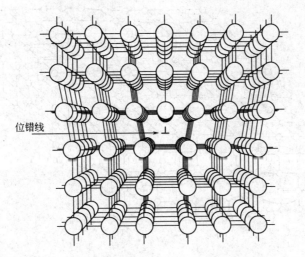

图 2-8　刃型位错附近的原子排布示意图

　　不同晶体中的不同类型、不同取向的位错，引起的点阵畸变的程度是不同的。为了表征位错引起的点阵畸变的程度，1939 年由柏格斯提出了柏氏矢量的概念。柏氏矢量以符号 b 表示，代表的是晶体局部错动的大小和方向，联系着位错的应力场、能量、线张力、作用力、运动方向等，是表征位错性质的重要参量。图 2-9 以简单立方点阵中的刃型位错为例说明柏氏矢量的确定方法。

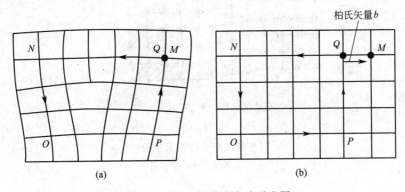

图 2-9　柏氏矢量确定方法示意图
（a）实际晶体；（b）完整晶体

　　如图 2-9 所示，先在实际晶体中绕位错沿相邻的原子作闭合回路，称为柏氏回路，作柏氏回路时注意避开点阵严重畸变区；再于完整晶体中作同样步数和方向的回路，则回路的终点与起点不重合，从终点到起点的矢量即为柏氏矢量。只要避开位错的严重畸变区，则柏氏矢量与回路起点的选择和具体的路径都无关。

　　图 2-10 是位错的另一种形式。上下两部分晶体沿 $ABCD$ 晶面撕开，上下两部分晶体发生了部分的错动，即在 BC 线附近的数列原子上下层发生了螺旋式错动，因此这种类型的位错称为螺型位错。

　　螺型位错柏氏矢量的确定方法如图 2-11 所示。仍然是按前述方法作柏氏回路。

　　虽然已经给出了刃型位错和螺型位错的概念，但并未给出其严格定义。总结上面刃型位错和螺型位错的柏氏矢量和位错线的关系可以看出，刃型位错的柏氏矢量总是和位错线垂直

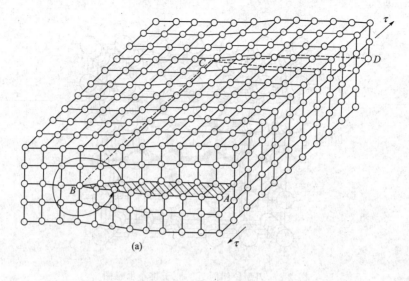

(a)

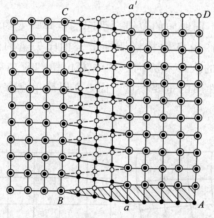

○上层原子　●下层原子

(b)

图 2-10　螺型位错示意图

（a）立体图；（b）俯视图

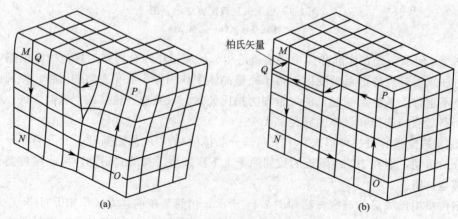

(a)　　　　　　　　　　　　　(b)

图 2-11　螺型位错柏氏矢量的确定方法

（a）实际晶体；（b）完整晶体

的，而螺型位错的柏氏矢量总是和位错线平行的。因此可以定义柏氏矢量与位错线垂直的位错就是刃型位错，柏氏矢量与位错线平行的位错就是螺型位错。

实际晶体中的位错线常常不是直线，因此其位错线与柏氏矢量谈不到垂直或平行。直线位错也有与柏氏矢量既不垂直也不平行的情形。将柏氏矢量与位错线既不平行也不垂直的位错定义为混合型位错。因为这种位错的任意位错线段都可分解为与柏氏矢量垂直的刃型分量和与柏氏矢量平行的螺型分量。图 2-12 给出了混合型位错示意图，其中的 A 点处是纯螺型位错，C 点是纯刃型位错，其余部分都是混合型位错。图 2-13 用俯视图给出了其中的原子排列方式。

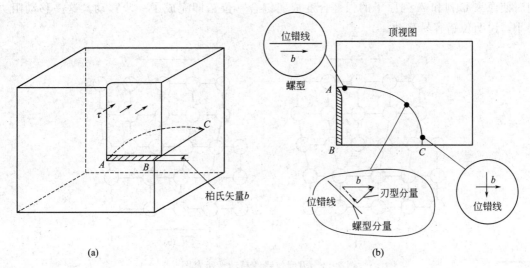

图 2-12　混合型位错示意图
（a）立体图；（b）俯视图

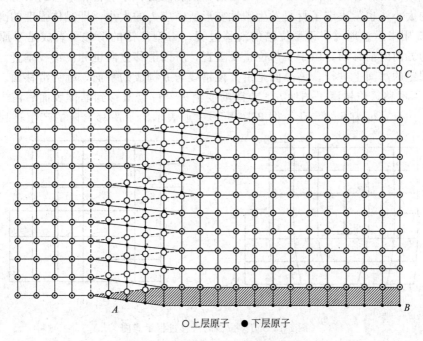

○上层原子　●下层原子

图 2-13　混合型位错中的原子排列

2.3.3 位错的运动

前面已经介绍过，晶体的塑性变形是通过晶面间的滑动，而晶面间的滑动是通过位错的滑移进行的。在切应力作用下，晶面不是整体滑动而是通过位错进行滑动，是由于位错的易动性大大降低了晶面间滑动的阻力。图 2-14 以刃型位错为例说明了位错的易动性。在初始状态，刃型位错的半原子面的下部为 B 列原子（垂直于纸面的一列）。滑移后，位错的半原子面移动到了 C 列原子。位错滑移这一步不需要整列原子在 BC 方向移动一个原子间距，只需要移动一个小于正常原子间距的小距离，使原来 B 列和 A 列原子的弱键合变成强键合，同时使原来 C 列和 A 列原子的强键合变成弱键合，位错即完成了一步移动。这一移动阻力很小，说明位错容易移动。

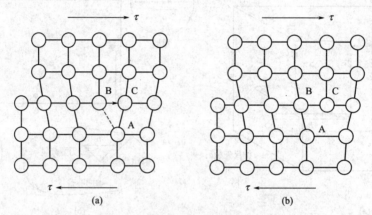

图 2-14　刃型位错的易动性示意图
(a) 初始状态；(b) 滑移结果

不同位错的滑移方式不同，影响其运动的方向和阻力大小。位错滑移的难易决定了塑性变形阻力的大小，也就决定了材料发生塑性变形所需应力的大小，即晶体强度的高低。

图 2-15 用来示意地说明刃型位错的滑移过程。刃型位错的滑移可看成是半原子面沿柏氏矢量 *b* 的方向向前移动。由于 *b* 与位错线垂直，所以滑移方向也和位错线垂直。刃型位错的滑移在固定的晶面上进行，该晶面是由其位错线与 *b* 构成的平面，称为滑移面。在切应力 τ 作用下位错滑移，位错滑过的地方，点阵畸变消失。位错滑移到晶体表面后消失，在晶体表面上产生一个宽度为 *b* 的台阶。图 2-16 更形象地表示出了滑移台阶的产生过程。若干个

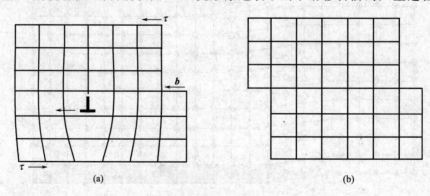

图 2-15　刃型位错的滑移过程示意图
(a) 初始状态；(b) 滑移结果

滑移台阶叠加后达到金相显微镜可观察到的尺寸时，就是滑移带。

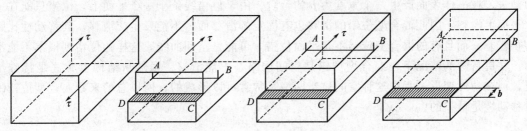

图 2-16　刃型位错的滑移台阶产生过程

图 2-17 示意地给出了螺型位错的滑移过程。在切应力 τ 的作用下，位错沿垂直于位错线的方向向前滑移，在滑移过的区域点阵畸变消失，产生一个宽度为 b 的台阶，当位错滑出晶体表面时位错消失，在整个晶体上产生一个宽度为 b 的台阶。由于滑移方向与位错线垂直，也就与柏氏矢量 b 垂直。由于螺型位错的 b 与位错线平行，螺型位错没有确定的滑移面，可在通过位错线的任何平面上滑移，因此可能在一个滑移面上滑移受阻后转移到另一个面上继续滑移，这种滑移面改变的现象称为交滑移。交滑移使螺型位错更容易滑动，是螺型位错的重要性质。图 2-18 通过俯视图给出了螺型位错滑移过程中的原子位置变化过程。

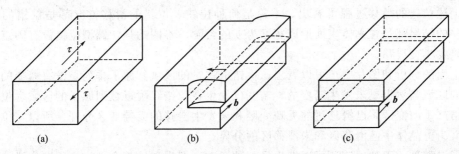

图 2-17　螺型位错的滑移过程
（a）滑移前；（b）滑移中；（c）滑移后

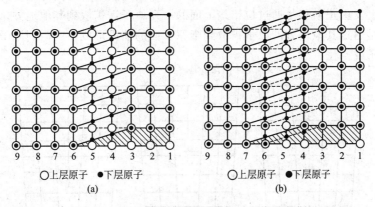

○上层原子　●下层原子　　　　○上层原子　●下层原子
（a）　　　　　　　　　　（b）

图 2-18　螺型位错滑移过程中的原子位置变化
（a）滑移前；（b）滑移后

图 2-19 以一个位错环为例示出了混合型位错的滑移过程。该位错环上只有两个点是纯刃型位错，两个点是纯螺型位错，其余部分都是混合型位错。位错滑移的方向总是与位错线

垂直，即沿位错线的法线方向滑移。滑移过程中位错环不断扩大，最后扩大到移出晶体表面而消失，在晶体表面产生一个宽度为b的台阶。由于位错线位于一个平面上，位错只能在这个平面上滑移，因此混合型位错的滑移也有固定的滑移面，不能发生交滑移，其移动性比螺型位错差。而且有的混合型位错不是平面位错，可能是空间曲线，这样的位错则根本不能滑移。在更特殊的情况下，混合型位错是空间网络，不能滑移。虽然从结构上看这是特殊情况，但在塑性变形过程中这种空间位错网络是常常可以形成的，所以总的来看混合型位错的可移动性是最差的。

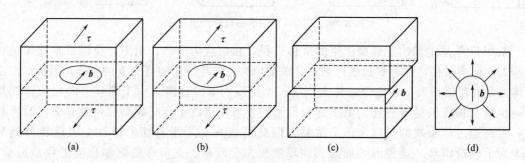

图 2-19　混合型位错的滑移过程
（a）滑移前；（b）滑移中；（c）滑移后；（d）滑移方向

从上述位错的滑移过程可看出，不论是何种位错，位错的滑移方向都是位错的法线方向。滑移的结果都是在晶体表面形成宽度为b的台阶。不同的是，螺型位错没有固定的滑移面，可以发生交滑移。

从上面的分析和图片中还可以看出，位错滑移过的区域其原子排列是没有畸变的，位错未滑到的区域当然也是未发生畸变的，畸变仅发生在位错线附近数列原子的区域。位错线以一个晶格严重畸变区将已滑移过的无畸变区和未发生滑移的无畸变区分开。所以，位错的另一个定义为：晶体中已滑移区和未滑移区的分界。

除了滑移外，刃型位错还可以发生另一种运动，即攀移。其含义为：刃型位错的半原子面作垂直于滑移面的上下移动。图 2-20 示意地表示出攀移的过程。发生正攀移时，并不是半原子面像刀刃一样向上抽出，因为那样要把半原子面两面水平方向的键都拆散，需要极大的能量。实际上发生正攀移是通过位错线上面的一列原子需扩散到其他地方。同样道理，发生负攀移时，是通过其他地方的原子扩散到半原子面的前沿形成新的一列原子。因此攀移总是要伴随着原子或空位扩散。

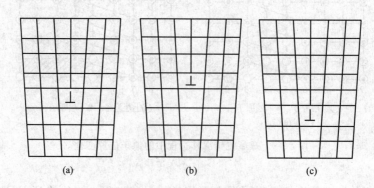

图 2-20　刃型位错的攀移
（a）未攀移；（b）正攀移；（c）负攀移

由于攀移伴随着扩散，需要比滑移更大的能量，所以攀移需要热激活，称为非守恒运动。相应来说，滑移不需要热激活，称为守恒运动。由于需要热激活，攀移要在较高的温度下才可发生，在常温下很少发生。正应力、过饱和空位均有利于攀移进行。对常温下进行的塑性变形，几乎没有攀移的作用。但在特殊场合下，如淬火或冷加工后的金属加热时，位错攀移起重要作用。

2.3.4 位错对晶体性能的影响

从位错的发现过程即可推知，位错的存在必然会影响晶体对塑性变形的抗力，据此推测如果位错密度降低，位错数量减少，材料的塑性变形抗力将提高，即屈服强度 σ_s（或 $\sigma_{0.2}$）将升高。但事实并非总是如此。定义位错密度为晶体单位体积内的位错线的长度，则在金属中得到的位错密度与强度的关系如图 2-21 所示。在位错密度很低时，金属的屈服强度 σ_s 接近理想晶体的强度，随位错密度升高，强度降低。到退火态，位错密度在 $10^5 \sim 10^8 \mathrm{cm}^{-2}$ 的数量级，金属的屈服强度最低。之后随位错密度升高，屈服强度升高。在加工硬化态，位错密度在 $10^{11} \sim 10^{12} \mathrm{cm}^{-2}$ 的数量级，强度达到另一较高的值。

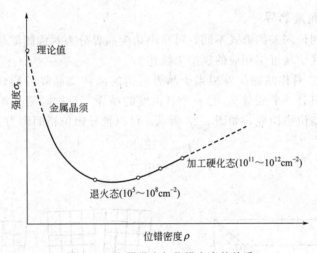

图 2-21　金属强度与位错密度的关系

前面讲过，理想的晶体是不存在的，同样目前的技术也制造不出没有位错的晶体。金属晶须是目前用特殊技术制造的缺陷较少的长须状小晶体，其直径在微米的数量级，由于位错少可获得很高的强度。对大量应用的块状材料，目前不能获得那样低的位错密度，因此都要靠提高位错密度来提高强度。强度提高的原因是高密度的位错在运动过程中互相交截，互相阻碍，增加了位错运动的阻力。目前人们在钢材中获得的最高抗拉强度接近 4000MPa，就是对钢进行 Patenting 处理，获得细小的索氏体组织后，再深度冷拔获得的。在深度冷拔过程中形成的高密度位错对强度提高有很大贡献。

点缺陷即能影响材料的导电性等物理性能，位错可看成一系列点缺陷的集合，对材料的物理性能、化学性能等都会有更显著影响。由于点缺陷的存在，引起空位和间隙原子的形成能。与此类似，由于位错的存在，造成晶体的局部应变，引起自由能升高，即位错的应变能。可以推导，单位长度位错所引起的应变能为：

$$E = \alpha G b^2 \tag{2-16}$$

式中，G 是晶体的切弹性模量；b 是柏氏矢量的模；α 为与几何因素有关的系数，取值为 0.5~1。

由于位错附近自由能升高，位错消失可导致自由能降低，因此位错附近可发生优先腐蚀，由位错的应变能提供了腐蚀的一部分驱动力。由于位错引起的局部点阵畸变也能引起传导电子的额外散射，引起电阻升高。位错是短路扩散的重要通道，由于位错的存在，导致扩散加速，这一点将在第 4 章详细论述。

2.4　面　缺　陷

2.4.1　晶界

晶界（grain boundary）为取向不同的两晶体之间的界面。根据相邻晶粒之间的取向差不同，可将晶界分为小角度晶界和大角度晶界。一般将相邻晶粒的取向差 $\theta < 15°$ 的晶界称为小角度晶界，相邻晶粒的取向差 $\theta > 15°$ 的晶界称为大角度晶界。也有文献将小角度晶界和大角度晶界的分界定在 $10°$。从后面的讲述我们可以看到分界不同的原因。

2.4.1.1　小角度晶界

按相邻晶粒之间位向差的形式不同，可将小角度晶界分为对称倾侧晶界、不对称倾侧晶界和扭转晶界等，其结构可用相应的模型来描述。

如图 2-22 所示，对称倾侧晶界相当于晶界两边的晶体绕晶界各旋转了方向相反的 $\theta/2$ 角形成。这种晶界只有一个变量 θ，是一个自由度的晶界。对称倾侧晶界可看成一系列柏氏矢量相同的平行刃型位错构成，如图 2-23 所示。可以推导出位错间距为：

$$D = \frac{b}{2\sin\dfrac{\theta}{2}} \tag{2-17}$$

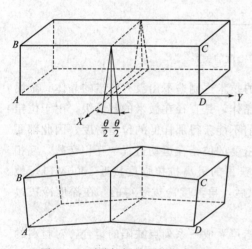

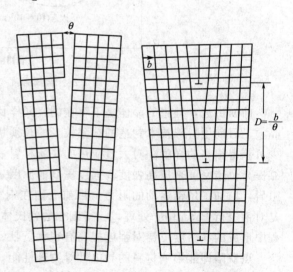

图 2-22　对称倾侧晶界的形成过程　　　　　图 2-23　对称倾侧晶界的结构模型

式中，b 是柏氏矢量的模。当 θ 很小时，有：

$$D = \frac{b}{\theta} \tag{2-18}$$

按一般原子的大小，假设 $b = 0.25\text{nm}$，则当 $\theta = 1°$ 时，可计算出 $D = 14\text{nm}$，约为 52 个

原子间距。如果 $\theta=10°$，可计算出 $D=1.4\text{nm}$，约为 5 个原子间距，计算出的位错密度太大，说明此模型已不适用。

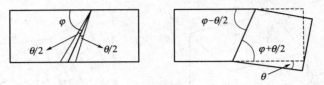

图 2-24 不对称倾侧晶界的形成过程

如图 2-24 所示，不对称倾侧晶界的形成相当于晶界绕 X 轴转了一个角度 φ，两晶粒之间的夹角为 θ，晶界对于两晶粒是不对称的。不对称倾侧晶界的结构模型如图 2-25 所示，晶界由柏氏矢量相互垂直的两组平行刃型位错构成，两组位错各自之间的距离分别为：

$$D_{\perp}=\frac{b_{\perp}}{\theta\sin\varphi} \tag{2-19}$$

$$D_{\vdash}=\frac{b_{\vdash}}{\theta\cos\varphi} \tag{2-20}$$

即其数量（密度）由 θ 和 φ 决定。

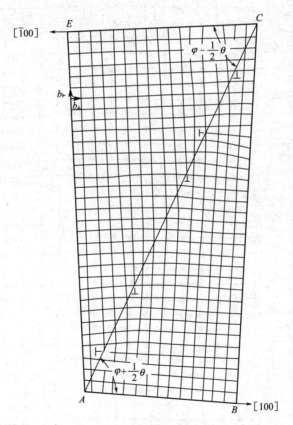

图 2-25 简单立方点阵的不对称倾侧晶界的结构模型

扭转晶界的形成过程如图 2-26 所示。相当于将晶体切开绕 Y 轴转 θ 角后再黏合。扭转晶界只有一个自由度 θ。扭转晶界由两组螺型位错的交叉网络构成，其结构模型如图 2-27 所示。位错网络的位错密度也随旋转角 θ 的增大而增大。

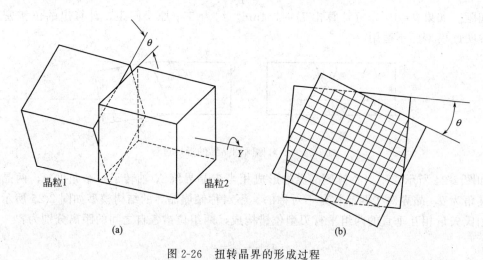

(a)   (b)

图 2-26 扭转晶界的形成过程

（a）晶粒 2 相对于晶粒 1 绕 Y 轴旋转 θ 角；（b）晶粒 1、2 晶格夹角的正投影

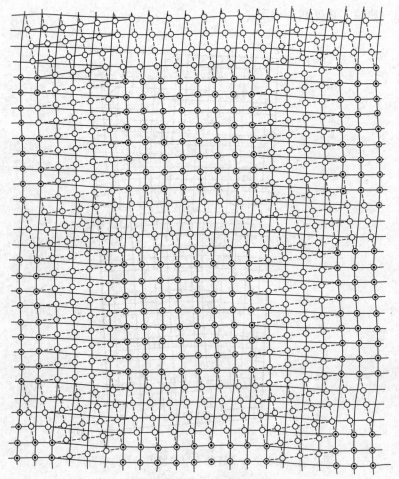

○晶界上面的原子   ●晶界下面的原子

图 2-27 扭转晶界的结构模型

（晶界与图面平行，两晶粒绕与界面垂直的轴旋转了 θ 角）

可见无论何种小角度晶界都可看成一系列位错有规则排列构成的位错墙,而且对各类型的小角度晶界都可推导出位错的间隔为:

$$D = f(\theta) \tag{2-21}$$

随取向差 θ 增大而减小。

若 $\theta \geqslant 15°$,可估算出 $D \leqslant 4b$,位错密度过大,间距小到与位错畸变的核心区大小相当,晶界位错墙模型不再适用,达到小角度晶界的取向差上限。实际的小角度晶界旋转轴和界面可以是任意取向关系,所以是由刃型位错和螺型位错组合构成的。

2.4.1.2 大角度晶界

图 2-28 是计算机模拟的大角度晶界附近的原子排列情况,图 2-29 是一种大角度晶界假想的二维原子排列,可见在大角度晶界处总有几层原子排列是混乱的。关于晶界的原子排列方式有不同的模型来描述。例如,过冷液体模型认为晶界上的原子排列类似于微晶,具有长程无序、短程有序的特点,按照该模型晶界是各向同性的,从该模型出发可解释晶界滑移引起的内耗。又如,小岛模型认为晶界是由具有结晶特征的岛和具有非晶特征的海构成的,按照该模型可解释晶界扩散的各向异性。上述模型各能解释一些实验现象,但也都有与实验事实不相符的地方。近年来用高分辨电子显微镜(high resolution electron microscope,HREM)已经可以直接观察到晶界的原子排列情况,计算机技术的发展也使晶界结构的理论计算与实际更加接近,对大角度晶界结构的认识也有了很大的进步。

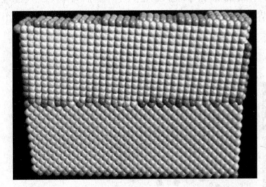

图 2-28 大角度晶界附近的原子排列情况

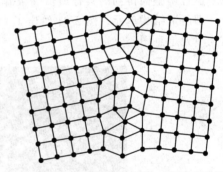

图 2-29 大角度晶界假想的二维原子排列

已经获得广泛承认的一种大角度晶界结构模型是重合位置点阵模型。如果将被晶界分开的 A、B 两部分晶体的点阵看成是能互相穿透的,则晶界两侧的原子有一部分既处于 A 晶粒的点阵上,又处于 B 晶粒的点阵上,这类原子位置称为重合位置。所有重合位置又构成一个新的点阵,这一新的点阵称为重合位置点阵。

例如,图 2-30 给出了简单立方晶体的大角度晶界的 1/5 重合位置点阵。对简单立方晶体,当 A 晶粒与 B 晶粒成 37° 角时,有 1/5 的原子处于重合位置。对实际晶体,如体心立方晶体,绕 [110] 轴旋转 50.5° 后形成的两晶粒有 1/11 的原子处于重合位置点阵上;分别绕 [100] 轴旋转 36.9°,绕 [110] 轴旋转 70.5°、38.9°,绕 [111] 轴旋转 60.5°、38.2°,还会使 1/5、1/3、1/9、1/3、1/7 的原子处于重合位置点阵上。对面心立方晶体,绕 [110] 轴旋转 50.5° 后形成的两晶粒有 1/11 的原子处于重合位置点阵上。分别绕 [100] 轴旋转 36.9°,绕 [110] 轴旋转 38.9°,绕 [111] 轴旋转 60.0°、38.2°,会使 1/5、1/9、1/7、1/7 的原子处于重合位置点阵上。

将晶界两侧位于重合位置点阵上的原子占原子总数的比例称为重合位置密度。显然重合

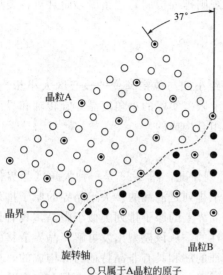

晶粒A

晶界

旋转轴

晶粒B

○ 只属于A晶粒的原子

● 只属于B晶粒的原子

◉ 重合位置点阵上的原子

图 2-30 简单立方晶体的大角度
晶界的 1/5 重合位置点阵

位置密度越大，晶界上原子排列的畸变程度越小，晶界引起的能量升高就越低。所以晶界倾向于和重合位置点阵的密排面重合。当二者有所偏离时，晶界也倾向于把大部分面积和重合位置点阵的密排面重合，而在重合位置点阵的密排面之间出现台阶来满足晶界和重合位置点阵密排面间偏离的角度。显然这一角度越大，台阶越多。

但上述模型仅能说明特殊取向的晶界，而实际的晶界是任意取向的。为此，只要假设在特殊取向晶界上加入一组重合位置点阵位错即可，即认为该晶界同时还是重合位置点阵的小角度晶界，这时两晶粒的位向差可在原来的特殊取向的基础上再扩展 $10°\sim15°$。这样，重合位置点阵模型就可以解释大部分任意取向的晶界。

另一种已经被大量实验事实所证实的晶界模型是结构单元模型。对大角度晶界，取向差大到不能用位错模型描述。由于晶体结构的周期性，可以设想，晶界面的错排状态也应具有某种周期性。通过原子位置调整而得到的具有最低交互作用能的界面组态应该是一些特征的多边形的原子组合，即所谓结构单元。图 2-31 给出了 MgO 晶体中晶界结构单元组态的高分辨电镜照片及其结构单元示意图。

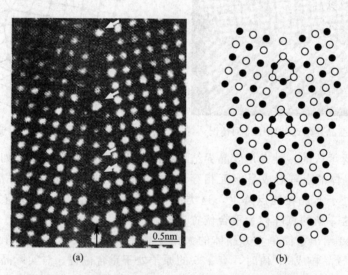

(a)   (b)

图 2-31 MgO 晶体中取向差为 24°的〈001〉对称倾侧晶界

（a）高分辨电镜照片；（b）结构单元示意图

2.4.1.3 晶界能

由于晶界上的原子排列是畸变的，因而晶界处自由能升高。将由于晶界存在引起的单位面积自由能升高称为晶界能。

小角度晶界的能量主要来自位错的能量，而位错密度又取决于晶粒间的取向差，所以小

角度晶界的晶界能 γ 是取向差 θ 的函数：

$$\gamma = \gamma_0 \theta (A - \ln\theta) \qquad (2\text{-}22)$$

式中，A 为积分常数，取决于位错中心的原子错排能。

$$\gamma_0 = \frac{Gb}{4\pi(1-\nu)} \qquad (2\text{-}23)$$

式中，G 为晶体的切弹性模量；b 为位错的柏氏矢量的模；ν 为泊松比。对特定的材料 γ_0 为常数。对一般的材料设 $\nu = 0.3$，则有 $\gamma_0 \approx 0.1Gb$。可见晶界能 γ 随 θ 增大而升高。

大角度晶界的晶界能与取向差无关。图 2-32 给出了铜不同类型界面的界面能与取向差的关系。由此也可见，小角度晶界的晶界能与取向差有关，而大角度晶界则相反。取向差超过 15° 后，式(2-22) 不再适用。其中取向差为特殊的角度时界面能较低，代表特殊的重合位置点阵。

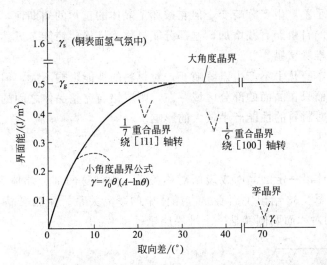

图 2-32 铜不同类型界面的界面能与取向差的关系

由此可以看出小角度晶界与大角度晶界有以下区别：小角度晶界可用位错模型描述，而大角度晶界则不能；小角度晶界的晶界能与取向差有关，而大角度晶界则相反。但小角度晶界与大角度晶界的绝对界限则不存在，这就是有的文献将小角度晶界的取向差上限定为 10°，而有的文献定为 15° 的原因。

由于晶界处自由能高，晶界消失会导致自由能降低，所以晶界处容易发生优先腐蚀，这是人们常常用腐蚀的方法观察金属材料晶界的原因。在相变过程中晶界也是新相形核的优先位置，因为晶界消失引起的自由能降低可为新相形核提供驱动力。溶质原子偏聚于晶界也会导致体系自由能降低，所以晶界处的溶质浓度一般比晶粒内部高。另外，由于晶界处原子排列混乱，晶界处的扩散比晶粒内部要容易得多。晶界在常温下会阻碍位错的运动，因而提高强度。但在高温下晶界可发生相对滑动，促进材料的塑性变形。晶界滑动是塑性变形的另一种机制，对高温下的塑性变形有特殊意义。某些陶瓷在高温下也有一定的塑性，甚至有超塑性，晶界滑动是其塑性变形的一种重要机制。

2.4.2　堆垛层错

在第 1 章已经讲过，面心立方和密排六方晶体结构的区别就在于其密排面的堆垛顺序分别为 ABCABCABC…… 和 ABABABABAB……。但由于晶体生长时的随机错误或晶面发生相对滑动，某些晶面可发生堆垛错误。例如，面心立方结构中出现 ABCBCABC……或 ABCBABCABC……之类的堆垛，虽然整个晶体仍然是面心立方结构，但显然局部的堆垛顺序出现了错误，即由原来的 AB、BC、CA 这样的"正序"变成了 BA、AC、CB 这样的"反序"，相当于在面心立方的正确堆垛顺序中抽出或插入了一层密排面。在密排六方中也会出现类似的堆垛错误。这种局部的堆垛顺序错误是一种面缺陷，称为堆垛层错。可以看出，面心立方晶体的堆垛层错区附近有数层原子按密排六方的顺序堆垛，即面心立方晶体中有薄片的密排六方晶体；同样密排六方晶体的堆垛层错区附近也有数层原子按面心立方的顺序堆垛，即密排六方晶体中有薄片的面心立方晶体。

体心立方晶体的密排面 {110} 只有 A、B 两种位置，只会有 ABABAB……的堆垛顺序，不会出现堆垛层错。但其 {112} 面却有 ABCDEFABCDEF……的周期性，可出现 ABCDCDEFA……的堆垛层错。

形成层错时几乎不产生点阵畸变，但它破坏了晶体的正常的周期性，使电子发生反常的衍射效应，使材料的自由能有些增加，这部分能量称为堆垛层错能。显然晶体的堆垛层错能越低，越容易形成堆垛层错。

虽然堆垛层错本身几乎不产生点阵畸变，对材料的性能影响不大，但如果堆垛层错不是发生在整个晶面上而只在晶面的部分区域存在，则层错与完整晶体之间的边界是位错，层错通过其边界的位错对材料的性能产生较大的影响。

2.4.3 孪晶界

如果两部分晶体沿一定的晶面成镜面对称关系，则称这两部分晶体为孪晶（twin），该晶面称为孪晶面。图 2-33 给出了面心立方晶体中的孪晶关系。显然孪晶与堆垛层错有密切的关系，图 2-33 的对称面两侧就是一个堆垛层错。

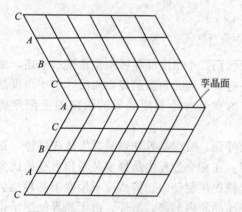

图 2-33　面心立方晶体中的孪晶关系

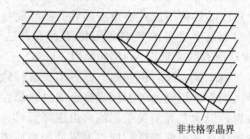

图 2-34　非共格孪晶界

孪晶之间的界面称为孪晶界。由于孪晶的两部分晶体有明显的取向差，所以孪晶界显然也是一种特殊的晶界。如果界面上的原子为界面两侧的晶格所共有，则称该界面为共格界面；如果界面两侧的原子分属不同的点阵，则称该界面为非共格界面。孪晶界可能是共格界面，也可能是非共格界面，图 2-33 中的孪晶界就是共格孪晶界，而图 2-34 则给出了非共格孪晶界的例子。比较图 2-33 和图 2-34 可发现，共格孪晶界的孪晶界与孪晶面重合，而非共格孪晶界与孪晶面不重合。

孪晶界也会引起界面附近的自由能升高，这部分能量也称为晶界能。当孪晶界就是孪晶面时（即共格孪晶界），孪晶界相当于一个堆垛层错，其界面能很低，处于堆垛层错能的数量级。例如，铜的共格孪晶界界面能为 $0.025J/m^2$。非共格孪晶界的界面能则较高，约为大角度晶界的一半。从图 2-32 也可以发现，孪晶界的界面能比一般的大角度晶界低。

2.4.4 外表面

外表面是指固体与气、液相或真空的界面。由于晶体表面之外再无原子排列，因此表面原子的周围环境显然与内部的原子不同。表面存在悬挂键，由于悬挂键的存在，使晶体表面附近的自由能比晶体内部高，单位表面积上的自由能升高称为该晶体的表面能。实际的表面总是要吸附一些气体原子以降低表面的能量，所以一般情况下是不存在清洁的表面的。而在薄膜和涂层制备过程中往往希望获得涂层与基底的良好结合甚至外延生长，这时自然需要清洁的表面。因此人们往往要经过复杂的处理获得清洁的表面。

所谓清洁表面是指经离子轰击、退火、解理、热蚀、外延、场效应、蒸发等特殊处理后处在 $10^{-10} \sim 10^{-9} Pa$ 超高真空下的表面。我们研究表面也从清洁表面开始。

由于表面有悬挂键，形成附加表面能，表面的数层原子厚的原子的状态也会发生变化，与内部的原子形成更强的键，使原子的排列发生适当的调整，原子排列方式和晶格常数都会发生变化以降低表面能。这种调整主要有弛豫和重构两种方式，一般发生在表面 $4 \sim 6$ 层原子的厚度范围内。

所谓表面弛豫是指表面的原子或离子仍保持原晶胞的结构，但原子间距发生改变的现象。如图 2-35 所示，由于表面的原子与内部原子形成更强的键，表面的原子间距比内部小，但与表面平行的晶面仍然保持原来的二维对称性。离子晶体较易发生弛豫，这是因为离子晶体的主要键合力是库仑力，是一种长程作用。例如，NaCl 晶体表面处离子排列发生中断，尺寸较大的负粒子间的排斥作用使 Cl^- 向外移动，Na^+ 向内移动，结果原来处于同一层上的 Cl^- 和 Na^+ 被分成了相距 $0.026nm$ 的两个亚层，但晶胞结构未发生变化，形成了弛豫。离子晶体弛豫的结果使表面形成电矩。对粉体来说，这一电矩使粉体难于相互接触而形成大块固体。

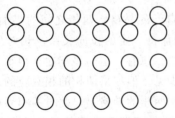
图 2-35　表面弛豫示意图

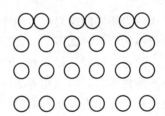
图 2-36　表面重构示意图

表面重构是指表面上的数层原子排列作较大范围的调整，使其平移对称性发生明显改变的现象。如图 2-36 所示，发生重构的表面原子的排列方式与内部不同。发生重构的原因较复杂，如表面原子的电子态发生变化，发生退杂化等。包括化合物半导体在内的许多半导体，如 Si，表面都容易发生重构。

另外，虽然清洁表面，如解理面，大体上应该是一个原子面，但即使是清洁表面也不会是完整的晶面，表面上总是有缺陷的，如台阶、扭折、位错露头等，图 2-37 给出了清洁表面的几种缺陷。

实际的表面不仅总有杂质吸附，而且总是粗糙的。即使经过最精细的研磨或抛光处理，在精细观察，如扫描电子显微镜（scanning electronic microscope，SEM）观察时，也会发现其表面不仅是不平整的，还可能有裂纹、孔洞等缺陷。实际表面的不平整性对光刻、微细加工、磁记录以及材料的润湿、摩擦系数、腐蚀等都有很大的影响。

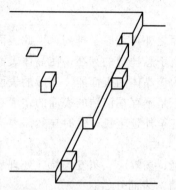

图 2-37　清洁表面的几种缺陷

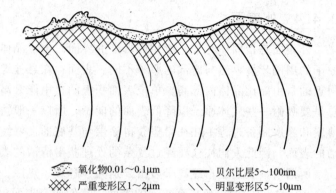

　　　氧化物0.01～0.1μm　　　贝尔比层5～100nm

　　　严重变形区1～2μm　　　明显变形区5～10μm

图 2-38　抛光金属表面的结构

　　抛光后的金属表面结构复杂，可能包括如图 2-38 所示的几层组织。最外层为氧化物层（0.01～0.1μm 厚）。次外层为贝尔比层，即非晶层（5～100nm 厚），其成分是金属与其氧化物的混合物，与金属内部的性质有明显差别，其形成可能与抛光过程中局部温度升高引起局部熔化有关，该层在热力学上是不稳定的，可能通过时效作用重新结晶。再向内部为严重变形区（1～2μm 厚），该区中的原子位置明显偏离平衡位置，即存在严重的点阵畸变。严重变形区之内是明显变形区（5～10μm 厚）。最里层是微小变形区（20～50μm 厚）。整个抛光表面通过残余应力的形式可影响厚至 100μm 的厚度。

　　非金属材料的抛光表面的性质取决于材料的硬度和脆性。材料越硬，表面形变越小，其抛光表面可能由非晶态、微晶和小晶块组成。非金属的抛光层往往有微裂纹和孔洞等缺陷。

2.4.5　相界面

　　相界是指两固相之间的界面。由于两相各自有自己的晶格，两相之间的界面也有共格、半共格、非共格的情形，如图 2-39 所示。如果两相保持一定的位向关系，相对应的晶面的面间距相同，则可以形成共格界面。但相界面上的两相总有一定的错配度，很难找到晶面间距完全相同的两种固相，因此相界面的理想共格很少见。但如果两相的相对应的晶面间距有一定的比例关系，则相界面上有部分原子可同时处于两相的晶格上，此时的相界面就是半共格界面。实际上，具有一定位向关系的两相相对应的晶面间距成简单整数比的情形也不多见，因此上述半共格界面也不多。

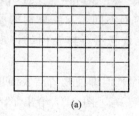
(a)

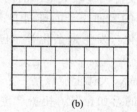
(b)

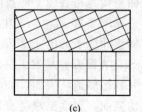
(c)

图 2-39　固相界面的共格情况

（a）共格；（b）半共格；（c）非共格

但实际的半共格界面、共格界面却常常可以见到。这是由于在相界面上面间距较大的一相可稍作收缩，面间距较小的一相可稍作扩张，在相界面上通过弹性应变来维持共格。如果两相晶体结构相同或相近，但处于一定的位向关系错配度较大，则靠弹性应变维持共格的原子变形过大，能量过高，会引起相界不稳定。此时会在相界附近形成一定数量的平行位错，通过位错降低弹性应变能，从而降低界面能，这时形成的相界面是半共格界面，如图 2-40 所示。在此情形下的位错间距可通过下式计算：

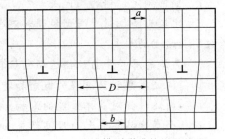

图 2-40　通过位错排列形成的半共格界面

$$D=\frac{ab}{|a-b|} \tag{2-24}$$

式中，a、b 分别是对应晶面的面间距。

如果错配度很大，则只能形成非共格界面。这种界面与大角度晶界相似，由原子不规则排列的很薄的过渡层组成。一般认为错配度 $<5\%$ 时两相可完全共格；错配度 $>25\%$ 时只能形成非共格界面；错配度在 $5\%\sim25\%$ 时则形成半共格界面。

由于相界面上的原子排列与任何一相都不同，相界面上的自由能也比相内高。由于相界面的存在引起的自由能升高称为界面能。引起相界面能量增高的原因除了原子排列的不规则性之外，还可能有两相化学成分改变引起的化学能，即界面能可能来自结构和化学两方面因素。显然界面能按共格界面、半共格界面、非共格界面的顺序递增。一般共格界面能在 $0.1\mathrm{J/m^2}$ 左右，半共格界面能在 $0.5\mathrm{J/m^2}$ 左右，而非共格界面能在 $1.0\mathrm{J/m^2}$ 左右。

由于界面能的存在，相界面也是材料中不稳定的因素。例如在固态相变中，相界面的消失会导致体系自由能降低，还由于相界面处的结构和成分的起伏使其中存在与新相类似的微区，所以相界面是新相的形核的优先位置。基于同样的原因，相界面也常常是优先腐蚀的位置。相界面还会阻碍位错运动，影响材料的力学性能。

思考题和习题

1　掌握下列重要名词含义

晶体缺陷　化学缺陷　几何（点阵缺陷）　点缺陷　线缺陷　面缺陷　空位　间隙原子肖特基缺陷　弗兰克尔缺陷　点缺陷平衡浓度　空位形成能　辐照损伤　过饱和点缺陷　高能辐照　位错　滑移　滑移带　柏氏矢量　刃型位错　螺型位错　混合型位错　交滑移　攀移　位错密度　位错的应变能　晶界　小角度晶界　大角度晶界　对称倾侧晶界　不对称倾侧晶界　扭转晶界　重合位置点阵　重合位置密度　晶界能　堆垛层错　堆垛层错能　孪晶孪晶界　共格界面　非共格界面　外表面　表面能　清洁表面　表面弛豫　表面重构　相界半共格界面　界面能

2　简述晶体缺陷的分类。

3　解释空位浓度与自由能的关系曲线（图 2-2），并以之说明点缺陷的特点。

4　平衡空位浓度依据什么原理测定？用什么方法测定？

5　点缺陷对性能有何影响？

6　晶体滑移变形有何证据？为何理论剪切强度与实验值有很大的偏差？

7　如何确定位错的柏氏矢量？

8　比较刃型位错、螺型位错和混合型位错的几何形态及其滑移过程、滑移结果的异同，并说明其运动的难易。

9　晶体的滑移量与位错运动的位移量是否成正比？为什么？

10　简述攀移和交滑移的概念和特点。

11　简述位错对晶体性能的影响。

12　小角度晶界和大角度晶界是如何划分的？划分依据是什么？其晶界能与取向差的关系有何不同？

13　比较对称倾侧晶界、不对称倾侧晶界、扭转晶界的异同。

14　为什么重合位置点阵模型不能描述任意取向的晶界？对其进行何种修正后就可以描述？重合位置密度如何影响晶界能？

15　简述晶界对材料性能的影响。

16　说明共格界面、半共格界面、非共格界面界面能的差异。

17　铁中的空位形成能为 104.5kJ/mol，试计算将其从 20℃加热到 850℃时空位浓度增加了多少倍？若将其淬火至室温，这些空位会出现什么情况？

18　银的空位形成能为 1.10eV，假设振动熵因子 $A=1$，求其在室温下的平衡空位浓度。已知其原子量为 108，密度为 $10.53 \times 10^3 kg/m^3$，求每立方分米银中有多少原子？有多少空位？

19　若铝的空位形成能为 0.75eV，间隙原子的形成能为 3.0eV，假定二者的振动熵相等，试求室温二者的平衡浓度之比，以计算结果解释为何考虑点缺陷对性能的影响时常常忽略间隙原子的作用。

20　在简单立方二维晶体中画出一个刃型位错，并用柏氏回路求出其柏氏矢量。

第3章 材料的固态相变

从物理化学的学习中我们已经接触过相变，如材料由液相转变成固相的凝固，由液相转变为气相的蒸发或沸腾。即使材料的状态不变化，仅以固相存在，从第1章我们已经知道许多单质和化合物都有多晶型性，如碳可为金刚石、石墨或无定形碳，氧化锆、石英等氧化物的多种晶型的转变。当材料以不同晶态结构存在时，其性能有非常明显的变化，如石墨和金刚石性能的巨大差异。同素异构转变的晶态结构改变并不涉及成分的改变，材料中大量存在的晶态结构改变还伴随着成分变化，可能由一种成分均一的晶体变成不同部位成分有明显差异的两种或数种新的晶体。材料中还有晶态结构未改变而磁性、导电性等发生明显改变的现象，这些现象也涉及相变。

工程中常利用相变前后的性能差异控制材料的性能。例如，对含碳量 1.0% 的碳钢进行退火或正火（例如加热到 780℃ 左右保温后随炉冷却或在空气中冷却），可获得珠光体组织，为体心立方的 α-Fe 和中间相 Fe_3C 的混合，具有较低的硬度，这一硬度适合机械加工，在此状态下可容易地将其切削成需要的形状，例如将其加工成刀具。机械加工完毕后再将加工成的刀具淬火（例如加热到 780℃ 左右保温后淬入水中冷却），可获得以体心正方的马氏体为主的组织，具有高硬度，在此高硬度下的刀具具有良好的耐磨性，可用来切削其他金属。可见通过适当的加热和冷却处理产生相变，能得到不同的结构，从而获得所需要的性能。因此固态相变是材料中的重要问题，研究其发生条件、结果可更好地控制材料的性能，这是本章要着重研究的问题。

3.1 固态相变的概念及分类

3.1.1 相变的基本概念

气相、液相、固相等物质以不同状态存在时，相的界限是比较明显的。而在固相中，不同部分可能因晶体结构、化学成分、磁性、导电性等的不同而不同，而被认为是以不同的相结构存在。由于固体一般是不透明的，不同的相间的界限、结构的差别等都不容易研究。相的严格定义不容易给出。一般可以将相（phase）理解成系统中均匀的，与其他部分有界面分开的部分。这并不是相的严格定义，因为其中均匀的概念可以有不同的理解，例如一般将固溶体看成是一相，其结构可以认为是均匀的，但固溶体中有偏聚，其化学成分则是不均匀的。如果把均匀理解成化学成分和性质在给定的范围内连续变化，没有突变，则固溶体就显然是一相。但是在调幅分解以后，成分和结构都均匀的固溶体，会分解成晶体结构相同而成

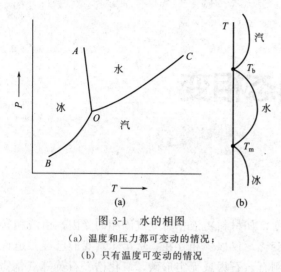

图 3-1 水的相图

(a) 温度和压力都可变动的情况；
(b) 只有温度可变动的情况

分不同的部分，这些部分在显微镜下可以明显地区分，且其热力学性质明显不同，因此被看成两相，但这两相的成分是连续变化的，没有突变，也就是说，两相之间没有明显的界面。不同的相之间的区别将在相变的研究中变得逐渐清楚。

相变（phase transformation）是材料从旧的相存在方式向新的相存在方式的转变。相变是自然界中的普遍现象，例如水有气、液、固的三态变化。影响水的存在状态的因素除了温度外，还有压力。图 3-1 是水的相图。从相律知道，单态的水可在不同的温度和压力下存在；在一定的压力下，水的沸点

和凝固点都是一定的，即只在固定的温度下出现两相共存；冰、水、汽三相共存只在固定的温度和压力下发生。

3.1.2 固态相变的一般特点

由于固态相变的母相和新相都是固相，没有流体的参与，它具有一些与固-液相变（凝固与熔化）、气-液相变（沸腾与凝结）、固-气相变（升华与凝华）都不同的特点，简述如下。

3.1.2.1 相界面

相变过程中母相和新相之间、不同的新相之间都有相界面（phase interface）。薄膜是通过气相或液相过程形成的，其形成如果通过物理吸附，则薄膜与基底之间的界面是通过范德华力结合的。与薄膜不同，固态相变的新相是在母相之中产生的，所以一般与母相之间是通过化学键结合。当母相和新相都是晶体时，也存在共格、半共格、非共格的区分。一般认为，错配度 m 很小时形成共格界面；当 m 增大时弹性应变增大，界面上产生一些位错降低弹性应变能，形成半共格界面；m 再增大时弹性应变过大，不能保持共格，则形成非共格界面。

固相界面的界面能来自界面原子排列不规则导致的能量升高和新旧相的化学成分改变引起的化学能。当然，非共格界面的原子排列规则性最差，其界面能最高。一般认为，当 $m < 0.05$ 时，相界面可保持完全共格，界面能约 $0.1J/m^2$；当 $0.05 < m < 0.25$ 时，相界面为半共格界面，其界面能 $< 0.5J/m^2$；当 $m > 0.25$ 时，只能形成非共格界面，其界面能约 $1.0J/m^2$。

3.1.2.2 位向关系

固态相变的新相是在母相中形成的，如果新相与母相之间的取向关系是随机的，则大部分相界面是非共格的，相变引起的总界面能将升高，这从热力学上说对相变是不利的。所以相变后新旧两相晶体之间往往存在一定的位向关系（orientation relationship）以降低界面能，即新相和母相之间常以低指数的原子密度大而又匹配较好的晶面互相平行。如果有两个或多个新相同时生成，则由于它们都与母相有一定的位向关系，新相之间也常常有一定的位向关系。例如，钴加热到 450℃ 发生同素异构转变，由密排六方的 α-Co 变成面心立方结构，

两相之间存在如下位向关系：晶面关系为 $\{111\}_{fcc}//\{0001\}_{hcp}$；晶向关系为 $\langle 110\rangle_{fcc}//\langle 11\bar{2}0\rangle_{hcp}$。

3.1.2.3 惯习面

固态相变时，新相往往在母相的一定结晶面上开始形成，这个晶面称为惯习面（habit plane）。例如，亚共析钢（含碳量低于 0.77%）在温度高于相图的奥氏体转变线时以单相存在，是面心立方结构的固溶体，称为奥氏体（austenite，A，γ 相）。奥氏体以适当的速度冷却时可发生相变，首先生成的是体心立方结构的固溶体，称为铁素体（ferrite，F，α 相）。继续冷却到一定温度，会发生共析转变，在奥氏体中同时生成两个新相，即铁素体和渗碳体，共析转变之前生成的铁素体称为先共析铁素体。晶粒粗大的奥氏体以适当的速度冷却时，先共析铁素体不仅沿奥氏体晶界生成，还沿奥氏体的 $\{111\}$ 面生成，形成平行的针状铁素体，所以奥氏体 $\{111\}$ 面就是先共析铁素体的惯习面。这种含有粗大的针状铁素体的组织称为魏氏组织。图 3-2 是亚共析钢的魏氏组织照片，其中白色的网状部分是沿奥氏体晶界生成

图 3-2　亚共析钢的魏氏组织照片

的先共析铁素体，平行的白色针状部分是沿奥氏体的 $\{111\}$ 面生成的先共析铁素体，黑色部分是共析转变产物，称为珠光体（pearlite，P）。

3.1.2.4 应变能

与固相在流体中生成不同，固态相变的新相在固态的母相中产生。由于新相与母相的原子排布方式不同可能有不同的致密度，导致其比容不同，所以新相生成后发生的体积膨胀或收缩必然受到周围母相的约束，不能自由地胀缩而产生弹性应变，使系统额外增加了应变能（strain energy）。因此，固态相变的阻力除了新旧相界面的界面能外，还有应变能。应变能使相变阻力增大，所以固态相变的发生往往需要更大的驱动力，在比新旧相体积自由能相等的温度低（高）得多的温度下才可以发生，即相变需要很大的过冷（热）度。

而且，当一定体积的新相生成时，其总界面能和应变能都与新相的形状有关。由于新相生成的阻力越小，在热力学上越有利于生成，所以新相的形状与应变能和界面能的相对比值有关。图 3-3 给出了新相粒子的几何形状与应变能相对值的关系，

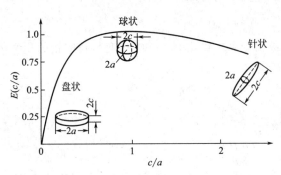

图 3-3　新相粒子的几何形状对应变能相对值的影响
（a 为椭球体的赤道半径；c 为椭球体的两极距离）

该图是假设新相在母相中以弥散的椭球状粒子存在的条件下作出的。可见球状粒子引起的应变能最大，针状粒子次之，盘状粒子引起的应变能最小。当应变能与界面能相比相对较小时，尽量减小表面积可有效降低相变总阻力，此时新相容易呈球状；而应变能与界面能相比相对较大时，减小新相的厚度有利于降低相变总阻力，此时新相容易呈针状或盘状。前面已

经指出，共格界面的界面能小，所以如果新相与母相之间形成共格界面，新相容易呈针状或盘状。而如果新相与母相之间形成非共格界面，则新相容易呈球状。

3.1.2.5 晶体缺陷对固态相变的影响

如果母相是晶体，除了平衡浓度的点缺陷外，其中的其他晶体缺陷必然影响新相的生成。其影响主要是由于缺陷处能量高，可为新相形成提供驱动力；缺陷处原子排列不规则，有利于相变时的原子扩散，还可能有局部与新相的结构相近；缺陷处可能有元素偏聚，局部可能更接近新相的化学组成。总的来说，缺陷是母相中的不稳定因素，有利于相变发生、新相形成和长大。

3.1.2.6 扩散对固态相变的影响

如果母相和新相的化学成分不同，则固态相变必然伴随着原子扩散。而固态的扩散比液体中的扩散要慢得多。例如，液态金属中的扩散系数可达 $10^{-7}\,cm^2/s$，而固态金属中的扩散系数仅有 $10^{-8}\sim10^{-7}\,cm^2/d$ 的数量级。因此，固态相变的原子扩散需要很长的时间，在很多情况下成为相变动力学的主要控制因素。例如，冷却的过冷度很大时，由高温相向低温相转变驱动力很大，已经足以引发相变，高温相在热力学上已不能稳定存在，但扩散过程的速度跟不上相变速度，此时就发生其他机制的相变，所以固态相变很少按平衡相图转变，有大量的半扩散或非扩散相变发生，生成大量的亚稳相。

例如，含锌 38%～58% 的黄铜按照相图应在 250℃ 发生 $\beta \rightarrow \alpha+\gamma$ 的相变，但在如此低温下扩散困难，在工业的冷却条件下不能允许有充分的扩散时间，所以通常这一相变是被抑制的，β 可保留至室温。又如，碳钢在由高温相奥氏体缓慢冷却到室温时，按平衡相图总会生成高碳相渗碳体和低碳相铁素体，但如果冷却速度足够快，扩散未来得及进行已经冷却到了低温，不能生成高碳和低碳的部分，则会以无扩散的切变方式生成新相马氏体，该相的含碳量与母相奥氏体相同，是亚稳相。

3.1.3 固态相变的分类

固态相变的类型很多，特征各异，常见的分类方式有以下两种。

3.1.3.1 按热力学分类

根据相变前后热力学函数的变化分为一级相变和二级相变。一级相变是新旧相的化学位向等，但其一阶偏导不相等的相变。即：

$$\begin{cases} \mu^{\alpha} = \mu^{\beta} \\ \left(\dfrac{\partial \mu^{\alpha}}{\partial T}\right)_P \neq \left(\dfrac{\partial \mu^{\beta}}{\partial T}\right)_P \\ \left(\dfrac{\partial \mu^{\alpha}}{\partial P}\right)_T \neq \left(\dfrac{\partial \mu^{\beta}}{\partial P}\right)_T \end{cases} \tag{3-1}$$

式中，μ^{α} 和 μ^{β} 分别是母相和新相的化学位；P 为压力；T 为温度。由于：

$$\left(\frac{\partial \mu}{\partial T}\right)_P = -S \tag{3-2}$$

$$\left(\frac{\partial \mu}{\partial P}\right)_T = V \tag{3-3}$$

可得到：

$$S^{\alpha} \neq S^{\beta} \tag{3-4}$$

$$V^\alpha \neq V^\beta \qquad (3\text{-}5)$$

式中，S 是熵；V 是体积。可见一级相变前后熵和体积都呈不连续变化，相变时有相变潜热和体积突变。

二级相变是新旧相的化学位及其一阶偏导都相等，但二阶偏导不相等的相变。即：

$$
\begin{cases}
\mu^\alpha = \mu^\beta \\[6pt]
\left(\dfrac{\partial \mu^\alpha}{\partial T}\right)_P = \left(\dfrac{\partial \mu^\beta}{\partial T}\right)_P \\[6pt]
\left(\dfrac{\partial \mu^\alpha}{\partial P}\right)_T = \left(\dfrac{\partial \mu^\beta}{\partial P}\right)_T \\[6pt]
\left(\dfrac{\partial^2 \mu^\alpha}{\partial T^2}\right)_P \neq \left(\dfrac{\partial^2 \mu^\beta}{\partial T^2}\right)_P \\[6pt]
\left(\dfrac{\partial^2 \mu^\alpha}{\partial P}\right)_T \neq \left(\dfrac{\partial^2 \mu^\beta}{\partial P}\right)_T \\[6pt]
\dfrac{\partial^2 \mu^\alpha}{\partial T \partial P} \neq \dfrac{\partial^2 \mu^\beta}{\partial T \partial P}
\end{cases}
\qquad (3\text{-}6)
$$

由式(3-2)、式(3-3) 和式(3-6) 可知，对二级相变，有：

$$S^\alpha = S^\beta \qquad (3\text{-}7)$$

$$V^\alpha = V^\beta \qquad (3\text{-}8)$$

即二级相变没有熵变和体积变化。由于：

$$\left(\frac{\partial^2 \mu}{\partial T^2}\right)_P = -\left(\frac{\partial S}{\partial T}\right)_P = -\frac{C_P}{T} \qquad (3\text{-}9)$$

$$\left(\frac{\partial^2 \mu}{\partial P}\right)_T = \left(\frac{\partial V}{\partial P}\right)_T = Vk \qquad (3\text{-}10)$$

$$\frac{\partial^2 \mu}{\partial T \partial P} = \left(\frac{\partial V}{\partial T}\right)_P = V\alpha \qquad (3\text{-}11)$$

可得到：

$$C_P^\alpha \neq C_P^\beta \qquad (3\text{-}12)$$

$$k^\alpha \neq k^\beta \qquad (3\text{-}13)$$

$$\alpha^\alpha \neq \alpha^\beta \qquad (3\text{-}14)$$

式中，C_P 是热容；k 是压缩系数；α 是体膨胀系数。

$$k = \frac{1}{V}\left(\frac{\partial V}{\partial P}\right)_T \qquad (3\text{-}15)$$

$$\alpha = \frac{1}{V}\left(\frac{\partial V}{\partial T}\right)_P \qquad (3\text{-}16)$$

可见二级相变的热容、压缩系数、热膨胀系数是不连续变化的。

从相图上看一级相变和二级相变也有不同的几何规律，如图 3-4 所示。一级相变只有在相图的极大点和极小点处两平衡相的成分才相同，在其他地方两平衡相由两相区隔开。而二级相变两平衡相区之间只由一个单线隔开，即两平衡相的浓度在任何温度下都相同。这一点可从热力学上得到证明。

3.1.3.2 按原子迁移情况分类

按相变过程中的原子迁移情况，可将相变分为扩散型相变、非扩散型相变和半扩散型相

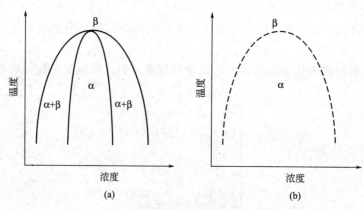

图 3-4　一级相变和二级相变在相图上的区别

(a) 一级相变；(b) 二级相变

变。扩散型相变的特点是相变过程中有原子扩散，且相变受原子扩散控制。其中的扩散既包括组元间的互扩散，也包括主要组元的自扩散。例如，高温下的同素异构转变就是扩散型相变，因为转变过程中原子通过自扩散重排，形成新的结构。又如，共析转变必然伴随着组元的互扩散。在低温下原子失去扩散的热力学和动力学条件，则进行的是非扩散型相变，即相变过程中不发生原子扩散。例如，低温下进行的同素异构转变和马氏体相变都是非扩散型相变。当温度适中时，某些原子可进行缓慢的扩散，某些原子不能扩散。例如，间隙固溶体中溶剂大原子不能扩散，尺寸较小的溶质原子可以扩散。相变过程中有部分溶质原子可通过扩散聚集形成新相，但固溶体中的另一部分溶质原子由于扩散不能充分进行仍然保持过饱和的溶解状态。此时的相变虽然伴随着扩散，但相变仅部分受原子扩散所控制，即半扩散型相变，包括贝氏体转变和块状转变。

3.1.3.3　常见固态相变的分类

按上述分类方法，将常见固态相变的分类归结为表 3-1。后面将选择四种有代表性的相变分别进行介绍。

表 3-1　常见固态相变的分类和特征

相　　变	分　　类	特　　征
同素异构转变	一级，扩散型	温度或压力改变时从一种晶体结构转变成另一种晶体结构，是重新形核和生长的过程。如 α-Fe$\rightarrow\gamma$-Fe, α-Co$\rightarrow\beta$-Co
固溶体的多晶型性转变	一级，扩散型	类似于同素异构转变，转变前后晶体结构改变，固溶体的成分不变。如 Fe-Ni 合金的 $\gamma\rightarrow\alpha$ 转变，氧化锆的 m$\rightarrow$t$\rightarrow$c 转变
脱溶（析出）	一级，扩散型	过饱和固溶体的脱溶分解，形成亚稳定或稳定的第二相。如 Al-Cu 合金在降温时从 α-Al 中析出铝铜化合物中间相
共析转变	一级，扩散型	一个固相分解成结构不同的另外两个固相。如 Fe-C 合金中 $\gamma\rightarrow\alpha+$Fe$_3$C
包析转变	一级，扩散型	由两个结构不同的固相反应生成与二者结构都不同的一个新固相，反应一般不能进行到底，常有一相或两相残余。如 Ag-Al 合金中的 $\alpha+\gamma\rightarrow\beta$
调幅分解	一级，扩散型	为非形核分解过程，固溶体分解成晶体结构相同但成分不同的两相，两相的成分在一定范围内连续变化，多种合金固溶体有此变化

相　变	分　类	特　征
马氏体转变	一级,非扩散型	相变时新旧相成分不变化,原子只作有规则的重排(切变)形成新结构,而不进行扩散,新旧相之间保持严格的位向关系,并可保持共格,在磨光的表面可见浮凸效应。多种合金和陶瓷中可发生此转变
块状转变	一级,半扩散型	金属或合金发生晶体结构改变时,新、旧相成分不变,相变具有形核和生长的特点,只进行少量扩散,生长速度甚快,通过非共格界面迁移形成不规则的块状产物。如纯铁、低碳钢、Cu-Al合金、Cu-Ga合金有此转变
贝氏体转变	一级,半扩散型	兼具非扩散型相变和扩散型相变的特点,相变时发生切变,同时有扩散,新旧相成分不同,转变速度缓慢。多种合金中可发生此种转变
有序化转变	一级或二级,扩散型	固溶体中的溶质原子的排列从无规则到有规则,但晶体结构不变
磁性转变	二级,非扩散型	铁磁性与顺磁性的互变。如铁合金中可发生此种转变
超导转变	二级,非扩散型	正常传导态和超导态的互变。多种金属、合金、陶瓷、聚合物可发生此转变

3.2　多晶型性转变

多晶型性转变是一类常见的相变。除了单质的同素异构转变外,合金固溶体、单组元的陶瓷、陶瓷的固溶体都能发生这类转变。例如,图3-5是纯铁的相图,可见纯铁有三个固态相变,即α、γ、δ的晶体结构转变。含碳量较低的工业纯铁(铁碳合金固溶体)也有同样的三次晶体结构转变。氧化铝有α、γ等晶型转变。氧化锆和氧化钇的固溶体也有m、t、c的晶型转变。这些都是多晶型性转变的例子。

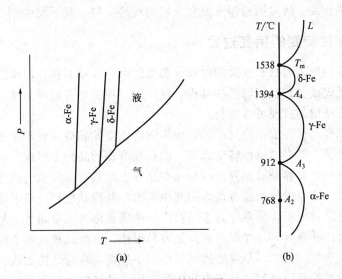

图 3-5　纯铁的相图
(a) 温度和压力都变动的情况; (b) 只有温度变动的情况

3.2.1 多晶型性转变的相变驱动力

多晶型性转变的阻力来源于新旧相的界面能和应变能，而驱动力是新旧相的体积自由能差。当驱动力足以克服相变阻力时相变才能开始。由于自由能为：

$$G = H - TS \qquad (3-17)$$

式中，H 为热焓；T 为热力学温度；S 为熵。可推导得到：

$$dG = VdP - SdT \qquad (3-18)$$

式中，V 为体积；P 为压力。在恒压下，有：

$$dG = -SdT \qquad (3-19)$$

所以：

$$\frac{dG}{dT} = -S < 0 \qquad (3-20)$$

即自由能随温度升高而降低。

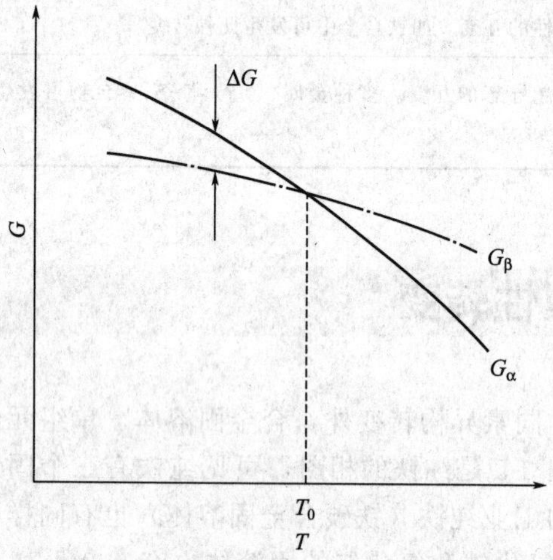

如图 3-6 所示，由于两相 α、β 的熵 $S_\alpha \neq S_\beta$，所以 α、β 相的自由能-温度曲线斜率不相等，在 T_0 相交。当 $T \neq T_0$ 时，两相的体积自由能差 $\Delta G \neq 0$。对图 3-6 的情形，当 $T < T_0$ 时，$\Delta G = G_\beta - G_\alpha < 0$，即由 α 相转变为 β 相体积自由能降低，这一自由能差就是相变的驱动力。在 $T > T_0$ 时，也存在自由能差作为相变驱动力，但相变方向相反。

在两相自由能相等的温度 T_0，相变驱动力为 0，由于固态相变有新增加的相界面和弹性应变形成的相变阻力，没有体积自由能差提供的驱动力时，相变不会发生。所以相变开始的温度都要低于（高于）T_0，T_0 与实际相变开始温度的差即过冷（热）度。所以固态相变要在一定的过冷（热）度下发生。

图 3-6　新旧相的自由能与温度的关系

3.2.2 多晶型性转变的相变过程

多晶型性转变一般是形核和长大的过程。相变的第一步是形核，即新相的晶核在母相中形成的过程。与凝固或气相沉积薄膜的过程一样，固态相变也有临界晶核，当晶坯尺寸大于临界尺寸时，变成稳定晶核便可自发长大。

固态相变的临界晶核一般不会是球形，因为固态相变的晶核一般都是在某些部位择优地形成，是非均匀形核。对多晶型性转变晶核一般是在母相的晶界上形成。晶界优先形核的原因主要有两个。第一，晶界处有晶界能，新相在晶界上形核吞噬母相的晶界使体系自由能降低，可提供体积自由能差以外的能量作为相变驱动力，补偿晶坯形成稳定晶核之前体积自由能差的不足，促进晶核形成。晶界处高于晶粒内部的能量称为能量起伏。易于理解，非共格晶界和半共格晶界比共格晶界（如孪晶界）处容易形核，三个晶粒或四个晶粒的交汇处比一般的晶界面处容易形核。第二，晶界处的原子排列不规则，称为结构起伏。结构起伏使母相的晶界处可能有局部的原子排列具有新相的排列规则，从结构上有利于新相的形成。

稳定晶核形成后就是新相的长大过程，这一过程一般是通过母相的原子通过自扩散在新相的晶核上按新相的规则重排来进行的。所以多晶型性转变一般不涉及溶质原子的扩散，这类相变一般也是扩散型相变。当新相长大到互相接触，母相消失，相变完成。

3.3 共析转变

本节以共析转变为例说明扩散型相变的典型特征。与凝固时同时从液相中结晶出两个固相的共晶转变类似，共析转变是指由一个固相同时生成两个新的固相的相变。

3.3.1 共析转变的热力学

根据相律，有：

$$f = C - P + 2 \tag{3-21}$$

式中，f 为自由度；C 为组元数；P 为相数。可知在恒压下，自由度数为：

$$f = C - P + 1 \tag{3-22}$$

对共析反应，有：

$$\alpha \rightarrow \beta + \gamma \tag{3-23}$$

反应时有母相 α 和两个新相 β、γ 三相共存，所以对二元系，有：

$$f = 2 - 3 + 1 = 0$$

即自由度数为 0。由于没有自由度，可知在共析反应时，温度和各相的成分都是固定的。

因此，在发生相变的温度 T_c，三相的自由能-成分曲线应该有图 3-7 的形式。在该温度，三相的自由能-成分曲线有公切线，其切点的成分分别为 x_α、x_β、x_γ。当 B 组元含量低于 x_γ 时，γ 相的自由能最低，在该温度下合金以单相 γ 存在；当 B 组元含量高于 x_β 时，β 相的自由能最低，在该温度下合金以单相 β 存在。而当 B 组元含量为 $x_\gamma \sim x_\beta$ 时，三相共存的自由能由公切线决定，也就是说，合金在以成分为 x_α 的 α 相、成分为 x_γ 的 γ 相和成分为 x_β 的 β 相三相共存时，体系的自由能比它以任何一个单相存在的自由能都低，因此在该温度下合金以这三种成分的三相共存的状态存在。也就是说，成分为 $x_\gamma \sim x_\beta$ 的合金都有可能发生共析反应。结合 T_c 以上和以下温度的自由能-成分曲线，可推知共析反应的相图应该有如图 3-8 所示的形式，反应在恒定温度即水平线上发生，三相的成分为固定值 x_α、x_β、x_γ。

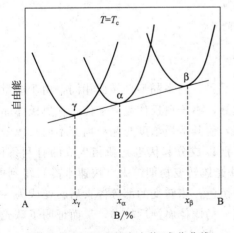

图 3-7 共析温度的自由能-成分曲线

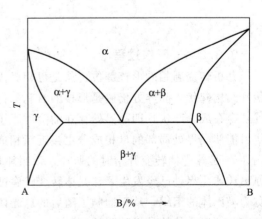

图 3-8 共析相图

由相图和自由能-成分曲线都可知，共析反应的母相 α 与新相 β、γ 的成分都不同，所以相变过程中必然伴随着溶质原子的扩散。因此共析转变是典型的扩散型相变。

3.3.2 共析转变的过程

共析转变也是形核＋长大的过程。下面以铁碳合金的共析转变（珠光体转变）为例说明共析转变的过程。图 3-9 为铁碳合金的一种亚稳相图（Fe-Fe$_3$C 相图）的低温部分，通常铁碳合金按此相图转变。相图右侧含碳 6.69％处为渗碳体（Fe$_3$C），含碳量再高的合金无工业应用价值，因此很少有人研究。可将 Fe 和 Fe$_3$C 看成两个组元。含碳量在 $P \sim E$ 点范围内的合金都可以在 PSK 直线所代表的共析温度发生共析反应：

$$\gamma_S \rightarrow \alpha_P + Fe_3C \tag{3-24}$$

其中，P 点和 S 点的含碳量分别为 0.0218％和 0.77％。因此该共析反应是由含碳量居中的母相奥氏体（γ）生成低碳相铁素体（α）和高碳相渗碳体（cementite）的过程，反应的产物为两相的机械混合物，即珠光体，其形貌如图 1-42 所示，其中的铁素体和渗碳体呈层片状交替存在。反应过程中除了铁原子的自扩散外，必然伴随着碳原子的扩散。

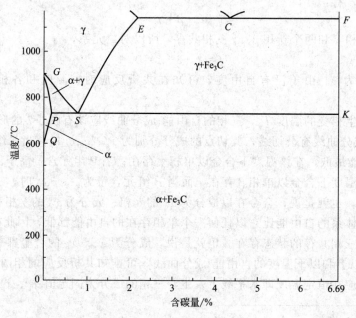

图 3-9　Fe-Fe$_3$C 相图的低温部分

3.3.2.1 形核过程

共析转变新相的形核部位仍然是母相奥氏体的晶界。与多晶型性转变相同，由于能量起伏和结构起伏，晶界处仍然是形核的有利部位。此外，由于奥氏体是固溶体，在奥氏体晶界处还存在成分起伏，即晶界处存在的溶质原子偏聚，使其溶质浓度与晶粒内部不同。成分起伏可能使晶界处局部的母相成分更接近新相成分。所以成分起伏也是新相生成的有利条件。图 3-10 是珠光体转变开始时的照片，该照片是在珠光体转变初期淬火（快速水冷）得到的，原奥氏体晶界处已经发生了珠光体转变，腐蚀后呈黑色；未转变的部分淬火后转变成为一种称为马氏体的组织，从而抑制了随后的珠光体转变。马氏体腐蚀后较白，从而证明了珠光体转变从原奥氏体的晶界处开始。

共析转变的两个新相一般不会同时形核。对珠光体转变，其领先相取决于晶界结构及成分。如果铁碳合金的含碳量<0.77%（亚共析钢），在共析温度以上首先发生先共析反应，共析反应之前已经在原奥氏体晶界处生成了先共析相α，称为先共析铁素体。随后达到共析温度才发生共析反应，所以共析反应的铁素体可能依附于先共析铁素体生成，共析反应的领先相为铁素体。同样道理，如果铁碳合金的含碳量>0.77%（过共析钢），原奥氏体晶界上在共析反应之前已经生成了先共析的渗碳体，所以渗碳体为领先相。如果铁碳合金的含碳量恰好是0.77%（共析钢），一般认

图 3-10　珠光体转变首先在原奥氏体晶界形成的金相照片

为渗碳体是领先相，其理由主要有三点：第一，实验测试表明，珠光体中的渗碳体与奥氏体中析出的先共析渗碳体的晶体学位向相同，而珠光体中的铁素体则与先共析铁素体的晶体学位向不同；第二，实验测试发现，珠光体中的渗碳体与先共析渗碳体在组织上常常是连续的，而珠光体中的铁素体则与先共析铁素体在组织上常常是不连续的；第三，由于渗碳体含碳量比奥氏体高得多，加热过程中由于碳扩散不充分常常不完全溶解，奥氏体中未溶解的渗碳体有促进珠光体形成的作用。也就是说，对非共析成分的合金，共析反应的领先相与先共析相相同；而对共析成分的合金领先相则受较多的因素影响。

3.3.2.2　长大过程

共析钢珠光体的长大过程如图 3-11 所示。在两个奥氏体晶粒 γ_1 和 γ_2 的晶界上，含碳量高且结构与 Fe_3C 相近的部位首先生成一个渗碳体晶核，如图 3-11(a) 所示。该晶核一般与一个晶粒（如 γ_1）保持一定的位向关系，例如 $(010)_{Fe_3C}//(110)_{\gamma}$，以降低形核功。渗碳体与 γ_1 之间是共格界面，与 γ_2 之间则是非共格界面。

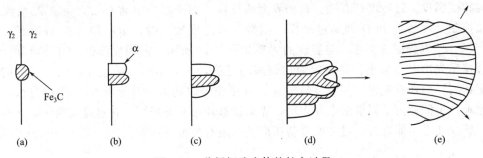

图 3-11　共析钢珠光体的长大过程

由于渗碳体含碳量高，其周围的奥氏体中的碳必须向相界面处扩散，渗碳体才会长大，渗碳体长大的结果是其周围奥氏体的含碳量降低，不利于渗碳体继续长大，但这正是低碳的铁素体形核和生长的有利条件。所以渗碳体长大到一定程度后在其周围出现铁素体晶核，如图 3-11(b) 所示。同样由于降低界面能的原因，新生成的铁素体晶核与渗碳体有一定位向关系，又由于渗碳体与原奥氏体有一定的位向关系，铁素体与原奥氏体也有一定的位向关系。

铁素体长大过程中，多余的碳必然向周围的奥氏体扩散，使周围的奥氏体含碳量升高，

这又是渗碳体形成的有利条件，所以铁素体外侧又开始形成新的渗碳体片，如此渗碳体和铁素体呈片层状交替生成。在向侧边交替生长的同时，珠光体还通过与 γ_2 之间的非共格界面向奥氏体中推移，向 γ_2 中生长，如图 3-11(c) 所示。由于铁素体片前端含碳量高，渗碳体片前端含碳量低，所以在珠光体生长过程中必然还有碳原子从铁素体前端的奥氏体向渗碳体前端奥氏体的横向扩散，这种扩散有利于珠光体纵向生长。

如果成分等条件有利，还会出现分叉生长。例如，渗碳体长大过程中遇到了奥氏体的低碳区，则渗碳体片向两侧生长绕过低碳区，原来的一片渗碳体通过分叉变成两片，如图 3-11(d) 所示。按照这种机制，长成如图 3-11(e) 所示的珠光体团。图 3-12 是正在向奥氏体中生长的珠光体团照片。

当然，并非所有的共析转变产物都能长成层片状。当共析产物中的某一相的量过少时，该相不能够形成连续的片状，则该相可能形成被另一相包围的棒状，甚至点状，如图 3-13 所示。

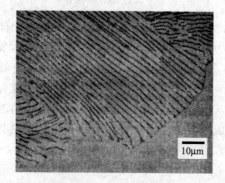

图 3-12　正在向奥氏体中生长的珠光体团照片

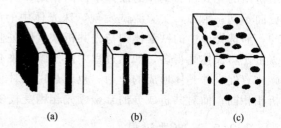

图 3-13　共析产物的可能形态
(a) 层片状；(b) 棒状；(c) 点状

3.3.3　共析转变的动力学

共析转变的动力学具有一般扩散型相变的特征。由于转变是热激活的固态相变，其生长速率与转变温度（过冷度）有关，其相界面的迁移速率受相变驱动力 ΔG_v 和扩散系数 D 两个因素控制。而 ΔG_v 和 D 都是过冷度的函数，过冷度增大时，ΔG_v 增大而 D 降低，如图 3-14 所示。所以界面迁移速率与温度的关系如图 3-15 所示，随温度降低，过冷度增大，界面迁移速率先增大后减小。这是因为在较高的温度，热力学因素起主导作用，ΔG_v 的增大可显著提高界面迁移速率；而温度较低时，虽然相变驱动力已经足够大，但 D 过低，扩散甚为困难，扩散动力学因素起主导作用，界面迁移速率明显降低，在过冷度很大时甚至可接近零，转变几乎不能进行。过冷度对新相形核率也有类似的影响。

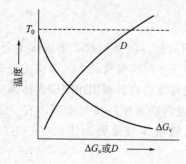

图 3-14　ΔG_v 和 D 与转变温度的关系

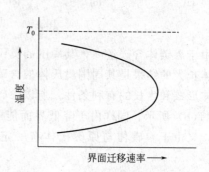

图 3-15　界面迁移速率与温度的关系

由于形核率和界面迁移速率都有随过冷度先增大后减小的变化，共析转变速率与温度的关系如图 3-16 所示。在较高温度，转变驱动力小，使转变速率较慢；在较低温度，扩散困难，转变速率较慢。所以在中间温度转变速率最快。

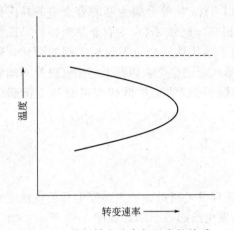

图 3-16　共析转变速率与温度的关系

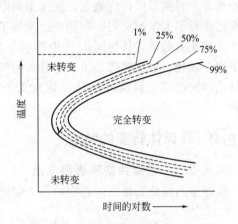

图 3-17　扩散型相变的等温转变曲线

实际上，人们对相变动力学的关心更在于了解相变过程所需要的时间，而不是只关注转变速率，因此扩散型相变的动力学常常用温度、时间与转变量之间的关系表示，称为等温转变曲线或 TTT（temperature-time-transformation）图。如图 3-17 所示，用转变量为 1% 的曲线表示转变开始，转变量为 99% 的曲线表示转变结束，还可以从不同转变量的曲线了解不同温度下达到该转变量所需的时间。在所有温度均需要一定时间的孕育期才开始转变，这是由于新相的形核需要一定的时间。在较高温度孕育期长，转变完成所需的时间也长；随温度降低，孕育期缩短，转变完成所需的时间也较短；继续降温，孕育期又逐渐加长，转变过程也延长；当温度很低时，由于扩散困难，转变基本被抑制而不能发生。这种慢-快-慢的变化使每一转变量-温度-时间的曲线都是 C 形，

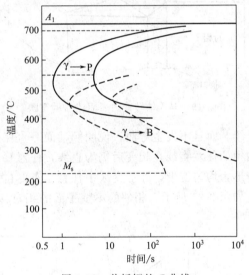

图 3-18　共析钢的 C 曲线

因此共析转变的 TTT 图又称为 C 曲线。图 3-18 是共析钢的 C 曲线。

3.4　马氏体转变

3.4.1　马氏体的概念

马氏体最初是在钢中发现的。我国在汉代或三国时期就已经知道将刀剑淬火可提高其硬度，甚至知道用不同的介质淬火可获得明显不同的强韧性，如用马血淬火，传说三国时的工匠发现只有用某处的江水淬火后刀剑的质量才好。但长期以来人们并不知道质量提高的原

因。直到显微镜用于研究金属的组织结构，才发现淬火后钢的组织发生了根本性的变化，并以德国学者马丁的名字命名这种组织为马氏体（martensite，M，α'相）。因此马氏体的定义是按钢中的形态定义的。定义为碳在 α-Fe 中的过饱和固溶体，是一种单相的亚稳组织。

然而，目前马氏体的概念已远远不局限于钢，以 Ti、Ni 等金属为基的合金中的马氏体相变已获得了大量的应用。陶瓷中也发现了马氏体相变，例如 ZrO_2 中有非常明显的马氏体相变。甚至有的学者认为固态 N 中都有马氏体转变。马氏体转变也不仅用于钢的强化，还用于陶瓷韧化，更重要的是用来制造功能材料，如形状记忆合金。因此上述定义已经不能涵盖马氏体的范围。目前可将马氏体定义为晶体通过协同型的无扩散切变机制转变得到的产物。

3.4.2 马氏体转变的特点

3.4.2.1 切变共格和表面浮凸

表面浮凸现象是马氏体相变的一个重要特征。该现象是指抛光的表面发生马氏体相变后局部会发生凸起或凹陷，如图 3-19 所示。如果在相变前的抛光表面上预刻直线划痕，则在马氏体相变后划痕在倾动面处改变方向成为连续的折线，但仍保持连续，而不出现划痕断开或扭曲成曲线的情况，如图 3-20 所示。这些现象说明生成的马氏体片与母相保持共格，作为新旧相界面的平面（即惯习面）的尺寸和形状都保持不变，也未发生任何转动。也就是说，马氏体转变时的惯习面是一个不变平面。在倾动面（马氏体片的自由表面）上的划痕不仅保持连续，而且不发生弯曲，说明倾动面一直保持为平面。又由于抛光面是任意截取的，说明母相中的任意直线在相变后仍为直线，任意平面在相变后仍为平面，这说明马氏体相变引起的变形为均匀变形，即形变区中任意一点的位移与其到不变平面的距离成正比，想象的变形过程如图 3-21 所示，相邻的不变平面的相对移动距离都相等，即所谓均匀切变。

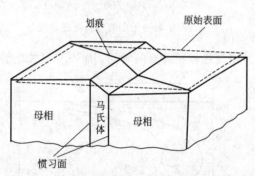

图 3-19　马氏体转变的表面浮凸示意图

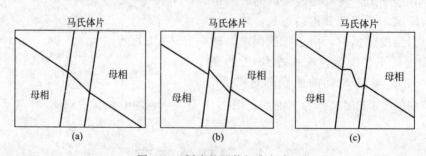

图 3-20　划痕的可能扭曲方式

（a）观察结果；（b）在界面处失去共格；（c）划痕扭曲

3.4.2.2 具有一定的位向关系和惯习面

由于切变后原子只作小距离的移动，切变共格使两相保持一定的位向关系，并有惯习面。前面已经指出，马氏体相变的惯习面是不畸变面，即其尺寸、形状、位向均未发生变化，且其惯习面就是相界面。

母相 A 和新相 M 之间的位向关系随材料的不同而变化，例如对碳钢含碳量低于 1.4%时的位向关系为 {111}$_A$//(110)$_M$，⟨110⟩$_A$//⟨111⟩$_M$，称为 K-S 关系，而当含碳量高于 1.4%时的位向关系为 {111}$_A$//(110)$_M$，⟨112⟩$_A$//⟨110⟩$_M$，称为西山关系。可见随含碳量不同，相变后晶胞的膨胀程度不同，导致的位向关系不同。

3.4.2.3　无扩散性

按切变共格的转变机制，相邻原子面之间的位移量是相等的，如图 3-21 所示。所以相变前后原子列、原子面之间的相对位置次序是不变的。因此马氏体相变又称为协调性相变或军队式相变，可以想象成方阵的第一列不动，第 n 列沿一定方向向前 n 步走（步长可为分数），虽然阵型不再是方阵，但原来相邻的士兵（原子）仍然相邻。按此模型，马氏体转变当然是无扩散的。

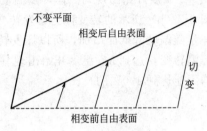

图 3-21　均匀切变示意图

实验上也可证明马氏体相变的无扩散性。第一，实验测试结果表明，马氏体相变前后的成分不变，说明相变过程中无溶质原子扩散。例如钢由奥氏体变成马氏体后其含碳量不变，不是像珠光体转变那样转变成低碳相和高碳相。第二，马氏体转变的速度极快，例如，Fe-C 合金和 Fe-Ni 合金在 −195～−20℃之间发生马氏体转变时，0.05～0.5ms 即可完成转变，在这样短的时间从扩散动力学上考虑，根本不能发生明显的扩散。第三，马氏体转变的温度低，对 Fe-C 合金，转变温度可能高于室温，甚至达到 200℃以上，而 Li-Mg 合金的马氏体转变在 −200℃以下发生，在这样低的温度下扩散几乎不可能。因此，马氏体转变过程中也没有自扩散。

3.4.2.4　有大量的晶体缺陷

马氏体相变的切变过程伴随着滑移和孪生，所以马氏体中总有高密度位错、孪晶、层错等晶体缺陷。

3.4.2.5　可逆性

在许多合金体系中的马氏体相变是可逆的，即冷却时由母相转变成马氏体，而加热时又由马氏体转变成母相。而且逆转变不仅是晶体结构变回母相的晶体结构，由马氏体转变回去的母相的晶体取向也可能完全恢复原来的状态。这一点后面还要讲到。

对 Fe-C 合金一般看不到马氏体的逆转变。这是因为其中的马氏体在加热时由于温度足够高，尚未发生逆转变就先通过碳原子的扩散聚集从马氏体中析出碳化物，随后发生再结晶，即发生了回火现象，破坏了马氏体原来的取向，所以不会见到逆转变。

3.4.2.6　不完全性

马氏体转变通常不能进行完全，在转变完毕时也总有母相残存。这是由于随着马氏体量增多，马氏体的转变阻力也在增大。例如，马氏体的比容比母相大时，马氏体转变应该引起体积膨胀，但马氏体在母相内部生成，不能自由膨胀，在材料中形成极大的压应力，阻碍马氏体继续转变。当驱动力不足以克服阻力时，转变即停止。

3.4.3　马氏体转变的动力学

3.4.3.1　马氏体转变动力学的特点

马氏体转变的动力学不仅与时间有关，还可能与温度有关。当温度较高时，马氏体转变的驱动力不足以克服相变阻力，所以只有母相降温到某一温度开始形成，然后随温度降低马氏体量增加，到某一温度转变结束。将发生马氏体转变的最高温度称为马氏体转变开始温度，以 M_s 表示；将马氏体转变结束的温度称为马氏体转变终了温度，以 M_f 表示。在 M_f 马氏体转变结束，但并不是所有的母相都能够转变为马氏体，而是总有一定量的母相剩余。

图 3-22 是马氏体转变动力学的三种形式。将图 3-22(a) 所示的转变称为变温转变，达到 M_s 温度开始出现马氏体，随温度降低马氏体量逐渐增多，即马氏体量仅是温度的函数。图 3-22(b) 所示的转变称为爆发转变，达到 M_s 温度后突然产生一定量的马氏体，随后马氏体量随温度降低而增加，所以爆发转变是一种特殊的变温转变。图 3-22(c) 所示的转变称为等温转变，达到 M_s 温度开始出现马氏体，随时间延长马氏体量增加。但无论是何种转变，均不能达到 100% 的马氏体量。

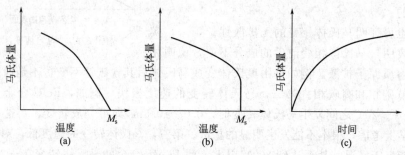

图 3-22　马氏体转变动力学的三种形式

3.4.3.2　马氏体转变动力学的分类

按马氏体的形核和长大方式，将马氏体转变动力学分为如下三类。

(1) 变温生核、恒温瞬时长大　碳钢、某些合金钢等材料的马氏体转变具有变温生核、恒温瞬时长大的动力学特征，其转变量与温度的关系如图 3-23 所示，动力学曲线如图 3-24 所示。在这种转变方式下，马氏体晶核在 M_s 以下温度瞬时形成，并以高达 2000m/s 的速度长大，$0.5 \times 10^{-7} \sim 5 \times 10^{-7}$s 即长大完毕，与母相的共格关系破坏，马氏体在降温时也不能继续长大。等温时马氏体量不增加，降温才增加，降温时马氏体量的增加是由于在较低的温度下转变驱动力增大，又有新的马氏体晶核形成并长大。

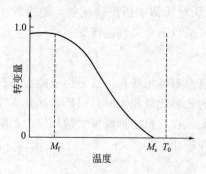

图 3-23　变温生核、恒温瞬时长大的
转变量与温度的关系

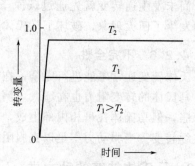

图 3-24　变温生核、恒温瞬时长
大的转变动力学曲线

Fe-Ni-C 合金、铬钢、锰钢等材料具有这种动力学特征。图 3-25 给出的 Fe-Ni-C 合金的转变量与温度的关系示出了这种特征。这类材料一般 M_s 较低，可能低于 0℃，所以在达到 M_s 时具有很大的相变驱动力，在 M_s 以下大量晶核瞬时形成，称为爆发形核，$10^{-4} \sim 10^{-3}$ s 即可完成一次爆发，由于转变剧烈，爆发时甚至可能伴有响声。所以达到 M_s 温度立即出现了一定的马氏体量，随后马氏体晶核随降温而增多，使马氏体量随温度降低而增加。

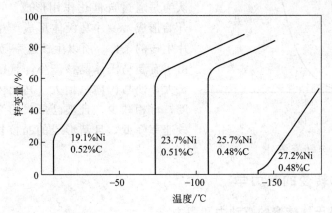

图 3-25　不同成分的 Fe-Ni-C 合金的马氏体转变量与温度的关系

(2) 变温生核、变温长大　Au-Cd 合金、Cu-Al 合金等材料具有变温生核、变温长大的动力学特征，这类合金在 M_s 以下温度生核，晶核瞬时长大，但马氏体与母相的共格关系未破坏，降温时马氏体片还可继续伸长、加厚，同时还可以形成新晶核。所以这种转变的马氏体量也是随温度降低而增加的，其特征与图 3-24 所示的类似，不同的是，马氏体量的增加既有新晶核形成的原因，也有在较高温度下已形成的晶核继续长大的原因。而且如果温度再升高，马氏体量还可减少。这将在后面进一步详述。

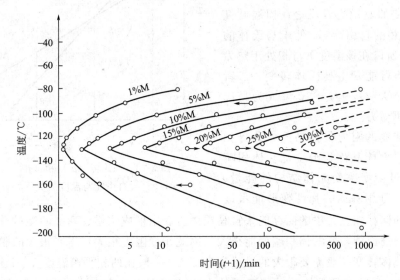

图 3-26　Fe-23.2％Ni-3.62％Mn 合金等温马氏体的 C 曲线

(3) 等温马氏体　NiMn 钢、NiCr 钢、MnCu 钢、高速钢、轴承钢等材料都具有等温马氏体的动力学特征。这类马氏体转变的 TTT 图也是 C 曲线。图 3-26 是一种 Fe-Ni-Mn 合金等温马氏体的 C 曲线。可见虽然马氏体的量随时间延长而增加，但这里测定的马氏体的最大量仅为 30％，这是因为马氏体转变的不完全性，不能测出形成 100％马氏体形成的时间。

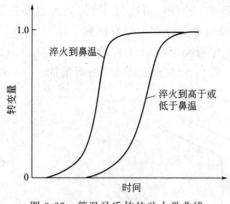

图 3-27 等温马氏体的动力学曲线

等温马氏体转变开始后，其转变速度也不是均匀的，如图 3-27 所示，转变开始时速度较慢，随后加快，转变达到一定量后速度又减缓。

等温马氏体的转变机制尚不完全清楚，有人认为是通过自催化作用形成。即在 M_s 马氏体片开始形成，一片马氏体形成产生引起更多马氏体片生核的条件，所以生核速率随时间延长而增高。由于有新马氏体晶核产生，且已形成的晶核也可长大，使马氏体量增大。马氏体量增大到一定程度，母相减少，且被已形成的马氏体分隔，使生核速率降低，且新形成的晶核长大空间减小，所以转变速度降低直至转变停止。

3.4.4 马氏体转变的热力学

3.4.4.1 马氏体转变的驱动力和阻力

马氏体转变的驱动力是马氏体与母相之间的体积自由能差。图 3-28 示出了马氏体和母相的自由能随温度变化的情况。由于两相的自由能-温度曲线的斜率不同，所以存在两相自由能相等的温度 T_0。当温度 $T < T_0$ 时，马氏体的自由能 $G_{\alpha'}$ 低于母相的自由能 G_γ，所以在该温度下马氏体处于热力学稳定态，二者的自由能差 $\Delta G = G_{\alpha'} - G_\gamma < 0$ 即为马氏体转变的驱动力。反之，当温度 $T > T_0$ 时，母相的自由能 G_γ 低于马氏体的自由能 $G_{\alpha'}$，所以在该温度下母相处于热力学稳定态，不可能发生马氏体转变，二者的自由能差 $\Delta G = G_\gamma - G_{\alpha'} < 0$ 可成为马氏体逆转变的驱动力。

马氏体转变的阻力包括马氏体和母相之间界面的界面能和体积畸变能。体积畸变能包含通过切变改变晶体结构的能量、与马氏体邻近母相基体的弹性变形能量以

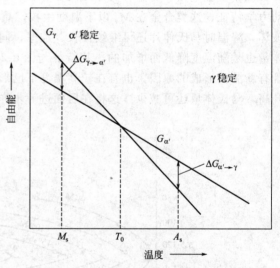

图 3-28 马氏体（α'）和母相（γ）的自由能与温度的关系

及马氏体内的储存能。其中的储存能来自马氏体转变中形成位错、孪晶的能量升高等。与其他相变相比，马氏体转变的体积畸变能很大，因此相变阻力很大，需要很大的驱动力才能进行。所以马氏体转变一般需要很大的过冷度，即 M_s 一般比两相平衡温度 T_0 低得多。例如，共析碳钢的 A_1 温度（马氏体的母相奥氏体在平衡相图上稳定存在的最低温度）为 727℃，但该钢的 M_s 是 230℃左右，比 A_1 低得多。

3.4.4.2 形变诱发马氏体转变

对马氏体的母相（例如奥氏体）在 M_s 温度以上进行塑性变形可诱发马氏体转变，使马氏体转变开始温度上升到 M_d。M_d 为可获得形变马氏体的最高温度，在 M_d 以上温度对母相

进行塑性变形则不能诱发马氏体相变。同样，对马氏体的逆转变，发生转变的最低温度为 A_s，但如果对马氏体在其逆转变的 A_s 温度以下进行塑性变形，也可以诱发马氏体的逆转变，使逆转变开始温度降低到 A_d。例如，304L 等奥氏体不锈钢的 M_s 低于室温，而其 T_0 远高于室温，所以在室温下奥氏体不能稳定存在，但该类钢在室温下一般是单相奥氏体，以亚稳态存在。这种单相状态不存在多相合金不同相电位引起的电池作用，使该类钢的耐腐蚀性得到了提高。但如果对该类钢进行塑性变形，如打磨、弯曲、拉伸、压缩等，就会出现马氏体。马氏体的存在会改变钢的耐腐蚀性，而工业上这些塑性变形总是难于避免的，这引起了人们对形变诱发马氏体的研究兴趣。另外，也可利用形变诱发马氏体效应在另一些场合促进马氏体相变。图 3-29 给出了 Fe-Ni 合

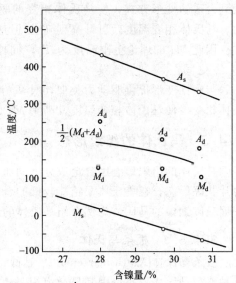

图 3-29　Fe-Ni 合金的形变诱发马氏体相变及其逆相变的温度与含镍量的关系

金的形变诱发马氏体相变及其逆相变的温度与含镍量的关系。可见随含镍量的升高，M_s 和 A_s 均降低，M_d 和 A_d 也随之降低。

　　形变诱发马氏体的原因可从图 3-30 所示的热力学机制解释。马氏体相变的阻力即相变所需的驱动力为 $\Delta G_{\gamma \to \alpha'}$。当温度为 T_0 时，转变的驱动力为 0。随温度降低，由新旧相体积自由能差提供的化学驱动力增大，当温度达到 M_s 时恰好可以满足相变的需要，因此 M_s 是马氏体转变的最高温度，发生马氏体相变的条件是温度达到 M_s 以下。如果对母相在 T_0 以下温度 T_1 塑性变形，则按某种方式进行的塑性变形可提供一定的机械驱动力。机械驱动力的大小为 pm，不随温度的改变而改变。此时只需要大小为 mn 的化学驱动力即可提供克服总相变阻力的驱动力。在 T_1 温度新旧相的体积自由能差就可提供大小为 mn 的化学驱动力，所以可以发生马氏体相变的最高温度提高到 T_1，T_1 的温度上限就是 M_d。

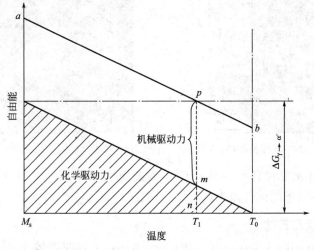

图 3-30　形变诱发马氏体的热力学机制

　　当然，不同的变形方式提供的机械驱动力是不同的，所以 M_d 与变形方式有关。如果能

找到合适的变形方式，使马氏体相变的驱动力全部由机械驱动力提供，则不需要化学驱动力，马氏体相变温度就可升高到 T_0。但这只有理论上的可能，实际上找不到这样的变形方式。因此 M_d 的理论上限温度为 T_0。同样道理，A_d 的理论下限温度也是 T_0，T_0 处于 M_d 和 A_d 之间。

与塑性变形提供驱动力类似，对 T_0 温度以下的母相施加应力也能提供驱动力，诱发马氏体相变，使马氏体相变温度升高到 M_s 以上，即应力诱发马氏体。

3.4.5 马氏体的组织形态

马氏体的组织形态因合金成分不同而异，主要有板条马氏体和片状马氏体，还有蝶状、薄片状等形态，在奥氏体层错能较低的合金如不锈钢中还会出现密排六方结构的 ε 马氏体。下面只以钢中的马氏体为例介绍马氏体的组织形态。

3.4.5.1 板条马氏体

板条马氏体（lath martensite）是低、中碳钢和马氏体时效钢、不锈钢等铁基合金中的一种典型马氏体形态，因其显微组织是由许多成群的板条组成而得名。图 3-31 给出了低碳钢中的板条马氏体的典型组织形态。一个奥氏体晶粒相变后转变为取向不同的几个板条群。板条群由尺寸大致相同且大致平行的板条组成。板条的宽度一般在 $1\mu m$ 以下，多在 $0.15\sim0.20\mu m$。板条马氏体的亚结构主要是位错，所以也被称为位错马氏体。图 3-32 是图 3-31 所示组织的透射电镜照片，可见马氏体板条内有高密度的位错。经电阻法测量得到的位错密度为 $(3\sim9)\times10^{11}\mathrm{cm}^{-2}$。板条内也可能有相变孪晶，但不是主要的结构形式。

图 3-31 0.03％C-2％Mn 钢的板条马氏体

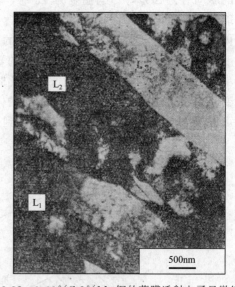

图 3-32 0.03％C-2％Mn 钢的薄膜透射电子显微组织

板条马氏体与母相奥氏体的晶体学位向关系为 K-S 关系，其惯习面一般为奥氏体的（111），但 18-8 型不锈钢的惯习面为奥氏体的（225）。

3.4.5.2 片状马氏体

片状马氏体（lamellar martensite，plate martensite）常见于淬火高、中碳钢及高 Ni 的 Fe-Ni 合金中。图 3-33 为高碳钢中的粗大的片状马氏体，是含碳 1.2％的碳钢在 1200℃渗碳 5h 后水淬得到的。这种马氏体的空间形态为双凸透镜片状，因为金相试样观察到的只是磨面上马氏体片的截面，所以在显微镜下呈现针状或竹叶状，所以也称为针状或竹叶状马氏体。片状马氏体中常常能见到明显的中脊，其形成规律尚不清楚。片状马氏体的组织特征为片间不相互平行。

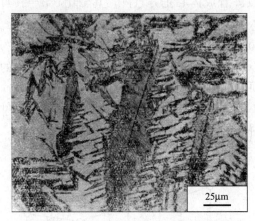

图 3-33　高碳钢中的粗大的片状马氏体

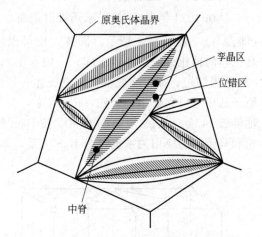

图 3-34　片状马氏体的形成过程及其亚结构示意图

图 3-34 示出了片状马氏体的形成过程及其亚结构示意图。在一个成分均匀的奥氏体晶粒内，当温度降低到 M_s 以下时开始出现第一片马氏体，该马氏体片贯穿整个奥氏体晶粒而将其分割成两半。继续降温会有新的马氏体片出现，但马氏体片只能在剩余的奥氏体区域形成，其大小受到限制，因此越是后形成的马氏体片，其尺寸越小。马氏体片的大小几乎完全取决于奥氏体晶粒的大小。图 3-33 中将高碳钢加热到 1200℃ 的高温，一方面是为了加速渗碳获得更高的含碳量，另一方面也是为了在高温下获得粗大的奥氏体晶粒，进而获得粗大的马氏体以便于观察。

片状马氏体的亚结构主要是孪晶，所以片状马氏体又称为孪晶马氏体。图 3-35 是片状马氏体的透射电镜照片。该照片是一片马氏体中的一段。马氏体内的许多细线是相变孪晶，中间是中脊。相变孪晶的存在是片状马氏体的重要特征。孪晶的间距约为 5nm，一般不扩展到马氏体片的边界。在片的边界为复杂的位错组列，这从图 3-34 和图 3-35 均可看出。

片状马氏体与母相奥氏体的晶体学位向关系为 K-S 关系或西山关系，其惯习面一般为奥氏体的（225）或（259）。

3.4.6　马氏体的转变机制

马氏体转变的无扩散性、低温下仍以很高的

图 3-35　片状马氏体的透射电镜照片

速度进行转变、表面浮凸等现象都说明，相变过程中的点阵重组是由原子集体、有规律地近程迁动完成的，因此可以把马氏体转变看成由母相的结构通过切变转变为新相的结构的过程。例如，钢中的母相为面心立方结构的奥氏体，马氏体则具有体心正方的结构。人们在不同的阶段提出了各种相变机制，各能解释部分的实验现象。下面介绍不同阶段提出的几种模型。

3.4.6.1 Bain 模型

早在 1924 年 Bain 就注意到可以把面心立方点阵看成体心正方点阵，其轴比 $c/a=1.41$（即 $\sqrt{2}/1$），如图 3-36 所示。同样，也可以把体心立方点阵看成轴比为 1 的体心正方点阵。马氏体的轴比处于这两者之间，一般在 $1.00 \sim 1.08$ 之间。所以只要奥氏体的 a 轴适当伸长，c 轴适当缩短，即可变成轴比与马氏体一致的体心正方点阵。按照这一机制，转变过程中的原子的相对位移很小。例如，Fe-30％Ni 合金从面心立方点阵变成体心正方点阵时，只要 a 轴伸长 14％、c 轴缩短 20％即可。按 Bain 模型由面心立方点阵改变为体心正方点阵时，母相和马氏体的位相关系也符合 K-S 关系，如图 3-37 所示。

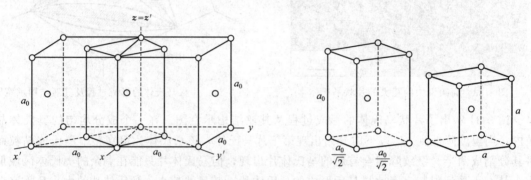

图 3-36　面心立方点阵转变为体心正方点阵的 Bain 模型

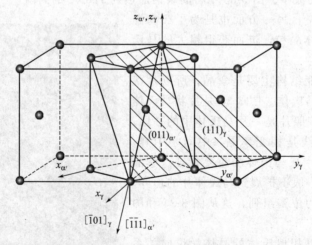

图 3-37　按 Bain 模型转变的母相和新相的位向关系

（γ 表示母相奥氏体，α' 表示马氏体）

所以 Bain 模型成功地解释了马氏体转变的点阵变化和母相、新相的位向关系，但不能解释宏观切变和惯习面为不畸变面的现象。

3.4.6.2 K-S 模型

该模型是 20 世纪 70 年代末由 Курдюмов 和 Sachs 提出的。其切变过程如图 3-38 所示。其中图 3-38(a) 上部图形中的菱形（由两个正三角形组成）水平面表示的是母相奥氏体（γ）的 (111) 面，按 ABCABC……的顺序排列；下部为上部图形的俯视图。图 3-38(b) 给出了图3-38(a)中的菱形面在奥氏体晶胞中的取向。为叙述方便，设想奥氏体按以下步骤转变成马氏体。第一步，在（111）$_\gamma$晶面上沿［$\bar{2}$11］$_\gamma$方向发生第一次切变，使第二层（111）$_\gamma$晶面菱形内部的原子移动到菱形的中心，第三层（111）$_\gamma$晶面内部的原子移动到菱形的顶角，每层（111）$_\gamma$晶面相对于相邻的层都移动相等的距离。从几何关系可以计算出图中切变的角度为19°18′。第二步，在（111）$_\gamma$晶面上沿［1$\bar{1}$0］$_\gamma$方向发生第二次切变，使菱形的一个顶角从60°变为70°30′，此时便得到了体心立方点阵。在有碳原子存在的情况下要变成体心正方点阵，第二次切变量要小些。第三步，作一些微小调整，使晶面间距与实验值相符合。

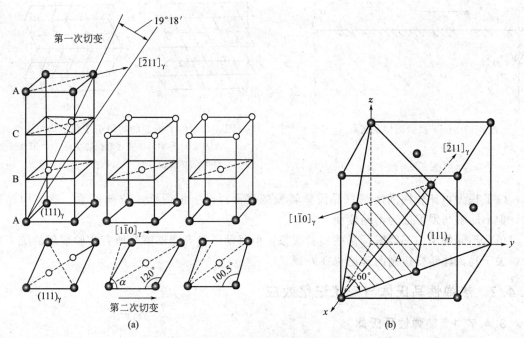

图 3-38　K-S 模型的切变过程

(a) 切变过程；(b) 奥氏体中切变的晶面和晶向

K-S 模型不仅能够解释点阵结构的变化和 K-S 位向关系，还能够解释浮凸的产生。但按这一模型计算出的浮凸大小与实测值相差很大。另外，按此模型惯习面应为（111）$_\gamma$，这不能解释一些合金中观察到的（225）$_\gamma$ 和（259）$_\gamma$ 的惯习面。

3.4.6.3　G-T 模型

G-T 模型的切变过程如图 3-39 所示。为便于分析，也将其切变过程分步叙述。第一次切变是在（259）$_\gamma$晶面上发生均匀切变，产生整体的宏观变形，形成表面浮凸并确定惯习面。此时的切变产物还不是马氏体的点阵结构，但它有一组晶面的面间距及其原子排列与马氏体的（112）$_{\alpha'}$晶面相同。第二次切变是在（112）$_{\alpha'}$晶面沿［11$\bar{1}$］$_{\alpha'}$发生 12°～13°的切变，是宏观不均匀切变（均匀范围只有 18 个原子层），对第一次切变形成的浮凸也没有影响。G-T 模型的均匀切变和不均匀切变如图 3-40 所示。第二次切变后点阵转化成体心正方点阵，取向也和马氏体一样。再作微小调整，使晶面间距与实测值一致切变即告完成。

由图 3-40 可见，均匀切变不仅使点阵结构发生变化，还可引起宏观变形，可从表面浮凸确定。不均匀切变不论是按滑移方式还是孪生方式产生，都只能引起点阵结构的变化，却不会引起宏观变形，不易直接测定。滑移和孪生这两种不均匀切变方式对应于马氏体的两种亚结构。

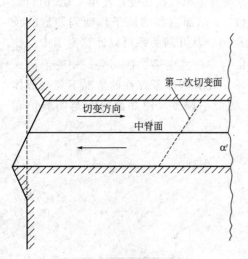

图 3-39　G-T 模型的切变过程

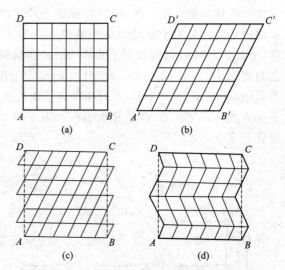

图 3-40　G-T 模型的均匀切变和不均匀切变
（a）未切变；（b）均匀切变（宏观切变）；（c）滑移切变
（不均匀切变）；（d）孪生切变（不均匀切变）

G-T 模型可比较圆满地解释马氏体转变的表面浮凸、惯习面、位向关系、亚结构等现象，但不能解释惯习面为不畸变面。

虽然不同的模型都能解释某些实验现象，但目前还没有能够解释所有实验现象的统一理论，关于马氏体转变机制的理论仍在发展。

3.4.7　热弹性马氏体与形状记忆效应

3.4.7.1　热弹性马氏体

图 3-41 是实验测得的两种合金发生马氏体相变时的电阻随温度的变化。含 30％Ni 的 Fe-Ni 合金降温时在 -30℃电阻突然急剧降低，对应于 M_s 温度；升温时在 390℃电阻突然急剧升高，对应于逆转变的 A_s 温度。而含 47.5％Cd 的 Au-Cd 合金的 M_s 温度为 58℃，A_s 温度为 74℃。前一种合金的 $A_s - M_s = 420$℃，而后一种合金的 $A_s - M_s = 16$℃。用显微镜观察这两种合金的马氏体转变及其逆转变的形核长大方式，也可发现明显的差异。

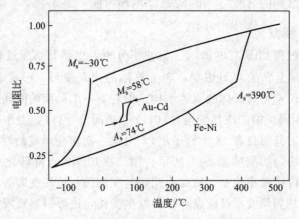

图 3-41　Fe-Ni 合金和 Au-Cd 合金的电阻随温度的变化

由于马氏体是由母相的点阵切变产生的，马氏体晶核形成和长大初期，马氏体与母相的界面一定是共格的，如图3-42所示。马氏体片长大到一定大小后，其比容变化引起的内应力足以引起周围母相的塑性变形，且变形量太大，就会破坏马氏体和母相界面的共格关系，马氏体就不能继续长大，马氏体量的增加只能靠母相其他位置上形成新的晶核。

Fe-Ni 合金的 M_s 低，发生马氏体转变时的过冷度大，相变驱动力很大，马氏体片的长大速度极快，迅速长大到极限尺寸，使新旧相的界面共格受到破坏。继续降温，虽然相变驱动力增大，但由于与母相的界面共格已经破坏，马氏体片不能继续长大，只能在其他部位形成新的晶核。

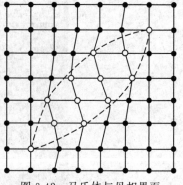

图 3-42　马氏体与母相界面
共格示意图

即该合金有变温爆发形核、恒温瞬时长大的动力学特征。逆转变时，由于马氏体和母相奥氏体界面的共格关系已经破坏，奥氏体只能在马氏体中重新形核，因此逆转变后新生成的奥氏体不能继承原来奥氏体的位向。图 3-43 是用显微镜观察到的含 32.5％Ni 的 Fe-Ni 合金马氏体转变及其逆转变的过程。可见逆转变生成奥氏体并不是由马氏体转变残余的奥氏体向马氏体中长大形成的，而是在马氏体内部重新形核长大生成的。

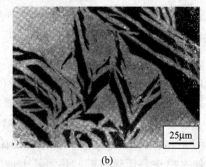

(a)　　　　　　　　　　　　　　(b)

图 3-43　Fe-32.5％Ni 合金的可逆转变过程（白色部分为奥氏体，黑色部分为马氏体）
(a) 发生部分马氏体转变后的状态；(b) 加热至 380℃后发生部分逆转变的状态

Au-Cd 合金也是爆发形核并迅速长大到一定的大小，但并不长大到极限尺寸。这是因为该类合金的马氏体形成时新旧相的界面能和新相形成的弹性应变能都小，相变所需的驱动力小，所以马氏体相变在很小的过冷度下即可发生。相变发生后，马氏体片长大到一定尺寸时，界面面积的增加和弹性应变能的增大使继续相变的阻力增大，相变驱动力和相变阻力达到平衡，马氏体片就停止长大。但此时马氏体片并未长大到极限尺寸，即比容变化引起的内应力不大，新旧相仅发生弹性变形，界面共格未受到破坏。如果继续降温，相变驱动力增加，马氏体量还会增加，此时的马氏体量的增加既可以来自新的马氏体晶核的形成，也可以来自原有马氏体晶核的继续长大。如果此时升高温度使相变驱动力减小，由于新旧相的界面共格未被破坏，相界面积可以缩小，弹性应变也可以减小，所以马氏体片可以缩小，使马氏体量减少，就是马氏体转变的逆转变。由于马氏体转变及其逆转变只是马氏体片长大和缩小，没有重新形核的过程，因此逆转变不仅恢复了母相的晶格结构，还恢复了原来母相的位向。

这种与母相始终保持共格关系，可随温度升高、降低而长大、缩小的马氏体称为热弹性马氏体。而瞬间长大至极限尺寸，使母相发生塑性变形而破坏与母相界面共格的马氏体称为非热弹性马氏体。在 Cu-Al、Cu-Au、In-Tl、Au-Cd、Ni-Ti 等许多合金中都发现了这种热弹性马氏体的逆转变。图 3-44 是 Cu-Al 合金中观察到的热弹性马氏体的相变及其逆转变过程。

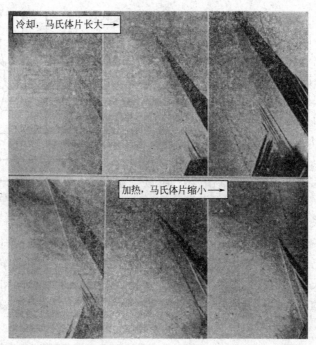

图 3-44　Cu-Al 合金中的热弹性马氏体的可逆相变过程

3.4.7.2　形状记忆效应

形状记忆效应是指材料在一定温度下制成一定形状，改变温度后加外应力使其发生塑性变形，然后再反向改变温度，当温度超过该种材料的某一临界点时，无须外应力的作用又恢复原来形状的现象。也就是说，某些材料好像具有记忆住它在一定温度的形状的能力，只要达到该温度，不需要外应力就能自动消除其他温度的塑性变形，恢复原来的形状。

例如，如图 3-45 所示，对某些合金在奥氏体（γ）状态制成直的丝，然后冷却令其发生马氏体相变，使之出现马氏体（α′）并加外力使之塑性变形而弯曲，再升温到某一临界温度或回复原来温度，则合金丝又会变直，即恢复原来的形状。还有一些合金具有双程形状记忆效应，如图 3-46 所示，该类合金在发生了图 3-45 所示的单程记忆后，如果再冷却转变为马氏体（不加外力），就会恢复马氏体的弯曲形状。目前已在许多合金体系中发现了形状记忆效应。将具有形状记忆效应的合金称为形状记忆合金（shape memory alloy，SMA）。

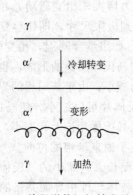

图 3-45　单程形状记忆效应示意图

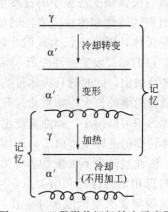

图 3-46　双程形状记忆效应示意图

产生形状记忆效应的机理可结合图 3-47 说明。图 3-47(a) 表示母相（如奥氏体）的宏观形状。母相降温到 M_s 开始形成热弹性马氏体，降温到某一温度马氏体转变停止，由于不同位向的马氏体的切变方向不同，虽然马氏体转变已经停止，但不产生宏观变形，如图3-47(b) 所示，而且马氏体片都未长大到极限尺寸。对这种状态的合金施加外力，有的马氏体片处于有利的位向，可获得机械驱动力而吞噬其他马氏体片长大；而另一些马氏体片由于处于不利位向而缩小。由于此时的马氏体有择优取向，其切变集中于某些方向而引起宏观变形，如图3-47(c) 所示。继续施加外力，使处于能量有利位向的马氏体继续吞噬其他变体长大，宏观变形增大，如图3-47(d) 所示。对这种状态的合金加热到 A_s 会发生逆相变，至某一温度逆相变停止。由于逆相变全面恢复母相位向，使所有的切变效应消失，所以逆相变后会恢复原来的形状，如图3-47(e) 所示。这一过程是针对单晶体的，只有在单晶体的特定方向变形才会按此机制产生形状记忆效应。实际的形状记忆合金都是多晶体，其母相的晶粒位向是随机的，所以在产生不同形式的变形后都可以恢复原来的形状。

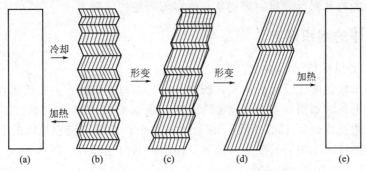

图 3-47　单晶的形状记忆效应机理示意图

3.4.7.3　形状记忆合金的应用

目前有些形状记忆合金已经实现了商品化。已经实现和正在试验的装置有很多，图3-48 给出了用 Ti-Ni 形状记忆合金制造人造卫星或空间站天线的实例，是形状记忆合金早期

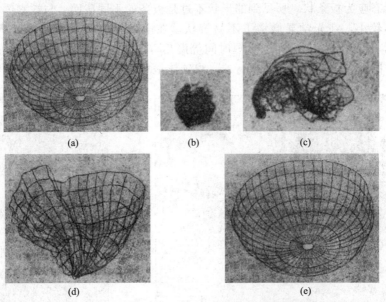

图 3-48　用 Ti-Ni 形状记忆合金制造的人造卫星或空间站天线
(a) 在奥氏体状态制成展开的天线；(b) 降温发生马氏体相变，然后团成团，缩小体积后发射；
(c)，(d) 到太空后受热逐渐弹开；(e) 最后完全弹开，恢复初始的形状

应用的例子。现在已经有商用的形状记忆合金牙托，这类牙托更方便口腔内的固定。还有人在试验用形状记忆合金制造人造骨骼，尝试实现不容易固定位置的骨骼修复。另一类应用是用形状记忆合金制造自组装结构件，如自锁螺帽、自紧固的管接头等。还有人在尝试用形状记忆合金制造热敏装置，如定温自动开关窗、控温阀等。利用形状记忆合金还可以制造热能-机械能转换装置。还有更多的人在尝试用形状记忆合金制造"智能"装置。

3.5 贝氏体转变

Bain 等在 1930 年发现，奥氏体冷却到中温区等温会出现与马氏体和珠光体都不同的组织。当时对其结构、形成机制等了解甚少，便简单地将其称为贝氏体（bainite，B）。直至现在，有关贝氏体的特征和形成机制等仍然有许多不清楚的问题。

3.5.1 贝氏体的组织形态

3.5.1.1 上贝氏体

上贝氏体的出现温度比下贝氏体高，所以又称为高温贝氏体。上贝氏体在光学显微镜下的典型特征为羽毛状。如图 3-49 所示，65Mn 钢（含 0.65％C 和 <1.5％Mn）在 930℃加热后变成奥氏体，快速冷却到 450℃等温 30s 后淬入水中，即可得到羽毛状的上贝氏体，等温后未转变的奥氏体淬入水中后转变成马氏体，即图中的白色部分。图 3-50 是在 4360 钢（含 0.55％～0.65％C，0.70％～0.90％Cr，0.20％～0.30％Mo，1.65％～2.00％Ni）中观察到的上贝氏体的更精细组织，该组织是将钢奥氏体化后快速冷却到 410℃短时间等温后淬入水中得到的。可见上贝氏体的羽毛由铁素体和渗碳体两相组成，成束的、大致平行的铁素体板条自奥氏体晶界一侧或两侧向奥氏体晶粒内部长大，渗碳体（可能还有残余奥氏体）分布于铁素体板条间。显微镜下看到的上贝氏体中的铁素体多为条状或针状，少数为椭圆状或矩形，其立体形态应为板条状，所见到的形状不过是板条的不同截面。与铁素体相比，上贝氏体中的渗碳体较小，在光学显微镜下不易辨认，在电子显微镜下则清晰可辨。图 3-51 是 4360 钢奥氏体化后快速冷却到 495℃短时间等温后淬入水中得到的上贝氏体的电子显微照片，可见其中的铁素体板条是大致平行的，渗碳体呈杆状分布于铁素体板条之间，沿铁素体

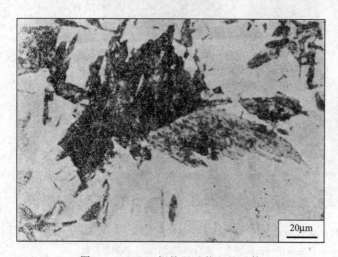

图 3-49 65Mn 钢的羽毛状上贝氏体

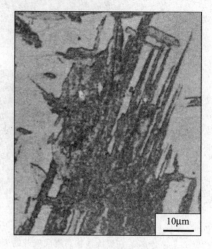

图 3-50 4360 钢的上贝氏体

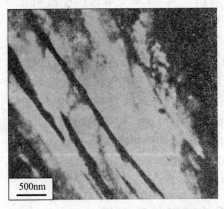

图 3-51　4360 钢上贝氏体的电子显微照片　　　　图 3-52　0.1％C 钢等温形成的上贝氏体
的电子显微组织

板条的长轴方向排列成行，但不能像在珠光体内那样连续呈片状。如果钢的含碳量高，渗碳体也可能沉淀于铁素体板条内部。应该指出的是，上贝氏体的形态随含碳量、生成温度等的变化有许多变体，不一定都像这里示出的那样典型。

用电子显微镜放大到足够的倍数可发现，上贝氏体的铁素体中也有高密度的位错，如图 3-52 所示。

3.5.1.2　下贝氏体

下贝氏体的出现温度比上贝氏体低，所以又称为低温贝氏体。下贝氏体也是一种两相组织，由铁素体和碳化物组成。下贝氏体在光学显微镜下的典型特征为针状，如图 3-53 所示。下贝氏体的立体形状与片状马氏体类似，也是片状的，观察到的针状为其截面的形状。下贝氏体的晶核大多也在奥氏体的晶界形成，但与上贝氏体不同的是，也有相当数量的下贝氏体晶核在奥氏体晶粒内部形成。下贝氏体片平行的情况很少，绝大多数相邻下贝氏体片之间有一定的交角。

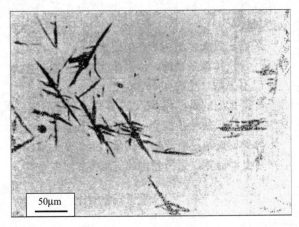

图 3-53　1.1％C-7.9％Cr 钢奥氏体化后在
285℃等温 17 天形成的下贝氏体

下贝氏体中的碳化物在光学显微镜下不可见，但在电子显微镜下则清晰可见。图 3-54 是含碳 0.54％的 Cr-Ni 钢 850℃加热后以 0.006℃/s 的速度冷却形成的下贝氏体的电子显微

图 3-54　下贝氏体的电子显微组织

组织（复型后的照片）。可见下贝氏体中的碳化物呈细片状或颗粒状，排列成行，与下贝氏体的长轴成 $55°\sim60°$ 角，并且仅分布在铁素体内部而不出现在铁素体片之间。钢的化学成分、奥氏体晶粒度、奥氏体均匀化程度等因素对下贝氏体的组织形态影响较小。

下贝氏体的铁素体中也有位错缠结存在，且其位错密度比上贝氏体的铁素体中更高。

随化学成分和形成条件的不同，贝氏体还有与上贝氏体和下贝氏体都不同的多种组织形态。

3.5.2　贝氏体转变的动力学

与珠光体转变类似，贝氏体转变的 TTT 图也有 C 形的特征。某些钢的贝氏体转变的 C 曲线与珠光体转变的 C 曲线分开，如图 3-55 所示。另一些钢贝氏体和珠光体转变的 C 曲线没有明显的界限。但贝氏体转变有温度上限 B_s 和温度下限 B_f，这与马氏体转变相似。

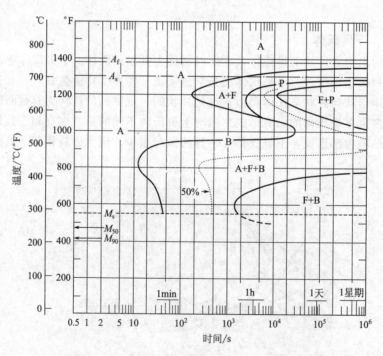

图 3-55　0.4%C-0.8%Cr-0.3%Mo-1.8%Ni 钢的等温转变图

3.5.3　贝氏体转变的特点

贝氏体转变与马氏体转变和共析转变都有相似之处，又有不同之处。归纳起来有如下特点。

（1）贝氏体转变也是成核＋长大过程。

(2) 有温度上限 B_s，即可发生贝氏体转变的最高温度，且存在转变的不完全性，即贝氏体转变也不能获得 100% 的贝氏体。但 B_s 一般难于测定，因为贝氏体转变动力学曲线也是 C 形，接近温度上限时转变过程极为缓慢，而且有部分和珠光体转变重叠。

(3) 贝氏体形成时也发生切变，与母相共格，产生表面浮凸。

(4) 贝氏体中铁素体与母相有一定位向关系，有以下惯习面：上贝氏体惯习面为 $(111)_\gamma$，遵循 K-S 关系和西山关系；下贝氏体惯习面为 $(225)_\gamma$，遵循 K-S 关系。

(5) 贝氏体中的碳化物分布、种类都与温度有关。上贝氏体的碳化物分布在铁素体之间；而下贝氏体的碳化物在铁素体内。上贝氏体中的碳化物为渗碳体；而下贝氏体中的碳化物为渗碳体和 ε 碳化物。

(6) 贝氏体中的渗碳体也与母相或铁素体有一定的位向关系。

在上贝氏体中，渗碳体与母相奥氏体的位向关系为：

$$(001)_{Fe_3C}//(252)_\gamma, \quad [100]_{Fe_3C}//[54\bar{5}]_\gamma, \quad [010]_{Fe_3C}//[\bar{1}01]_\gamma$$

在下贝氏体中，渗碳体与铁素体的位向关系为：

$$(001)_{Fe_3C}//(11\bar{2})_\alpha, \quad [100]_{Fe_3C}//[1\bar{1}0]_\alpha, \quad [010]_{Fe_3C}//[111]_\alpha$$

(7) 贝氏体中的铁素体有一定的过饱和度，其中都有大量的位错。

3.5.4 贝氏体转变的机制

贝氏体转变的机制是一个颇有争议的问题，例如：转变靠铁原子切变还是靠其扩散重排完成点阵改组？碳化物是来源于铁素体还是奥氏体？这些问题无论从理论上还是从实验上都不容易得到确切的答案，而且不同成分的钢在不同温度下可能有不同的贝氏体形成的机制。这里只介绍关于贝氏体转变机制的部分观点。

关于贝氏体转变的机制，下面两个基本过程是可以确定的。一方面是与马氏体相变相似的表面浮凸现象，且母相与贝氏体有一定的位向关系，说明贝氏体转变也有切变共格发生。另一方面贝氏体中的碳化物在温度高时尺寸大，温度低时尺寸小，说明贝氏体转变过程中有碳的扩散，这一点与共析转变类似。

上贝氏体转变可能的机制如图 3-56 所示。贝氏体中的铁素体是领先相，铁素体形成后向奥氏体中排碳，使与铁素体邻近的奥氏体含碳量升高，导致碳化物在铁素体板条间析出。但由于转变温度比珠光体转变的温度低，扩散过程不能充分进行，所以渗碳体不能充分长大，不能像珠光体中的渗碳体那样联结成片，而只能在铁素体间以短杆状存在，扩散不充分还使母相奥氏体中的碳不能充分扩散出来达到铁素体的平衡浓度，所以贝氏体中的铁素体都有一定的过饱和度。

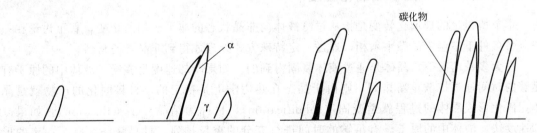

图 3-56　上贝氏体的转变过程示意图

对下贝氏体，也是先形成铁素体片，但由于转变温度更低，其转变与马氏体转变相似之处更多。铁素体片也是双凸透镜状的，相邻的片之间一般不平行，而是成一定的角度。由于转变温度低，碳能扩散的距离更短，只能局限于铁素体片内部进行短程扩散，在某些晶面偏聚后形成碳化物，成行排列，且与铁素体成一定角度，如图 3-57 所示。

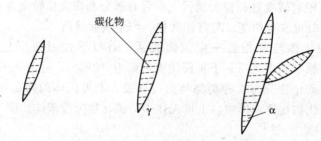

图 3-57　下贝氏体的转变过程示意图

3.5.5　贝氏体的定义

由于人们对贝氏体的转变机制尚无明确的认识，对贝氏体的特征也难于进行全面的概括，所以贝氏体的定义也一直是不明确的。下面给出的是人们在不同时期提出的贝氏体的定义，每种定义各能反映贝氏体的某些特征。

定义 1：贝氏体是过冷奥氏体中温区分解后的针状产物。这一定义对下贝氏体无疑是正确的，但上贝氏体则不一定是针状的。而且中温的范围是模糊的。

定义 2：贝氏体是非层片状的共析产物。上、下贝氏体都是非层片状的，贝氏体转变有共析的特征，但这一定义仍然是不准确的。因为在共析转变一节中已经介绍过，随两相的体积比的变化，共析产物可以有点状、棒状、层片状等变化。非层片状的共析产物可以是贝氏体的一个属性，但作为定义则不适当。

定义 3：贝氏体转变是这样的转变，点阵改组是通过协调的原子运动或相关的个别原子跃迁进行的，原始点阵通过马氏体切变成为新点阵，转变速度受扩散较快的组元的原子扩散所控制。贝氏体转变的产物就是贝氏体。这一定义概括了贝氏体的主要特征，但对贝氏体的点阵改组过程没有确定的判断。

随着人们对贝氏体转变的研究逐渐深入，人们对贝氏体的定义一定会越来越准确。

3.6　玻璃态转变和非晶态合金

3.6.1　非晶态转变和玻璃化温度

本节所讨论的玻璃化转变是指从过冷液体向非晶状态的非平衡相的相变，着重讨论在一般制备条件下室温为晶态平衡相，通过一定特殊方式处理才得到非晶态的材料。

在大多数情况下，晶体是通过液体凝固得到的。如果冷却速度足够慢，液体中的原子有足够的时间通过扩散重新排列，则由于晶态在热力学上是稳定的，材料固化的产物就是晶体，固化形成晶体的过程就是凝固（solidification），也称为结晶（crysallization）。如果冷却速度快，液体中的原子没有足够的时间进行充分的重新排列，材料就已经有了一定的形状，即已经不能见到明显的流动，此时材料也已经固化，但其结构仍保持液体的非晶态特征，固化的产物是亚稳的，此时的固化就是玻璃态转变（非晶态转变）。

从凝固和非晶态转变的体积变化可以见到它们的区别。如图 3-58 所示，凝固时在温度

T_m 体积发生突变，T_m 就是熔点。但如果冷却速度足够快，液体尚未凝固就已经冷却到了熔点以下的温度，此时的液体在热力学上是不稳定的，称为过冷液体，是亚稳相。过冷液体的热膨胀系数与普通液体相同，所以在体积-温度曲线上其斜率与普通液体相同。过冷液体冷却到某一温度 T_g，曲线斜率变化，即热膨胀系数变化，表明生成了另一种结构，即非晶态固体相。温度 T_g 称为玻璃化温度。

金属材料在一般条件下通过凝固变成固体，即固体金属一般是晶体。如果金属形成了非晶态的固体，许多文献也将其称为金属玻璃。

虽然玻璃化温度的物理意义是明确的，但在技术上是不容易确定的。从图 3-58 可以看

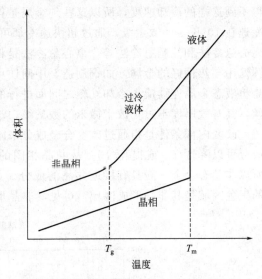

图 3-58　凝固和非晶态转变时的体积变化

出，虽然在体积-温度曲线上过冷液体和非晶态固体的斜率不同，但二者之间的分界并不是很明显，而是有一个过渡区，因此 T_g 有一个范围。而且，T_g 是随冷却速度变化而变化的。

实际上，过冷液体和非晶态的固体都具有非晶态的结构，二者的区别可能并不明显。由于温度越低，液体的黏度越大，所以当黏度超过一定值时，原子难以相对运动，便可认为液体已经不能流动，此时的过冷液体便可当成非晶态固体。在玻璃化温度 T_g 附近的液体黏度可用经验公式表示：

$$\eta = \eta_0 \exp\left(\frac{B}{T-T_0}\right) \tag{3-25}$$

式中，η_0、B、T_0 都是常数；T 是温度。一般规定 T_g 为黏度超过 $10^{12}\,\mathrm{Pa \cdot s}$ 的温度。从黏度定义玻璃化温度的物理意义是不明确的，但从技术上是容易操作的。

3.6.2　非晶态合金的形成

如果将液体在结晶之前过冷到 T_g 以下就可以获得非晶态固体。将熔点 T_m 与过冷液体的温度之差 T_m-T 称为过冷度，则如果过冷度大于 T_m-T_g 就可在结晶之前发生玻璃化转变。冷却速度加快有利于获得较大的过冷度。如果冷却速度不够快，尚未发生玻璃化转变就已经结晶。所以将能够抑制结晶过程实现非晶化的最小冷速称为非晶形成的临界冷速。T_m-T_g 越小，越容易将液体过冷到 T_g 以下，临界冷速越小，越易获得非晶态。

例如，一般硅酸盐液相黏度大，极易形成非晶态，所以玻璃一般用硅酸盐制造。实验测试表明，SiO_2 的熔点 T_m 为 1993K，而其玻璃化温度 T_g 为 1600K，其 $T_m-T_g=393K$，这一较小的温度差是石英容易形成石英玻璃的原因。而对于金属钯，熔点 T_m 为 1825K，玻璃化温度 T_g 为 550K，$T_m-T_g=1275K$，这一较大的温度差使其不易形成非晶态。金属和合金的 T_m-T_g 均较大，不易获得非晶态。所以尽管人们应用玻璃已经有 2000 年左右的历史，但认识非晶态金属仅有几十年。要获得非晶态金属，可从改变外部条件和内部条件两方面采取措施。

改变外部条件的目的是提高冷却速度，使之超过非晶态形成的临界冷速。理论计算表明，对纯金属如 Au、Cu、Ni、Pb 等，其临界冷速为 $10^{12} \sim 10^{13}\,\mathrm{K/s}$，在目前的技术条件下

得不到这样的冷却速度，所以这些纯金属是得不到固态非晶结构的。但对于某些合金，临界冷速在 $10^7 K/s$ 的数量级，通过超快速冷却可获得固态非晶。目前常用的超快速冷却方法有离心急冷法和轧制急冷法等。离心急冷法是将液态金属喷射到高速旋转的冷却圆筒上。冷却圆筒用导热性好的金属，如铜制造，中间还可通入循环冷却水以提高冷却速度。轧制急冷法是将液态金属连续流入冷却轧辊之间而进行的急冷。但用这种方法只能获得非晶薄带或非晶丝，其有效厚度不过在数十微米的数量级，难于得到大块的非晶态金属固体。

改变内部条件是指通过改变合金成分来降低其非晶形成的临界冷速。因为通过改变合金成分可以降低 T_m 或提高 T_g。从共晶相图的特点可知，共晶成分的合金具有最低的熔点，所以非晶态合金一般具有接近共晶的成分。如图 3-59 给出了 Fe-Zr 合金的共晶相图，图中的黑色区域是其非晶形成区域，可见其非晶形成区域都在共晶成分附近。

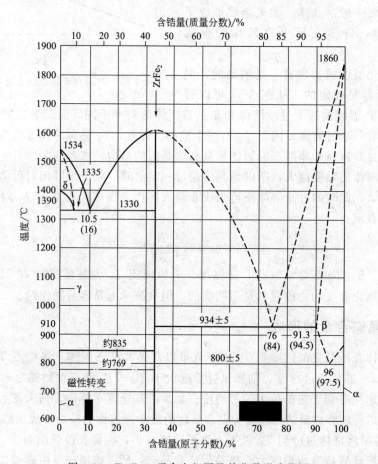

图 3-59　Fe-Zr 二元合金相图及其非晶形成范围

通过选择合适的成分匹配，还可增大液态合金的黏度，从而提高 T_g。例如，使过渡元素与玻璃态形成元素 B、C、P 结合可有效地提高 T_g。这些元素提高 T_g 的原因则有不同的解释。例如在 Fe-B 系中，6 个 Fe 原子包围 B 原子形成三棱柱，多个三棱柱形成的是一种无序密堆结构，由于三棱柱内的原子有较强的键合，使其不容易脱离原子集团而重排成长程有序的结构，所以使合金不容易发生面心立方或体心立方结构的结晶，亦不生成稳定的化合物，而容易将非晶态的结构保持到常温。图 3-60 是 Fe-B 系的相图，可见该体系有很宽的非晶形成成分范围（图中的黑色部分）。

实际的非晶态合金都是多元的，甚至可以有 5 或 6 个组元。通过人们不断的研究，目前已经可以制得有效厚度达厘米级的大块非晶态金属固体。

除此之外，还可用其他方法获得非晶态金属固体。例如，可以用机械合金化（如球磨）等方法通过冲击使原子扩散重排，形成非晶态金属。又如，人们最早制得的非晶态金属是用气相沉积法以亚金属 Se、Te、P、As、Sb、Bi 制成的非晶态薄膜。但这类薄膜是很不稳定的，非常容易在温度升高时变成晶体，回到稳定态。

采用电沉积、化学镀等方法制备合金镀层时也能够形成非晶态，这是由于电沉积或化学镀一般沉积速度较快，且温度较低，原子不能充分地扩散排成有序结构。

非晶态合金引起人们广泛的兴趣是因为它们具有诱人的优异性能。例如，非晶态金属具有高电阻、优良的硬磁和软磁性能。例如，Nd-Fe-B 非晶态合金是目前磁能积最高的永磁材料。由于不存在晶粒和晶界，没有晶界的优先腐蚀，所以非晶态合金比多晶态的合金耐腐蚀。非晶态合金目前已经有实际的应用，例如作为磁性材料用于变压器的铁芯。但非晶态合金的力学性能较差，虽然其强度比多晶体金属高，但其韧性、塑性则低得多，使其应用受到限制。

非晶态合金应用受到限制的另一原因是其晶化。非晶态固体在热力学上是不稳定的，处于亚稳态。所以将非晶态合金加热到适当温度，热激活使原子能够扩散、重排，就会转变成稳定相——晶体。将非晶固态合金加热时转变为晶体的现象称为晶化。晶化是非晶固态合金的一种常见的重要现象。如果要利用非晶态合金的某些性能就要防止其晶化。另外，某些电镀层或化学镀层不希望保留镀后的非晶态结构，则可以通过退火使其晶化。

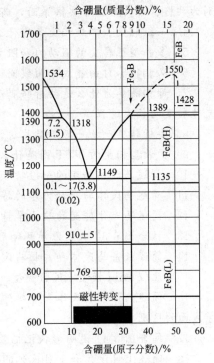

图 3-60　Fe-B 二元合金相图及其非晶形成范围

思考题和习题

1　掌握下列重要名词含义

相　相变　相界面　位向关系　惯习面　一级相变　二级相变　扩散型相变　非扩散型相变　半扩散型相变　过冷度　能量起伏　结构起伏　成分起伏　共析转变　TTT 图（C 曲线）　孕育期　马氏体　切变共格　表面浮凸　K-S 关系　西山关系　M_s　M_f　等温马氏体　形变诱发马氏体　M_d　A_s　A_f　A_d　板条马氏体　片状马氏体　热弹性马氏体　非热弹性马氏体　形状记忆效应　单程形状记忆效应　双程形状记忆效应　形状记忆合金（SMA）　贝氏体　上贝氏体　下贝氏体　B_s　B_f　玻璃态转变　玻璃化温度　金属玻璃　非晶形成的临界冷速　晶化

2　简述固态相变的一般特点。

3　结合图 3-3 用能量观点解释固态相变中新相的不同形状。如果新旧相之间的界面分别为共格、半共格、非共格界面，新相各易于生成什么形状？

4　一级相变、二级相变各有什么特点？

5　多晶型性转变的驱动力和阻力各是什么？生核部位一般在什么地方？为什么？

6　从相律和自由能成分曲线阐述共析转变的热力学特点。

7　母相晶界为什么是共析转变形核的有利部位？珠光体转变的领先相是什么？简述珠光体转变的长大过程。

8　共析转变产物一定是层片状的吗？为什么？

9　扩散型相变的 TTT 图是什么形状？为什么是那样的形状？

10　简述马氏体转变的一般特点。

11　简述马氏体转变动力学的特点及其三种类型。

12　简述马氏体转变的热力学特征。

13　结合图 3-30 从热力学解释形变诱发马氏体出现的原因。

14　简述板条马氏体和片状马氏体的形态和亚结构。

15　比较 Bain 模型、K-S 模型、G-T 模型在描述马氏体转变机制时的成功和不足之处。

16　简述热弹性马氏体和非热弹性马氏体在过冷（热）度、相界面、长大方式、逆转变等方面的区别。

17　结合图 3-47 说明形状记忆效应出现的机理。

18　简述上贝氏体和下贝氏体的形态和亚结构。

19　说明贝氏体转变的动力学特征，并说明为什么 B_s 不如 M_s 容易测定？

20　简述贝氏体转变的一般特征。

21　简述上贝氏体和下贝氏体形成机制的不同。

22　比较贝氏体转变、马氏体转变和珠光体转变的异同。

23　画图说明玻璃化温度的意义，为什么这一温度不易测定？实际上它是如何规定的？

24　说明获得非晶态合金的条件和方法。

25　按刚球模型，如果原子直径不变，计算从面心立方晶格转变为体心立方晶格时的体积变化量。实际上，在 912℃，γ-Fe 的晶格常数为 0.3633nm，α-Fe 的晶格常数为 0.2892nm，计算 γ-Fe→α-Fe 相变时的实际体积变化量，与前面结果相比较，并说明产生差异的原因。

第4章 材料的固态扩散

工程上一般将化学反应设计在流体中进行，因为流体中的反应物可充分混合，有利于反应快速进行，并使反应容易进行完全。扩散是指物质中原子或分子迁移的现象。在固体中扩散比流体中慢得多，例如一般金属液体中的扩散系数在 $5 \times 10^{-5} \, \text{cm}^2/\text{s}$ 的数量级，而在金属固体中扩散系数则可能在 $10^{-8} \, \text{cm}^2/\text{s}$ 的数量级。但固体中的扩散对材料是非常重要的现象，固体材料常常需要通过扩散改变成分及结构，从而获得所需要的性能。例如，金属铸件的均匀化、陶瓷的烧结、扩散型固态相变过程、表面合金化、冷变形金属的回复、再结晶等都与扩散密切相关。扩散研究可以促进人们对扩散的控制，即在需要的时候加速或抑制扩散。

人们对扩散问题的关注主要集中于其宏观规律和微观机制。宏观规律包括扩散动力学，即扩散速度、扩散距离与浓度分布、温度等外界条件的关系。微观机制的研究主要关系到扩散时原子的具体行为，即扩散如何进行。

4.1 扩散动力学

4.1.1 扩散第一定律

扩散第一定律又称为扩散第一方程、菲克第一定律，是由 Adolf Fick 在 1855 年提出的。如果将两个溶质浓度不同的有限长固体棒焊接成扩散偶，将扩散偶长时间加热使溶质原子能够迁移，单个溶质原子的迁移方向可能是随机的，但经过足够长的时间整个扩散偶可以达到浓度均匀，说明从统计来看原子迁移是有一定方向的，即从高浓度区向低浓度区有宏观的净溶质原子迁移流。

将单位时间内通过垂直于扩散方向的单位截面积的扩散物质流量称为扩散通量，则扩散第一定律可表述为：在稳态扩散条件下，扩散通量与截面处的体积浓度梯度成正比，扩散方向与浓度梯度的方向相反。设扩散是沿 x 轴方向进行，则扩散第一定律的表达式为：

$$J = -D \frac{\mathrm{d}C}{\mathrm{d}x} \tag{4-1}$$

式中，J 为扩散通量；D 为扩散系数；C 为体积浓度。负号表示扩散方向为从高浓度到低浓度，即溶质扩散方向与浓度梯度方向相反。

所谓稳态扩散是指扩散过程中垂直于扩散方向的各截面的浓度不随时间改变，浓度梯度与时间无关的扩散。在材料中稳态是特殊的情况，因为材料内部扩散一般都是在封闭的体系中进行。但材料中也有扩散第一定律应用的实例。下面一例介绍用扩散第一定律测定碳在 γ

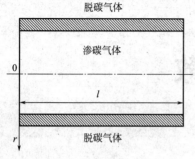

脱碳气体

渗碳气体

0

l

r

脱碳气体

图 4-1　纯铁圆筒渗碳示意图

铁中的扩散系数的方法。

如图 4-1 所示，将纯铁加工成长度为 l 的圆筒，加热使之成为 γ 铁并保温。圆筒外通以脱碳气体，圆筒内通入渗碳气体，此时碳原子会由内向外扩散。加热时间足够长时，渗碳气体可保证圆筒内壁的碳浓度一定，脱碳气体可保证圆筒外壁的碳浓度一定，此时圆筒本身不再吸碳，所以沿筒壁径向各截面的碳浓度为定值，不随时间改变，即达到稳定状态：

$$\frac{\partial C}{\partial t} = 0 \qquad (4\text{-}2)$$

由于圆筒不吸碳，单位时间内通过筒壁扩散出去的碳量 q/t 为定值。通过半径为 r 的筒壁的扩散通量为：

$$J = \frac{q}{2\pi r l t} = -D\frac{\mathrm{d}C}{\mathrm{d}r} \qquad (4\text{-}3)$$

$$D = -\frac{q}{2\pi r l t \dfrac{\mathrm{d}C}{\mathrm{d}r}} = -\frac{q}{2\pi l t \dfrac{\dfrac{\mathrm{d}C}{\mathrm{d}r}}{r}} = -\frac{q}{2\pi l t \dfrac{\mathrm{d}C}{\mathrm{d}(\ln r)}} \qquad (4\text{-}4)$$

q 可由筒外流出的脱碳气体的增碳量测出，l 和 t 已知，将圆筒快速淬入水中，使之迅速冷却至室温，此时碳不再能扩散，高温下的溶质分布就被固定下来。沿圆筒直径方向测定各点的碳浓度，就可作出 $C\text{-}\ln r$ 曲线，求出各点的 $\dfrac{\mathrm{d}C}{\mathrm{d}(\ln r)}$，因此扩散系数 D 可求出。

实际上 D 是随碳浓度变化而变化的，所以 $C\text{-}\ln r$ 不是直线关系，不同碳浓度下的 D 值可从曲线上各点的切线斜率求出。

4.1.2　扩散第二定律

在材料中大量的扩散是非稳态的。未达到稳态时，各时刻的浓度梯度是变化的，不能用扩散第一定律计算。因此要有非稳态条件下的扩散方程才能解决扩散动力学问题。这样的方程即扩散第二定律，又称为扩散第二方程、菲克第二定律。

4.1.2.1　扩散第二定律的推导

如图 4-2 所示，垂直于 x 轴，相距 $\mathrm{d}x$ 的两截面围成一微小体积，其横截面积为 A，以 J_1、J_2 表示流入、流出此小体积的扩散通量，则有物质流入速率为 $J_1 A$，物质流出速率为：

$$J_2 A = J_1 A + \frac{\partial(JA)}{\partial x}\mathrm{d}x \qquad (4\text{-}5)$$

所以物质在微小体积中的积存速率为：

$$J_1 A - J_2 A = -\frac{\partial(JA)}{\partial x}\mathrm{d}x = -A\frac{\partial J}{\partial x}\mathrm{d}x \qquad (4\text{-}6)$$

又由于物质在微小体积中的积存速率为：

$$\frac{\partial(CA\mathrm{d}x)}{\partial t} = A\mathrm{d}x\frac{\partial C}{\partial t} \qquad (4\text{-}7)$$

所以：

$$-A\frac{\partial J}{\partial x}\mathrm{d}x = A\mathrm{d}x\frac{\partial C}{\partial t} \qquad (4\text{-}8)$$

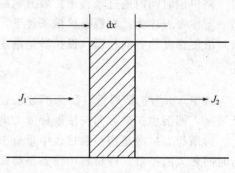

图 4-2　扩散通过微小体积的情况

$$\frac{\partial C}{\partial t} = -\frac{\partial J}{\partial x} \tag{4-9}$$

将式(4-1) 代入式(4-9)，有：

$$\frac{\partial C}{\partial t} = -\frac{\partial}{\partial x}\left(-D\frac{\partial C}{\partial x}\right) = \frac{\partial}{\partial x}\left(D\frac{\partial C}{\partial x}\right) \tag{4-10}$$

即扩散第二定律。如果扩散系数 D 与浓度无关，则在任意点的扩散系数相同，D 可看成常数，所以：

$$\frac{\partial C}{\partial t} = \frac{\partial D}{\partial x} \times \frac{\partial C}{\partial x} + D\frac{\partial}{\partial x}\left(\frac{\partial C}{\partial x}\right) = D\frac{\partial^2 C}{\partial x^2} \tag{4-11}$$

实际上 D 与浓度有关，但为方便求解，往往把 D 看成恒量来求解任意时刻任意点的浓度 $C(x, t)$。

4.1.2.2 扩散第二方程的求解

设中间变量为：

$$u = \frac{x}{\sqrt{t}} \tag{4-12}$$

则：

$$\frac{\partial C}{\partial t} = \frac{\partial C}{\partial u} \times \frac{\partial u}{\partial t} = \frac{\partial C}{\partial u}\left(-\frac{1}{2} \times \frac{x}{t\sqrt{t}}\right) = -\frac{1}{2t}u\frac{\partial C}{\partial u} \tag{4-13}$$

$$\frac{\partial^2 C}{\partial x^2} = \frac{\partial}{\partial x}\left(\frac{\partial C}{\partial u} \times \frac{\partial u}{\partial x}\right) = \frac{\partial}{\partial x}\left(\frac{\partial C}{\partial u}\right)\frac{\partial u}{\partial x} + \frac{\partial}{\partial x}\left(\frac{\partial u}{\partial x}\right)\frac{\partial C}{\partial u}$$

$$= \frac{\partial}{\partial u}\left(\frac{\partial C}{\partial u}\right)\frac{\partial u}{\partial x} \times \frac{\partial u}{\partial x} + \frac{\partial}{\partial x}\left(\frac{1}{\sqrt{t}}\right)\frac{\partial C}{\partial u} = \frac{\partial^2 C}{\partial u^2}\left(\frac{\partial u}{\partial x}\right)^2 + 0 = \frac{\partial^2 C}{\partial u^2}\left(\frac{1}{\sqrt{t}}\right)^2 = \frac{1}{t} \times \frac{\partial^2 C}{\partial u^2} \tag{4-14}$$

所以式(4-11) 可变换为：

$$-\frac{1}{2t}u\frac{\partial C}{\partial u} = D\frac{1}{t} \times \frac{\partial^2 C}{\partial u^2} \tag{4-15}$$

$$2D\frac{\mathrm{d}^2 C}{\mathrm{d}u^2} + u\frac{\mathrm{d}C}{\mathrm{d}u} = 0 \tag{4-16}$$

此方程为常微分方程。此常微分方程的解法如下。

令：

$$\frac{\mathrm{d}C}{\mathrm{d}u} = y \tag{4-17}$$

则有：

$$2D\frac{\mathrm{d}y}{\mathrm{d}u} = -uy \tag{4-18}$$

$$\frac{\mathrm{d}y}{y} = -\frac{u\mathrm{d}u}{2D} \tag{4-19}$$

$$\ln y = -\frac{u^2}{4D} + M \tag{4-20}$$

式中，M 为常数。

$$y = \mathrm{e}^{-\frac{u^2}{4D} + M} = N\mathrm{e}^{-\frac{u^2}{4D}} = \frac{\mathrm{d}C}{\mathrm{d}u} \tag{4-21}$$

式中，N 为常数。所以：

$$\mathrm{d}C = N\mathrm{e}^{-\frac{u^2}{4D}}\mathrm{d}u \tag{4-22}$$

$$C = N\int_0^u e^{-\frac{u^2}{4D}}\mathrm{d}u + B \tag{4-23}$$

式中，B 为常数。

此方程的不定积分不可积，所以 C 写不出显式。

令：

$$\beta = \frac{u}{2\sqrt{D}} = \frac{x}{2\sqrt{Dt}} \tag{4-24}$$

则有：

$$C = 2N\sqrt{D}\int_0^\beta e^{-\beta^2}\mathrm{d}\beta + B = A\int_0^\beta e^{-\beta^2}\mathrm{d}\beta + B = A\int_0^{\frac{x}{2\sqrt{Dt}}} e^{-\beta^2}\mathrm{d}\beta + B \tag{4-25}$$

式中，A 为常数。

定义 erf(β) 为误差函数，令：

$$\mathrm{erf}(\beta) = \frac{2}{\sqrt{\pi}}\int_0^\beta e^{-\beta^2}\mathrm{d}\beta \tag{4-26}$$

可以证明：$\mathrm{erf}(\infty)=1$，且 $\mathrm{erf}(-\beta)=-\mathrm{erf}(\beta)$。在不同的 β 值下，$\mathrm{erf}(\beta)$ 可以解出数值解，其解的数值列于表 4-1 中。

表 4-1　β 与其误差函数 erf(β) 的对应值（β 由 0 至 2.7）

β	0	1	2	3	4	5	6	7	8	9
0.0	0.0000	0.0113	0.0226	0.0338	0.0451	0.0564	0.0676	0.0789	0.0901	0.1013
0.1	0.1125	0.1236	0.1348	0.1459	0.1569	0.1680	0.1790	0.1900	0.2009	0.2118
0.2	0.2227	0.2335	0.2443	0.2550	0.2657	0.2763	0.2869	0.2974	0.3079	0.3183
0.3	0.3286	0.3389	0.3491	0.3593	0.3694	0.3794	0.3893	0.3992	0.4090	0.4187
0.4	0.4284	0.4380	0.4475	0.4569	0.4662	0.4755	0.4847	0.4937	0.5027	0.5117
0.5	0.5205	0.5292	0.5379	0.5465	0.5549	0.5633	0.5716	0.5798	0.5879	0.5959
0.6	0.6039	0.6117	0.6194	0.6270	0.6346	0.6420	0.6494	0.6566	0.6638	0.6708
0.7	0.6778	0.6847	0.6914	0.6981	0.7047	0.7112	0.7175	0.7238	0.7300	0.7361
0.8	0.7421	0.7480	0.7538	0.7595	0.7651	0.7707	0.7761	0.7814	0.7867	0.7918
0.9	0.7969	0.8019	0.8068	0.8116	0.8163	0.8209	0.8254	0.8299	0.8832	0.8385
1.0	0.8427	0.8468	0.8508	0.8548	0.8586	0.8624	0.8661	0.8698	0.8733	0.8768
1.1	0.8802	0.8835	0.8868	0.8900	0.8931	0.8961	0.8991	0.9020	0.9048	0.9076
1.2	0.9103	0.9130	0.9155	0.9181	0.9205	0.9229	0.9252	0.9275	0.9297	0.9319
1.3	0.9340	0.9361	0.9381	0.9400	0.9419	0.9438	0.9456	0.9473	0.9490	0.9507
1.4	0.9523	0.9539	0.9554	0.9569	0.9583	0.9597	0.9611	0.9624	0.9637	0.9649
1.5	0.9661	0.9673	0.9687	0.9695	0.9706	0.9716	0.9726	0.9736	0.9745	0.9735

β	1.55	1.6	1.65	1.7	1.75	1.8	1.9	2.0	2.2	2.7
erf(β)	0.9716	0.9763	0.9804	0.9838	0.9867	0.9891	0.9928	0.9953	0.9981	0.999

所以：

$$C(x,t) = A\frac{\sqrt{\pi}}{2}\mathrm{erf}\left(\frac{x}{2\sqrt{Dt}}\right) + B \tag{4-27}$$

$C(x,t)$ 为扩散第二方程的误差函数解。这是扩散第二方程的通解，只要根据实际扩散情况确定了扩散的初始条件和边界条件，即可根据这一通解解出任意点在任意时刻的溶质浓度。

4.1.2.3 无限长棒扩散偶的求解

如图 4-3 所示，将浓度分别为 C_1、C_2（$C_2 > C_1$）的 A、B 两无限长棒焊成扩散偶，加热使其中的溶质原子扩散，用扩散第二定律的误差函数解可求得其任意时刻的浓度分布 $C(x,t)$。

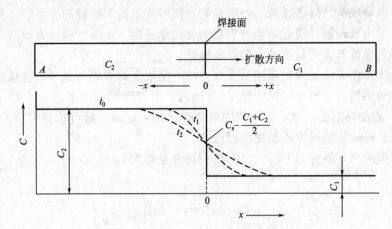

图 4-3　无限长棒扩散偶及其浓度分布示意图

将焊接界面设为原点，则扩散的初始条件为：$t=0$ 时，在 $x>0$（$\beta=\infty$）处，$C=C_1$，在 $x<0$（$\beta=-\infty$）处，$C=C_2$；边界条件为：$t \geqslant 0$ 时，在 $x=\infty$ 处，$C=C_1$，$x=-\infty$ 处，$C=C_2$。将初始条件代入式（4-27），有：

$$C_1 = A\frac{\sqrt{\pi}}{2}\mathrm{erf}(\infty) + B = A\frac{\sqrt{\pi}}{2} + B \tag{4-28}$$

$$C_2 = A\frac{\sqrt{\pi}}{2}\mathrm{erf}(-\infty) + B = -A\frac{\sqrt{\pi}}{2} + B \tag{4-29}$$

可解得 $B = \dfrac{C_1+C_2}{2}$，$A = \dfrac{C_1-C_2}{\sqrt{\pi}}$。所以扩散偶的通解为：

$$C(x,t) = \frac{C_1-C_2}{2}\mathrm{erf}\left(\frac{x}{2\sqrt{Dt}}\right) + \frac{C_1+C_2}{2} \tag{4-30}$$

解出的不同时刻的浓度分布如图 4-3 所示。随扩散时间的延长，浓度梯度逐渐减小。在 $x=0$ 处，有：

$$C(0,t) = \frac{C_1-C_2}{2}\mathrm{erf}(0) + \frac{C_1+C_2}{2} = \frac{C_1+C_2}{2} \tag{4-31}$$

即焊接面处的浓度 $C_S = \dfrac{C_1+C_2}{2}$ 不随时间改变。

在 $x=\infty$ 处，有：

$$C(\infty,t) = \frac{C_1-C_2}{2}\mathrm{erf}(\infty) + \frac{C_1+C_2}{2} = C_1 \tag{4-32}$$

在 $x=-\infty$ 处，有：

$$C(-\infty,t) = \frac{C_1-C_2}{2}\mathrm{erf}(-\infty) + \frac{C_1+C_2}{2} = C_2 \tag{4-33}$$

说明离界面无限远处的浓度不受扩散影响，尽管界面附近的浓度梯度随扩散时间延长而降低，但扩散总也达不到稳态。如果 $C_1=0$，即扩散偶右端不含溶质原子，则有：

$$C(x,t) = \frac{C_2}{2}\left[1 - \mathrm{erf}\left(\frac{x}{2\sqrt{Dt}}\right)\right] \tag{4-34}$$

4.1.2.4 扩散第二方程的解在渗碳上的应用

渗碳是工业上常用的一种化学热处理方法。从提高耐磨性出发希望钢含碳量高，淬火处理后获得高硬度。但获得高硬度的同时会引起塑性和韧性的损失。如果钢的含碳量低，其塑性和韧性高，但硬度低，耐磨性低。渗碳是解决同时要求高耐磨性和高塑性、高韧性的矛盾的一种方法。采用低碳钢，通过渗碳使表层的含碳量升高，淬火后获得表面的高硬度和高耐磨性，而心部仍保持低含碳量下的高塑性和韧性。

渗碳的具体操作方法是通过不同的方法造成一定浓度的渗碳气氛（如将煤油、甲醇、丙酮等含碳介质加热使之分解出活性碳原子），通过扩散使碳原子由表面向心部迁移。设钢的含碳量为 C_1；若加热温度一定，表面钢中的含碳量经一定时间后可达到定值 C_0，之后只是随渗碳时间延长高碳层的厚度不断增加而已。

所以，渗碳的初始条件为 $C(x, 0) = C_1$；边界条件为 $C(0, t) = C_0$，$C(\infty, t) = C_1$。可解得：

$$C(x,t) = C_0 + (C_1 - C_0)\,\mathrm{erf}\left(\frac{x}{2\sqrt{Dt}}\right) \tag{4-35}$$

这是渗碳过程中扩散动力学的通解，但此通解不仅适用于渗碳，还适用于一切单向无限远一维非稳态扩散。例如，对于其他不包含反应过程的化学热处理（如渗金属）都是适用的。

对纯铁渗碳，$C_1 = 0$，有：

$$C(x,t) = C_0\left[1 - \mathrm{erf}\left(\frac{x}{2\sqrt{Dt}}\right)\right] \tag{4-36}$$

在 920℃ 下渗碳，将表面碳浓度控制在 1.3% 左右，该温度下碳在 γ-Fe 中的扩散系数 $D = 1.5 \times 10^{-11}\,\mathrm{m^2/s}$，渗碳 10h 后，可解得碳浓度：

$$C(x) = 1.3 \times [1 - \mathrm{erf}(6.8 \times 10^2 x)] \tag{4-37}$$

求出离表面不同距离的各点的含碳量，与实测值对比，如图 4-4 所示，可见理论计算的结果与实验值吻合得很好。

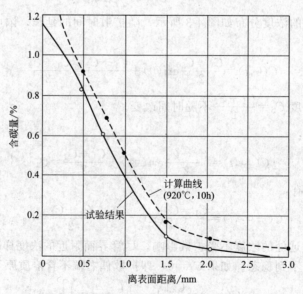

图 4-4 纯铁 920℃ 渗碳 10h 后表层的碳浓度分布

工业上存在大量的一维无限远非稳态扩散问题。例如，与渗碳类似有诸多的向钢表面渗入其他元素的处理工艺，改善钢表面的耐磨性、耐腐蚀性等，如氮化（渗氮）、渗铬、渗铝、渗钒及不同元素的共渗等，都可以用这一模型处理。这种通过改变合金表面成分而不改变其内部成分的方法被称为化学热处理或表面合金化。这种方法不仅被用于处理合金表面，在玻璃、陶瓷的表面也有应用，用于在其表面形成压应力，称为化学强化，这一点在第9章会讲到。另外，在电镀等过程中或化工的某些生产过程中，介质中产生的氢原子也是从表面向内部扩散的，其扩散过程也符合这一模型。但这种扩散可能造成钢表面氢脆，是需要抑制的。

上述扩散方程的解比较好地解决了实际问题，但上述模型仍然是很简单的。例如，将一滴墨水滴入水盆中，其扩散就不是简单的一维扩散。材料中微观偏析的均匀化扩散过程与墨水的例子类似。给出正确的初始条件和边界条件，上述扩散方程也是有可能解出的，只是三维过程的求解要烦琐得多。由于计算机的快速发展，求得上述问题的数值解要比过去容易得多，所以这些解法更具有实用性。

4.2　扩散机制

由扩散第一定律可知，扩散快慢取决于浓度梯度和扩散系数。在浓度分布确定的情况下，扩散快慢主要取决于扩散系数。扩散系数与温度和扩散激活能有关，可表示为：

$$D = D_0 \exp\left(\frac{-Q}{RT}\right) \tag{4-38}$$

式中，D 为扩散系数；D_0 为扩散常数；R 为气体常数；T 为温度；Q 为扩散时需要的额外能量，称为扩散激活能。按不同的机制进行扩散，所需的激活能不同，因此扩散系数不同，扩散快慢不同。

4.2.1　间隙扩散

4.2.1.1　可跳动的原子分数

在间隙固溶体中，原子的扩散是通过溶质原子从溶剂点阵的一个间隙位置跳动到相邻的溶剂点阵间隙位置进行的，如图 4-5 所示。为使溶质原子从位置 1 跳至位置 2，必须推开溶剂原子 3、4，使晶格发生瞬时畸变，这一畸变能就是间隙原子跳动的阻力。也就是间隙原

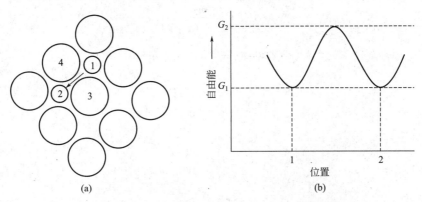

图 4-5　间隙原子的跳动过程及跳动过程中的自由能变化

（a）间隙原子的跳动过程；（b）间隙原子跳动过程中的自由能变化

子跳动的能垒。间隙原子在位置 1、位置 2 时都处于自由能较低的状态 G_1，而在原子 3、4 之间时则处于自由能较高的状态 G_2。间隙原子跳动时必须克服的能垒 $\Delta G = G_2 - G_1$，所以只有自由能超过 G_2 的间隙原子才能跳动。

在某温度 T，由麦克斯韦-玻耳兹曼定律，N 个原子中自由能大于 G_2 的原子数为：

$$n(G > G_2) = N e^{-G_2/kT} \tag{4-39}$$

式中，k 为玻耳兹曼常数。同样自由能大于 G_1 的原子数为：

$$n(G > G_1) = N e^{-G_1/kT} \tag{4-40}$$

由于 G_1 是原子最低自由能，所以：

$$n(G > G_1) = N \tag{4-41}$$

所以 T 温度下具有跳动条件的原子的分数为：

$$\frac{n(G > G_2)}{n(G > G_1)} = \frac{n(G > G_2)}{N} = e^{-(G_2 - G_1)/kT} = e^{-\Delta G/kT} \tag{4-42}$$

4.2.1.2　扩散系数的推导

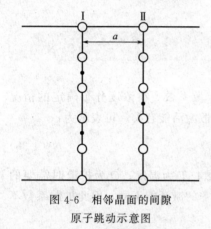

图 4-6　相邻晶面的间隙
原子跳动示意图

如图 4-6 所示，设两互相平行的晶面 Ⅰ、Ⅱ 的间距为 a，其单位面积上的溶质原子数分别为 n_1、n_2，每个溶质原子在单位时间内的跳动次数即跳动频率为 Γ，原子由 Ⅰ 面跳至 Ⅱ 面或由 Ⅱ 面跳至 Ⅰ 面的几率均为 P，则 Δt 时间内单位面积上由 Ⅰ→Ⅱ 和 Ⅱ→Ⅰ 跳动的原子数为：

$$N_{\text{Ⅰ}→\text{Ⅱ}} = n_1 P \Gamma \Delta t \tag{4-43}$$

$$N_{\text{Ⅱ}→\text{Ⅰ}} = n_2 P \Gamma \Delta t \tag{4-44}$$

设 $n_1 > n_2$，则 Ⅱ 面上单位面积上积存的溶质原子数为：

$$N_{\text{Ⅰ}→\text{Ⅱ}} - N_{\text{Ⅱ}→\text{Ⅰ}} = (n_1 - n_2) P \Gamma \Delta t \tag{4-45}$$

所以根据扩散通量定义可知扩散通量为：

$$J = (n_1 - n_2) P \Gamma \tag{4-46}$$

两晶面上原子的体积浓度为：

$$C_1 = \frac{n_1}{a} \tag{4-47}$$

$$C_2 = \frac{n_2}{a} \tag{4-48}$$

$$C_2 - C_1 = \frac{1}{a}(n_2 - n_1) \tag{4-49}$$

而：

$$C_2 = C_1 + \frac{dC}{dx}a \tag{4-50}$$

$$C_2 - C_1 = \frac{dC}{dx}a \tag{4-51}$$

所以：

$$\frac{1}{a}(n_2 - n_1) = \frac{dC}{dx}a \tag{4-52}$$

$$n_2 - n_1 = \frac{dC}{dx}a^2 \tag{4-53}$$

$$J = -(n_2 - n_1)P\Gamma = -\frac{dC}{dx}a^2 P\Gamma = -D\frac{dC}{dx} \tag{4-54}$$

$$D = a^2 P\Gamma \tag{4-55}$$

即扩散系数与晶面间距的平方、原子在扩散方向上相邻晶面间跳动的几率、原子的跳动频率成正比。前两个因素取决于溶剂的晶体结构，而后者与原子的自由能有关，是温度的函数。例如，实验表明，在 1198K，γ-Fe 中固溶的碳原子的跳动频率达 1.7×10^9 Hz，而将 γ-Fe 快速冷却，使其在室温下仍然以亚稳态存在时，碳原子的跳动频率降低至 2.1×10^{-9} Hz，两者之比在 10^{18} 数量级。

设原子振动频率为 ν，溶质原子最近邻的间隙数为 Z，则：

$$\Gamma = \nu Z e^{-\Delta G/kT} \tag{4-56}$$

式中，第三项为可跳动的原子分数。由于：

$$\Delta G = \Delta H - T\Delta S \approx \Delta E - T\Delta S \tag{4-57}$$

式中，H 为热焓；E 为内能；S 为熵。所以：

$$\Gamma = \nu Z e^{\Delta S/k} e^{-\Delta E/kT} \tag{4-58}$$

$$D = a^2 P\nu Z e^{\Delta S/k} e^{-\Delta E/kT} = D_0 e^{-\Delta E/kT} \tag{4-59}$$

$$D_0 = a^2 P\nu Z e^{\Delta S/k} \tag{4-60}$$

式中，D_0 为扩散常数。所以对间隙扩散，扩散激活能就是溶质原子发生跳动时所需的额外内能。

4.2.2 置换扩散

4.2.2.1 柯肯达尔效应

在置换固溶体或纯金属中，原子直径比间隙直径大得多，难于通过间隙进行扩散。因为一个平衡位置不能同时容纳两个原子，所以原子要移动到邻位，邻位的原子要先退让才行。对于具体的退让和移动方式，最初人们有多种猜测。柯肯达尔（Kirkendall）效应的发现为确定这一机制提供了重要的佐证。

Kirkendall 效应如图 4-7 所示。将纯铜块和纯镍块对焊，焊缝上嵌入钨丝。加热并长时间保温，使 Cu 与 Ni 互扩散，时间足够长后其成分分布如图 4-7 的曲线所示，经扩散后 Cu 和 Ni 的原子都越过界面进入对方，形成了连续的浓度梯度，与扩散第二定律的无限长棒解的规律一致。

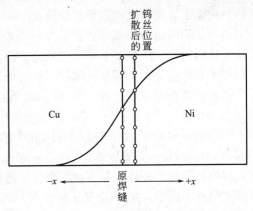

图 4-7　Kirkendall 效应

但实验中还会出现另一值得注意的现象：钨丝在扩散后向纯 Ni 一侧移动了一段距离。Cu 和 Ni 都是面心立方结构，可形成无限固溶体。如果 Cu 的原子半径比 Ni 的小得多，则 Cu 原子进入 Ni 块形成置换固溶体后引起的点阵收缩可能导致 Ni 块的宏观体积收缩，使初始界面向 Ni 块方向移动。但是 Ni 与 Cu 原子半径差很小，而且纯 Cu 原子半径比纯 Ni 的还略大，所以宏观的界面移动不会是由于 Cu 和 Ni 的原子半径差。由此推知，宏观界面的移动只能是由于扩散到左面的 Ni 原子数量多，扩散到右边的 Cu 原子数量少。这一现象在 Cu-Ni 扩散偶中发现，在其他无限置换互溶的组元所形成的扩散偶中也存在，是一种普遍规律，称为 Kirkendall 效应，其实质是由于扩散偶两侧的扩散速度不同引起初始界面向某一侧移动的现象。

4.2.2.2 置换扩散机制

最初人们对置换扩散机制有多种猜测，例如认为置换原子跳动不是一个原子先行退让，其邻近的原子再跳动，而是两个或多个原子协同跳动。最简单的协同跳动模型是直接换位机制，如图 4-8(a) 所示。但两个原子直接换位的回旋余地太小，当两个原子跳动过程中达到与原来位置垂直的位置时的能垒极高，计算得到的扩散激活能太大，难于实现，结果与实验值不符。

如果多个原子协同跳动则可降低扩散激活能。例如，按图 4-8(b) 所示的环形换位机制可以计算出纯组元体心立方晶体的自扩散

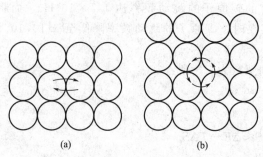

图 4-8　协同跳动机制示意图
(a) 直接换位；(b) 环形换位

系数，计算结果与实际测试吻合较好。但按这种机制换位的结果必然使通过垂直于扩散方向的截面流入和流出的原子数目相等，不会导致 Kirkendall 效应。

因此认为置换扩散也应该是通过单独跳动机制进行的。它与间隙扩散的区别在于跳动是通过空位进行的，即置换扩散机制是一种空位扩散机制。由于点缺陷是热力学平衡缺陷，晶体中总存在一定的平衡空位浓度。在非平衡状态下空位浓度可能更高。空位的移动过程也是原子的扩散过程。置换扩散以原子跳动到邻近空位的方式进行。按此机制扩散，所需能量不大，但必须有空位的移动与之配合：原子跳入空位后，必须有邻位原子移至新的空位才能发生第二次跳动。因此要实现空位扩散，必须具备两个条件：扩散原子邻近有空位且该原子具有的自由能足够克服跳动到空位的能垒。

与空位相邻的溶剂或溶质原子都有跳入该空位的可能，在晶体的不同部位的空位浓度可以认为是均匀的，所以单个原子的跳动方向应该是随机的，但由于浓度梯度的存在，溶质原子的扩散方向在统计上是从高浓度区指向低浓度区。

通过空位机制进行扩散，Kirkendall 效应就可以得到合理的解释。由于 Cu 的空位形成能比 Ni 的低，在同样温度下 Cu 中的平衡空位浓度比 Ni 的高。所以 Ni 容易向 Cu 中扩散，而 Cu 较难向 Ni 中扩散。Ni 原子向 Cu 中扩散得多，有使 Cu 中的空位减少的趋势；Cu 原子向 Ni 中扩散得少，有使 Ni 中的空位增多的趋势。但 Cu 和 Ni 中的平衡空位浓度是由温度决定的，上述两种趋势都不会改变其平衡空位浓度。也就是说，Cu 中接受了较多的 Ni 原子而空位并不减少，Ni 中接受了较少的 Cu 原子空位也不增多。这相当于在 Cu 一侧连续不断地产生空位，这些空位到 Ni 的一侧消失。这种保持平衡空位浓度差别的需要导致溶质原子向两侧的扩散数量不同。

按空位扩散机制，置换扩散系数也应该像间隙扩散一样有式(4-55) 的形式。但其跳动频率与间隙扩散不同。设置换固溶体或纯组元晶体的配位数为 Z_0，C_v 为晶体中的平衡空位浓度，则原子周围的平均空位数为 $Z_0 C_v$。代入平衡空位浓度公式 [式(2-12)] 有：

$$Z_0 C_v = Z_0 \exp\left(-\frac{E_f}{kT} + \frac{\Delta S_f}{k}\right)$$

(4-61)

式中，E_f 是空位形成能；ΔS_f 是一个空位形成导致的振动熵变；k 是玻耳兹曼常数。原子跳动频率 Γ 应与原子振动频率 ν、原子周围的平均空位数以及具有跳动条件的原子分数成正比，即：

$$\Gamma = \nu Z_0 \exp\left(-\frac{E_f}{kT} + \frac{\Delta S_f}{k}\right) \exp\left(-\frac{\Delta G}{kT}\right) \tag{4-62}$$

其中可跳动的原子分数与间隙扩散有相同的形式，由式(4-42)给出。根据式(4-55)，考虑式(4-57)，置换扩散系数为：

$$D = a^2 P\Gamma = a^2 P\nu Z_0 \exp\left(-\frac{E_f}{kT} + \frac{\Delta S_f}{k}\right) \exp\left(-\frac{\Delta E - T\Delta S}{kT}\right) \tag{4-63}$$

式中，ΔE 为跳动引起的内能增量；ΔS 为跳动引起的熵增量。所以：

$$D = a^2 P\nu Z_0 \exp\left(\frac{\Delta S_f + \Delta S}{k}\right) \exp\left(-\frac{E_f + \Delta E}{kT}\right) = D_0 \exp\left(-\frac{E_f + \Delta E}{kT}\right) \tag{4-64}$$

式中，D_0 为扩散常数。

$$D_0 = a^2 P\nu Z_0 \exp\left(\frac{\Delta S_f + \Delta S}{k}\right) \tag{4-65}$$

可见置换扩散激活能由原子跳动激活能和空位形成能两部分组成，比间隙扩散的大。表 4-2 的实验测试结果可以证实这一点，其中碳在 γ 铁和 α 铁中的扩散是间隙扩散，除了银的晶界扩散外，其他都是置换扩散。

表 4-2　一些扩散系统的扩散常数和扩散激活能

扩散组元	基体金属	$D_0/(\text{m}^2/\text{s})$	$Q/(\text{kJ/mol})$	扩散组元	基体金属	$D_0/(\text{m}^2/\text{s})$	$Q/(\text{kJ/mol})$
碳	γ 铁	2.0×10^{-5}	140	锰	γ 铁	5.7×10^{-5}	227
碳	α 铁	0.20×10^{-5}	84	铜	铝	0.84×10^{-5}	136
铁	α 铁	19×10^{-5}	239	锌	铜	2.1×10^{-5}	171
铁	γ 铁	1.8×10^{-5}	270	银(体积扩散)	银	1.2×10^{-5}	190
镍	γ 铁	4.4×10^{-5}	283	银(晶界扩散)	银	1.4×10^{-5}	96

4.2.3　晶界扩散和位错扩散

因大角度晶界的结构不清楚，且不可能制成单纯是晶界的试样研究晶界处的扩散系数，所以此种机制的扩散不易研究。放射性同位素的示踪原子法是进行这种扩散机制研究的一种有效方法。在与晶界垂直的表面上覆盖一层溶质原子或基体材料的放射性同位素，经一定时间的加热扩散后检测放射性同位素的分布，可以发现沿晶界比远离晶界处的扩散距离大，即晶界处的扩散速度快，形成如图 4-9 所示的等浓度面。由于晶界的厚度极小，一般认为只有几个原子层厚，所以要形成宏观可见的明显凸出的等浓度面，晶界处的扩散系数要比晶内大许多倍才行。据估计这一扩散系数的比至少是 10^4 的数量级。

可以设想，晶界上原子排列不规则，原子的自由能较高，由于晶界能的存在，统计上单位体积的自由能也比晶内高，且晶界上局部原子排列稀疏，所以晶界上原子跳动频率大，扩散激活能小，使其扩散系数大。由于晶界是存在于晶粒之间的，晶界不能从晶粒中孤立出来，所以晶界的扩散必然影响多晶体整体的扩散系数。晶界扩散的作用示意图如图 4-10 所示，将 A、B 两多晶体纯金属对焊使之互扩散，图中只描绘了 A 向 B 扩散的情况。紧靠焊缝的平行箭头表示晶内扩散，沿晶界的箭头表示晶界扩散，与晶界垂直的箭头表示由晶界向晶内的扩散。由于溶质沿晶界快速扩散，使其先达到高浓度，与晶内形成浓度梯度，因此溶质原子再由晶界向晶内扩散，使多晶体的总体扩散速度加快。所以多晶体的扩散系数是体积扩散与晶界扩散的总和。

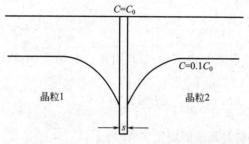

图 4-9　用示踪原子法观察到的与晶界垂直的截面上扩散后的 $C=0.1C_0$ 等浓度面（C_0 为表面的浓度）

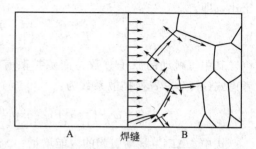

图 4-10　晶界扩散的作用示意图

为了解晶界对扩散的影响，可用单晶体测定扩散系数与多晶体的扩散系数作比较。图 4-11 是单晶体银和多晶体银的自扩散系数随温度的变化的测试结果。可见在高温下多晶体与单晶体的扩散系数相同，说明在高温下晶界的作用不明显。在约 $0.75T_m$（T_m 为熔点）以下，单晶体与多晶体的扩散系数开始有差别，温度低于（$0.3\sim0.4$）T_m 时，扩散难于进行。从图中还可见，多晶体的 $\lg D-1/T$ 直线斜率约为单晶体的一半，表明晶界处扩散的激活能仅为晶内的一半。这一结论在表 4-2 中也有反映。但此种结论仅适用于纯金属和置换固溶体。对于间隙固溶体，由于溶质原子尺寸小，易于扩散，故晶界与晶内的扩散系数差别不太显著。

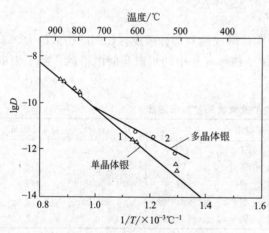

图 4-11　单晶体银和多晶体银的
自扩散系数随温度的变化

位错对扩散的作用与晶界类似，也难于研究。一般设想，至少刃型位错可以看成扩散管道，使扩散加速进行。沿刃型位错的扩散激活能也约为体积扩散的一半。在较低的温度，位错加速扩散的作用更为显著。

4.3　上坡扩散

根据扩散第一定律，扩散方向与浓度梯度的方向相反，所以扩散应该总是由高浓度区向低浓度区进行。但在许多场合下却发生相反的情况。下面的实验提供了一个这样的例子。

将含 $0.4\%C$ 的钢棒与含 $0.4\%C-3.8\%Si$ 的钢棒对焊，在 $1050℃$ 扩散 13 天后，形成了如图 4-12 所示的碳浓度分布。图中的原点是焊接面，原来的碳浓度是均匀的，扩散后界面一边的碳浓度高于初始浓度，另一边的碳浓度低于初始浓度，显然碳原子不断从低浓度区向高浓度区扩散才能形成这样的结果。这种溶质原子由低浓度区向高浓度区进行的扩散称为上坡扩散。

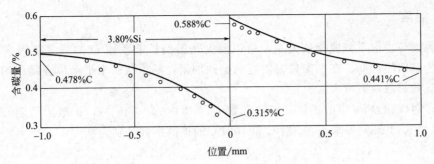

图 4-12　含 0.4％C 的钢棒与含 0.4％C-3.8％Si 的钢棒扩散偶高温长时间扩散后的碳浓度分布

上坡扩散的现象说明扩散的驱动力不是浓度梯度。实际上扩散的驱动力是化学位梯度。根据热力学第二定律，在恒温恒压下，系统总是自发向吉布斯自由能 G 降低的方向转变。化学位的定义为某组元在多组元体系中的偏摩尔自由能。即在 j 个组元的体系中，第 i 组元的化学位为：

$$\mu_i = \left(\frac{\partial G}{\partial n_i}\right)_{T, P, \, n_1, n_2, \cdots, n_{i-1}, n_{i+1}, \cdots, n_j} \tag{4-66}$$

式中，n_i 为 i 组元的摩尔数；T 为温度；P 为压力。若某原子移动了一个位置 dx，其自由能（化学位）μ_i 改变了 $d\mu_i$，正如机械运动中物体下落造成的势能变化，该原子迁移的驱动力，即扩散驱动力为：

$$F = \frac{\partial \mu_i}{\partial x} \tag{4-67}$$

只有在扩散体系中仅有浓度梯度，而其他因素都是均匀的情况下，才能保证化学位梯度与浓度梯度的方向一致，此时扩散第一定律才是正确的。虽然大多数的扩散都满足这一条件，但还是有许多场合不是如此，所以上坡扩散可以在许多场合出现。

例如，在弹性应力作用下可出现上坡扩散。这是由于不均匀的弹性应力可以引起晶体点阵的不均匀胀缩，促使大尺寸的原子向点阵膨胀的部分移动，小尺寸的原子向点阵收缩的部分移动，引起晶体中溶质原子的不均匀分布。由于这一不均匀分布是由弹性应力引起的，与浓度梯度可引起扩散类似，但其方向不一定与浓度梯度方向一致。

又如，晶界内吸附也可引起上坡扩散。晶界处的自由能比晶内高，如果溶质原子富集于晶界时可降低体系的总能量，溶质原子就会向晶界扩散，并在晶界富集。大电场也可以导致溶质原子向高浓度区扩散。元素偏聚也是上坡扩散过程。

另外，相变过程中也常常伴随着上坡扩散。例如，调幅分解就是由上坡扩散引起溶质的偏聚分成了高浓度相和低浓度相。当相变伴随着浓度变化的反应时，上坡扩散是常常发生的。例如，析出就是溶质在固溶体中聚集形成高浓度区后才会出现新相。又如，共析反应一般也是溶质在母相中有偏析才在高浓度区和低浓度区分别形成高浓度相和低浓度相。

4.4　影响扩散的因素

由扩散第一定律可知，在一定的浓度分布条件下，扩散快慢主要取决于扩散系数 D。由式(4-38) 可知，扩散系数由扩散常数、扩散激活能和温度决定。所以温度和所有影响扩散常数、扩散激活能的因素都影响扩散。主要的影响因素可归结如下。

4.4.1 温度

由于温度与扩散系数成指数关系，所以温度是影响扩散系数 D 的最主要因素。温度升高，原子的自由能升高，在平衡位置附近的振动加剧，易于从一个平衡位置跳动到另一个平衡位置，导致扩散系数增大。

例如，对碳在 γ-Fe 中的扩散，扩散常数 $D_0 = 2.0 \times 10^{-5} \mathrm{m}^2/\mathrm{s}$，扩散激活能 $Q = 140\mathrm{kJ/mol}$，所以由式(4-38)可求得在 927℃ 和 1027℃ 的扩散系数分别为：

$$D_{1200} = 2.0 \times 10^{-5} \mathrm{e}^{\frac{-140 \times 10^3 \times 0.239}{2 \times 1200}} = 1.76 \times 10^{-11} \mathrm{m}^2/\mathrm{s}$$

$$D_{1300} = 2.0 \times 10^{-5} \mathrm{e}^{\frac{-140 \times 10^3 \times 0.239}{2 \times 1300}} = 5.15 \times 10^{-11} \mathrm{m}^2/\mathrm{s}$$

可见温度升高 100℃，D 几乎增大到原来的 3 倍。因此往往用升高温度的方法促进扩散。如消除偏析的均匀化处理、材料的扩散脱氢都要在高温下进行。而扩散型相变在低温下几乎不能进行，例如共析转变在低温下的转变速度很慢，当温度足够低，相变驱动力足够大，而从动力学上转变几乎不能进行时，亚稳的母相就通过非扩散的方式进行转变，即发生马氏体相变。

4.4.2 固溶体类型

由于不同类型的固溶体有不同的扩散机制，它们中的扩散快慢也不同。从扩散机制的分析可知，间隙固溶体的扩散激活能小，所以扩散系数较大；而置换固溶体的扩散激活能中包含空位形成能，扩散激活能较大，所以扩散系数较小。这也是工程应用中应该注意的问题。

例如，工程上有多种方法通过表面合金化即化学热处理来改变材料的表面成分，从而提高表面硬度、耐磨性、耐腐蚀性等性能。前面提到的渗碳是最常用的一种。此外，还有氮化、碳氮共渗、渗硼、渗金属、多元共渗等多种方法。由于 C、N 原子较小，通过间隙扩散的方式向内扩散；而渗金属要通过置换扩散的方式向内扩散，所以在同样的条件下获得的渗碳层、氮化层比金属渗层要厚得多。工业上渗碳、氮化的层厚度能达到毫米数量级，而渗金属层常常是微米数量级。陶瓷化学强化是向表面渗入尺寸大的离子形成表面压应力，因此也属置换扩散，且扩散更慢，强化层也只能达到微米数量级。

又如，氢原子较小，在所有的材料中都处于间隙位置，所以非常容易扩散。一方面，可利用这一性质制成储氢材料来储能并在需要的时候释放，这是发展氢能源的可能途径之一。另一方面，氢的扩散也常常是有害的，例如在应力腐蚀过程中氢容易向钢中扩散聚集，导致断裂。冶金过程中水蒸气分解产生的氢原子聚集，形成氢气泡，会引起氢脆，是金属脆性断裂的重要原因之一。

4.4.3 晶体结构

一方面，有些材料有多晶型性转变，晶体结构改变后扩散系数 D 也明显改变。例如，铁在 912℃ 会发生 α-Fe 到 γ-Fe 的转变，α-Fe 的自扩散系数约是 γ-Fe 的 240 倍。溶质原子在不同结构的固溶体中的扩散系数也有差别。例如，900℃ 时镍在 α-Fe 中的扩散系数比 γ-Fe 中高约 1400 倍。在 527℃ 时氮在 α-Fe 中的扩散系数比 γ-Fe 中高约 1500 倍。所有的溶质原子在 α-Fe 中的扩散系数都比 γ-Fe 中的大，其原因是 α-Fe 具有体心立方点阵，为非密排结构，原子在其中易迁移。

另一方面，晶体结构不同的溶剂对溶质的溶解度也不同，可以形成的浓度梯度也不同，也会影响扩散。例如在 Fe-C 合金中，碳在 α-Fe 中的溶解度是 0.0218%，碳在 γ-Fe 中的溶解度是 2.11%。虽然温度相同时碳在 α-Fe 中的扩散系数也比 γ-Fe 中的高得多，但渗碳总是在 γ-Fe 中进行。这一方面是因为碳在 γ-Fe 中扩散的浓度梯度大，另一方面也是因为 γ-Fe 稳定存在的温度高，也可显著提高扩散系数。

晶体学的各向异性也会影响扩散。点阵对称性较差的晶体，其各个晶体学方向的扩散系数是有差别的。例如，六方晶体沿 c 轴和 a 轴的扩散系数即有差别。而对晶体学对称性更差的菱方结构的铋所作的实验表明，同一种溶质沿不同晶向的扩散系数之比可达 1000。产生这种差别的原因是不同晶体学方向的原子排列、阵点排列方式都可能不同，导致了原子迁移难易不同。立方结构的晶体对称性好，不同晶向的扩散系数差别一般不明显。

在多晶体中相邻晶粒取向不同可引起晶粒之间的扩散速度不同。所以宏观上测得的扩散系数是不同晶向的扩散系数的平均值。如果多晶体有择优取向（织构），多晶体也可能表现出各向异性的扩散。

4.4.4 溶质浓度

无论是置换固溶体还是间隙固溶体，其溶质原子的扩散系数都是随浓度改变而改变的。例如，图 4-13 是 927℃ 下碳浓度对碳在 γ-Fe 中的扩散系数的影响的测试结果。可见碳浓度升高，扩散系数增大，在含碳量较高时这种影响更明显。其原因可以理解为碳浓度较高时其跳动的机会更多。碳浓度对碳扩散的影响还不是很显著的，某些置换原子的浓度对扩散系数的影响更为显著。

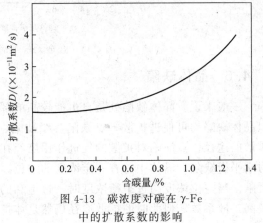

图 4-13　碳浓度对碳在 γ-Fe
中的扩散系数的影响

所以，按式(4-1) 或式(4-11) 求解扩散方程时假定 D 为恒量是不符合实际扩散情况的。但如果溶质浓度不高或扩散层中的浓度变化不大时，这样的假设不会导致太大的误差。例如，前面对渗碳问题解出的浓度分布就与实验结果符合得较好。

4.4.5 第三组元

如果固溶体中有多种溶质原子，则由式(4-66) 的化学位定义可知，每一种溶质原子的迁移均影响任一组元的化学位，从而使扩散系数发生变化，影响扩散。

以钢为例，普通的钢是 Fe-C 合金，当加入合金元素 M 时，由于这一第三组元的性质不同，对扩散系数可以产生不同的影响。图 4-14 给出的是 1200℃ 下在含碳 0.4% 的钢中测试得到的第三组元含量与碳在 γ-Fe 中的扩散系数的关系。可以将其影响分为三类：第一类为强碳化物形成元素，如 W、Mo、Cr 等，与碳的亲和力较大，能够强烈阻止碳扩散，明显降低碳扩散系数；第二类为弱碳化物形成元素，如 Mn，不能形成稳定的碳化物，但易溶于碳化物中，对碳的扩散系数影响不大；第三类为非碳化物形成元素，不能形成碳化物，而是溶解于固溶体 γ-Fe 中，对碳的扩散系数影响不同，有的促进碳扩散，有的相反。例如，Ni、Co 提高碳的扩散系数，Si 降低碳的扩散系数。

上述影响是在第三组元均匀分布时的情况。如果第三组元不均匀分布，则不仅影响扩散速度，还可能影响扩散方向。例如，图 4-12 反映出的 Si 的不均匀分布引起的碳的上坡扩散。

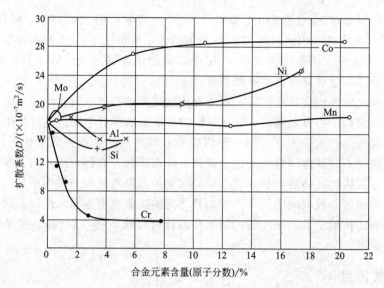

图 4-14　合金元素对钢中碳的扩散系数的影响

4.4.6　晶体缺陷

一般来说，晶体缺陷处是自由能较高的部位，原子通过缺陷进行扩散的激活能较低，所以晶体缺陷均可促进扩散。点缺陷、线缺陷、面缺陷均如此。图 4-15 给出了多晶体中原子扩散的途径。点缺陷对扩散的促进作用已经在扩散机制一节中进行了描述。由于点缺陷是热力学平衡缺陷，晶体中总有一定浓度的空位。所以实验测试得到的体扩散系数中总有空位的贡献。当空位浓度超过平衡浓度时，过饱和的空位使置换溶质原子的跳动机会增多，因此可提高扩散系数。但此时的扩散途径仍然是体扩散。

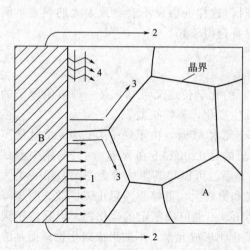

图 4-15　多晶体中原子扩散的途径
1—体扩散；2—表面扩散；3—晶界扩散；4—位错扩散

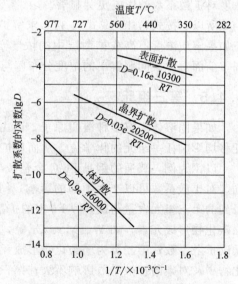

图 4-16　银沿不同途径扩散的扩散
系数与温度的关系

除了体扩散外，还有位错扩散、晶界扩散、表面扩散等扩散途径。在这些扩散途径中的扩散都比体扩散中快，所以将体扩散外的其他扩散途径称为短路扩散。在低温时短路扩散的作用更大。

例如，图 4-16 给出了银沿不同途径扩散的扩散系数随温度的变化情况。可见晶界扩散的扩散系数比体扩散高得多，而表面扩散的扩散系数比晶界扩散还大。据测量，一般晶界扩散的扩散激活能为体扩散激活能的 60%～70%。而银的表面扩散激活能约是晶界扩散激活能的一半。

思考题和习题

1　掌握下列重要名词含义

扩散　稳态扩散　非稳态扩散　扩散通量　扩散系数　扩散第一定律　扩散第二定律　渗碳　化学热处理　间隙扩散　置换扩散　原子跳动频率　柯肯达尔效应　上坡扩散　化学位　短路扩散

2　简述扩散第一定律的内容和适用条件，并举例说明其应用。

3　说明扩散系数 $D=a^2 P\Gamma$ 的意义。对间隙扩散和置换扩散这一公式都成立，但两者的扩散系数为何有明显差别？两者的 Γ 各由什么因素决定？

4　为什么置换扩散的机制不是直接换位和环形换位？

5　用空位扩散机制解释柯肯达尔效应。

6　为什么晶界扩散速度一般比体扩散快？这一规律在什么情况下才成立？

7　简述温度、固溶体类型、晶体结构、晶体学各向异性、浓度、晶体缺陷、第三组元对扩散系数的影响及其原因。

8　上坡扩散的原因是什么？举出上坡扩散的几个例子。

9　碳在 α-Fe 中的扩散系数大还是在 γ-Fe 中的扩散系数大？渗碳是在 α-Fe 中进行还是在 γ-Fe 中进行？为什么？

10　分析空位密度、位错密度、晶粒大小对渗碳速度的影响。

11　推导扩散第二定律。

12　给出无限长棒扩散偶的初始条件和边界条件，用通解 $C=A\dfrac{\sqrt{\pi}}{2}\mathrm{erf}\left(x/2\sqrt{Dt}\right)+B$ 解出 $C(x,t)$，并以之说明任意时刻扩散偶焊接面的浓度 $C(0,t)$ 有何规律？

13　给出渗碳过程的初始条件和边界条件，用通解 $C=A\dfrac{\sqrt{\pi}}{2}\mathrm{erf}\left(x/2\sqrt{Dt}\right)+B$ 解出 $C(x,t)$。

14　已知铜在铝中的扩散常数 $D_0=1.5\times10^{-5}\,\mathrm{m^2/s}$，扩散激活能 $Q=126\mathrm{kJ/mol}$，气体常数 $R=8.31\mathrm{J/(mol\cdot K)}$，计算 127℃ 和 527℃ 时铜在铝中的扩散系数。

15　已知 1100℃ 和 1300℃ 时镓在硅中的扩散系数分别为 $8\times10^{-17}\,\mathrm{m^2/s}$ 和 $1\times10^{-14}\,\mathrm{m^2/s}$，求该扩散的扩散常数和扩散激活能。

16　800℃ 下氢在 α-Fe 中的扩散系数 $D=2.2\times10^{-6}\,\mathrm{m^2/s}$，在稳态扩散条件下，薄铁板两侧氢浓度分别为 $3\times10^{-6}\,\mathrm{mol/m^3}$ 和 $8\times10^{-8}\,\mathrm{mol/m^3}$，要使通过板的氢气通气量为 $2\times10^{-8}\,\mathrm{mol/(m^2\cdot s)}$，试确定所需浓度梯度和铁板的厚度。

17　20 钢（含碳量为 0.2%）在 927℃ 渗碳，该温度的扩散系数为 $1.8\times10^{-11}\,\mathrm{m^2/s}$，若表面含碳量为 1.2%，求渗碳 10h 后距表面 1mm 处的含碳量和该处含碳量达到 0.5% 的时间。

18　在 1100℃ 向硅晶片中扩散硼，若表面硼原子浓度为 10^{24} 个$/\mathrm{m^3}$，扩散 2h 后距表面多远处硼原子浓度为 10^{23} 个$/\mathrm{m^3}$？已知该温度下该种扩散的扩散系数为 $4\times10^{-13}\,\mathrm{m^2/s}$。

第5章 材料的电子理论

人们使用材料总是利用其某一种或某几种性能。如金属强度高、塑性好、电导率高，因此可以用作结构材料或制成电器元件。陶瓷具有耐热、耐腐蚀、耐磨、绝缘等性能，可以用作结构材料、隔热材料、绝缘材料等。

材料中的原子、分子等通过离子键、共价键、金属键和范德华力等方式键合使材料成为一个整体。但从本质上说，材料中成何种键、成键的多少、强弱等取决于其中的电子的状态。也就是说，材料的性能在本质上是由其电子结构决定的。正确地认识材料性能的本质不仅能够指导人们合理地选材，还有助于研究开发某些方面性能更为优异的新材料。现代电子理论已经可以对材料的电学、热学、光学、磁学、力学等性能的本质进行成功的解释，进而根据这些理论有目的地按照性能要求设计材料。因此材料的电子理论是材料物理的基础和根本的问题。用现代的电子理论已经成功地设计了若干性能优异的新材料。本章对材料的电子理论进行简要的介绍。

5.1 波函数和薛定格方程

5.1.1 微观粒子的波粒二象性

直观上容易理解经典理论认为电子是一种粒子，而光则是波。因为光具有波动的全部性质，如衍射、干涉、偏振，光的颜色对应于波长 λ，并且没有在牛顿力学中处理粒子运动时必需的质量。从 1897 年汤姆逊（J. J. Thomson）在实验中观察到了阴极射线（电子流）在电场和磁场中偏转，确定了电子具有质量 $m = 9.1091 \times 10^{-31}$ kg 和电荷 e 以后，电子就已经被确认为一种粒子了。1905 年爱因斯坦（Einstein）依照普朗克（Planck）的量子假说提出了光子理论，认为光是由一种微粒——光子组成的，从而成功地解释了光电效应现象。这一解释确立了光的波粒二象性，即光同时具有波动性和粒子性。按此理论，光子的能量 E 与其频率 ν 成正比，即：

$$E = h\nu \tag{5-1}$$

式中，h 为普朗克常量，$h = 6.625 \times 10^{-34}$ J·s。

1924 年，法国年轻的物理学家德布罗意（Louis de Broglie）在爱因斯坦和其他人的工作的启发下，基于宇宙统一起源的信念，大胆提出了物质波的假说，即波粒二象性不仅局限于光，而且具有普遍意义。该假说认为，一个能量为 E、动量为 p 的粒子同时也具有波动性，其波长 λ 由动量 p 决定，频率 ν 由能量 E 决定，即：

$$\lambda = \frac{h}{p} = \frac{h}{mv} \tag{5-2}$$

$$\nu = \frac{E}{h} \tag{5-3}$$

式中，m 为粒子的质量；v 为自由粒子的运动速度。由式(5-2)计算得到的波长称为德布罗意波长。

按照德布罗意的假设，电子这种粒子当然也具有波动性，但这种波动性需要实验验证。1927年美国贝尔电话实验室的戴维森（C. Davisson）和革末（L. Germer）用电子束照射单晶体观察到了电子衍射现象，同年 G. P. Thomson 通过薄膜透射也观察到了电子衍射现象。电子衍射现象证实了德布罗意的预言。戴维森和革末的实验是用电子枪发射一束能量为 54eV 的电子束，垂直照射在镍单晶的表面上，反射出来的电子束表现出显著的方向性，在与入射束成 50°角的方向反射出的电子数目极大。这一结果与 X 射线在晶体中的衍射规律相似。一方面，如果假设这一选择性的反射与 X 射线在晶体中的衍射都是波程差为波长的整数倍时干涉加强的结果，则按照布拉格定律可推算出电子波的波长 $\lambda = 1.65 \times 10^{-10}$ m。

另一方面，电子动量为：

$$p = mv = m\sqrt{\frac{2E}{m}} = \sqrt{2Em} \tag{5-4}$$

代入电子质量 $m \approx 9.1 \times 10^{-31}$ kg，能量 $E = 54\text{eV} = 54 \times 1.6 \times 10^{-19}$ J，可得 $p \approx 3.97 \times 10^{-24}$ kg·m/s。

代入式(5-2)可知：

$$\lambda = \frac{h}{p} \approx \frac{6.6 \times 10^{-34} \text{J·s}}{3.97 \times 10^{-24} \text{kg·m/s}} \approx 1.66 \times 10^{-10} \text{m}$$

即由布拉格定律和德布罗意假说得到的波长完全一致。这一结果不仅证明了电子的波动性，而且说明了德布罗意假说的正确性。

以后陆续有实验证明，不仅电子具有波动性，其他一切微观粒子，如原子、分子、质子等都具有波动性，其波长与式(5-2)计算的结果一致。因此波粒二象性是一切物质所具有的普遍属性。

5.1.2 波函数和薛定格方程

德拜在得知德布罗意的物质波假说后提出：有了波，就应该有波动方程。不久德拜的学生薛定格（Schrödinger）就提出了这样一个方程。下面以电子为例阐明其意义。

电子的波动性即电子波，是一种具有统计规律的几率波，它决定电子在空间某处出现的几率。在不同的时刻，微观粒子在空间不同位置出现的几率都可能不同。因此几率波应该是空间位置 (x, y, z) 和时间 t 的函数。将该函数记为 $\Phi(x, y, z, t)$ 或 $\Phi(r, t)$，称为波函数。

在光的电磁波理论中，光波（电磁波）是由电场矢量 $E(x, y, z, t)$ 和磁场矢量 $H(x, y, z, t)$ 来描述的。空间某处光的强度与该处的 $|E|^2$ 或 $|H|^2$ 成正比。依此类推，几率波的强度应该与 $|\Phi|^2$ 成正比，即 $|\Phi|^2$ 与 t 时刻电子在空间位置 (x, y, z) 出现的几率成正比。所以，在 t 时刻，在 (x, y, z) 附近的微体积元 $\mathrm{d}\tau = \mathrm{d}x\mathrm{d}y\mathrm{d}z$ 内发现电子的几率为：

$$\mathrm{d}w = C|\Phi|^2 \mathrm{d}\tau \tag{5-5}$$

式中，C 是一个常数。可见 $|\Phi|^2$ 代表几率密度。

在体积 V 内找到电子的几率为：

$$w = \int_V \mathrm{d}w = \int_V C \,|\,\varPhi\,|^2 \mathrm{d}\tau = C \int_V |\,\varPhi\,|^2 \mathrm{d}\tau \tag{5-6}$$

在整个三维空间找到粒子的几率为 100%，所以：

$$C \int_\infty |\,\varPhi\,|^2 \mathrm{d}\tau = 1 \tag{5-7}$$

$$C = \frac{1}{\displaystyle\int_\infty |\,\varPhi\,|^2 \mathrm{d}\tau} \tag{5-8}$$

令：

$$\varPsi = \sqrt{C}\varPhi \tag{5-9}$$

则：

$$\int_\infty |\,\varPsi\,|^2 \mathrm{d}\tau = 1 \tag{5-10}$$

将 $\varPsi(x, y, z, t)$ 称为归一化的波函数。

波函数 $\varPsi(x, y, z, t)$ 本身不能与任何可观察的物理量相联系，但 $|\varPsi|^2$ 代表微观粒子在空间出现的几率密度。所谓"电子云"就是电子在空间不同位置出现的几率密度 $|\varPsi|^2$ 的大小的形象描述。虽然电子并不是在空间以云状分布，但是由于电子云的形象性，这一描述方法仍然在许多场合沿用。

上面描述的是波函数的意义，但波函数的表达方式，即电子运动的波动方程还有待于确定。这一波动方程是由薛定格首先提出的，故被称为薛定格方程。薛定格方程不能由任何旧的方程导出，其正确性也不能通过自身得到验证。与牛顿力学方程、麦克斯韦电磁场等物理学的基本方程一样，其正确性只能通过实验验证。自其提出至今，大量的实验现象都可由该方程得到解释，其正确性也越来越被人们所接受。

牛顿力学方程的建立是大量实验现象归纳的结果。但薛定格方程的建立则通过类比得出，并逐渐得到实验验证。这里不介绍其类比推证过程，仅以满足自由电子运动的平面波动方程为例，介绍薛定格方程建立的过程，并将其简单地推广到一般的波动方程。由物理学可知，沿 x 方向传播的一维平面波可以表示为：

$$Y(x, t) = A\cos\left[2\pi\left(\frac{x}{\lambda} - \nu t\right)\right] \tag{5-11}$$

式中，A 为振幅；λ 为波长；ν 为频率；t 为时间。Y 表示的波的初相为 0。

引入波数矢量（波矢）$\boldsymbol{K}$，其方向为平面波的传播方向，大小 $|\boldsymbol{K}| = K = \dfrac{2\pi}{\lambda}$，其含义为周相 2π 内波的数量。又知角频率 $\omega = 2\pi\nu$，所以：

$$Y(x, t) = A\cos(Kx - \omega t) \tag{5-12}$$

写成复数形式为：

$$Y = A\mathrm{e}^{i(Kx - \omega t)} \tag{1-13}$$

对能量为 E、动量为 p 的自由电子沿 x 方向传播的电子波，将 Y 改成 $\varPsi$，将德布罗意假设式(5-2) 和式(5-3) 代入式(5-13)，有：

$$\varPsi = A\mathrm{e}^{\frac{2\pi i}{h}(px - Et)} = A\mathrm{e}^{\frac{i}{\hbar}(px - Et)} \tag{5-14}$$

式中，$\hbar$ 为狄拉克（Dirac）常量，$\hbar = \dfrac{h}{2\pi} = 1.05 \times 10^{-34}\,\mathrm{J \cdot s}$。

将式(5-14) 推广到三维空间的情形则有：

$$\Psi(r,t)=A\mathrm{e}^{\frac{i}{\hbar}(p \cdot r - Et)} \tag{5-15}$$

式(5-14) 还可以写成：

$$\Psi=A\mathrm{e}^{\frac{i}{\hbar}px}\,\mathrm{e}^{-\frac{i}{\hbar}Et}=\varphi(x)\mathrm{e}^{-\frac{i}{\hbar}Et} \tag{5-16}$$

式中，$\varphi(x)$ 为振幅函数，$\varphi(x)=A\mathrm{e}^{\frac{i}{\hbar}px}$，与时间无关。有时也将振幅函数称为波函数。

对三维情况，振幅函数为：

$$\varphi(r)=A\mathrm{e}^{\frac{i}{\hbar}p \cdot r} \tag{5-17}$$

如果波函数与时间无关，则称为定态波函数，这种波函数所描述的状态称为定态。如式(5-17) 描述的就是定态的波函数。若电子所处的势场只是空间位置的函数，即 $U=U(r)$，而与时间无关，则电子在该势场中的运动总会达到一个稳定态。对一维情况，有：

$$|\Psi(x,t)|^2=\Psi\Psi^*=\varphi(x)\mathrm{e}^{-\frac{i}{\hbar}Et}\varphi(x)\mathrm{e}^{\frac{i}{\hbar}Et}=|\varphi(x)|^2 \tag{5-18}$$

即处于定态的电子在空间出现的几率与时间无关。因此，求解定态波函数时，往往先解出 $\varphi(x)$，再由式(5-16) 根据能量得到波函数 $\Psi(x,t)$。

对式(5-16) 的振幅函数 $\varphi(x)=A\mathrm{e}^{\frac{i}{\hbar}px}$ 求二阶导数得：

$$\frac{\mathrm{d}^2\varphi}{\mathrm{d}x^2}=\left(\frac{ip}{\hbar}\right)^2 A\mathrm{e}^{\frac{i}{\hbar}px}=-\frac{1}{\hbar^2}p^2\varphi=-\frac{4\pi^2}{h^2}p^2\varphi \tag{5-19}$$

将 $p^2=2mE$，代入式(5-19) 并整理得：

$$\frac{\mathrm{d}^2\varphi}{\mathrm{d}x^2}+\frac{2mE}{\hbar^2}\varphi=0 \quad \text{或} \frac{\mathrm{d}^2\varphi}{\mathrm{d}x^2}+\frac{8\pi^2 mE}{h^2}\varphi=0 \tag{5-20}$$

式(5-20) 是一维空间自由电子的振幅函数所遵循的规律，即一维空间自由电子的薛定格方程。

如果电子不是自由的，而是在一定的势场中运动，振幅函数所适用的方程也可以用类似的方法建立起来。在势场中电子的总能量是动能和势能之和，即：

$$E=\frac{1}{2}mv^2+U(x) \tag{5-21}$$

则有 $p^2=2m(E-U)$，代入式(5-19) 并整理得：

$$\frac{\mathrm{d}^2\varphi}{\mathrm{d}x^2}+\frac{2m}{\hbar^2}(E-U)\varphi=0 \quad \text{或} \frac{\mathrm{d}^2\varphi}{\mathrm{d}x^2}+\frac{8\pi^2 m}{h^2}(E-U)\varphi=0 \tag{5-22}$$

因 $\varphi(x)$ 与时间无关，它所描述的是电子在一维空间的稳定态分布，式(5-22) 即一维空间电子运动的定态薛定格方程。

对三维情况，有：

$$\frac{\partial^2\varphi}{\partial x^2}+\frac{\partial^2\varphi}{\partial y^2}+\frac{\partial^2\varphi}{\partial z^2}+\frac{8\pi^2 m}{h^2}(E-U)\varphi=0 \tag{5-23}$$

所以定态薛定格方程的一般形式为：

$$\nabla^2\varphi+\frac{8\pi^2 m}{h^2}(E-U)\varphi=0 \tag{5-24}$$

$$\nabla^2=\frac{\partial^2}{\partial x^2}+\frac{\partial^2}{\partial y^2}+\frac{\partial^2}{\partial z^2}$$

式中，φ 为 $\varphi(x,y,z)$；∇^2 为拉普拉斯（Laplace）算符。

式(5-24) 不仅适用于电子。实际上，一切质量为 m，并在势场 $U(x,y,z)$ 中运动的微观粒子，其稳定状态必然与波函数 $\varphi(x,y,z)$ 相联系。因此方程（5-24）的解 $\varphi(x,y,$

z）表示粒子运动可能有的稳定状态，与该解相对应的常数 E 则代表在该种稳态下具有的能量。

此外，求解方程时不仅要根据具体问题找出合适的势函数 $U(x, y, z)$，而且只有 $\varphi(x, y, z)$ 是单值、有限、连续、归一化的函数，所解出的 $\varphi(x, y, z)$ 才是合理的。由于这些限制，薛定格方程中的 E 只能取某些特定的值，这些特定的值称为本征值，相应的波函数称为本征函数。

一般来说，当波函数与时间有关时，即对非定态的问题，不考虑相对论效应，则有薛定格方程的一般形式为：

$$ih\frac{\partial \Psi(x, y, z, t)}{\partial t} = \frac{\hbar^2}{2m}\nabla^2 \Psi(x, y, z, t) + U(x, y, z, t)\Psi(x, y, z, t) \tag{5-25}$$

它适用于运动速度远小于光速的电子、中子、原子等微观粒子，其求解更为复杂。本书对此不作深入的讨论。

5.2 经典统计和量子统计

宏观上，材料是由大量粒子，如原子和分子等组成的。在考察材料的宏观物理性质的时候，通常涉及的是大量粒子组成系统的统计平均。对电子理论的研究也必定涉及大量电子的统计规律。

对 N 个粒子组成的孤立体系，每一个粒子可按一定的几率处于能量为 E_1、E_2、E_3……的态。在任一特定时刻，各个粒子分布在不同的态上，即每个态上的粒子数可能不同，例如有 n_1 个粒子在能量为 E_1 的态上，n_2 个粒子在能量为 E_2 的态上。在不同的时刻，由于粒子的相互作用，各能态上的粒子数是变化的。也就是说，N 个粒子在不同能态上的数目 n_1、n_2、n_3、n_4……是变化的。但对系统的每一个宏观态，总有一个比其他配分都有利的配分，即如果给定系统的物理条件（粒子数、总能量），就有一个最可几的配分。达到最可几配分时，系统处于统计平衡。通常材料的宏观物理性质就是在统计平衡状态下的统计平均值。

经典系统是由全同但可区别的粒子组成的系统。所谓全同是指粒子的结构和组成完全相同；所谓可区别是指每一个粒子在原则上有确定的轨迹可以跟踪。例如，单质固体中的原子都是相同的，并且是可以确切地加以区分的。单质气体中的分子也是如此。经典系统中的粒子遵从麦克斯韦-玻耳兹曼（Maxwell-Boltzman）分布律，构成经典统计。按经典统计，能量为 E 的状态被粒子占有的几率为：

$$f(E) = Ae^{-E/kT} \tag{5-26}$$

式中，k 为玻耳兹曼常数；T 是热力学温度；A 是常数，其值由具体问题确定。粒子性占主导的系统适于用经典统计处理。

对波动性占主导的系统，经典统计得到的结果往往与实验结果不相符，此时要用量子统计处理。在量子统计中，粒子是全同且不可区分的。所谓不可区分是指只能区分每一个能级上有多少粒子，但不能区分是哪几个粒子。

如果这些粒子遵从泡利（Pauli）不相容原理，即不能有两个粒子处于完全相同的状态 E_i（单粒子态，其配分数或占有数 n_i 为 0 或 1），则系统的波函数必然是反对称的，即交换两个粒子则波函数反号。满足这样要求的粒子称为费米子。费米子遵从费米-狄拉克（Fermi-

Dirac）统计，单粒子态 E_i 的平均占有数为：

$$\bar{n}_i = \frac{1}{\exp\left(\dfrac{E_i - E_F}{kT}\right) + 1} \tag{5-27}$$

式中，E_F 是化学势，称为费米能（费米势、费米能级）。费米能的意义可阐释为一个由无相互作用的费米子组成的系统中加入一个粒子引起的基态能量的最小可能增量，亦可等价定义为绝对零度时处于基态的费米子系统的化学势，或上述系统中处于基态的费米子的最高能量。其物理意义可通过下面对于自由电子费米能的分析进一步体会。

若单粒子的能级分布非常稠密，可将能量分布看成连续情形，则能量为 E 的状态被费米子占有的几率为：

$$f(E) = \frac{1}{\exp\left(\dfrac{E - E_F}{kT}\right) + 1} \tag{5-28}$$

若粒子不受泡利不相容原理约束，则系统对于能够处于同一状态 E_i 的粒子数目没有限制（占有数 $n_i = 0，1，2\cdots$），描述系统的波函数必然是对称的，即交换两个粒子波函数不变。满足这样要求的粒子称为玻色子。玻色子遵从玻色-爱因斯坦（Bose-Einstein）统计，单粒子态 E_i 的平均占有数为：

$$\bar{n}_i = \frac{1}{\exp\left(\dfrac{E_i - \mu}{kT}\right) - 1} \tag{5-29}$$

式中，μ 是化学势。应该注意的是，按照玻色-爱因斯坦统计的物理意义，对任何能量 E 都应该有 $E - \mu > 0$，否则某些状态的平均占有数 < 0，没有意义。所以，如果认为单个粒子的最低能量为 0，则必有 $\mu \leqslant 0$。

若单粒子的能级分布非常稠密，可将能量分布看成连续情形，则能量为 E 的状态被玻色子占有的几率为：

$$f(E) = \frac{1}{\exp\left(\dfrac{E - \mu}{kT}\right) - 1} \tag{5-30}$$

引入一个参数 a，则可将麦克斯韦-玻耳兹曼分布、费米-狄拉克分布、玻色-爱因斯坦分布统一表示为：

$$\bar{n}_i = \frac{1}{\exp\left(\dfrac{E_i - \mu}{kT}\right) + a} \tag{5-31}$$

$$a = \begin{cases} -1, \text{玻色-爱因斯坦统计} \\ +1, \text{费米-狄拉克统计} \\ 0, \text{麦克斯韦-玻耳兹曼统计} \end{cases}$$

当 $|\mu| \gg kT$ 时，$\exp\left(\dfrac{E_i - \mu}{kT}\right) \gg 1$，玻色-爱因斯坦统计、费米-狄拉克统计、麦克斯韦-玻耳兹曼统计在形式上没有区别，即量子统计可用经典的麦克斯韦-玻耳兹曼统计代替。

实验和理论都表明：所有自旋为 $\dfrac{1}{2}$ 的粒子，如电子、质子、中子、中微子等都是费米子；而所有整数自旋的粒子，如光子、介子等都是玻色子。

5.3 自由电子假设

固体中由于有原子之间的相互作用，其电子的运动状态与自由原子当然不同。对固体中电子的能量结构和状态的认识始于对金属的电子状态的研究，然后才发展到其他材料。最初金属的电子理论是为了解释金属良好的导电性而建立起来的，其随后的进展对认识和研制金属材料起到了重大作用，现在该理论已经成为凝聚态（固态、液态等）的理论基础，在材料科学中占有重要的基础地位。

5.3.1 经典自由电子理论

经典自由电子说主要由德鲁特（Drude）和洛伦兹（Lorentz）提出。该学说提出一个极简化的模型，即浆汁（jellium）模型。该模型认为金属原子聚集成固体时，其价电子脱离相应的离子芯的束缚，即忽略离子芯与价电子的相互作用，价电子在固体中自由运动，故将其称为自由电子。而且，为保持金属的电中性，设想自由电子体系是电子间毫无相互作用的理想气体（电子气），其行为符合经典的麦克斯韦-玻耳兹曼统计规律，离子芯的正电荷散布于整个体积中，恰好与自由电子的负电荷中和。

依据该模型成功地计算出了金属的电导率及其与热导率的关系（将在第8章详述），因此该模型一度被认为是对金属中电子状态的正确描述。但随着新的理论和实验结果的出现，该模型过度简化的缺陷日益显露。其主要缺陷在于：不能解释霍尔系数的反常现象（某些金属的霍尔系数 $R_H > 0$，将在第6章详述）；用该模型估计的电子平均自由程比实际测量的小得多；金属电子比热容只有用该模型估算的 1%；不能解释导体、半导体、绝缘体导电性的巨大差异。正是由于这些缺陷的存在，促使人们建立更完善的模型和理论。

5.3.2 量子自由电子理论

泡利把费米-狄拉克的量子统计力学引入电子气中，索末菲（Sommerfel）在此基础上假定自由电子在金属内受到一个均匀势场的作用，使电子保持在金属内部，从而建立了费米-索末菲量子自由电子理论。与经典自由电子理论相同，该理论同样认为金属中的价电子是完全自由的，不同的是该理论认为自由电子的状态不符合麦克斯韦-玻耳兹曼统计规律，而是服从费米-狄拉克的量子统计规律。故该理论用薛定格方程求解自由电子运动的波函数，从而计算自由电子的能量。

5.3.2.1 自由电子的能级

为简单起见，先讨论一维情况。假设一个自由电子在长度为 L 的金属丝中运动。按自由电子模型，金属晶体内的电子与离子芯无相互作用，其势能不是位置的函数，即电子的势能在整个长度 L 内都一样，即当 $0 < x < L$ 时可以取 $U(x) = 0$；由于电子不能逸出到金属丝外，则在边界处势能无穷大，即当 $x \leqslant 0$ 和 $x \geqslant L$ 时 $U(x) = \infty$。这种势能分布称为一维势阱模型，如图 5-1 所示。由于 $U(x) = 0$，电子在势阱中的运动状态应满足定态薛定格方程（5-20）。且由式(5-2)和式(5-3)可知：

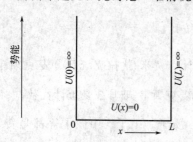

图 5-1 一维势阱模型的势能分布

$$E=\frac{1}{2}mv^2=\frac{(mv)^2}{2m}=\frac{p^2}{2m}=\frac{h^2}{2m\lambda^2} \tag{5-32}$$

由此得一维势阱中自由电子的状态应满足的薛定格方程具有如下的简单形式：

$$\frac{\mathrm{d}^2\varphi}{\mathrm{d}x^2}+\frac{4\pi^2}{\lambda^2}\varphi=0 \tag{5-33}$$

该方程与时间无关，是定态薛定格方程。其一般解为：

$$\varphi=A\cos\frac{2\pi}{\lambda}x+B\sin\frac{2\pi}{\lambda}x \tag{5-34}$$

式中，A、D 是取决于边界条件的常数。由边界条件 $x=0$ 时 $\varphi=0$ 可知必有 $A=0$，所以：

$$\varphi=B\sin\frac{2\pi}{\lambda}x \tag{5-35}$$

按波函数归一化条件，即在整个长度 L 找到粒子的几率为 100%，可知：

$$\int_0^L|\varphi(x)|^2\mathrm{d}x=\int_0^L\varphi\varphi^*\mathrm{d}x=B^2L=1 \tag{5-36}$$

所以 $B=\frac{1}{\sqrt{L}}$。则归一化的波函数为：

$$\varphi=\frac{1}{\sqrt{L}}\sin\frac{2\pi}{\lambda}x \tag{5-37}$$

在长度 L 内的金属丝中的某处找到电子的几率为：

$$|\varphi|^2=\varphi\varphi^*=\frac{1}{L} \tag{5-38}$$

与位置 x 无关，即各处找到电子的几率相等，电子在金属中呈均匀分布。

又由边界条件当 $x=L$ 时 $\varphi(L)=0$ 和式（5-37）可知：

$$\sin\frac{2\pi}{\lambda}L=0 \tag{5-39}$$

所以 λ 只能取 $2L$，$\frac{2L}{2}$，$\frac{2L}{3}$，$\cdots$，$\frac{2L}{n}$，其中，$n=$ 1，2，3…为正整数。

将 λ 的值代入式（5-32），可以自由电子的能量为：

$$E=\frac{h^2}{2m\lambda^2}=\frac{h^2n^2}{2m(2L)^2}=\frac{h^2}{8mL^2}n^2 \tag{5-40}$$

由于 n 是正整数，金属丝中自由电子的能量不是连续的，而是量子化的。图 5-2 示意地表示出了其前几个能级的能量。

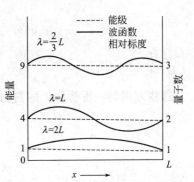

图 5-2　一维势阱模型中自由电子前三个能级和波函数示意图（能量依量子数 n 标记，量子数 n 给出波函数中半波长的个数，在各波形上标明了波长）

同样可以推导自由电子在三维空间运动的波函数。

设一个电子在边长为 L、体积 $V=L^3$ 的立方体中运动，即电子所处的势场为：

$$\begin{cases}U(x,y,z)=0,&\text{当 }0<x<L\text{ 且 }0<y<L\text{ 且 }0<z<L\\U(x,y,z)=\infty,&\text{当 }x\geq L\text{ 或 }y\geq L\text{ 或 }z\geq L\text{ 或 }x\leq0\text{ 或 }y\leq0\text{ 或 }z\leq0\end{cases}$$

代入三维定态薛定格方程（5-23），有：

$$\frac{\partial^2\varphi}{\partial x^2}+\frac{\partial^2\varphi}{\partial y^2}+\frac{\partial^2\varphi}{\partial z^2}+\frac{8\pi^2m}{h^2}E\varphi=0 \tag{5-41}$$

用分离变量法解此二阶偏微分方程，令：

$$\varphi(x,y,z) = \varphi_x(x)\varphi_y(y)\varphi_z(z) \tag{5-42}$$

将式(5-42)分别对 x、y、z 求二阶偏导，有：

$$\frac{\partial^2\varphi}{\partial x^2} = \varphi_y(y)\varphi_z(z)\frac{\partial^2\varphi_x}{\partial x^2} \tag{5-43}$$

$$\frac{\partial^2\varphi}{\partial y^2} = \varphi_x(x)\varphi_z(z)\frac{\partial^2\varphi_y}{\partial y^2} \tag{5-44}$$

$$\frac{\partial^2\varphi}{\partial z^2} = \varphi_x(x)\varphi_y(y)\frac{\partial^2\varphi_z}{\partial z^2} \tag{5-45}$$

将式(5-43)~式(5-45)代入式(5-41)，有：

$$\varphi_y(y)\varphi_z(z)\frac{\partial^2\varphi_x}{\partial x^2} + \varphi_x(x)\varphi_z(z)\frac{\partial^2\varphi_y}{\partial y^2} + \varphi_x(x)\varphi_y(y)\frac{\partial^2\varphi_z}{\partial z^2} + \frac{8\pi^2 m}{h^2}E\varphi_x(x)\varphi_y(y)\varphi_z(z) = 0 \tag{5-46}$$

两端同时除以 $\varphi_x(x)\varphi_y(y)\varphi_z(z)$ 得：

$$\frac{1}{\varphi_x(x)}\times\frac{\partial^2\varphi_x}{\partial x^2} + \frac{1}{\varphi_y(y)}\times\frac{\partial^2\varphi_y}{\partial y^2} + \frac{1}{\varphi_z(z)}\times\frac{\partial^2\varphi_z}{\partial z^2} + \frac{8\pi^2 m}{h^2}E = 0 \tag{5-47}$$

方程（5-47）中的前三项都是单变量函数，且其和为常数。这只有当其中每一项都是常数时才成立，所以：

$$\frac{1}{\varphi_x(x)}\times\frac{\partial^2\varphi_x}{\partial x^2} = -\frac{8\pi^2 m}{h^2}E_x \tag{5-48}$$

$$\frac{1}{\varphi_y(y)}\times\frac{\partial^2\varphi_y}{\partial y^2} = -\frac{8\pi^2 m}{h^2}E_y \tag{5-49}$$

$$\frac{1}{\varphi_z(z)}\times\frac{\partial^2\varphi_z}{\partial z^2} = -\frac{8\pi^2 m}{h^2}E_z \tag{5-50}$$

且有：

$$E_x + E_y + E_z = E \tag{5-51}$$

这些方程与一维势阱中的自由电子的运动方程相同，因此可分别解出：

$$\varphi_x(x) = A_x\sin\frac{\pi n_x}{L}x \tag{5-52}$$

$$\varphi_y(y) = A_y\sin\frac{\pi n_y}{L}y \tag{5-53}$$

$$\varphi_z(z) = A_z\sin\frac{\pi n_z}{L}z \tag{5-54}$$

$$\varphi(x,y,z) = A\sin\frac{\pi n_x}{L}x\sin\frac{\pi n_y}{L}y\sin\frac{\pi n_z}{L}z \tag{5-55}$$

式中，A 是归一化常数，$A = A_x A_y A_z$。由于电子在整个体积 V 中分布的几率为100%，A 可由下式求得：

$$\int_0^V |\varphi^2(x,y,z)|\,\mathrm{d}V = 1 \tag{5-56}$$

式(5-56)中的 $\varphi(x, y, z)$ 即 $\varphi(\boldsymbol{r})$，是自由电子的定态波函数，应具有式(5-17)的形式，因此可由下式解出 $A = \frac{1}{\sqrt{L^3}}$：

$$\int_0^V |\varphi^2(x,y,z)| \, \mathrm{d}V = \int_0^V |\varphi(r)\varphi^*(r)| \, \mathrm{d}V$$

$$= \int_0^V |A\mathrm{e}^{\frac{i}{\hbar}p\cdot r} A\mathrm{e}^{-\frac{i}{\hbar}p\cdot r}| \, \mathrm{d}V = A^2 L^3 = 1 \tag{5-57}$$

同样,电子在 x、y、z 方向运动的能量分别为:

$$E_x = \frac{h^2}{8mL^2} n_x^2 \tag{5-58}$$

$$E_y = \frac{h^2}{8mL^2} n_y^2 \tag{5-59}$$

$$E_z = \frac{h^2}{8mL^2} n_z^2 \tag{5-60}$$

所以:

$$E_n = \frac{h^2}{8mL^2}(n_x^2 + n_y^2 + n_z^2) \tag{5-61}$$

即决定自由电子在三维空间中运动状态需要三个量子数 n_x、n_y、n_z,它们可以独立地取 1、2、3……

可见金属晶体中自由电子的能量是量子化的。还应注意到的是,具有不同量子数的波函数可以对应同一能级。例如,对应于量子数 n_x、n_y、n_z 分别等于 (1,1,2)、(1,2,1) 和 (2,1,1) 的三组波函数分别是:

$$\varphi_{112}(x,y,z) = A\sin\frac{\pi}{L}x \sin\frac{\pi}{L}y \sin\frac{2\pi}{L}z \tag{5-62}$$

$$\varphi_{121}(x,y,z) = A\sin\frac{\pi}{L}x \sin\frac{2\pi}{L}y \sin\frac{\pi}{L}z \tag{5-63}$$

$$\varphi_{211}(x,y,z) = A\sin\frac{2\pi}{L}x \sin\frac{\pi}{L}y \sin\frac{\pi}{L}z \tag{5-64}$$

但它们所对应的能级都是:

$$E = \frac{h^2}{8mL^2}(n_x^2 + n_y^2 + n_z^2) = \frac{6h^2}{8mL^2} \tag{5-65}$$

如果几个状态对应于同一能级,则称这些能级是简并的。例如,上述对应于 $\frac{6h^2}{8mL^2}$ 能量的三种状态是三重简并态。考虑到自旋,则金属中的自由电子至少处于二重简并态。

5.3.2.2 自由电子的能级密度

自由电子的能级密度亦称为状态密度,即单位能量范围内所能容纳的自由电子数。定义为:

$$Z(E) = \frac{\mathrm{d}N}{\mathrm{d}E} \tag{5-66}$$

式中,$\mathrm{d}N$ 为能量间隔 $E \sim E + \mathrm{d}E$ 内的状态数。

前面对一维薛定格方程求解时所应用的边界条件是 $\varphi(0) = \varphi(L) = 0$,固体表面与内部不同,薛定格方程的解是驻波,其物理意义是电子不能逸出固体表面,可视为电子波在固体内部来回反射。采用这种模型可以反映出电子未逸出固体表面。但实际晶体是在三维空间有周期性的,这一模型不能反映这一特点。采用这一模型还必须考虑与内部不同的表面状态对固体内部的电子状态的影响,这一处理使问题复杂化。因此采用下述模型用行波处理状态密度的求解。

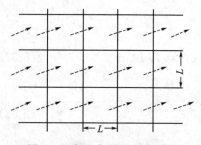

图 5-3　波恩-卡曼 L 周期性边界条件示意图

设想固体是无穷大的全同大系统，由无数多个边长为 L 的立方体组成。此时电子运动的周期性边界条件为：

$$\varphi(x,y,z)=\varphi(x+L,y,z)=\varphi(x,y+L,z)=\varphi(x,y,z+L) \tag{5-67}$$

此条件称为波恩-卡曼（Born-Karman）边界条件。此波函数边界条件的图像是：电子从一个小立方体的边界进入，然后从另一侧进入另一个小立方体，在每个小立方体中对应点的波函数完全相同，如图 5-3 所示。这样可以满足在体积 $V=L^3$ 内金属的自由电子数（状态数）N 不变。还可证明，薛定格方程（5-41）满足波恩-卡曼边界条件的解必然同时使下式成立：

$$e^{iK_xL}=e^{iK_yL}=e^{iK_zL}=1 \tag{5-68}$$

此时必有：

$$K_x=\frac{2\pi}{L}n_x, K_y=\frac{2\pi}{L}n_y, K_z=\frac{2\pi}{L}n_z \tag{5-69}$$

式中，n_x、n_y、n_z 是整数。这一结果与前面用驻波形式处理问题是一致的，但更容易求得电子的状态密度。

取波数矢量 $\boldsymbol{K}$ 为单位矢量建立一个坐标系统，它在正交坐标系的投影分别为 K_x、K_y、K_z，这样建立的空间称为 $\boldsymbol{K}$ 空间。

自由电子具有量子数 n_x、n_y、n_z，在 $\boldsymbol{K}$ 空间中就可找到相应的点，将 $\boldsymbol{K}$ 空间分割为小格子。由量子力学的测不准关系可知，在 x 方向有：

$$\Delta x\Delta p_x\geqslant h \tag{5-70}$$

电子在边长为 L 的立方体内位置不确定，即 $\Delta x=L$，所以 $\Delta p_x\geqslant\dfrac{h}{L}$。但根据式（5-2）可知 $\Delta p_x=\Delta K_x\hbar$，所以：

$$\Delta K_x\geqslant\frac{2\pi}{L} \tag{5-71}$$

即 ΔK_x 不能比 $\dfrac{2\pi}{L}$ 更小，同理 ΔK_y、ΔK_z 也是如此。这样电子态所分割的 $\boldsymbol{K}$ 空间边长为 $\dfrac{2\pi}{L}$，每个电子态在 $\boldsymbol{K}$ 空间所占的体积为 $\left(\dfrac{2\pi}{L}\right)^3$。

电子运动状态（即轨道）占据 $\boldsymbol{K}$ 空间相应的点。状态密度就是在 $\boldsymbol{K}$ 空间中单位体积内的点数。由于每个点的体积为 $\left(\dfrac{2\pi}{L}\right)^3$，状态密度为其倒数 $\left(\dfrac{L}{2\pi}\right)^3=\dfrac{L^3}{8\pi^3}$。

考虑每个电子运动状态（即轨道，允许能级）可容纳自旋量子数分别为 $\dfrac{1}{2}$ 和 $-\dfrac{1}{2}$ 的两个电子态，即自旋向上和自旋向下的两个电子，则在 $\boldsymbol{K}$ 空间的每个点可容纳两个电子态。所以能量为 E 及其以下的能级的状态总数为：

$$N(E)=2\times\frac{L^3}{8\pi^3}\times\frac{4\pi}{3}K^3 \tag{5-72}$$

由式（5-32）有：

$$E=\frac{h^2}{2m\lambda^2}=\frac{\hbar^2}{2m}K^2 \tag{5-73}$$

所以：

$$N(E) = \frac{L^3}{3\pi^2}\left(\frac{2mE}{\hbar^2}\right)^{\frac{3}{2}} \tag{5-74}$$

对 E 微分有：

$$Z(E) = \frac{dN}{dE} = \frac{L^3}{2\pi^2}\left(\frac{2m}{\hbar^2}\right)^{\frac{3}{2}}E^{\frac{1}{2}} = C\sqrt{E} \tag{5-75}$$

$$C = 4\pi V \frac{(2m)^{\frac{3}{2}}}{h^3}$$

$$V = L^3$$

式中，C 为常数；V 为体积。即能级密度与 E 的平方根成正比，其关系如图 5-4（a）所示。对单位体积的能级密度有 $C = 4\pi \frac{(2m)^{\frac{3}{2}}}{h^3}$。可以证明，二维晶体的自由电子能级密度 $Z(E)$ 为常数，而一维晶体的自由电子能级密度 $Z(E)$ 与 E 的平方根成反比，其关系分别如图 5-4（b）和（c）所示。

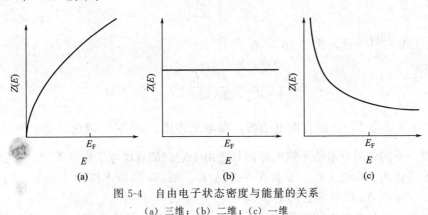

图 5-4　自由电子状态密度与能量的关系
（a）三维；（b）二维；（c）一维

5.3.2.3　自由电子的能级分布

从前面的推导可知，金属中自由电子的能量是量子化的，但由于实际晶体中的原子数目很大，自由电子的数目很大，自由电子都处于能量低于某特定值的能级，大量能级之间的能量间隔很小，可以认为自由电子的能量谱是准连续的。自由电子如何占据这些能级呢？理论和实验都证实自由电子是费米子，对准连续的情形，按式(5-28) 有能量为 E 的状态被电子占据的几率为：

$$f(E) = \frac{1}{\exp\left(\dfrac{E-E_F}{kT}\right)+1}$$

式中，E_F 是费米能；k 是玻耳兹曼常数；T 是热力学温度；$f(E)$ 是费米分布函数。

由式(5-28) 可知当 $T=0\mathrm{K}$ 时，若 $E>E_F$，则 $f(E)=0$；若 $E \leqslant E_F$，则 $f(E)=1$。

所以 0K 时，量子自由电子假设下的自由电子能级密度与能量的关系，即图 5-4(a) 的曲线被占据的能级有上限 E_F^0，称为 0K 时的费米能，其物理意义为绝对零度下晶体中基态系统中被电子占据的最高能级的能量。E_F^0 以下的能级全部被电子占据，其以上的能级都是空能级，如图 5-5

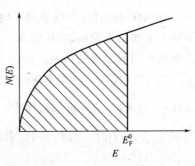

图 5-5　自由电子能级密度及其被占据的情况

所示。这说明即使在绝对零度，电子也不能全部集中在最低能级，否则违反泡利不相容原理。电子只能从低能级向高能级填充。这一结论与经典自由电子理论的结果是完全不同的。

对特定的晶体，E_F^0 是定值，其数值可推导如下。

能量在 E 到 $E+\mathrm{d}E$ 之间的电子数为：

$$\mathrm{d}N = Z(E)f(E)\mathrm{d}E \tag{5-76}$$

由于 E_F^0 以下的能级是满填的，即 $f(E)=1$，所以：

$$\mathrm{d}N = Z(E)\mathrm{d}E = C\sqrt{E}\mathrm{d}E \tag{5-77}$$

系统内的总自由电子数为：

$$N = \int_0^{E_F^0} C\sqrt{E}\mathrm{d}E = \frac{2}{3}C(E_0^F)^{\frac{3}{2}} \tag{5-78}$$

$$E_F^0 = \left(\frac{3N}{2C}\right)^{\frac{2}{3}} \tag{5-79}$$

将 $C = 4\pi V\dfrac{(2m)^{\frac{3}{2}}}{h^3}$ 代入式(5-79)，有：

$$E_F^0 = \frac{h^2}{2m}\left(\frac{3n}{8\pi}\right)^{\frac{2}{3}} \tag{5-80}$$

式中，n 为单位体积内的自由电子数，即电子密度，$n = \dfrac{N}{V}$。因此，费米能只是电子密度 n 的函数。不同金属费米能不同的原因只是由于它们的自由电子密度不同。一般金属的费米能是几电子伏到十几电子伏，多数在 5eV 左右。如 Na 的费米能为 3.1eV，Al 的费米能为 11.7eV，Ag 和 Au 的费米能都是 5.5eV。

由上面推导的自由电子的能量分布还可知，在 0K 整个晶体中的自由电子的总能量为：

$$E_0 = \int_0^{E_F^0} EC\sqrt{E}\mathrm{d}E \tag{5-81}$$

所以其平均能量为：

$$\overline{E_0} = \frac{\int_0^{E_F^0} EC\sqrt{E}\mathrm{d}E}{N} = \frac{\left(\frac{2}{5}CE^{\frac{5}{2}}\right)_0^{E_F^0}}{N} = \frac{\frac{2}{5}C(E_F^0)^{\frac{5}{2}}}{\frac{2}{3}C(E_F^0)^{\frac{3}{2}}} = \frac{3}{5}E_F^0 \tag{5-82}$$

可见在 0K 时自由电子的平均能量也不是 0，而是 E_F^0 的 60%。这与经典理论的结果完全不同。上述结果说明，0K 时电子也不能全部集中到最低能级上，这是因为电子的运动状态受泡利不相容原理的约束。

当 $T>0K$ 时，一般有 $E_F \gg kT$（室温时 kT 大致为 0.025eV，金属在熔点以下都满足此条件），由式(5-28)可知：当 $E=E_F$，则 $f(E)=\dfrac{1}{2}$；若 $E<E_F$，则当 $E \ll E_F$ 时，$f(E)=1$；当 $E_F-E \leqslant kT$ 时，$f(E)<1$；若 $E>E_F$，则当 $E \gg E_F$ 时，$f(E)=0$；当 $E-E_F < kT$ 时，$f(E)<\dfrac{1}{2}$。

由此得到了 0K 以上不特别高的温度下的自由电子能级分布图像，如图 5-6 所示。可以看出在熔点以下，虽然自由电子都受到了热激发，但只有能量与 E_F 相差不超过 kT 的电子才可以吸收能量，从 E_F 以下的能级跳到 E_F 以上的能级。也就是说，温度变化时，只有一小部分的电子受到温度的影响而能量升高。图 5-7 示意地表示出在 0K 和高于 0K 的温度下的自由电子的能级分布。

当温度升高时，因为 kT 增大，有更多的电子跳到 E_F 能级以上，且电子的最高能量更高，平均能量也更高，自由电子的能级分布如

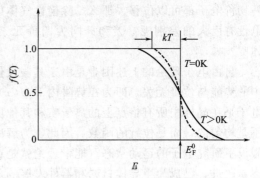

图 5-6　自由电子的能级分布

图 5-6 的实曲线所示。这些电子的能量升高是金属电子热容的来源。按此模型可计算出建立在量子自由电子学说上的电子热容，其结果只有按德鲁特和洛伦兹经典理论计算的 1‰，与实验结果相符。

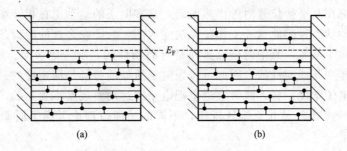

图 5-7　自由电子的能级分布示意图
（a）$T=0$K；（b）$T>0$K 的有限温度

还应指出，式(5-28) 中的费米能 E_F 与 0K 时的费米能 E_F^0 不同，近似计算表明：

$$E_F = E_F^0 \left[1 - \frac{5}{12} \pi^2 \left(\frac{kT}{E_F^0} \right)^2 \right] \tag{5-83}$$

所以 E_F 比 E_F^0 略低。但由于一般 $E_F \gg kT$，实际降低值在 10^{-5} 数量级，故可忽略，可认为金属的费米能不随温度变化。

而近似计算表明电子的平均能量比 0K 时略有升高：

$$\overline{E} = \frac{3}{5} E_F^0 \left[1 + \frac{5}{12} \pi^2 \left(\frac{kT}{E_F^0} \right)^2 \right] \tag{5-84}$$

根据这一公式可计算得到电子对热容的贡献。

5.4　能带理论

从前面的分析可见，量子自由电子学说比较成功地解释了金属的电子比热容，比经典电子理论有了明显的进步。但仍有诸多现象用该学说不能解释，以之预测材料的性能也存在诸多的困难。例如，镁是二价金属，铜是一价金属，由于镁的价电子多，如果所有的价电子都参与导电，则镁的电阻率应该比铜低得多，这一推断与实验事实正好相反。从量子力学可以推导出，当电子的动能低于有限高的势垒时，电子也有穿过势垒的几率，即所谓的隧道效应。由隧道效应可以知道，动能低的电子也可以穿过势垒进行位移。因此可以认为固体中的

一切价电子都可以位移。那么，除惰性气体以外，固体都应该可导电，为什么实际的固体导电性有巨大的差别呢？碳和硅同为四价元素，为什么前者为导体（石墨），而后者为半导体呢？

自由电子理论的上述困难是由于其假设仍过于简化。例如为简单起见，假设电子在势阱中的势能与位置无关，即为在势阱内部 $U(x)=0$、边界处 $U(x)=\infty$ 的均匀势场。但实际上电子是在晶体中所有格点上的离子实和其他所有电子共同产生的势场中运动，这一势场显然不是均匀的，而是位置的函数。因此，为解决上述问题，必须在更接近实际材料（晶体）的假设下研究电子的运动状态。能带理论就是在此基础上发展起来的。该理论诞生 70 余年来逐步改进，已成为半导体材料和器件发展的理论基础，可定性或半定量地解决该类问题。

5.4.1 近（准）自由电子近似和能带

严格说来，要了解固体中的电子运动状态，必须首先写出其中的所有相互作用着的离子和电子系统的薛定格方程，并求解。但实际材料中的离子和电子的数目是不可胜计的，而且离子实时时刻刻都在其平衡位置附近作热振动，众多电子的运动也在相互影响，表面、缺陷也影响电子的运动状态，因此这一工作是无法完成的，只能在合理的假设条件下采用一定的近似方法求解。对于晶体，其中的格点排列是有周期性的，不考虑表面、缺陷等处的原子，其内部离子实的排列是周期性的。因此可假设电子所处的势场是周期性的。

与量子自由电子学说一样，能带理论也把电子的运动看成基本独立的，其运动也遵守量子力学统计规律——费米-狄拉克统计规律，不同的是能带理论考虑了周期性势场对电子运动的影响。

5.4.1.1 近（准）自由电子近似

假定固体中的原子核是不动的，并设想每个电子都是在固定的原子核的势场和其他电子的平均势场中运动。这样就把多电子问题转化成了单电子问题来求解。这种假设称为单电子近似。

对于晶体，可设想其他电子形成的是不变的平均势场，而周期性排列的原子核则形成周期性的势场，每个电子所处的势场仍然是周期性的，可表示为：

$$U(x+na)=U(x) \tag{5-85}$$

式中，x 是空间位置坐标；a 是晶格常数；n 是整数。一维晶体的势能变化曲线如图 5-8 所示。

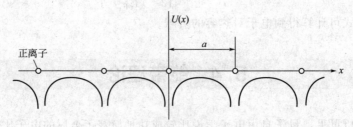

图 5-8　一维晶体的势能变化曲线

要求解电子在周期性势场中运动的波函数，应找出 $U(x)$ 的表达式，并将其代入薛定格方程求解。为使问题简化，作如下假设：点阵完整，晶体无穷大，不考虑表面效应；不考虑离子热运动对电子运动的影响；每个电子独立地在离子势场中运动，不考虑电子间的相互作用；周期性势场随空间位置的变化较小，可当作微扰处理。这一假设称为近（准）自由电子近似。在此假设下，$U(x)$ 可表示为：

$$U(x) = U_0 + \sum_n U_n \mathrm{e}^{i\pi nx/a} \tag{5-86}$$

将此式代入式(5-22)得到电子在一维周期势场中运动的薛定格方程为：

$$\frac{\mathrm{d}^2\varphi}{\mathrm{d}x^2} + \frac{8\pi^2 m}{h^2}(E-U)\varphi = 0$$

布洛赫（Bloch）证明了这个方程的解具有下列形式：

$$\varphi(x) = \mathrm{e}^{ikx}f(x) \tag{5-87}$$

式中，$f(x)$ 是位置 x 的周期函数，且其周期与晶格和 $U(x)$ 的周期相同。即：

$$f(x) = f(x+na)$$

式中，x 是空间位置坐标；a 是晶格常数；n 是整数。此结论称为布洛赫定理。在近自由电子近似下，借助布洛赫定理，薛定格方程可解。

5.4.1.2　能带

在近（准）自由电子近似下，解出的电子的 $E\text{-}K$ 关系如图 5-9 所示。

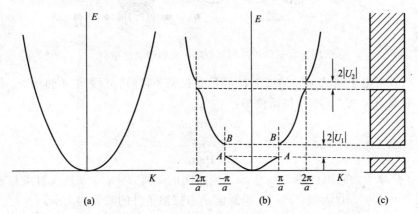

图 5-9　自由电子近似和近自由电子近似下的 $E\text{-}K$ 关系

（a）自由电子近似下；（b）近自由电子近似下；（c）对应（b）的能带

按式(5-40)有：

$$E = \frac{h^2}{2m\lambda^2} = \frac{\hbar^2}{2m}K^2 \tag{5-88}$$

即自由电子近似下的 $E\text{-}K$ 关系为抛物线关系。在近自由电子近似下，对应于许多 K 值，这种平方关系仍然成立；但对于另一些 K 值，能量 E 与这种平方关系相差许多。特别是在某些 K 值，能量 E 发生突变，即在 $K = \pm\dfrac{n\pi}{a}$ 处能量 $E = E_n \pm |U_n|$ 不再是准连续的，电子占满 $E_n - |U_n|$ 的能级后只能占据 $E_n + |U_n|$ 的能级，两个能级之间的能态是禁止的。就是说在近自由电子近似下有些能量范围是允许电子占据的，称为允带；另一些能量范围是禁止电子占据的，称为禁带。将允带和禁带统称为能带。

5.4.1.3　禁带出现的原因

实际上，禁带的出现是从量子力学按近自由电子近似的条件解薛定格方程（5-22）得出的结论。这里不介绍该解法，只用布拉格定律对这一结果进行推证。

如图 5-10 所示，假设有一电子波 $A_0\mathrm{e}^{iKx}$ 沿 $+x$ 方向垂直于某原子面射入晶体。当这一电子波通过每一列原子时，就发射子波，且由每个原子相同地向外传播。这些子波相当于光学中由衍射光栅的线条传播出去的惠更斯子波。由同一列原子传播出去的子波都是同相位的，这是因为它们都同时由入射波的同一波峰或波谷所形成，结果它们因干涉而形成两个与入射波同类型的平面波。这两个平面波一个向前传播，与入射波不能区分，另一个向后传播，相当于反射波。对于绝大多数的 K 值（波长）的入射波，由于不同列的原子的反射波相位不同，这些反射波由于干涉而互相抵消，即反射波为 0。也就是说，对于绝大多数的 K 值（波长）的入射波，其传播在晶体中好像没有受到影响，好像周期性整齐排列的原子阵列对电子是完全"透明"的，这些状态的电子在原子阵列中的运动是完全自由的。

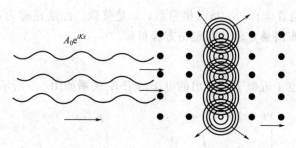

图 5-10　原子阵列（点阵）对电子波的散射

然而，当入射电子波 $A_0 e^{iKx}$ 的波矢 K 满足布拉格条件时，反射波不再为 0，得到一个干涉加强的反射波 $A_1 e^{-iKx}$。布拉格条件即：

$$2d\sin\theta = n\lambda$$

$$K = \frac{n\pi}{d\sin\theta} \tag{5-89}$$

式中，d 是原子面间距（图 5-10 中原子列之间的距离 $d=a$）；θ 是入射线与原子面之间的夹角，这里 $\theta = 90°$。代入式(5-89)，得到满足布拉格条件的波矢的大小：

$$K = \pm \frac{n\pi}{a}$$

其中，$n=1$，2，3…。当周期性势场随空间位置的变化较小，可当作微扰处理，即 $U(x)$ 接近常数时，虽然个别反射波是弱的，但很多反射波叠加，总的反射波强度接近入射波的强度，即 $A_1 \approx A_0 = A$，以至于不论入射波进入原子阵列（点阵）多远，都基本上被完全反射掉。因此，当 K 值（波长）满足布拉格条件时，仅用代表电子沿固定方向（$+x$ 方向）运动的波函数 e^{iKx} 已不能表示电子的运动状态，此时的电子运动波函数应该是入射波和反射波的组合，即：

$$\varphi_1(x) = Ae^{iKx} + Ae^{-iKx} = 2A\cos Kx \tag{5-90}$$

$$\varphi_2(x) = Ae^{iKx} - Ae^{-iKx} = 2iA\sin Kx \tag{5-91}$$

这两个函数表示两个驻波。所以对于 K 值满足布拉格条件的电子波，电子的总速度为 0，因为它不断地反射过来，又反射回去；而且在原子阵列（点阵）中的电子密度确实是周期性变化的。对式(5-90)和式(5-91)的波函数分别平方，即得到在特定位置发现电子的几率密度的两种形式，如图 5-11 所示。可见正弦函数的节点位置恰好是余弦函数的极大值，反之亦然。结果在驻波中，$\varphi_1(x)$ 在势能谷（离子实）处电子密度最大，相应于这种情况的电子能量低于自由电子的能量；$\varphi_2(x)$ 在势能峰处电子密度最大，相应于这种情况的电子能量高于自由电子的能量。因此当电子波的 K 值满足布拉格条件时，自由电

子的能级分裂成两个不同的能级，对应于图 5-9 中的 A 和 B。在这两个能级之间的能量范围是不被允许的，或者说电子不能出现这种运动状态，即此区间内的薛定谔方程不存在类波解。这一不被允许的能量区间即禁带。至于禁带宽度 $2|U_n|$ 则与周期性势场 $U(x)$ 的变化有关。

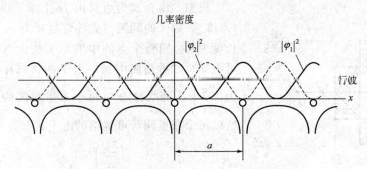

图 5-11　$\varphi_1(x)$、$\varphi_2(x)$ 及行波的几率密度分布

当波长远离布拉格条件时，反射波的系列位向差不断改变，彼此的干涉互相减弱，使总的强度为 0，就是所谓的对于绝大多数的 K 值（波长）的入射波，原子阵列对电子是完全"透明"的，电子在原子阵列中的运动与自由电子完全相同。

5.4.2　布里渊区

布里渊（Brillouin）区是指 K 空间中能量连续的区域。

5.4.2.1　一维布里渊区

对一维 K 空间，从图 5-9(b) 即可见，其第一布里渊区为 $-\dfrac{\pi}{a} \sim \dfrac{\pi}{a}$，第二布里渊区为 $-\dfrac{2\pi}{a} \sim -\dfrac{\pi}{a}$ 和 $\dfrac{\pi}{a} \sim \dfrac{2\pi}{a}$，第三、第四布里渊区可以类推。由于能隙出现在 $K = \pm \dfrac{n\pi}{a}$（满足布拉格条件时出现能隙），所以第一、第二、第三……布里渊区的宽度是相等的。

为了用 K 空间研究电子运动状态，必须了解每个布里渊区可填充多少电子。换句话说，每个布里渊区有多少个 K 值。设想一维金属为 N 个原子组成的直原子链（点阵），原子的间距（点阵常数）为 a，金属的长度 $L = Na$。根据周期性边界条件，结合上一节的推导可知，一维金属中电子从一个状态（波长，K 值）变到相邻的状态，其 K 值变化量（每个电子状态在 K 空间所占据的宽度）为 $\dfrac{2\pi}{L}$，而一维金属每个布里渊区的宽度是 $\dfrac{2\pi}{a}$，所以每个布里渊区可容纳的电子状态数为：

$$\frac{\dfrac{2\pi}{a}}{\dfrac{2\pi}{L}} = \frac{L}{a} = N \tag{5-92}$$

即每个布里渊区所能容纳的电子状态数（K 值数目，K 的点数）正好等于原子列中的原子数。考虑到自旋相反的两个电子的能量相等，即 K 值相同，则每个布里渊区可容纳 $2N$ 个电子。

5.4.2.2　二维布里渊区和等能线

二维晶体的原子排列有不同的方式，即在不同的方向原子的间距不一定相同（点阵常数不相等），因此在不同方向上的势场分布是不同的。所以二维的布里渊区的形状是与原子的排列方式有关的。对于二维正方点阵（原子在 x 和 y 方向的间距相等），设其原子间距（点阵常数）是 a，则其第一、第二、第三布里渊区的形状如图 5-12 中的 1、2、3 所示。可见每个二维布里渊区的面积是相等的。

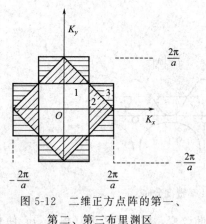

图 5-12　二维正方点阵的第一、
第二、第三布里渊区

设想二维金属为边长由 N 个原子组成的原子方阵（点阵），原子的间距（点阵常数）为 a，原子方阵的边长度为 L。则整个点阵中的原子数为 N^2，且 $L=Na$。可推知，二维金属中每一电子的状态在 K 空间的面积为 $\left(\dfrac{2\pi}{L}\right)^2$，而二维金属每个布里渊区的面积是 $\left(\dfrac{2\pi}{a}\right)^2$，所以每个布里渊区可容纳的电子状态数为：

$$\frac{\left(\dfrac{2\pi}{a}\right)^2}{\left(\dfrac{2\pi}{L}\right)^2}=\frac{L^2}{a^2}=N^2 \tag{5-93}$$

即每个布里渊区所能容纳的电子状态数也等于点阵中的原子数。考虑到自旋，则每个布里渊区可容纳的电子数也是晶体中原子数的两倍。

设想"准自由"的电子是逐渐向 K 空间内填充的，则电子将按系统能量最小原理，优先从能量低的能级逐渐向能量高的能级填充。如果把二维 K 空间内能量相同的 K 值连接起来，就会得到一条线。这种布里渊区中能量相同的 K 值连接成的线称为等能线。如果把布里渊区比喻为山，则等能线就可以比喻为等高线。图 5-13 示出了二维正方晶体第一布里渊区的等能线。其中的方框为第一布里渊区的边界。由图 5-13(a) 可见，能量较低的等能线是以 K 空间原点 O 为中心的圆（图中的曲线 1 和 2）。这是由于波矢 K 离布里渊区的边界较远，能量处于这种范围的电子未受周期性势场的影响，其行为与自由电子的行为相同，在不同方向的运动都有相同的 E-K 关系。

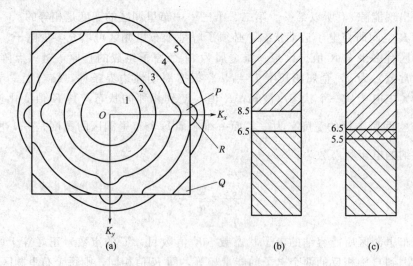

图 5-13　二维晶体布里渊区的 E-K 关系
(a) 二维正方晶体第一布里渊区的等能线；(b) 分立的能带；(c) 交叠的能带

如果 K 值增大，等能线开始偏离圆形，如图 5-13(a) 中的曲线 3 所示，在接近布里渊区边界的部分等能线向外凸出。这是因为接近边界时周期性势场的影响显著，$\dfrac{dE}{dK}$ 比自由电子的小，因而在这个方向从一条等能线到另一条等能线的 K 值增量比自由电子的大。

能量更高的等能线与布里渊区的边界相交。在布里渊区角顶的能级在该区中能量最高，即图 5-13(a) 中的 Q 点所代表的能级。

某布里渊区的最高能级与下一布里渊区的最低能级的相对高低决定晶体的能带结构，即是否有禁带及禁带的宽度。例如，对图 5-13(a) 所示的二维正方点阵中，如果在 $\boldsymbol{K}_x$ 方向第一布里渊区的最高能级（P 点所代表的能级）为 4.5eV，在该方向上有 4eV 的能隙，则在该方向上第二布里渊区的最低能级（R 点所代表的能级）为 8.5eV。如果第一布里渊区的最高能级（Q 点所代表的能级）为 6.5eV，则在这种情况下整个晶体存在能隙，第一布里渊区和第二布里渊区分立，如图 5-13(b) 所示，禁带宽度为 8.5eV−6.5eV＝2eV。

但是，如果在 $\boldsymbol{K}_x$ 方向上的能隙仅有 1eV，则在该方向上第二布里渊区的最低能级（R 点所代表的能级）为 5.5eV。如果第一布里渊区的最高能级（Q 点所代表的能级）仍为 6.5eV，则在这种情况下整个晶体不存在能隙，第一布里渊区和第二布里渊区有能带交叠，无禁带，如图 5-13(c) 所示，交叠宽度为 6.5eV−5.5eV＝1eV。

5.4.2.3 三维布里渊区和费米面

三维布里渊区的界面构成一个多面体，其形状取决于晶体结构（晶体中原子的排列方式），其根本原因是不同的晶体结构形成不同的周期性势场。例如，图 5-14 给出的是原子排列规则分别为简单立方、体心立方、面心立方的晶体的第一布里渊区的形状。

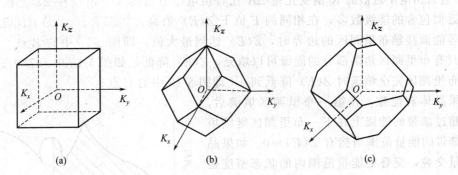

图 5-14　不同结构晶体的第一布里渊区的形状

(a) 简单立方晶格；(b) 体心立方晶格；(c) 面心立方晶格

与二维布里渊区类似，容易证明，三维第一、第二、第三……布里渊区的体积相等。把三维 $\boldsymbol{K}$ 空间内能量相同的 K 值连接起来，就会得到一个连续面。这种三维布里渊区中能量相同的 K 值连接成的面就称为等能面。

研究表明，与二维布里渊区类似，当 K 值较小时，等能面是球面。其原因仍然是由于波矢 $\boldsymbol{K}$ 离布里渊区的边界较远，能量处于这种范围的电子未受周期性势场的影响，其行为与自由电子的行为相同，在不同方向的运动都有相同的 E-K 关系。能量为费米能的等能面称为费米面。对一般的金属，由于费米能较低，其对应的 K 值较小，费米面是球面，称为费米球。

导电性对金属的费米面的形状和性质是很敏感的。从前面的叙述可知，温度对费米面（费米能）的影响不大，因此费米面具有独立的、永久的本性，可以看成金属真实的物理性质。因此，研究金属的电子理论，很重要的工作就是研究费米面的几何形状。理论上，可以通过求解薛定格方程得到的 $E\text{-}K$ 关系得到费米面的形状。但实验上采用正电子湮没技术测量金属费米面的形状则更直接。与二维等能线类比，可以推断接近三维布里渊区的边界，等能面也发生畸变，处于这种状态的电子行为与自由电子的差别很大。

5.4.3 近自由电子近似下的状态密度

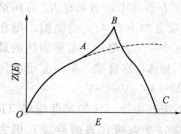

图 5-15　近自由电子近似和自由电子近似下的状态密度的比较（实线为近自由电子的曲线，虚线为自由电子的曲线）

由于周期性势场使电子的 $E\text{-}K$ 曲线发生变化，其状态密度 $Z(E)$ 曲线也会发生相应的变化，即近自由电子近似下布里渊区中的状态密度与自由电子近似下有所不同。图 5-15 是近自由电子近似下一个布里渊区的状态密度示意图，其中也给出了自由电子近似下的状态密度作为比较。当"近自由"的电子逐渐向布里渊区里填充时，也是从低能级向高能级填充。在填充低能量的能级时，由于离布里渊区的边界远，电子的运动状态不受周期性势场的影响，$E\text{-}K$ 曲线与自由电子相同，$Z(E)$ 曲线也遵循自由电子的抛物线关系，如图5-15 中的曲线 OA 段所示。当电子的波矢 K 接近布里渊区的边界时，由于周期性势场的影响，$\dfrac{\mathrm{d}E}{\mathrm{d}K}$ 比自由电子近似的值小[对一维的情况，可通过比较图 5-9(b) 布里渊区边界附近和图 5-9(a) 中相同 K 值区间的 E 值变化量推知此结论；对二维的情况可参见图 5-13(a) 中的曲线 3]，即对于同样的能量变化 ΔE，近自由电子近似的 K 值变化量 ΔK 比自由电子近似的大，所以在 ΔE 范围内近自由电子近似包含的能级数多，在相同的 E 值下 $Z(E)$ 值高，如图 5-15 中的 AB 段曲线所示。当等能面接触布里渊区的边界时，$Z(E)$ 达到最大值，即图 5-15 中的 B 点。能量再升高，只有布里渊区角落部分的能级可以填充，$Z(E)$ 降低，如图 5-15 中的 BC 段曲线所示。当布里渊区完全填满时 $Z(E)$ 降低到 0，即图 5-15 中的 C 点。

如果晶体有能隙，在第一布里渊区填满后，只能在超过禁带的能级上在下一布里渊区继续填充，在禁带的能量范围当然有 $Z(E)=0$。如果晶体有能量交叠，交叠处能量范围内的状态密度是两个布里渊区状态密度的和，即总的 $Z(E)$ 是两个布里渊区 $Z(E)$ 的叠加。图 5-16 给出了第一、第二布里渊区交叠的状态密度。其中的虚线表示第一、第二布里渊区的状态密度，实线表示交叠后的状态密度。阴影线表示按从低到高的顺序已经填充的能级。当填充到第一布里渊区的边界之后，状态密度本应降低，但当进入交叠区后，由于第一、第二布里渊区都有能级可以填充，状态密度反而升高。

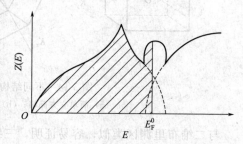

图 5-16　第一、第二布里渊区交叠的状态密度

5.4.4 能带理论对材料导电性的解释

按经典自由电子理论，只要材料中存在自由电子，在外电场作用下自由电子就会获得与电场方向相反的加速度，导致电荷的宏观定向移动，产生电流。因此，似乎绝大多数材料都应该是良导体。这显然与我们所熟知的事实不符。能带理论对此作出了不同的解释。

如图 5-17 所示，假设一个一维能带被电子所填满，其横轴上的黑点表示这一均匀分布的量子态都为电子所填充。当外加电场 ε 之后，各电子受到相同的电场力，由于 **K** 和 −**K** 态电子具有大小相同但方向相反的速度，尽管每个电子都携带电荷运动，但相应的 **K** 和 −**K** 态电子在电场方向的运动彼此完全抵消。也就是说，虽然在电场的作用下，但只要电子没有逸出这一布里渊区，就改变不了均匀填充各 **K** 态的情况，宏观上不能形成电荷的净迁移，即外电场作用在这一能带不能产生电流。将所有的能级都填满电子的允带称为满带，则可知满带中的电子对导电没有贡献。这一结论推广到三维情形中也成立。

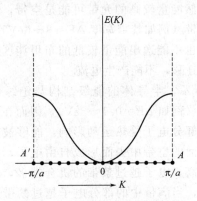

图 5-17　一维满带中电子的运动

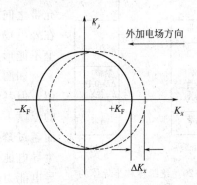

5-18　部分填充的布里渊区中费米球
在外电场作用下的移动

　　如果能带不是满填的，即三维布里渊区中仅能量较低的能级被电子填充，能量较高的能级是空能级。此时布里渊区中的费米面基本上可以视为球面（费米球），如图 5-18 所示。从前面的分析可知，在同一能带中，波矢为 **K** 和 −**K** 的电子具有相同的能量，但其运动方向相反，速度大小相等。在没有外电场存在时，电子是关于 **K** 空间原点对称填充的，因此尽管电子自由运动，但其运动相互抵消，也是没有宏观电荷的定向移动，即没有电流。如果在 **K**x 方向施加一外电场 ε，则布里渊区中的每个电子都受到电场力 eε 的作用，该力使处于不同状态的电子都获得与电场方向相反的加速度，相当于费米球向 +**K**x 方向平移了 Δ**K**x，移动到了图 5-18 中的虚线位置。此时波矢接近 +**K**F 的电子沿 +**K**x 方向运动就形成了宏观电流。这是因为移动后的虚线圆不再关于 **K** 空间原点对称，这些电子的运动没有其相应的反向运动的电子相抵消，所以形成了宏观的净电荷迁移。这里的分析表明，部分填充的能带（允带）可导电。

　　根据以上分析，由于不同材料的能带结构不同，导致了它们导电性的巨大差异。图 5-19 示出了导体的能带结构示意图。图 5-19（a）表示能量较低的允带仅部分填充，其上为禁带，禁带之上为空带，由于能量较低的允带仅部分填充，电子可在带内向较高能级迁移，使材料能够成为导体。图 5-19（b）表示能量较低的允带是满带，但该布里渊区与能量较高的布里渊区有能量交叠。能量在交叠范围内的电子虽然可

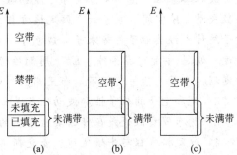

图 5-19　导体的能带结构示意图
(a) 低能量允带不满填的情况；(b) 低能量允带不满填
但与高能量允带有交叠的情况；(c) 低能量允带不满填
且与高能量允带有交叠的情况

以看成是位于能量较低的布里渊区的高能级，但也可以看成位于能量较高的布里渊区的低能级，因此能量较高的布里渊区不再是空带，而是部分填充的能带，电子可在带内向更高能级

迁移，使材料能够成为导体。图 5-19(c) 表示一个能量较低的部分填充的能带与一个空带交叠的情况，这种情况下电子当然可在能量较低的布里渊区内向高能级迁移，同时也可以向较高的布里渊区中的高能级迁移，材料当然也可以成为导体。从以上分析可以看出，导体中总是有部分填充的能带，即其允带一部分能级被电子填充，另一部分能级空着，这样的能带称为导带。

图 5-20 是绝缘体和半导体的能带结构示意图。如图 5-20(a) 所示，绝缘体的能量较低

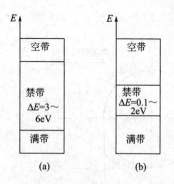

图 5-20 绝缘体和半导体的
能带结构示意图
(a) 绝缘体；(b) 半导体

的允带是满填的，虽然能量较高的允带可能是空带，但两个允带之间有很宽的禁带（例如禁带宽度 $\Delta E = 3 \sim 6eV$）。因此在外电场作用下电子也不能逸出能量较低的布里渊区，宏观上不能形成电荷的净迁移，不能产生电流。

如图 5-20(b) 所示，半导体的能级结构与绝缘体的相似，但其禁带宽度小（例如 $\Delta E = 0.1 \sim 2eV$），因而在不很高的温度下，满带中的部分电子受热运动影响，能够被热激发而越过禁带，进入上面的空带中去而形成自由电子，从而产生导电能力。温度越高，电子越过禁带的机会越多，材料的导电能力越强。而且，当满带中的部分电子越过禁带进入上面的空带时，下面的满带中产生了一些空能级位置（称为"空穴"），使满带中剩余的电子中能量较高的可以跃迁到这一空穴中来，从而使该满带中的电子也能参与导电。

能带理论与经典自由电子理论对电导率的推导形式是类似的，但经典理论认为所有的自由电子均参与导电，而能带理论认为只有能量在费米面附近的电子才参与导电，这是二者的根本区别。

思考题和习题

1 掌握下列重要名词含义

波粒二象性 德布罗意关系 波函数 定态波函数 定态 振幅函数 归一化的波函数 波数矢量 K 空间 电子云 薛定格方程 定态薛定格方程 本征值 本征函数 经典统计 量子统计 经典粒子 费米子 玻色子 自由电子 一维势阱模型 简并态 费米能 状态密度 波恩-卡曼边界条件 E_F^0 周期性势场 单电子近似 准（近）自由电子近似 布洛赫定理 允带 禁带 能带 布里渊区 等能线 等能面 费米面 费米球 满带 导带

2 光和电子的粒子性和波动性各是如何得到证明的？

3 德布罗意假说是在什么实验事实的基础上提出的？又在什么实验事实中得到验证？

4 薛定格方程与牛顿定律、麦克斯韦方程有何相同之处？其建立过程有何不同？

5 一维薛定格方程如何建立？三维定态薛定格方程的一般形式是什么？

6 波函数的物理意义是什么？波函数的平方又有何意义？

7 麦克斯韦-玻耳兹曼统计分布、费米-狄拉克统计分布、玻色-爱因斯坦统计分布有何区别和联系？

8 经典自由电子理论和量子自由电子理论的基本假设有何联系与区别？前者的主要缺陷是什么？

9　由一维势阱模型推导自由电子的分布几率、允许波长和能量。

10　从玻恩-卡曼边界条件推导自由电子的状态密度，并说明三维晶体的状态密度与能量的关系。

11　用公式 $f(E)=\dfrac{1}{\exp\left(\dfrac{E-E_{\mathrm{F}}}{kT}\right)+1}$ 解释图 5-6 中的自由电子在 0K 和 TK 时的能量分布，并说明 T 改变时该能量分布如何变化？解释其含义。

12　说明 E_{F}^{0} 的物理意义，推导其表达式，并说明为什么在讨论图 5-6 的电子能量分布时可以不考虑 E_{F}^{0} 和 E_{F} 的区别？

13　推导 0K 时的自由电子平均能量，并将其与 TK 时的平均能量相比较。

14　自由电子近似和近自由电子近似的基本假设有何区别和联系？

15　画出自由电子近似下和近自由电子近似下的 E-K 曲线，并说明它们的区别，解释能带的概念。

16　用布拉格定律如何解释禁带出现的原因？

17　给出一维 K 空间前三个布里渊区的范围，注意其特点。将一维布里渊区的特点推广到二维、三维的情形，它们的第一、第二、第 n 布里渊区有何种关系？各能容纳多少电子？

18　解释图 5-13 中的二维晶体布里渊区的等能线，并说明能隙和能量交叠出现的原因。

19　画出一个布里渊区内自由电子近似下和近自由电子近似下的状态密度曲线，并解释其区别。画图解释两布里渊区能量交叠处的状态密度。

20　画图说明导体、半导体、绝缘体能带结构的差别，并解释其导电性的差异。

21　K 空间中的 $(2，2，2)$ 和 $(1，1，3)$ 两点哪个代表的能级能量高？

22　氢原子的动能 $E=\dfrac{3}{2}kT$，已知玻耳兹曼常数 $k=1.38\times10^{-23}$J/K，求 $T=1$K 时氢原子物质波的波长。

23　若自由电子占据某能级的几率为 $\dfrac{1}{4}$，占据另一能级的几率为 $\dfrac{3}{4}$，用费米-狄拉克统计分布规律分别计算其能量与费米能相差多少电子伏特？对计算结果作出讨论。

24　已知铜的电子密度 $n=8.5\times10^{28}$ 个/m^3，计算其 E_{F}^{0}。

25　已知钠的原子量为 23，密度 $\rho=1.013\times10^{3}$kg/m^3，求 0K 时钠中的自由电子的平均动能。

第6章 材料的电学性能

许多材料是由于其电学性能获得应用。例如，用金属制造导线，用陶瓷制作绝缘体。半导体是信息、控制等领域的物质基础。超导体则是在近年来才逐渐获得工程上的应用。此外，材料的电学性能还用来进行材料的分析测试。例如，通过电阻测量反映材料的纯度。热电现象原来仅仅用于温度测试，近年来则在制冷和发电等领域得到了越来越多的应用。本章介绍材料不同电学性能的物理本质，并简单介绍其应用。

6.1 金属导体的导电性

6.1.1 自由电子近似下的导电性

中学物理就已经描述了材料的电流和电压的关系，即欧姆定律。欧姆定律的意义为：通过导体的电流与其两端的电压成正比，其比例系数为电阻的倒数。但电阻是与导体的形状有关的，所以电阻不能准确地描述材料的导电能力。电阻率可以准确地描述材料的导电能力。所以欧姆定律采用下面的表达式可更准确地反映材料的导电能力：

$$J = \sigma E = \frac{E}{\rho} \tag{6-1}$$

式中，J 为通过导体的电流密度，即单位时间通过传导方向上的单位截面积的电量；E 为导体所处的电场强度；ρ 为电阻率；σ 为电阻率的倒数，称为电导率。所以欧姆定律的意义为：通过材料的电流密度与其所处的电场强度成正比，比例系数为电导率。

工程中还常用相对电导率（IACS%）表征导体材料的导电性能。将国际标准软纯铜的电导率（20℃下的电阻率 $\rho = 1.724 \times 10^{-8} \Omega \cdot m$）定义为 100%，其他导体材料的电导率与之相比的百分数即为该材料的相对电导率。例如，Fe 的相对电导率仅为 17%。

按照经典自由电子理论，材料中的自由电子作无规则热运动。当有电场存在时，电子受电场力作用作加速运动。当电子与晶格原子碰撞时停止，即运动受到阻力。自由电子与晶格中的原子碰撞是电阻的来源。

设电场强度为 E，材料单位体积内的自由电子数（自由电子密度）为 n，电子两次碰撞的平均自由时间（弛豫时间）为 τ，电子的平均漂移速度为 v，电子的电量为 e，质量为 m，则自由电子受到的力为：

$$f = m\frac{v}{\tau} = -eE \tag{6-2}$$

所以有：

$$v = \frac{-eE\tau}{m} \tag{6-3}$$

电流密度为：

$$J = -nev = \frac{e^2 n\tau E}{m} = \sigma E \tag{6-4}$$

所以电导率为：

$$\sigma = \frac{e^2 n\tau}{m} = \frac{e^2 nl}{mv} \tag{6-5}$$

式中，l 为电子的平均自由程，$l = \tau v$。这一理论成功地推导出了导体的电导率，对于电子导电为主的情形，从该理论还可推导出导体的电导率与热导率的关系。但实际测得的电子平均自由程比该理论估计的要大得多，该理论也无法解释导体、半导体和绝缘体的区别，说明该理论是不完善的。

经典自由电子理论认为导体中的所有自由电子均参与导电。但从第 5 章的推导可知，考虑量子效应，在自由电子近似下，仅费米面附近的电子运动未被抵消，对导电性有贡献。按照量子自由电子理论可以推知电导率为：

$$\sigma = \frac{e^2 n\tau_F}{m} = \frac{e^2 nl_F}{mv_F} \tag{6-6}$$

与经典自由电子理论下的电导率的形式相同。但其中的 τ_F、l_F、v_F 分别是费米面附近的电子的弛豫时间、平均自由程和运动速度。按此模型可以成功地解释一价的碱金属的电导。但对其他金属，如过渡金属，其电子结构复杂，电子分布不是简单的费米球，必须用能带理论才能解释其导电性。

6.1.2 能带理论下的导电性

在能带理论下，电导率为：

$$\sigma = \frac{e^2 n^* \tau_F}{m^*} = \frac{e^2 n^* l_F}{m^* v_F} \tag{6-7}$$

式中，n^* 为有效电子数，表示单位体积内实际参加传导过程的电子数；m^* 为电子的有效质量，是考虑晶体点阵对电场作用的结果。这一公式不仅适用于金属，也适用于非金属。对碱金属，$n^* = n$，$m^* = m$，电导率的表达式与自由电子的假设形式相同。不同的材料有不同的有效电子密度 n^*，导致其导电性的很大差异。对不同的金属的导电性可从能带结构给出如下解释。

一价元素包括 I A 族碱金属 Li、Na、K、Rb、Cs 和 I B 族 Cu、Ag、Au。其能带结构如图 6-1 所示。价带 s 电子半充满，成为传导电子，所以这些元素都是良导体。电阻率只有 $10^{-6} \sim 10^{-2} \Omega \cdot cm$。

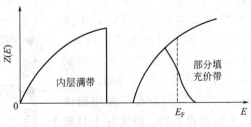

图 6-1　一价元素的能带结构

二价元素包括 II A 族碱土金属 Be、Mg、Ca、Sr、Ba 和 II B 族 Zn、Cd、Hg，其价带 s 电子充满。由于满带电子不能成为传导电子，这些元素似乎应为绝缘体。对一维晶体确实如

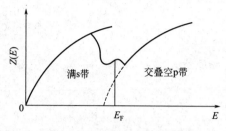

图 6-2　二价元素的能带结构

此,但在三维晶体中,由于原子之间的相互作用,能带交叠。其能带结构如图 6-2 所示。可见这些元素的费米能级以上无禁带,所以这些元素都是导体。

ⅢA 族元素 Al、Ga、In、Tl 的最外层电子排布是 ns^2np^1,所以其 s 电子是充满的,但 p 电子是半充满的,可成为传导电子,所以这些元素都是导体。

四价元素具有特殊性。虽然其最外层电子排布是 ns^2np^2,有未填满的 p 轨道,但当其形成固体时,通过原子间的电子共用使其价带满填。在价带之上是空带,其间有能隙 E_g。其能带结构如图 6-3 所示。对 Ge 和 Si,能隙 E_g 分别为 0.67eV 和 1.14eV,在室温下,价带电子受热激发可进入导带,成为传导电子。而且随温度升高传导电子增多,电导率升高。因此它们在室温下是半导体,在低温下是绝缘体。

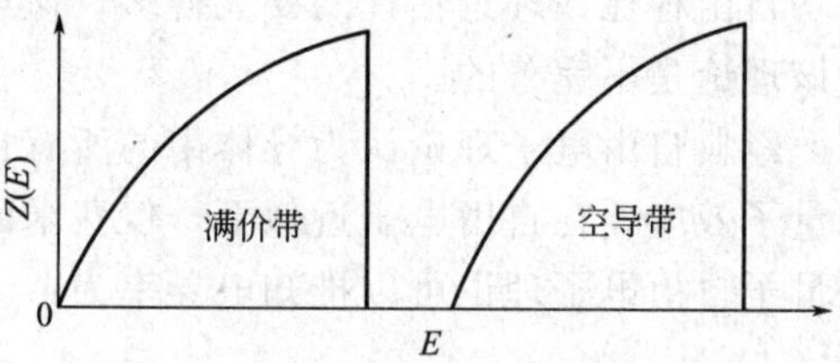

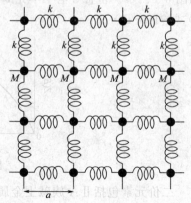

图 6-3　四价元素的能带结构

ⅤA 族元素 As、Sb、Bi 的每个原子有 5 个价电子,是不满填的。但其每个原胞有两个原子,使五个轨道填充 10 个电子,几乎全满。因此其导带电子很少,传导电子只有 10^{24} 个/m^3,比一般金属少 4 个数量级。也就是说,这些元素的有效电子很少,电导率比一般金属导体低,所以将它们称为半金属。

离子晶体一般是绝缘体。这是由于离子晶体一般具有与四价元素相似的能带结构,而其 E_g 很大,一般有效电子数是 0。例如,在 NaCl 中,Na^+ 的 3s 电子移到 Cl^- 的 3p 轨道,使 3s 成为空带,3p 成为满带,其间是 10eV 的禁带,热激发不能使之进入导带。一般离子晶体的 $E_g>3eV$,为绝缘体。

某些离子化合物可以在一定的温度区间成为固态的导体,如 β-Al_2O_3 在 300℃ 有 $0.35\Omega^{-1}\cdot cm^{-1}$ 的电导率,$ZrO_2\cdot10\%Sc_2O_3$ 在 1000℃ 有 $0.25\Omega^{-1}\cdot cm^{-1}$ 的电导率。但它们的导电并不是以电子为载流子,而是通过离子的定向迁移进行。这些导电的离子晶体常常作为功能材料应用。

6.1.3　导电性与温度的关系

能带理论认为,导带中的电子可在晶格中自由运动,因此电子波通过理想晶体点阵(0K)时不受散射,电阻为 0。而电阻来源于晶格周期性被破坏时晶体对电子的散射。

从第 2 章已经知道,理想的晶体是不存在的,实际晶体总是存在杂质和缺陷,如空位、间隙原子、位错、晶界等。一方面,由于空位和间隙原子是热力学平衡缺陷,不可能制造出没有缺陷的理想晶体。另一方面,原子在晶体中都有一个平衡位置,且其排列是有三维周期性的。这里假设原子是固定在平衡位置上的。但实际上只要温度不在绝对零度,晶体中的原子总是以平衡位置为中心不停地振动,在弹性范围内交替聚拢和分离。图 6-4 给出了原子在二维晶格内振动的图像。一方面,在某一时刻某

图 6-4　原子在二维晶格内振动的图像

些原子的振幅足够大就可以从一个平衡位置跳动到相邻的空位中，这是扩散的本质原因。另一方面，晶格振动时晶体中任何时候都有许多原子处于与理想的平衡位置偏离的位置，对自由电子的运动产生散射。温度越高，这一振动越剧烈，对电子散射越显著，导体的电阻越大。

晶格热振动有波的形式，称为晶格波或点阵波，其能量也是量子化的。将晶格振动波的能量子称为声子。

由式(6-7)可知，电阻率可表示为：

$$\rho = \frac{1}{\sigma} = \frac{m^* v_F}{e^2 n^* l_F} \propto \frac{1}{l_F} \tag{6-8}$$

对理想晶体，由于只有声子散射电子，所以电子的平均自由程 l_F 由声子数目决定。声子数目随温度升高而增多，在不同的温度范围有不同的规律。可以推导，在温度 $T > \frac{2}{3}\Theta_D$ 的高温，有：

$$\rho \propto T \tag{6-9}$$

式中，Θ_D 为德拜温度，即具有原子间距的波长的声子被激发的温度。

在 $T \ll \Theta_D$ 的低温，有：

$$\rho \propto T^5 \tag{6-10}$$

而在 2K 以下的极低温，声子对电子的散射效应变得很微弱，电子与电子之间的散射构成了电阻的主要机制，此时有：

$$\rho \propto T^2 \tag{6-11}$$

可见尽管规律不同，但理想晶体的电阻总是随温度的升高而升高的。

定义 $\mu = 1/l_F$ 为散射系数，则有：

$$\rho = \frac{m^* v_F}{e^2 n^*} \mu \tag{6-12}$$

由于实际材料总是有杂质和缺陷的，所以对实际材料散射系数可表示为：

$$\mu = \mu_T + \Delta\mu \tag{6-13}$$

式中，μ_T 为声子引起的电子散射，与温度有关；$\Delta\mu$ 为杂质和缺陷引起的电子散射，只与其浓度有关，与温度无关。所以电阻率可以表示为：

$$\rho = \rho_0 + \rho(T) \tag{6-14}$$

即电阻分为与温度有关的部分 $\rho(T)$ 和与温度无关的部分 ρ_0。这一规律称为马西森定律（Matthiessen rule）。

由马西森定律可见，高温时声子引起的电阻起主导作用，而低温时杂质和缺陷引起的电阻起主导作用。理想晶体和实际晶体在低温时的电阻率与温度的关系如图 6-5 所示。理想晶体在低温下的剩余电阻率很小，在 0K 时电阻率为 0。实际晶体由于缺陷的存在，在 0K 时的电阻率不为 0。有杂质存在时，0K 时的电阻率更大些。如果认为按一定方法制备的金属具有相似的几何缺陷浓度，则金属导体中的杂质含量越多，在极低温（一般为 4.2K）下金属的剩余电阻率越大。所以可以用高温和低温下电阻的比率反映金属导体的纯度。

定义金属导体 300K 下的电阻率与 4.2K 下的剩余电阻

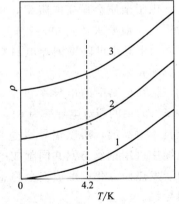

图 6-5　理想晶体和实际晶体在低温时的电阻率与温度的关系

1—理想晶体；2—有缺陷的晶体；

3—有杂质和缺陷的晶体

率的比 $\rho_{300K}/\rho_{4.2K}$ 为剩余电阻比（residual resistivity ratio，RRR）。RRR 越高，表明金属在低温下的剩余电阻率越低，金属纯度越高。对已经制成的金属材料或制品，不允许再进行破坏性测试来检验纯度，所以用 RRR 表示纯度具有重要的意义。目前制备的纯金属 RRR 可高达 $10^4 \sim 10^5$。

实验上电阻的不同来源是难于区分的，所以工程实践中一般不考虑不同温度区间电阻产生机制的区别，统一以经验公式表示电阻与温度的关系。若以 ρ_0 和 ρ_t 分别表示 0℃ 和 t℃ 下的电阻率，则工程上将电阻与温度的关系表示为：

$$\rho_t = \rho_0(1+\alpha t) \tag{6-15}$$

式中，α 为电阻温度系数。此式在高于室温时对大部分金属适用。

0$\sim t$℃ 的平均电阻温度系数为：

$$\bar{\alpha} = \frac{\rho_t - \rho_0}{\rho_0 t} \tag{6-16}$$

由于在不同温度声子对电子的散射机制不同，在不同温度区间电阻与温度的关系是不同的，所以在不同温度电阻温度系数 α 不是常数。当式（6-16）中的温度间隔趋于 0 时，便可得到 t 温度下的实际电阻温度系数为：

$$\alpha_t = \frac{1}{\rho_t} \times \frac{d\rho}{dt} \tag{6-17}$$

这是电阻温度系数的准确定义。由于影响因素复杂，实际材料的电阻温度系数一般不能通过理论计算得到，而是要通过不同温度的电阻测试，从电阻-温度曲线得到。

6.1.4 电导功能材料

广义的电导功能材料包括导电材料、电阻材料、电触点材料以及电阻元件和电阻器、超导材料等，这里只简要介绍前三种。

6.1.4.1 导电材料

导电材料用以传送电流，主要以电力工业中所用的电线、电缆为代表。要求其具有小的电阻率以降低输电过程中的电能损失。考虑成本和电导率，常用的有铜、铝等。

由于杂质会提高电阻率，所以铜导线一般用电解铜，以获得较高的纯度。铜导线的含铜量一般要求达到 99.97%～99.98%，其中一般含有难于除去的氧和少量金属杂质。根据相对电导率可以将铜导电材料分为半硬铜和硬铜，其相对电导率分别为 98%～99% 和 96%～98%。

铝在金属中的电导率仅次于银、铜和金。但其密度仅为铜的 1/3。纯度为 99.6%～99.8% 的铝的相对电导率为 61%，所以从电导率考虑铝也是优良的导电材料。但铝的强度低且不耐高温，所以铝导线通常加入合金元素提高强度，但也同时增大了电阻。在高压电缆中可用钢丝与铝共同制成电缆（钢丝增强铝电缆）。另外，铝导线在使用过程中容易由于发热而老化，形成安全隐患。所以对于难于更换的室内输电线路目前已经很少采用铝导线。

在电子工业中也采用金、银等作为导电材料。此外，金属粉、石墨以及它们与非金属材料混合制成的复合材料也被用作导电材料。例如，干电池的正极一般就是石墨为基的复合材料。导电材料还包括导电性涂料、黏结剂以及透明导电薄膜等，其中包括高分子导电薄膜。

6.1.4.2　电阻材料

电阻材料用于提供特定阻值的电阻，主要有精密电阻合金和电热材料。

精密电阻合金用于在电路中提供特定阻值的电阻，要求其阻值稳定、电阻温度系数小、电阻率适当且容易加工和连接，特别是标准电阻器与铜连接的热电势要小。精密电阻合金包括锰铜合金、铜锰合金、铜镍合金、银锰合金、镍铬合金等。根据需要还可在合金中加入第三甚至第四、第五组元。铜锰合金的电阻温度系数为（20～100）×10^{-6}℃$^{-1}$，电阻率为（4.0～5.0）×10^{-3}Ω·m。铜镍合金的电阻温度系数最小，在含镍量在50%左右时，其电阻温度系数接近于0，只有20×10^{-6}℃$^{-1}$，其电阻率为5.0×10^{-3}Ω·m。

电热材料主要用于制作电阻加热体和高温用电极，包括电热合金和电热陶瓷。对这类材料的要求主要有合适的电阻率、合适的电阻温度系数、耐高温、耐氧化等。

电热合金一般用于在900～1350℃工作的电热体，常用的有镍铬合金和铁铬铝合金等，其中还加入第三、第四组元满足不同的工作条件。

更高温度的加热也有采用钨丝、钼丝或石墨的，但它们在高温下都容易氧化或挥发，所以在使用过程中要用还原性气体保护，使其应用受到限制。用铂丝（白金丝）可在空气中加热到1500℃，但其成本很高。

导电陶瓷不仅可在还原性气氛中使用，成本也较低，所以成为最常用的高温电热材料。在1500℃以上工作的陶瓷电热体包括SiC（硅碳棒）、$MoSi_2$（硅钼棒）、$LaCrO_3$、SnO_2等。它们不容易加工成丝，但易于加工成棒状或管状。$MoSi_2$掺杂铝硅酸盐玻璃相在空气中的使用温度可达1800℃。这类加热元件的缺点是容易断裂，在电路中连接困难。

6.1.4.3　电触点材料

开关、继电器等元件涉及两接触导体的导电。电流流过两导体的接触部分会产生附加的电阻，称为接触电阻。产生接触电阻的一个原因是接触面不平，使实际的接触面积比名义的接触面积小，这种电阻称为会聚电阻或收缩电阻；另一个原因是相互接触的表面不洁净，总是有异物形成薄膜，如吸附气体、水分产生的膜、氧化膜等，由这种膜产生的电阻称为过渡电阻。异物的薄膜厚度一般是在数十纳米到数百纳米的数量级，由于隧道效应，尽管厚膜不导电，这类薄膜却允许电流通过，但使电阻增大。增大接触的压力可增大接触面积，使会聚电阻减小，也可能使薄膜破坏，降低过渡电阻。

作为触点的材料一般要求接触电阻小、接触状态稳定、耐磨损、不易相互扩散、接触面无熔化黏结现象。

最常用的触点材料是铜，广泛用于继电器。但铜易氧化，使接触电阻在使用过程中增大。普通开关中常用黄铜（Cu-Zn合金），以提高耐磨性。在大电流条件下可采用Cu-Ag合金，动作频率高的接点开关可用Cu-Be合金。Cu-Ag-Pt合金可代替铂用作通信电路中的触点材料。

纯银的接触电阻很小，但其熔点只有960℃，容易熔化黏结，且不耐磨，常用作小继电器的触点材料。

钨的熔点高达3382℃，硬度高且不易扩散。但它在空气中易氧化，且不易加工。所以常用粉末冶金的方法将其与铜粉或银粉烧结成合金制成触点材料。W-Ag合金主要用于大电流的继电器触点，W-Cu合金主要用于油浸的开关。

铂的接触电阻稳定，熔点达1764℃，高温时易产生熔化黏结和扩散，且价格极贵。所以将其制成Pt-Ir合金或Ir-Pt合金，使熔点、硬度、抗氧化性都得到提高，用作高级触点材料。更高级的触点材料还可用 Ir-Os 合金或 Ir-Os-Pt 合金制成。

6.2　半导体的导电性

6.2.1　本征半导体

本征半导体是指导电性由其固有的传导性能决定的纯半导体。单质的本征半导体只有硅和锗。它们成为半导体的原因是由于其特殊的能带结构。

硅、锗都具有金刚石型的晶体结构，其晶格中的每个原子都通过 4 个 sp^3 杂化轨道与周围的原子形成 4 个共价键，每个键上有一对共价电子。对 Ge 和 Si，能隙 E_g 分别为 0.67eV 和 1.14eV，所以这些电子通常不能脱离共价键而在晶格中移动。当提供足够的能量（超过能隙 E_g）使之激发时，这些电子可离开其成键的位置成为自由的传导电子，并在其原来的位置留下一个带正电的空穴。

图 6-6 示意地表示出了硅和锗在电场作用下导电的过程。由于传导电子和空穴都带电，在外电场作用下它们都将按一定方向移动。带负电的传导电子向正极移动，带正电的空穴向负极移动。空穴的移动方式如图 6-7 所示。如图 6-7（a）所示，A 原子周围失去了一个电子而形成一个空穴，当施加外电场时，B 原子周围的一个电子受电场力的作用从其成键轨道中脱离移向 A 原子周围成键轨道中的空穴。此时空穴出现在 B 原子周围，如图 6-7（b）所示，相当于空穴从 A 原子周围移动到了 B 原子周围。按同样的机制，空穴还可从 B 原子周围移动到 C 原子周围。

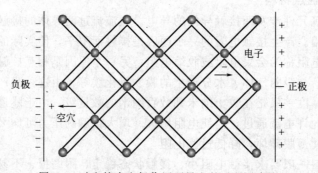

图 6-6　硅和锗在电场作用下导电的过程示意图

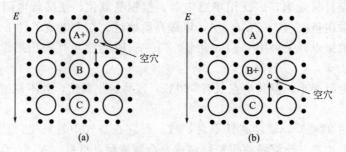

图 6-7　空穴在电场作用下的移动过程示意图
（a）移动前；（b）移动后

对本征半导体，电流密度来源于电子和空穴对传导的总贡献。所以电流密度为：

$$J = nev_n + pev_p \tag{6-18}$$

式中，n 为单位体积内的传导电子数；p 为单位体积内的空穴数；e 为一个电子或空穴的电量；v_n 和 v_p 分别为电子和空穴的平均漂移速度。根据式(6-1) 本征半导体的电导率为：

$$\sigma = \frac{J}{E} = \frac{nev_n}{E} + \frac{pev_p}{E} \tag{6-19}$$

电子和空穴的迁移率定义为：

$$\mu_n = \frac{v_n}{E}, \ \mu_p = \frac{v_p}{E} \tag{6-20}$$

其含义为施加单位强度的电场所导致的电子或空穴的迁移快慢，则有：

$$\sigma = ne\mu_n + pe\mu_p \tag{6-21}$$

由于在单质本征半导体中传导电子和空穴是成对出现的，传导电子和空穴的密度是相等的。所以：

$$n = p = n_i \tag{6-22}$$

式中，n_i 为固有载流子浓度。此时式(6-21) 变为：

$$\sigma = n_i e(\mu_n + \mu_p) \tag{6-23}$$

表 6-1 给出了硅和锗 300K 下的一些重要的物理性质。可见传导电子的迁移率总是大于空穴的迁移率。

表 6-1　硅和锗 300K 下的一些物理性质

项目	能隙 /eV	电子迁移率 /[m²/(V·s)]	空穴迁移率 /[m²/(V·s)]	固有载流子浓度 /(个/m³)	本征电阻率 /Ω·m
硅	1.14	0.135	0.048	1.5×10^{16}	2300
锗	0.67	0.39	0.19	2.4×10^{19}	0.46

在 0K 下本征半导体如硅和锗的价带是满填的，导带是空的。在 0K 以上的温度，一些价电子被热激发越过能隙进入导带，形成电子-空穴对。由于电子是被热激发进入导带，与其他许多热激活过程相似，半导体中的载流子浓度显示出与温度相关的特征。按麦克斯韦-玻耳兹曼统计分布规律，可知具有足够的能量可进入导带并同时形成一个空穴的电子的浓度为：

$$n_i \propto \exp\left(-\frac{E_g - E_{av}}{kT}\right) \tag{6-24}$$

式中，E_g 为能隙；E_{av} 为穿过禁带的平均能量；k 为玻耳兹曼常数；T 为热力学温度。

对本征半导体硅和锗，E_{av} 穿过禁带的中心，即 $E_{av} = E_g/2$，所以：

$$n_i \propto \exp\left(-\frac{E_g - E_g/2}{kT}\right) \tag{6-25}$$

或：

$$n_i \propto \exp\left(-\frac{E_g}{2kT}\right) \tag{6-26}$$

由于电导率与载流子浓度成正比，式(6-26) 可变换为：

$$\sigma = \sigma_0 \exp\left(-\frac{E_g}{2kT}\right) \tag{6-27}$$

式中，σ_0 为比例系数，主要取决于电子和空穴的迁移率，这里忽略了 σ_0 随温度的微小变化。写成对数形式有：

$$\ln\sigma = \ln\sigma_0 - \frac{E_g}{2kT} \tag{6-28}$$

可见随温度升高，半导体的电导率升高，这是半导体与导体的一个明显区别。由式(6-28)还可见，电导率的对数与 $1/T$ 成直线关系。图 6-8 是在硅中测得的电导率与温度的关系。实验结果完全符合式(6-28)的推测。根据图中直线的斜率就可得出禁带宽度 E_g。

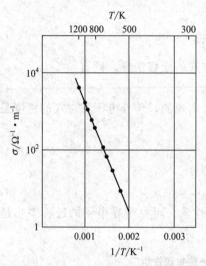

图 6-8　硅的电导率与温度的关系

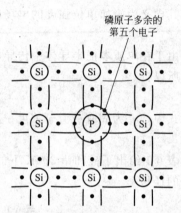

图 6-9　磷在硅中形成的多余电子

6.2.2　杂质半导体

杂质半导体是极稀的置换式固溶体，其中的固溶杂质原子与溶剂点阵中的原子有不同的价态特征。在这类半导体中加入的杂质原子浓度一般为 $100\sim1000\mu g/g$。

6.2.2.1　n 型半导体

将ⅤA族元素如磷掺杂入硅的点阵，取代一个硅原子，在硅的四面体共价键合所需的 4 个电子之外，还会有一个多余的电子，如图 6-9 所示。这个多余的电子与带正电的磷核仅有松散的键合，在 27℃其键能仅有 0.044eV，仅是纯硅中电子跳过 1.14eV 的能隙成为传导电子所需能量的 5% 左右。也就是说，将这个多余电子从其原来的核移开参与导电，只需要 0.044eV 的能量。在外电场作用下，这一多余电子变成自由电子参与导电，留下的磷原子变成了正离子。

不仅是磷，ⅤA族的砷、锑加入硅或锗中时都可提供易离子化的电子参与导电。由于其掺杂在硅或锗晶体中提供传导电子，它们被称为施主原子（donor atom）。由于其中的多数载流子是带负电的电子，含有ⅤA族杂质原子的硅或锗半导体称为 n（negative）型杂质半导体，或简称为 n 型半导体。

ⅤA族的杂质原子的多余电子在硅的能带中所处的能级恰好处于比硅的空导带稍低一点的禁带中。这一由施主杂质提供的能级称为施主能级，如图 6-10 所示。可见处于施主能级 E_d 的电子仅需很小的能量 $\Delta E = E_c - E_d$ 就可以激发到空导带中，其中，E_c 是空

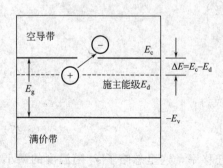

图 6-10　n 型半导体的能带和施主能级

导带的最低能级。失去多余电子后，ⅤA族的施主杂质原子变成了正离子。在硅中，锑、磷、砷的 ΔE 分别为 0.04eV、0.044eV 和 0.049eV。

6.2.2.2　p型半导体

将ⅢA族元素如硼掺杂入硅的点阵，取代一个硅原子，在硅的四面体共价键合的点阵中缺少一个键合轨道，在硅的键结构中产生一个空穴，如图 6-11 所示。在外电场作用下，邻近硼原子这一空穴的某个电子会获得足够的能量从其他的四面体键中挣脱出来移动到这一空穴中。当硼形成的空穴被邻近的硅原子中的电子填充后，硼原子变成了负一价离子。这一过程所需的能量仅有 0.045eV，比硅的电子从满价带到空导带所需的 1.14eV 低得多。所以在外电场作用下，由离子化的硼原子导致的空穴作为带正电的载流子在硅的点阵中向负极迁移。

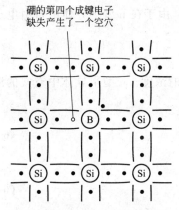

图 6-11　硼在硅中形成的空穴

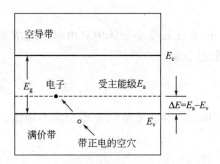

图 6-12　p型半导体的能带和受主能级

ⅢA族元素如硼、铝、镓都能在硅的能带中提供比硅的满价带能级稍高一点的能级。由于这类杂质原子接受电子形成空穴，它们被称为受主原子（acceptor atom），由它们提供的这一能级称为受主能级，如图 6-12 所示。当接近硼原子的硅原子的某个价电子的能量升高到了受主能级，填充了硼-硅共价键中缺少的价键，就使硼原子变成了负离子，并在硅的点阵中形成了一个空穴，成为带正电的载流子。由于这类杂质半导体中的多数载流子是带正电的空穴，它们被称为 p（positive）型杂质半导体，或简称为 p 型半导体。

在硅中，硼、铝、镓的受主能级 E_a 与硅的满价带的最高能级 E_v 的差 ΔE 分别为 0.045eV、0.057eV 和 0.065eV。

6.2.2.3　掺杂对杂质半导体载流子浓度的影响

将少量的置换杂质原子加入硅中以形成杂质半导体的过程称为掺杂。被加入的杂质称为掺杂物质。目前最常用的掺杂方法是平面法，通过气相沉积将掺杂物质引入硅片的表面，然后经高温（约 1100℃）扩散使其进入硅的晶格中，形成 n 型或 p 型的材料。

在硅和锗这类半导体中，可移动的电子和空穴不断地产生，同时不断地复合。在一定温度下，不论是否掺入杂质原子，自由电子体积浓度 n 和空穴体积浓度 p 的乘积是一个常数，即：

$$np = n_i^2 \qquad (6-29)$$

式中，n_i 是本征半导体在该温度下的自由电子或空穴的体积浓度，即固有载流子浓度。加入掺杂物质后，自由电子和空穴的浓度不再相等，在杂质半导体中，一种载流子的浓度升高会引起另一种载流子的浓度降低。在杂质半导体中浓度较高的载流子称为多数载流子，浓度较低的载流子称为少数载流子。在 n 型半导体中的传导电子浓度用 n_n 表示，空穴浓度用 p_n 表示；而在 p 型半导体中的传导电子浓度用 n_p 表示，空穴浓度用 p_p 表示。所以 n_n 和 p_p 代表的是多数载流子的浓度，p_n 和 n_p 代表的是少数载流子的浓度。

由于整个晶体必然是电中性的，即每单位体积元素的总电荷密度是 0，晶体中总的负电荷密度必然等于总的正电荷密度。在杂质半导体硅或锗中有两种带电粒子，即不可移动的离子和可移动的带电的载流子。不可移动的离子来源于其中的施主或受主掺杂原子的离子化。总的负电荷密度由自由电子浓度 n 和带负电的受主离子浓度构成，总的正电荷密度由空穴浓度 p 和带正电的施主离子浓度构成。用 N_d 和 N_a 分别代表带正电的施主离子浓度和带负电的受主离子浓度，则有：

$$N_a + n = N_d + p \tag{6-30}$$

在往硅中加入施主杂质形成的 n 型半导体中，$N_a = 0$。由于在 n 型半导体中自由电子的浓度远大于空穴的浓度，即 $n \gg p$，式（6-30）变为：

$$n_n \approx N_d \tag{6-31}$$

因此在 n 型半导体中自由电子的浓度约等于施主原子的浓度。n 型半导体中空穴的浓度可通过式（6-29）得到：

$$p_n = \frac{n_i^2}{n_n} \approx \frac{n_i^2}{N_d} \tag{6-32}$$

相应，对硅或锗的 p 型杂质半导体，有：

$$p_p \approx N_a \tag{6-33}$$

$$n_p = \frac{n_i^2}{p_p} \approx \frac{n_i^2}{N_a} \tag{6-34}$$

在 300K，硅的固有载流子浓度为 1.5×10^{16} 个/m³。硅中掺杂了一定量的砷，在其典型掺杂浓度 10^{21} 个/m³ 下可计算出，多数载流子（自由电子）浓度为 10^{21} 个/m³，少数载流子（空穴）浓度为 2.25×10^{11} 个/m³。可见多数载流子的浓度远高于少数载流子的浓度。这也是式（6-30）可以简化成式（6-31）和式（6-33）的原因。

载流子的浓度会影响载流子的迁移率。图 6-13 示出了这种影响。可见不论是空穴还是自由电子，在低杂质浓度下迁移率都最高，且随浓度升高迁移率降低，在高浓度下达到最低。

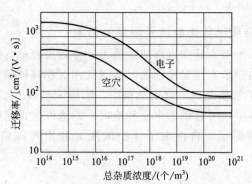

图 6-13　室温下硅中的离子化的杂质的
总浓度对载流子迁移率的影响

6.2.2.4 温度对杂质半导体电导率的影响

图 6-14 以 n 型半导体为例给出了温度对杂质半导体的电导率的影响。由于杂质原子离子化的能垒 ΔE 都比本征半导体的能隙 E_g 低得多，在低温下杂质原子就可以离子化形成一个载流子。温度升高，离子化的杂质数量增多，载流子的浓度增大，所以在较低的温度下杂质半导体的电导率 σ 随温度升高而增大，$\ln\sigma$ 和 $1/T$ 成直线关系。一方面，在 n 型半导体中将施主电子激发进导带的能垒 $\Delta E = E_c - E_d$，所以 n 型半导体的 $\ln\sigma$-$1/T$ 曲线的斜率是 $-(E_c - E_d)/k$，其中，k 是玻耳兹曼常数。另一方面，对 p 型半导体，使一个电子激发进入受主能级形成一个空穴所需的能量 $\Delta E = E_a - E_v$，所以 p 型半导体的 $\ln\sigma$-$1/T$ 曲线的斜率是 $-(E_a - E_v)/k$。

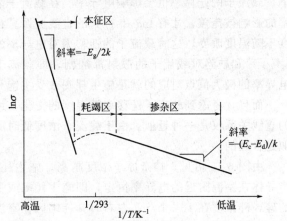

图 6-14 杂质半导体的电导率和温度的关系

当温度高到某一范围时，所有的掺杂原子都被离子化，此时温度升高不再能改变杂质半导体的载流子浓度。对 n 型半导体，在这一温度范围内所有的施主原子都已经失去电子变成了离子，即多余电子已被耗竭，全部变成自由电子，所以这一温度范围称为耗竭区。对 p 型半导体，由于在这一温度范围内所有的受主原子都已经接受了电子变成了离子并形成空穴，受主原子不再能接受电子，所以这一温度范围称为饱和区。由于载流子的浓度不再变化，处于耗竭区或饱和区的杂质半导体的电导率几乎是不随温度改变的。因此通过掺入一定浓度的掺杂原子，可获得在一定的温度范围内电导率近于恒定的半导体。

施主耗竭或受主饱和的温度范围随掺杂原子的浓度而改变，如图 6-15 所示。可见在低

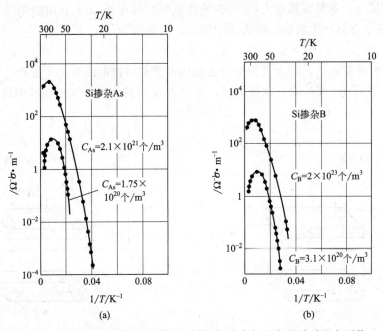

图 6-15 硅掺杂不同浓度的砷和硼时的电导率与温度的关系的实测值

(a) 掺杂砷，从 40K 的曲线斜率可得 $\Delta E = 0.048\text{eV}$；(b) 掺杂硼，从 50K 的曲线斜率可得 $\Delta E = 0.043\text{eV}$

温下电导率随温度升高而升高，这与理论推测一致。当温度达到施主耗竭区或受主饱和区，载流子浓度不再变化，电导率似应为常数。但由式（6-21）可知，在载流子浓度不变的情况下，载流子的迁移率也会影响电导率。在载流子浓度增大的情况下，载流子的迁移率对电导率的影响被掩盖，才有 $\ln\sigma$ 和 $1/T$ 的直线关系。在施主耗竭或受主饱和温度范围，载流子浓度不随温度改变，这时载流子的迁移率对电导率的影响便显现出来。随温度升高，晶格振动（声子）和缺陷对载流子的散射都加剧，即载流子的迁移率降低，所以电导率降低。因此，电导率的极大值点对应的就是施主耗竭或受主饱和的开始温度。

而且，考虑到载流子迁移率随温度的变化，可知在施主耗竭或受主饱和之前 $\ln\sigma$ 和 $1/T$ 的直线关系仅是一种近似。由于载流子浓度低时所受到的散射对迁移率的影响不大，这种近似是合理的。

由图 6-15 可见，掺杂原子浓度越高，施主耗竭或受主饱和的开始温度越高。一般希望半导体在室温附近的电导率恒定，即施主耗竭或受主饱和的开始温度在室温附近。对掺杂砷的硅，砷浓度在 10^{21} 个 $/\mathrm{m}^3$ 左右时其耗竭区在室温附近。

如果温度进一步升高，超过了施主耗竭或受主饱和温度区，由图 6-14 可见，杂质半导体的电导率又随温度升高而升高，且 $\ln\sigma$ 和 $1/T$ 之间又成直线关系，但其斜率比施主耗竭或受主饱和之前大得多。这是由于在这样的高温提供了足够高的激活能，使电子可以越过本征半导体的能隙 E_g，使本征传导成为主要传导方式。此时的曲线斜率变成了 $-E_g/2k$，当然比杂质传导时要大得多。杂质半导体应用的温度上限取决于本征传导变成主要传导方式的温度。对能隙为 1.14eV 的以硅为基的杂质半导体，杂质半导体应用的温度上限可达 200℃左右。

6.2.3　霍尔效应

将导体或半导体放置在磁场中通以垂直于磁场的电流，则导体或半导体内将产生一个与电流和磁场方向都垂直的电场，这一现象称为霍尔效应。如图 6-16 所示，导体或半导体处于 z 方向的磁场中，磁感应强度为 B_z；在导体或半导体中通以 x 方向的电流，其电流密度为 J_x；则会在 y 方向产生电场，称为霍尔电场，其强度为：

$$E_y = RJ_x B_z \tag{6-35}$$

式中，R 为霍尔系数，其含义为单位磁感应强度和单位电流密度所能产生的霍尔电场强度。由于 E_y、J_x、B_z 都是容易测量的量，所以 R 很容易通过下式由实验测得：

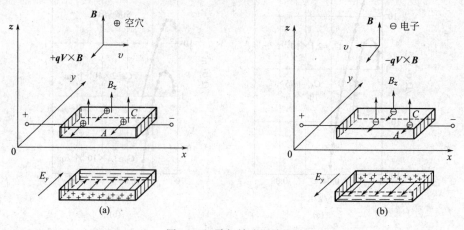

图 6-16　霍尔效应示意图

（a）p 型半导体的霍尔效应；（b）金属导体和 n 型半导体的霍尔效应

$$R = \frac{E_y}{J_x B_z} \tag{6-36}$$

下面以 p 型半导体为例说明霍尔效应的物理本质。p 型半导体的多数载流子为空穴，其浓度为 p。设在 x 方向的电场作用下空穴在该方向上的平均漂移速度为 v_x，则电流密度为：

$$J_x = pev_x \tag{6-37}$$

式中，e 为空穴的电量。如图 6-16(a) 所示，由于 z 方向的磁场的存在，沿 x 方向运动的空穴因受 $-y$ 方向的洛伦兹力作用而向该方向移动，从而使半导体的 $-y$ 端（A 面）积累了正电荷，$+y$ 端（C 面）积累了负电荷。由于两端的正负电荷积累而形成霍尔电场。当电场建立后，电场对空穴也有力的作用，其方向与洛伦兹力相反。当霍尔电场对空穴的作用力与洛伦兹力平衡时，两端的电荷浓度达到稳定值，此时有：

$$eE_y = ev_x B_z \tag{6-38}$$
$$E_y = v_x B_z \tag{6-39}$$

所以：

$$R = \frac{E_y}{J_x B_z} = \frac{v_x B_z}{pev_x B_z} = \frac{1}{pe} \tag{6-40}$$

由于空穴的电量是常数，霍尔系数仅与空穴密度有关。对 p 型半导体，霍尔系数为正。

由于 n 型半导体的多数载流子为电子，金属导体的载流子也是电子，其电荷符号与空穴相反，在电场作用下其漂移方向也与空穴相反。如图 6-16(b) 所示，n 型半导体和金属导体中的电子在磁场中受到的洛伦兹力也向 $-y$ 方向移动，结果形成的霍尔电场与 p 型半导体中的霍尔电场方向相反，由式(6-36) 可知，其霍尔系数也与 p 型半导体中的霍尔系数相反。与式(6-40) 相似，有：

$$R = -\frac{1}{ne} \tag{6-41}$$

式中，n 为自由电子（有效电子）密度；e 为电子电量。可见其霍尔系数为负值，其大小只与电子密度有关。

由式(6-40) 和式(6-41) 可知，可从霍尔系数的正负判断载流子的类型，并通过测量霍尔系数求出载流子的浓度 n 或 p。实际上，正是通过对霍尔效应本质的探索，人们确认了金属中确实存在自由电子，才开始逐渐揭示了导电的本质。另外，实验表明金属中也有 $R>0$ 的情形，即金属中不一定是简单的自由电子导电。例如，Zn、Fe 等金属因其能带结构复杂，可能由空穴控制传导。这一现象就是第 5 章所说的霍尔系数反常现象。对这一现象的揭示促进了量子理论的建立。

在目前的技术条件下，对硅材料通过霍尔效应可测量的最低杂质浓度在 10^{18} 个/m³ 的数量级，因为硅晶体的原子浓度（单位体积内的原子数）为 10^{28} 个/m³ 的数量级，其杂质浓度测量的相对精度可达 10^{-10} 的数量级，这是任何一种化学分析方法不能相比的。

此外，由于霍尔电场强度 E_y 正比于外磁场的磁感应强度，又正比于导体或半导体 y 方向两端的霍尔电压 V_y，而 V_y 是很容易精确测量的量，所以可以通过 V_y 的测量来测量磁感应强度。即利用霍尔效应制成磁强计。根据霍尔效应还可制成霍尔器件，用来制作非接触开关和传感器等，广泛应用于计算机和自动控制系统。

6.3　离子晶体的导电性

离子晶体的禁带宽度很宽，本征激发产生的电子和空穴浓度极低，由此产生的电导率可以忽略。但如果带电荷的离子能够脱离晶格束缚，就可在电场的作用下作定向移动，即离子成为载流子而传导电流。此时离子晶体的电导率虽然比典型的金属导体低得多，但仍可有某些应用。

离子晶体的导电可分为两种情况。一种情况是形成晶体点阵的基体离子或溶剂的离子由于热振动脱离周围离子的束缚而形成热缺陷，这种热缺陷无论是间隙原子（离子）还是空位都带电，可以成为载流子而在电场的作用下参与导电，这种机制的导电称为本征导电。另一种情况下参与导电的载流子主要是杂质（或溶质），因而称为杂质导电。一般情况下杂质离子与晶格的联系较弱，所以在较低温度下杂质的导电是主要的导电机制，而高温下本征导电才成为导电的主要机制。

6.3.1　离子导电的理论

离子类载流子在电场作用下在材料中进行长程迁移时，载流子一定是材料中最易迁移的离子。

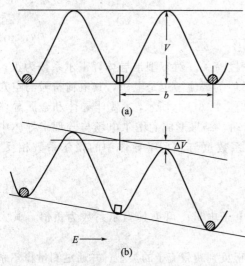

图 6-17　离子迁移时的势能与位置和电场的关系
(a) 无电场的情况；(b) 有电场的情况

例如，硅化物玻璃中可移动的载流子一般是 SiO_2 基体中的一价阳离子。在多晶陶瓷材料中，晶界碱金属离子的迁移是离子导电的主要机制。离子在晶格中迁移时的能量变化如图 6-17 所示。图 6-17(a) 是未加电场的情况，其中的 V 表示离子沿阻力最小的方向迁移所需越过的势垒。离子进行一维迁移越过势垒迁移的频率，即单位时间内的迁移次数 P 为：

$$P = \alpha \frac{kT}{h} \exp\left(-\frac{V}{kT}\right) \qquad (6\text{-}42)$$

式中，α 为与不可逆跳跃有关的适应系数；k 为玻耳兹曼常数；h 为普朗克常数；T 为热力学温度；kT/h 为离子在势阱中的振动频率。此时离子向不同方向的迁移频率是相等的，在任何方向上都没有净迁移。

以正离子迁移为例，当正离子处于外电场 E 中时，离子迁移的势能变化如图 6-17(b) 所示。沿电场方向势垒降低，而与电场相反方向势垒升高。所以沿电场方向和与电场相反方向离子的迁移难易不同，形成了沿电场方向的离子净迁移。如果势场的周期为 b，沿电场方向的势垒降低为：

$$\Delta V = \frac{1}{2} zeEb = \frac{1}{2} Fb \qquad (6\text{-}43)$$

式中，z 为离子的价数；e 为电子电量；F 为作用在离子上的电场力。所以离子沿电场方向的迁移频率为：

$$P^+ = \frac{1}{2} \alpha \frac{kT}{h} \exp\left(-\frac{V - Fb/2}{kT}\right) \qquad (6\text{-}44)$$

将式(6-42) 代入式(6-44) 有：

$$P^+ = \frac{1}{2} P \exp\left(\frac{Fb}{2kT}\right) \qquad (6\text{-}45)$$

同理，在与电场相反的方向上的迁移频率为：

$$P^- = \frac{1}{2} P \exp\left(-\frac{Fb}{2kT}\right) \qquad (6\text{-}46)$$

可见向电场正方向迁移的频率比向电场负方向迁移的频率大，因此存在一个沿电场正方向的净迁移，其平均迁移速度为：

$$\overline{v}=b(P^+-P^-)=\frac{1}{2}bP\left[\exp\left(\frac{Fb}{2kT}\right)-\exp\left(-\frac{Fb}{2kT}\right)\right] \tag{6-47}$$

如果温度足够高且电场足够强，则可形成明显的净迁移速度。

当电场强度较低，即 $Fb\ll2kT$ 时，有：

$$\overline{v}\approx\frac{b^2PF}{2kT} \tag{6-48}$$

如果电场足够强，使 $Fb\gg2kT$，则沿电场负方向的迁移频率很小，式（6-47）中的后一项可忽略，所以：

$$\overline{v}\approx\frac{1}{2}bP\exp\left(\frac{Fb}{2kT}\right) \tag{6-49}$$

在室温下，只有电场强度达到 1000V/m 以上时，Fb 才可与 kT 相比较，此时电流密度与电场强度成正比，即满足欧姆定律。电流密度为：

$$J=nze\overline{v} \tag{6-50}$$

式中，n 为离子密度，即单位体积内的离子数；z 为离子的价数；e 为电子电量。代入式（6-48）并考虑式（6-43），有：

$$J=\frac{nzeb^2PF}{2kT}=\frac{nzeb^2PzeE}{2kT}=\frac{nz^2e^2b^2PE}{2kT} \tag{6-51}$$

势垒可表示为：

$$V=\frac{\Delta G}{N_0} \tag{6-52}$$

式中，ΔG 为离子导电时的摩尔自由能变化，称为电导活化能；N_0 为阿伏伽德罗常数。将式（6-42）和式（6-52）代入式（6-51）有：

$$J=\frac{nz^2e^2b^2E}{2kT}\alpha\frac{kT}{h}\exp\left(-\frac{V}{kT}\right)=\frac{nz^2e^2b^2E\alpha}{2h}\exp\left(-\frac{\Delta G}{RT}\right) \tag{6-53}$$

式中，R 是气体常数。所以电阻率为：

$$\rho=\frac{E}{J}=\frac{2h}{nz^2e^2b^2\alpha}\exp\left(\frac{\Delta G}{RT}\right) \tag{6-54}$$

写成对数形式有：

$$\ln\rho=\ln\frac{2h}{nz^2e^2b^2\alpha}+\frac{\Delta G}{RT} \tag{6-55}$$

对电导率 σ 有：

$$\ln\sigma=\ln\frac{1}{\rho}=\ln\frac{nz^2e^2b^2\alpha}{2h}-\frac{\Delta G}{RT}=\ln\sigma_0-\frac{C}{T} \tag{6-56}$$

$$\sigma_0=\frac{nz^2e^2b^2\alpha}{2h} \tag{6-57}$$

$$C=\frac{\Delta G}{R} \tag{6-58}$$

即电导率和电阻率的对数都与 $1/T$ 成直线关系。对电阻也可以根据式（6-54）写成：

$$\lg\rho=\lg\frac{2h}{nz^2e^2b^2\alpha}+\frac{\Delta G}{RT}\lg e=A+\frac{B}{T} \tag{6-59}$$

$$A=\lg\frac{2h}{nz^2e^2b^2\alpha} \tag{6-60}$$

$$B = \frac{\Delta G}{R} \lg e \qquad (6-61)$$

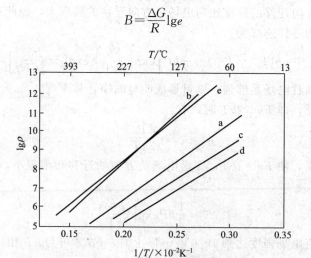

图 6-18　某些玻璃的电阻率与温度的关系

a—18Na$_2$O・10CaO・72SiO$_2$；b—10Na$_2$O・20CaO・70SiO$_2$；c—12Na$_2$O・88SiO$_2$；

d—24Na$_2$O・76SiO$_2$；e—硼硅酸玻璃（Pyrex）

　　图 6-18 和图 6-19 分别是实验测得的玻璃和氧化物陶瓷的电阻率或电导率与温度的关系。这两种曲线都能满足玻璃的经验电阻公式，即：

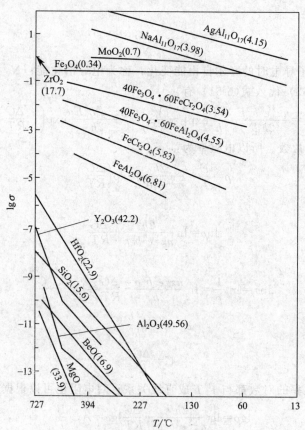

图 6-19　几种氧化物的电导率与温度的关系

（括号内为激活能，单位为 4.18kJ/mol）

$$\lg\rho = A_1 + \frac{B_1}{T} \tag{6-62}$$

式中，A_1、B_1 都是常数。可见实测结果与理论推导完全一致。如果从实验得到不同温度的电阻，从 $\lg\sigma$-$1/T$ 曲线的斜率就可根据式(6-61)得到离子导电过程中的自由能变化 ΔG。

由于：

$$\Delta G = \Delta H - T\Delta S \tag{6-63}$$

式中，ΔH 是焓变；ΔS 是熵变。代入式(6-56)可得：

$$\ln\sigma = \ln\frac{nz^2e^2b^2\alpha}{2h} - \frac{\Delta H - T\Delta S}{RT} = \ln\left[\frac{nz^2e^2b^2\alpha}{2h}\exp\left(\frac{\Delta S}{R}\right)\right] - \frac{\Delta H}{RT} \tag{6-64}$$

所以从 $\lg\sigma$-$1/T$ 曲线的斜率和截距也可得到离子导电过程中的焓变和熵变。

如果材料中有多种离子载流子共同参与导电，则有总电导率是所有 i 种载流子对电导率贡献的总和，即：

$$\sigma = \sum_i A_i\exp\left(-\frac{B_i}{T}\right) \tag{6-65}$$

由于离子的尺寸和质量都比电子大得多，它在固体中的运动方式是从一个平衡位置迁移到另一个平衡位置，因此，离子的导电实际上是离子在电场作用下的扩散现象。如果离子扩散系数高，则其电导率就高。可以推导出离子导电的电导率和扩散系数的关系，即能斯特-爱因斯坦（Nvernst-Einstein）方程为：

$$\sigma = D\frac{nq^2}{kT} \tag{6-66}$$

式中，D 为扩散系数；n 为载流子的体积浓度，即单位体积内的离子数；q 为离子的电荷量；k 为玻耳兹曼常数；T 为热力学温度。电导率可表示为：

$$\sigma = nq\mu \tag{6-67}$$

式中，μ 是离子的迁移率。可知离子的扩散系数为：

$$D = kT\frac{\mu}{q} \tag{6-68}$$

6.3.2 离子导电的影响因素

由式(6-56)可知，温度与离子导电的电导率成指数关系。由图6-19也可见，随温度升高该电导率增大。从该图还可见，Y_2O_3 和 Al_2O_3 的 $\lg\sigma$-T 曲线斜率有明显的转折点，说明离子迁移的能垒发生了变化。其原因在于低温区是易迁移的杂质离子引起的杂质导电，在高温区是本征导电。当然，其他导电机制的变化也会引起该曲线斜率的变化。例如，刚玉在低温下是杂质离子导电，而在高温下是电子导电。

离子的性质也会影响离子导电。例如，熔点高的离子晶体中离子间的结合力大，离子迁移的激活能高，电导率低。对碱卤化合物的研究发现，当负离子半径增大时，其正离子迁移的激活能显著降低。例如，NaF、NaCl、NaI 中正离子迁移的激活能分别为 216kJ/mol、169kJ/mol、118kJ/mol，所以其离子电导率依次升高。一价正离子尺寸小，荷电少，其迁移激活能低；而高价正离子与负离子的价键强，其迁移激活能高，使电导率低。

晶体结构也能影响离子晶体的导电性。如果晶体结构中有较大的间隙，离子易于移动，其迁移激活能就小，电导率就大。图6-20给出了不同尺寸的二价离子在 $20Na_2O \cdot 20MO \cdot 60SiO_2$（M=Be，Mg，Zn，Ca，Sr，Pb，Ba）玻璃中时对玻璃电导率的影响。可见 M^{2+} 的离子半径越大，电阻率越大。

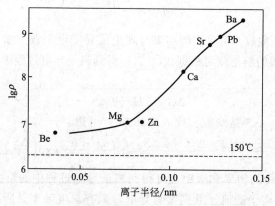

图 6-20　不同半径的二价离子对玻璃电阻率的影响

（其中水平虚线为 $20Na_2O \cdot 80SiO_2$ 玻璃的电阻率）

由于点缺陷是热力学平衡缺陷，离子晶体中也总是存在空位和间隙原子，即有肖特基缺陷和弗兰克尔缺陷。由于局部电中性的要求，纯净的离子晶体中的肖特基缺陷往往是一对正负离子的空位同时出现。当加入与基体价态不同的掺杂时，离子晶体中常常出现额外的点缺陷。如 ZrO_2 中掺杂了 Y_2O_3 时，必然形成氧空位。这些点缺陷也会明显影响离子晶体的导电性。

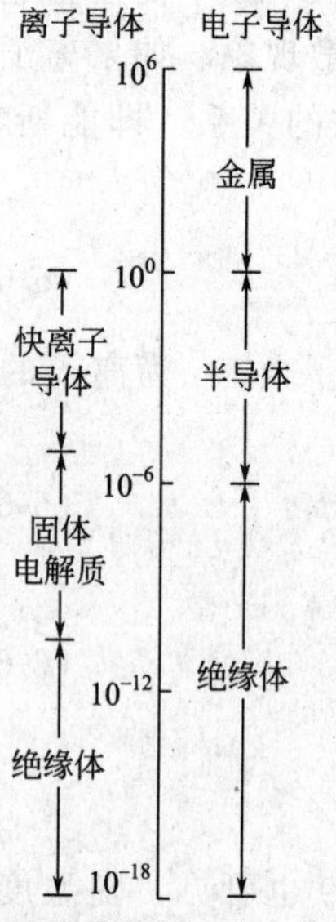

离子导体　电子导体

10^6

金属

10^0

快离子
导体

半导体

10^{-6}

固体
电解质

绝缘体

10^{-12}

绝缘体

10^{-18}

电导率/(S/m)

图 6-21　金属导体和
快离子导体的电导率

6.3.3　快离子导体

具有离子导电性的固体称为固体电解质。某些固体电解质的电导率比一般离子化合物的电导率高数个数量级，故将其称为快离子导体（fast ionic conductor，FIC）、最佳离子导体（optimized conductor）或超离子导体（superionic conductor）。图 6-21 给出了金属导体和快离子导体的电导率。图中中间的坐标轴上用对数坐标标出了电导率的范围，并在右侧给出了电子导体的电导率作对比。可见快离子导体的电导率与半导体的电导率相仿。

快离子导体主要有三大类：第一类为银和铜的卤族和硫族化合物，金属离子在这些化合物中的键合位置相对随意；第二类是具有 β-氧化铝结构的高迁移率的单价阳离子氧化物；第三类是具有氟化钙（CaF_2）结构的高缺陷浓度氧化物。表 6-2 给出了几种快离子导体的电导率和激活能。

表 6-2　几种快离子导体的电导率和激活能

材料	电导率/$\Omega^{-1} \cdot cm^{-1}$	激活能/eV	熔变/(kJ/mol)
α-AgI(146～555℃)	1(150℃)	0.05	4.807
Ag_2S(>170℃)	3.8(200℃)	0.05	4.807
CuS(>91℃)	0.2(400℃)	0.25	24.04
$AgAl_{11}O_{17}$	0.1(500℃)	0.18	17.31
β-氧化铝	0.35(300℃)	0.01	0.961
$ZrO_2 \cdot 10\%Sc_2O_3$	0.25(1000℃)	0.65	62.49
$Bi_2O_3 \cdot 25\%Y_2O_3$	0.16(700℃)	0.60	57.68

快离子导体中的载流子可为阳离子，也可为阴离子。例如，β-氧化铝（如 $Na_2O \cdot 11Al_2O_3$）是典型的阳离子导电，而用 CaO 稳定的 ZrO_2 几乎完全是阴离子导电。晶体结构的特征决定其导电的离子类型和电导率的大小。快离子导体的结构一般有如下四个特征：第一，晶体结构的主体是由一类占有特定位置的离子构成的；第二，具有大量空位，其数量远高于可移动的离子数；第三，亚晶格点阵之间有近乎相等的能量和相对较低的激活能；第四，在点阵间总是存在通路，使离子可沿有利的路径迁移。

某些快离子导体，特别是满足化学计量比的化合物，在低温下存在传导离子的有序结构，而在高温下亚晶格结构变为无序，如同液态的结构，离子迁移十分容易。对缺陷化合物甚至在低温下就可变为无序。

快离子导体可用于氧敏传感器、氧探测器、燃料电池和蓄电池的电极、透明电极、光电极等。例如，计算机显示器、荧光屏等都用 $SnO_2 \cdot In_2O_3$（ITO）导电膜作透明电极。而稳定化的立方氧化锆则用于制造氧敏探头，测量气体和熔融金属中的含氧量。例如，汽车中就用氧化锆氧敏元件监测排放尾气成分，使燃料和空气的比例调整到最佳值，以减少污染并提高燃烧效率。

6.4 超导电性

6.4.1 超导现象

1908 年荷兰的 Kamerlingh Onnes 得到了 1K 的低温，1911 年他在测量 Hg 在低温时的电阻时发现，在 4.2K 附近电阻突然降低到无法检测到的程度，如图 6-22 所示。某些导体在温度低于某特定温度时，电阻突然降为零的现象称为超导现象（superconductivity）。出现超导现象的最高温度称为该导体的超导转变温度或临界温度，以 T_c 表示。可以出现超导现象的导体称为超导体（superconductor）。超导态的电阻率小于目前可以检测到的最小电阻率 $10^{-23}\,\Omega \cdot m$，可以认为是零电阻。超导体的电阻率与温度的关系如图 6-23 所示。目前在大多数的金属中都发现了超导现象，在陶瓷和聚合物中也发现了超导现象。

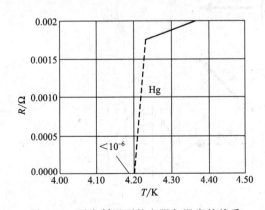

图 6-22　汞在低温下的电阻与温度的关系

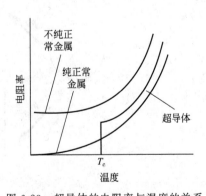

图 6-23　超导体的电阻率与温度的关系

由于电阻的消失，超导态的导体内是等电位的，其中没有电场，其中的电流将不衰减而持续流动。例如，在室温下将超导体置于磁场之中，降温到 T_c 以下使其进入超导态，然后将其从磁场中移开，则在超导体中会产生感生电流，这一电流将持续流动。伴随着零电阻，同时还会出现其他一些奇异的现象。

对处于超导态的超导体施加磁场，超导体中的磁感应强度为 0，即外加的磁场会被排斥在超导体之外，超导体是完全的抗磁体，这一现象称为迈斯纳（Meissner）效应，如图 6-24 所示。容易设想迈斯纳效应是零电阻效应在磁场中的表现。因为对超导态的超导体施加磁场时，材料中会出现感生电流。由于零电阻效应，材料中的感生电流产生的磁感应强度恰好可以抵消外磁场的磁感应强度。

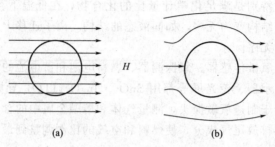

图 6-24　迈斯纳效应示意图
（a）正常态（$T>T_c$）；（b）超导态（$T<T_c$）

但迈斯纳效应是和过程无关的，如图 6-25 所示。将正常态的超导材料降温到 T_c 以下使之进入超导态，再施加外磁场 H，则超导体中的磁感应强度为 0，即如图 6-25 中（a）→（b）→（c）所示的过程导致了迈斯纳效应。如果将正常态的超导体先置于外磁场 H 中，然后将其降温到 T_c 以下，由于降温过程中穿过超导体的磁通密度不变，超导体中不会有感生电流，所以对正常的导电状态，应该出现图 6-25 中（a）→（d）→（e）所示的现象，即出现超导态后超导材料中有磁感应强度，不出现迈斯纳现象。但实验证明，实际出现的是图 6-25 中（a）→（d）→（c）所示的现象，在超导体中仍然没有磁感应强度，即仍然出现迈斯纳现象。所以迈斯纳现象是独立于零电阻现象的，是超导态的另一个重要特征。

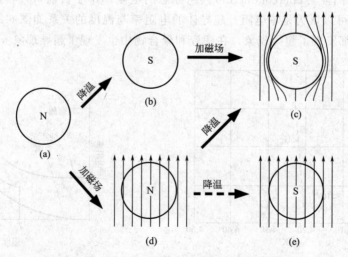

图 6-25　迈斯纳效应与过程无关的实验证明
（a）$T>T_c$，$H=0$；（b）$T<T_c$，$H=0$；（c）$T<T_c$，$H>0$；（d）$T>T_c$，$H>0$；（e）$T<T_c$，$H>0$

实际上，磁场产生的磁感应强度并不是在超导体表面突然降为 0，而是以一定的穿透深度（纳米数量级）按指数规律递减至 0。

在 T_c 以下，对某些超导态的材料施加外磁场，当外磁场强度增至某一临界值 H_c，磁化强度 M 突然降至 0，使材料中出现磁感应强度，即迈斯纳效应突然消失，如图 6-26 所示，超导态被破坏，转至正常传导，这类超导体称为第 I 类超导体。H_c 称为临界磁场强度。V、Nb、Ta 以外有超导性质的金属都是第 I 类超导体。临界磁场强度随温度的升高而降低，至 T_c 时降低到 0，其表达式为：

$$H_c = H_0 \left[1 - \left(\frac{T}{T_c} \right)^2 \right] \tag{6-69}$$

式中，H_0 是 0K 时的临界磁场强度。图6-27 给出了部分第

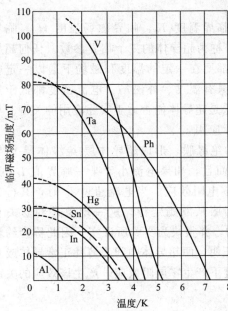

图 6-27 部分第 I 类超导体的临界磁场强度与温度的关系

图 6-26 第 I 类超导体的磁化行为

I 类超导体的临界磁场强度与温度的关系。在图中只有处于曲线的左下部才能出现超导态，其右上部则处于正常态。可见临界温度以下只是出现超导态的必要条件，而非充分条件。

另一类超导体的磁化行为如图 6-28 所示。在 T_c 以下，对这类超导态的材料施加外磁场，当外磁场强度增至某一临界值 H_{c1} 时，材料的磁化强度开始降低，使材料中出现磁感应强度，但迈斯纳效应只部分消失，部分超导态被破坏，转至正常传导。外磁场强度越高，超导态被破坏得越多，当外磁场强度达到另一临界值 H_{c2} 时，超导态被完全破坏，材料内的磁化强度变为 0。这类超导体称为第 II 类超导体。H_{c1} 和 H_{c2} 分别称为上临界磁场强度和下临界磁场强度。V、Nb、Ta 以及合金和化合物超导体都是第 II 类超导体。

第 II 类超导体的超导态相图如图 6-29 所示。H_{c1} 和 H_{c2} 也都随温度升高而降低。当磁场强度超过 H_{c2} 时为正常传导状态，当磁场强度低于 H_{c1} 时为超导态。当磁场强度在 H_{c1} 和 H_{c2} 之间时为混合态。在混合态，材料的部分区域是超导态，部分区域是正常态，但材料仍具有零电阻效应。随外磁场的升高超导态区域变小，直到 H_{c2} 正常态的区域相互接触，整个材料都

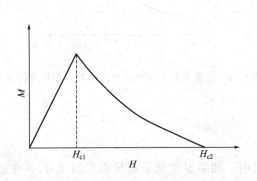

图 6-28 第 II 类超导体的磁化行为

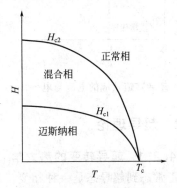

6-29 第 II 类超导体的超导态相图

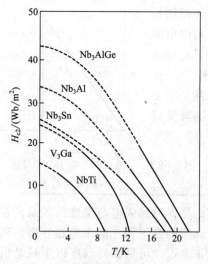

图 6-30　部分第Ⅱ类超导体的
临界磁场强度与温度的关系

转变成了正常态。图 6-30 是部分第Ⅱ类超导体的临界磁场与温度的关系。由于磁场强度超过 H_{c2} 时零电阻效应才消失，所以图中仅给出了 H_{c2}。

由于零电阻效应的存在，按欧姆定律超导态的电流不仅不衰减，而且是无穷大的。但实际上并不如此，因为超导体在电流通过时也产生磁场，当电流产生的磁场与外磁场之和超过临界磁场强度 H_c 时，超导态被破坏，此时的电流密度 J_c 称为临界电流密度。随外磁场的升高，J_c 降低，当外磁场为 0 时，J_c 最大。所以临界电流密度是保持超导态的最大电流密度。

通常把临界温度 T_c、临界磁场强度 H_c、临界电流密度 J_c 称为超导体的三个临界参数。任何超导体在使用时都要在一定的温度和磁场下通以一定密度的电流。只有温度、外磁场、电流密度都低于这三个临界值才能处于超导态，所以这三个参数的高低是超导体能否适于实际应用的关键。早期的超导体这三个临界参数都低，所以限制了其实际应用。

如图 6-31 所示，在两超导体之间夹 1nm 尺寸的绝缘膜，形成超导体层-绝缘体层-超导体层的结构，由于隧道效应，电流可流过绝缘体。而且，如果电流小于某一临界值 I_c 时，两侧的超导体层之间没有电压，即整个结构显示出零电阻效应。当电流超过 I_c 时，其行为与正常传导行为相同，电压与电流成正比关系，即服从欧姆定律。这一现象是约瑟夫森（Josephson）在 20 世纪 60 年代从理论上先预言了的，并很快为实验所证实，因此称为约瑟夫森效应。这种结构称为约瑟夫森结。后来的实验证明，两超导体中间为薄片正常导体或真空也可发生约瑟夫森效应，即也可在一定的电流密度下产生零电阻效应。产生该效应的关键是两超导体间为弱连接。

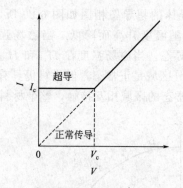

图 6-31　超导隧道效应的电流与电压特性

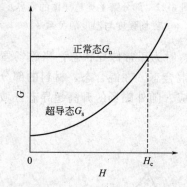

图 6-32　正常态和超导态的自由能与磁场强度的关系

6.4.2　超导理论

6.4.2.1　超导转变的热力学

从正常态到超导态是一种相变。理论推导表明，如果温度低于超导临界温度 T_c，在磁场存在的情况下，正常态和超导态的自由能随磁场强度的变化如图 6-32 所示。正常态的自由能不随外磁场变化，是一个常数。而超导态的自由能随磁场强度的降低而降低。在临界磁场强度 H_c，二者的自由能相等。而在低于 H_c 的磁场强度下，超导态的自由能 G_s 低于正常态的自由能 G_n，所以体系自发向超导态转化。

热力学推导还表明，在 T_c 以下的温度，磁场强度不变的情况下，正常态的熵 S_n 高于超导态的熵 S_s。实验也证明了这一点，图 6-33 是实验测得的锡在正常态和超导态的熵与温度的关系。可见超导态比正常态更有序。所以从正常态转变为超导态是由一种无序的高能态向有序的低能态"凝聚"的过程。晶体结构分析表明，超导态和正常态的晶体结构没有可察觉的差别。德拜温度的测量也没有发现转变前后有明显的变化，说明晶格振动在两相基本相同。到底是什么方面出现了有序度的变化呢？人们猜测从正常态凝聚到超导态时，电子的有序度发生了变化。

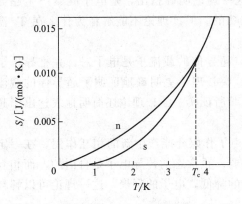

图 6-33 锡在正常态（n）和超导态（s）的熵与温度的关系

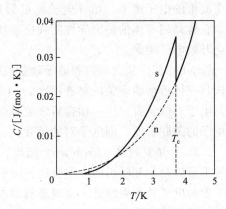

图 6-34 锡在正常态（n）和超导态（s）的比热容与温度的关系

从自由能和熵的变化可推知，在磁场存在的情况下，由正常态到超导态的转变有潜热放出，所以这种转变是一级相变。

在无磁场存在的情况下，可以推导出，在 $T = T_c$ 时，比热容有突变。实验也证明了这一点。图 6-34 是实验测得的锡正常态和超导态的比热容与温度的关系。其中正常态在 $T < T_c$ 时的比热容是在高于临界磁场强度 H_c 的磁场下用量热法测定的。比热容的突变和转变时没有潜热，可推知在无磁场的条件下的超导转变是二级相变。

6.4.2.2 超导转变的机理

尽管从超导现象发现至今已超过 100 年，但关于超导的机理至今没有令人信服的解释。人们先后提出了二流体理论、London 理论、G-L（Ginzburg-Landau）理论、BCS 理论等不同的理论和模型，都能解释部分超导现象，但任何一种模型都不能解释超导的全部现象。

热力学的研究结果已经表明，磁场下从正常态到超导态的相变是一级相变，无磁场时为二级相变。由于相变前后未观察到晶体结构和晶格振动的变化，推测超导相变是由电子的行为引起的。

实验观测到超导体有"同位素效应"，即某超导体样品的临界温度与它的同位素原子量的平方根成反比。因为原子振动的频率与原子量的平方根成反比，据此推测晶体离子虽然不是载流子，但它们的振动（声子）可能参与了超导转变过程。即同位素效应显示了超导体中的电子行为和声子之间有密切的联系。

相变潜热的放出表明，超导态和正常态的电子能量有跃变，即超导态与正常态之间有能隙。超导态的能量低于正常态，超导态处于能隙底部，是基态；正常态在能隙的上部，是激发态。用不同频率的光子照射超导体时，从超导体吸收的光子频率（能量）就可以测出超导体能隙的大小。实验测定表明，这一能隙是 kT_c 的数量级，其中，k 为玻耳兹曼常数。按 $T_c=4K$ 计算，能隙在万分之一电子伏的数量级。而正常传导的传导电子的能量是费米能 E_F 的数量级，在 1eV 的数量级上。所以超导相变前后电子的能量只变化了原来的万分之一左右，这是不容易理解的。但声子的能量恰是这一数量级。这又证明了声子与超导相变有密切的联系。

早期提出的二流体理论认为，超导体中的电子分为超导电子和正常电子。超导态的出现是由于正常态中的一部分电子凝聚成超导电子引起的。在 T_c 温度这种凝聚开始，温度降低发生凝聚的电子增多。超导电子能量低且有序。这一理论明确指出，是电子凝聚产生超导态，在解释超导体的热力学性质和电磁性质上是成功的。但该理论不能解释为什么在 T_c 温度会开始电子凝聚。

London 理论从波函数和电子动量的推导预言，超导体的载流子是电子对，并推导出了不同超导体迈斯纳现象的穿透深度 $\lambda \approx 10 \sim 100nm$。G-L 理论更明确地证明了超导体的载流子是电子对的预言。这一预言后来被磁通量子化实验所证实。G-L 理论还简明地表达出了超导电子的关联长度，即电子对的尺寸。

1950 年弗罗列希（Frohlich）指出，电子间经声子作媒介能产生新的相互作用，在一定条件下可以是相互吸引的，尽管这种吸引可能很微弱。正常态的传导电子是自由的，而相互吸引着的电子处于束缚态。束缚态的形成就是能量的降低，电子的凝聚。这一理论可以解释超导体的同位素效应。

超导体中电子间的相互作用过程可作如下描述：电子周围的带正电荷的晶格会由于与电子的库仑作用而被扰动——电子发射了声子。假设电子 1 发射了声子，晶格波动将扰动传播出去使该扰动有可能影响其他电子，如电子 2。就是说，电子 2 的运动受到了电子 1 的影响，传递这一影响的媒介是声子。两个电子 1 和 2 通过声子有一定的动量和能量交换，当声子在传播过程中被电子 2 吸收时，电子 2 就获得了动量和能量。按动量和能量守恒定律，电子 1 损失了同样的动量和能量。

按照量子理论，费米面附近的任意两个自由电子 1 和 2，如果其动量大小相等方向相反，自旋方向相反，且其能量满足 $E_1 - E_2 < k\theta_D$（其中，k 为玻耳兹曼常数，θ_D 为德拜温度），则它们是相互吸引的，否则就相互排斥。1956 年 Cooper 证明费米面附近能量分别为 E_1、E_2 的任意两个电子 1 和 2，只要它们有相互吸引作用，不论其作用多么弱或来自何种机制，都要形成束缚态。这样的处于束缚态的电子的总能量就略小于 $E_1 + E_2$。这样一对能量和费米能相近，动量大小相等方向相反，自旋方向相反，相互束缚在一起的电子称为库帕（Cooper）对。两个电子形成库帕对后降低了总能量，这种束缚态就是稳定的。大量自由电子形成库帕对后，超导态就变成了稳定态，正常态变成了不稳定态。

用量子力学的测不准关系可证明库帕对中两个电子的相互作用距离随超导体不同而异，一般在 $1 \sim 100nm$ 的数量级。也就是说，库帕对的电子之间可以有几十个甚至上百个原子，从微观尺度上讲距离是很大的，所以电子间的作用非常微弱。库帕对中两电子的总轨道动量和总自旋动量都是 0，也就是说，尽管库帕对中两个电子的运动速度都在费米速度附近，但它们的质心是不动的。库帕对电子比两个自由电子更有序。但这种有序是方向上的有序。它们总是面对面地移动，围绕着它们的质心旋转，所以可以说成是运动有序。

1957 年，J. Bardeen、L. N. Cooper 和 Schrieffer 共同提出了 BCS 理论，用库帕对解释了超导现象。当大量自由电子形成库帕对降低体系总能量时，超导态是稳定态。由于电子是通过吸收和发射声子形成库帕对的，声子的平均能量约是 $k\theta_D$，所以与费米能相差小于 $k\theta_D$ 的电子可形成库帕对，所说的"费米能附近"就是这个含义。从理论和实验结果都可以得到一定温度下库帕对形成引起的单位体积材料的总能量降低值，将其称为凝聚能密度。可以证明在 $T = T_c$ 时凝聚能密度为 0。随温度降低，凝聚能密度增大，凝聚到超导态的电子数增多。在绝对零度费米面附近的电子全部形成库帕对。这就解释了超导相变的原因，并可计算超导临界温度 T_c。

BCS 理论对零电阻效应的解释如下。正常传导的电阻来源于载流子受到散射而损失了能量，要维持恒定电流就需要外电场做功。但同时晶格却从散射过程中获得了能量，即焦耳热。在超导态下，组成库帕对的电子也不断地被散射，但这种散射不影响库帕对的质心动量，只是使库帕对得以维持。所以电流通过超导体时库帕对的定向匀速运动不受阻碍，电子的能量无损失，也就没有电阻。

改变库帕对质心动量的散射才会呈现电阻，这种散射是一种拆散库帕对的散射。拆散库帕对需要能量。在电流密度低时无法提供拆对的能量，所以能改变库帕对总动量的散射被完全制止。换句话说，和正常态导体中的自由电子不同的是，超导态库帕对电子受到声子散射后又同时吸收了同样的声子，电子能量无损失，不需要外电场做功补偿能量和动量，所以没有电阻。

BCS 理论几乎解释了当时发现的所有超导现象，因此获得了广泛的认可和应用。但从该理论通过严密计算得到所有超导体的临界温度 T_c 不超过 30K，而现在已经研制出 T_c 高于 160K 的高温超导材料，所以 BCS 理论必然存在某种缺陷。目前的理论根本不能预测 T_c 的极限，对更高温超导材料的开发缺乏理论的指导。一些科学家认为，量子理论对超导解释的缺陷孕育着新的理论的出现，可能带来科学的巨变。

6.4.3 超导研究的进展及其应用

超导的应用基于超导的零电阻性、完全抗磁性和约瑟夫森效应。目前的应用主要集中于利用其强大的电流磁场和约瑟夫森效应。用于前一种场合的超导材料称为强电超导材料，用于后一种场合的只涉及小电流和弱磁场，称为弱连接超导材料或超导材料。

目前应用得最多的超导器件是约瑟夫森器件。约瑟夫森结对磁场极为敏感，很弱的磁场就可以使通过结的电流从最大变到最小，利用其对磁通极度敏感的特性制成超导量子干涉器件（SQUID）可探测微弱的电磁信号。日本用 SQUID 制成的高灵敏的超导磁性传感装置成功地用于探测脑声刺激的反应，能探测人脑产生的 11×10^{-15} T 的超微弱磁场，该磁场仅为地磁场的十亿分之一。美国以 4 个铅膜-氧化铅膜-铅膜做成的 S-I-S 型约瑟夫森结为核心部件制成了目前最准确的电压标准仪器，这种结性能稳定，已经在美国国家计量局作为电压标准使用了几十年。

强电超导材料目前主要用于产生强磁场。利用该磁场可实现磁悬浮，超导磁悬浮如图 6-35 所示。图中的圆环是永磁体，下面是放在容器中的超导体，注入制冷剂后达到超导态，出现抗磁性，产生斥力使永磁体悬浮。我国已经开通世界上第一列超导磁悬浮列车，该列车导轨是钕铁硼

图 6-35　超导磁悬浮

永磁体，车上用我国自行研制的 340 块超导材料 Y123。但由于制造和运行成本的问题，超导磁悬浮列车还不能达到商业上的成功。

目前超导发电机也已制造成功。从 1960 年起人们就开始研制超导电缆，用于输电可望淘汰变电系统，但至今尚无工业规模的应用。

超导大规模应用的主要障碍在于 T_c 低，超导器件必须在低温下才能运行。为提高 T_c，人们一直在进行积极的探索。图 6-36 给出了超导转变温度 T_c 提高的进程。1986 年 IBM 公司苏黎世实验室的 Muller 和 Bednorz 研制出了金属氧化物超导体，是高温超导体研究的重大突破。1987 年我国的赵忠贤和陈立泉等获得了第一块 T_c 在液氮温区的超导材料。2001 年已有关于 C_{60}/BrH_3 有机超导体的 T_c 达到 117K 的报道。

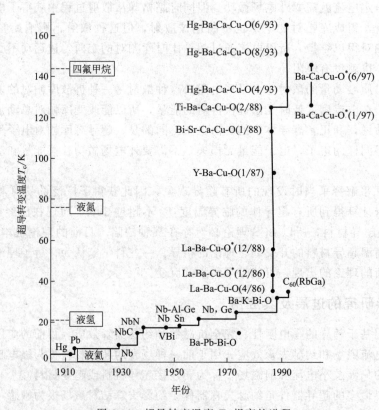

图 6-36　超导转变温度 T_c 提高的进程

然而目前获得应用的强电超导体一般还是 T_c 较低的合金超导体。这是因为这类超导体稳定且容易加工成形。高温超导体不稳定，即在一定的电流和磁场中很小的扰动就可使超导态转变为正常态。某些 T_c 在 100K 以上的超导材料经过数次反复相变，甚至仅仅放置数小时就可能使超导性能消失。虽然目前已经能够容易地制造出超导薄膜，也可以制造出数千米长的超导导线，但高温超导体一般是陶瓷，难于制成线材。

另外，超导体的应用还受临界电流密度和临界磁场强度的限制，因此不能应用到极大的电流或磁场的情况。超导体与正常导体的连接也比较困难。由于超导的理论不完善，现在难于预料超导临界参数的极限。能否获得 T_c 高于室温的超导体也是不能预料的。因此人们研究室温超导体的努力前途未卜。理论的不完善也使研制临界参数更高的超导材料的努力目标不明确。因此超导理论研究也是超导应用的重要障碍。

6.5 热电效应

热电效应是人们熟知的，即通电的导体可产生焦耳热。热电效应的逆效应是否存在？也就是说，能否将热能直接转换成电能？理论和实验事实均证明这种转换确实存在。

6.5.1 热电势

实验证明，如果导体或半导体两端有温差，则这两端存在电势差，这一电势差称为热电势。热电势产生的原因可从图 6-37 说明。这里假设多数载流子是电子。处于高温的热端的电子能量高，而处于低温的冷端的电子能量低，所以电子自发地向能量低的冷端移动，形成冷端为负、热端为正的电场，即在热端和冷端之间形成了电势差。流向冷端的电子数越多，热电势越大。但电场的形成抑制电子进一步向冷端流动，促使电子向热端流动。最终电子向热端的移动和向冷端的移动建立了平衡，平衡时热端和冷端之间有一定的热电势。多数载流子是空穴的情形与此类似。

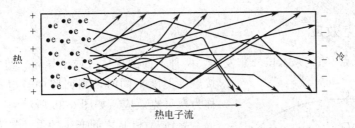

图 6-37　温差产生热电势的过程示意图

很显然，热电势随温差的增大而增大。不同材料在相同的温差下可获得的热电势的大小也不同。定义材料在单位温差下所能产生的热电势的大小 S 为材料的绝对热电系数（绝对塞贝克系数），即：

$$S = \frac{\mathrm{d}V}{\mathrm{d}T} \tag{6-70}$$

式中，V 为热电势；T 为温度。Mott 和 Jones 用量子力学推导出高温下的热电系数为：

$$S = \frac{\pi^2 k^2 T}{3e}\left[\frac{\partial\left[\ln\sigma(E)\right]}{\partial E}\right]_{E=E_F} \tag{6-71}$$

式中，k 为玻耳兹曼常数；e 为电子电量；σ 为电导率；E 为能量；E_F 为费米能。表 6-3 给出了一些元素的绝对热电系数。

表 6-3　一些元素的绝对热电系数

温度/K	绝对热电系数/$(\mu V/℃)$						
	Cu	Ag	Au	Pt	Pd	W	Mo
100	1.19	0.73	0.82	4.29	2.00		
200	1.29	0.85	1.34	−1.27	−4.85		
273	1.70	1.38	1.79	−4.45	−9.00	0.13	4.71
300	1.84	1.51	1.94	−5.28	−9.99	1.07	5.57
400	2.34	2.08	2.46	−7.83	−13.00	4.44	8.52
500	2.83	2.82	2.86	−9.89	−16.03	7.53	11.12

温度/K	绝对热电系数/(μV/℃)						
	Cu	Ag	Au	Pt	Pd	W	Mo
600	3.33	3.72	3.18	−11.66	−19.06	10.29	13.27
700	3.83	4.72	3.43	−13.31	−22.09	12.66	14.94
800	4.34	5.77	3.63	−14.88	−25.12	14.65	16.13
900	4.85	6.85	3.77	−16.39	−28.15	16.28	16.68
1000	5.36	7.95	3.85	−17.86	−31.18	17.57	17.16
1100	5.88	9.06	3.88	−19.29	−34.21	18.53	17.08
1200	6.40	10.15	3.86	−20.69	−37.24	19.18	16.65
1300	6.91		3.78	−22.06	−40.27	19.53	15.92
1400				−23.41	−43.30	19.60	14.94
1600				−26.06	−49.36	18.97	12.42
1800				−28.66	−55.42	17.41	9.52
2000				−31.23	−61.48	15.05	6.67
2200						12.01	4.30
2400						8.39	2.87

6.5.2 塞贝克效应

1821 年塞贝克（T. J. Seebeck）发现，两种不同的导体（或半导体）组成回路时，若两接触处温度不同时，则回路中有电动势。这种现象称为塞贝克效应，如图 6-38 所示。

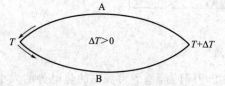

导体 A 和 B 之间产生的电动势为：

$$\Delta E_{AB} = S_{AB}\Delta T \tag{6-72}$$

$$S_{AB} = S_A - S_B \tag{6-73}$$

图 6-38　塞贝克效应示意图

式中，S_{AB} 为导体 A、B 间的相对塞贝克系数；S_A、S_B 分别为导体 A、B 的绝对塞贝克系数；ΔT 为温差。由式(6-73)可知，若以同种材料组成回路，则产生的热电势相互抵消，无热电流产生。所以要获得热电势，一定要用不同的导体或半导体形成回路，这种由不同导体组成的回路称为热电偶。

塞贝克效应的主要应用是用来测温。由式(6-72)可知，热电偶上的电动势与其相对塞贝克系数成正比，因此可通过测量热电势来测量温度。由表 6-3 可见，元素的绝对热电系数都在几十微伏每摄氏度数量级，因此用纯单质制成的热电偶，即使温度变化 1000℃，其热电势的变化也不过几十毫伏。用纯单质制成的热电偶热电势较小，可能影响温度的测量精度，因此要求制造热电偶的材料具有大的热电系数。由表 6-3 还可见，在不同的温度范围元素的绝对热电系数不是常数，因此要求制造热电偶的材料的热电势与温度有良好的线性关系。此外，作为传感元件要求制造热电偶的材料的热电势稳定，具有良好的重现性。表 6-4 列出了一些常用热电偶的国际标准化电极材料的成分和使用温度。代号中的 P 表示正极材料，N 表示负极材料。

R 型热电偶（常称为 PtRh-Pt 偶）抗氧化性能强且稳定，用作确定国际实用温度刻度 630.74℃ 到金的熔点 1064.43℃ 的工具，也常用于高温测量。但由于成本较高，其使用受到限制。K 型热电偶（常称为 NiCr-NiAl 偶）常用于中温测量。低温测量常用 T 型热电偶

（常称为铜-康铜偶）和 J 型热电偶（常称为铁-康铜偶）。更高温度的测量可用钨-铼热电偶，在惰性气体或干燥氢气中其使用温度可达 2760℃，短时间可至 3000℃。

表 6-4　常用热电偶的国际标准化电极材料的成分和使用温度

型号	正电极材料		负电极材料		使用温度范围/K
	代号	成分	代号	成分	
B	BP	Pt70Rh30	BN	Pt94Rh6	273～2093
R	RP	Pt87Rh13	RN	Pt100	223～2040
S	SP	Pt90Rh10	SN	Pt100	223～2040
N	NP	Ni84Cr14.5Si1.5	NN	Ni54.9Si45Mg0.1	3～1645
K	KP	Ni90Cr10	KN	Ni95Al2Mn2Si1	3～1645
J	JP	Fe100	JN	Ni45Cu55	63～1473
E	EP	Ni90Cr10	EN	Ni45Cu55	3～1273
T	TP	Cu100	TN	Ni45Cu55	3～673

塞贝克效应还可用来进行温差发电。与一般的发电方式相比，这种发电方法的效率低且成本高，因此未得到广泛的应用。但这种发电装置的结构简单、体积小，在特殊的场合，如高山上、南极、月球和太空中，有其独特的优势。为获得大的热电效率，目前已经使用和正在开发的热电材料都是半导体，主要有以下三类：在低温区（300～400℃）采用 Bi_2Te_3、Sb_2Te_3、$HgTe$、Bi_2Se_3、Sb_2Se_3、$ZnSb$ 以及它们的复合体；在中温区（400～700℃）采用 $PbTe$、$SbTe$、$Bi(SiSb)_2$、$Bi_2(GeSe)_3$；在高温区（≥700℃）采用 $CrSi_2$、$MnSi_{1.73}$、$FeSi_2$、$CoSi$、$Ge_{0.7}Si_{0.3}$、$\alpha-AlBi_2$。目前实用的温差发电装置的转换效率已经达到 12% 以上。

6.5.3　珀耳帖效应

1834 年珀耳帖（J.C.A. Peltier）发现，将不同的导体组成回路并通以电流时，在导体的两接头处，一端吸热，一端放热，出现温差。这种现象称为珀耳帖效应，如图 6-39 所示，A 和 B 是两种导体，通电后一端温度升高，而另一端温度降低，且电流方向相反时，吸热端和放热端也相反。后来的研究发现，导体与半导体或两种半导体之间连接后也会出现珀耳帖效应。

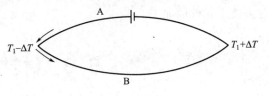

图 6-39　珀耳帖效应示意图

珀耳帖效应是塞贝克效应的逆过程，其实质也是电能与热能之间的转换，但不同于焦耳热。焦耳热是向环境放热，而珀耳帖热是在导体或半导体内部各部分之间形成温差，即电流使导体或半导体内部各部分之间形成热流，热流从冷端不断流向热端，使其内部温度重新分布。

当电流通过时形成放热端和吸热端正好可以满足制冷的要求，所以珀耳帖效应被用来制成热电制冷元件（通常称为电子制冷）。在含氟利昂的压缩机制冷剂引起的环境问题逐渐严重的今天，这一制冷方法日益得到重视，且已经得到了实际应用。但通常的金属导体塞贝克系数低，制冷效率很低，因此实用的电子制冷装置都是用半导体，图 6-40 是电子制冷装置的原理。

应该指出的是，实际热电制冷装置中的 n 型半导体和 p 型半导体不是直接连接的，而是

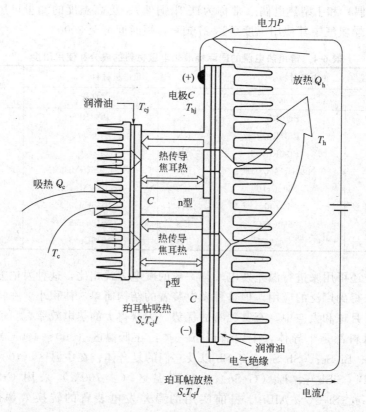

图 6-40　电子制冷装置的原理

通过金属电极连接的。可以推导，热电偶中接入两端无温差的中间导体时，由于中间导体不产生热电势，中间导体的存在不影响热电偶的热电势，这称为中间导体定律。在热电制冷装置中，由于金属电极两端不存在温差，其存在不影响制冷效率，但提高了元件的吸热面积，并方便了元件的加工。

6.6　材料的介电性能

在普通物理中我们已经知道通过在电容器的极板间加入电介质来提高其电容。电介质必须是绝缘体。在电子和电气行业中除了应用导体和半导体外，绝缘材料也是不可缺少的。这种主要应用材料的介电性能的材料称为介电材料。本节讨论介电材料的性质及其应用。

6.6.1　电介质的极化

6.6.1.1　极化的概念

由于内部的能带结构不同，固体材料对外电场存在两种不同的响应：一种材料中有较大的载流子浓度，载流子在外电场的作用下作长程定向迁移，这是导体或半导体中的情形；另一种材料中载流子的浓度很低，在外电场的作用下一般看不到宏观的载流子长程定向迁移，但会沿电场方向产生电偶极矩或发生原来电偶极矩在外电场作用下改变，称为极化，这是绝缘体的特征。所谓电介质就是在外电场作用下可以产生极化的物质。

如图 6-41 所示，在普通物理中已经知道真空平板电容器存储的电量为：

$$Q = qA = \varepsilon_0 EA = \frac{\varepsilon_0 AV}{d} \qquad (6\text{-}74)$$

式中，q 为单位面积的电荷数，即电荷密度；A 为平板的面积；E 为电场强度；ε_0 为真空中的介电常数；d 为平板间距；V 为平板间的电压。所以真空平板电容器的电容为：

$$C_0 = \frac{Q}{V} = \frac{\varepsilon_0 VA}{Vd} = \frac{\varepsilon_0 A}{d} \qquad (6\text{-}75)$$

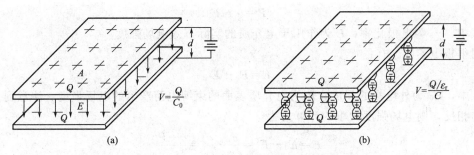

图 6-41　平板电容器的极化过程示意图
(a) 真空平板电容器的充电；(b) 平板之间加入电介质后的极化

法拉第（M. Faraday）发现，将一种绝缘体（电介质）材料插入两极板之间时，电容器的电容增加。此时的电容为：

$$C = \varepsilon_r C_0 = \frac{\varepsilon_r \varepsilon_0 A}{d} = \frac{\varepsilon A}{d} \qquad (6\text{-}76)$$

式中，ε_r 为该材料的相对介电常数；ε 为材料的介电常数，$\varepsilon = \varepsilon_r \varepsilon_0$。电容增加的原因是电介质在电场中产生了极化。如图 6-41 所示，在外电场作用下，正极板附近的电介质感生出负电荷，负极板附近的电介质感生出正电荷。这种感应出的表面电荷不像导体中的自由电荷那样可以作长程的宏观运动，所以也称为束缚电荷。这种电介质在外电场作用下产生束缚电荷的现象称为电介质的极化。极化产生了一个和外电场相反的电场，使电介质中的实际场强比外电场小，从而引起电荷的存储能力增加，即电容增加。

6.6.1.2　与极化相关的物理量

根据电介质分子的结构，可将电介质分为两大类：极性分子电介质和非极性分子电介质。前者在没有外电场作用时，分子中正、负电荷的统计重心不重合，分子中存在电偶极子，如 H_2O、SO_2、H_2S、NH_3、CO 分子等；后者在没有外电场作用时，分子中正、负电荷的统计重心重合，分子中不存在电偶极子，如 H_2、N_2、CH_4 分子等。

极性分子的电偶极子的偶极矩为：

$$\mu = ql \qquad (6\text{-}77)$$

式中，q 为分子中正、负电荷重心所含的等效电量；l 为正、负电荷重心的距离。在外电场作用下，这一分子中固有的电偶极矩会发生改变，使之趋向于外电场的方向。如果某分子的电偶极矩恰好与外电场相同或相反，则正、负电荷重心距离将被拉长或缩短。这种极性分子在外电场作用下的电偶极矩的改变，称为极性分子电介质在外电场下的极化。

在外电场的作用下，电介质中的非极性分子的正、负电荷的重心将产生分离，产生电偶极矩，结果使电介质在垂直于外电场的表面上产生一定密度的正、负电荷，这是非极性分子电介质在外电场作用下的极化。

定义电介质中单位体积内的所有电偶极矩的矢量和为电极化强度，即电极化强度为：

$$P = \frac{\sum \boldsymbol{\mu}}{V} \tag{6-78}$$

式中，V 为电介质的体积；$\boldsymbol{\mu}$ 为其中的电偶极矩。可以证明，平板电容器的电极化强度大小 P 等于电介质的表面电荷密度 σ'，即：

$$P = \sigma' \tag{6-79}$$

电极化强度不仅与外电场有关，还和极化电荷所产生的电场有关。这种关系可以表示为：

$$\boldsymbol{P} = \chi_e \varepsilon_0 \boldsymbol{E} \tag{6-80}$$

式中，χ_e 为电极化率；E 为作用于电介质的实际有效电场强度。

对平板电容器，有：

$$\boldsymbol{E} = \boldsymbol{E}_0 + \boldsymbol{E}' \tag{6-81}$$

式中，$\boldsymbol{E}_0$ 为外电场的强度；$\boldsymbol{E}'$ 为电介质表面的束缚电荷产生的电场强度。注意到 $\boldsymbol{E}_0$ 和 $\boldsymbol{E}'$ 方向相反，则电场强度大小的计算式为：

$$E = E_0 - E' = \frac{\sigma}{\varepsilon_0} - \frac{\sigma'}{\varepsilon_0} = \frac{\sigma - P}{\varepsilon_0} \tag{6-82}$$

式中，σ 为极板上的自由电荷密度。另一方面，均匀无限大电介质中的电场强度为真空中的 $1/\varepsilon_r$，即：

$$E = \frac{E_0}{\varepsilon_r} = \frac{\sigma}{\varepsilon_0 \varepsilon_r} \tag{6-83}$$

所以：

$$\sigma = \varepsilon_0 \varepsilon_r E \tag{6-84}$$

代入式(6-82)，有：

$$P = \sigma - \varepsilon_0 E = \varepsilon_0 \varepsilon_r E - \varepsilon_0 E = (\varepsilon_0 \varepsilon_r - \varepsilon_0) E = (\varepsilon - \varepsilon_0) E \tag{6-85}$$

写成矢量式，有：

$$\boldsymbol{P} + \varepsilon_0 \boldsymbol{E} = \varepsilon \boldsymbol{E} \tag{6-86}$$

电位移矢量或电感应强度矢量定义为：

$$\boldsymbol{D} = \boldsymbol{P} + \varepsilon_0 \boldsymbol{E} \tag{6-87}$$

则有：

$$\boldsymbol{D} = \varepsilon \boldsymbol{E} = \frac{\varepsilon \boldsymbol{E}_0}{\varepsilon_r} = \varepsilon_0 \boldsymbol{E}_0 \tag{6-88}$$

即在充满电场的均匀电介质中，电位移矢量等于自由电荷产生的场强乘以 ε_0。

又由式(6-80) 和式(6-85) 可知：

$$P = \chi_e \varepsilon_0 E = (\varepsilon - \varepsilon_0) E \tag{6-89}$$

$$\chi_e = \varepsilon_r - 1 \tag{6-90}$$

即电极化率和相对介电常数的关系。

6.6.1.3 电介质极化的机制

宏观极化现象实际上是各种微观极化机制的共同贡献的结果。电介质的微观极化机制主要有以下几种。

(1) 电子、离子位移极化　在外电场作用下，电子轨道相对于原子核发生位移，使原子的正、负电荷重心不再重合，产生相对位移。这种极化称为电子位移极化，也称为电子形变极化。其极化示意图如图 6-42 所示。因为电子质量很小，它们对电场的反应很快，能够以光频随外电场变化，即 $10^{-16} \sim 10^{-15}$ s 就可建立或消除极化。根据玻尔原子模型，可按经典理论计算出电子的平均极化率，即单位局部电场强度下产生的偶极矩为：

$$\alpha_e = \frac{4}{3}\pi\varepsilon_0 R^3 \tag{6-91}$$

式中，R 为原子或离子的半径。

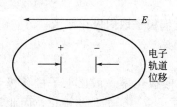

图 6-42 电子位移极化示意图

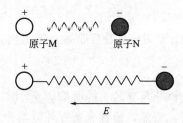

图 6-43 离子位移极化示意图

固体中的离子在电场的作用下会产生偏离平衡位置的移动，且正、负离子的移动方向相反，相当于形成一个感生偶极矩。也可理解成离子晶体在电场作用下正、负离子的键距在电场方向上被拉长，如图 6-43 所示。根据经典弹性振动理论可以估算出离子位移极化率为：

$$\alpha_i = \frac{a^3}{n-1}4\pi\varepsilon_0 \tag{6-92}$$

式中，a 为无电场时正、负离子的平衡距离；n 为电子层斥力指数，对离子晶体为 $7 \sim$ 11。由于离子的质量比电子的大得多，其极化建立时间也远比电子长，为 $10^{-13} \sim 10^{-12}$ s。

(2) 取向极化　在无外电场作用时，极性分子电介质的分子偶极矩的方向是随机的。在外电场作用下，偶极矩将沿外电场的方向发生偏转，表现出宏观偶极矩，即产生了极化。这种极性分子电介质在外电场作用下由分子偶极矩偏转引起的极化称为取向极化。这种极性分子的相互作用是一种长程作用，虽然固体中极性分子不能像在流体中那样自由转动，但在电场作用下的离子的短程运动是确实存在的，图 6-44 给出了离子晶体和高分子链中的离子在外电场作用下短程移动引起取向极化示意图。

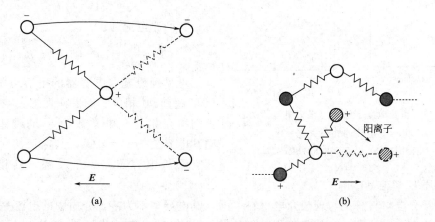

图 6-44 离子晶体和高分子链的取向极化示意图
(a) 离子晶体；(b) 高分子链

外电场趋向于使分子的偶极矩定向排列，而热运动趋向于使其随机排列，可计算出二者达到平衡时的极化率。在电场 E_i 作用下，沿 E_i 方向的偶极子增多，每一偶极子在电场中的势能为：

$$E = -\boldsymbol{\mu}_0 \cdot \boldsymbol{E}_i = -\mu_0 E_i \cos\theta \tag{6-93}$$

式中，$\boldsymbol{\mu}_0$ 为极性分子固有的偶极矩；$\boldsymbol{E}_i$ 为作用于极性分子上的电场强度；θ 为二者之间的夹角。根据玻耳兹曼统计分布，可推导出极性分子在电场方向的平均偶极矩为：

$$\mu_p = \frac{\mu_0^2 E_i}{3kT} \tag{6-94}$$

其中，k 为玻耳兹曼常数；T 为热力学温度。因此偶极子取向极化率为：

$$\alpha_p = \frac{\mu_0^2}{3kT} \tag{6-95}$$

取向极化需要较长的时间，为 $10^{-10} \sim 10^{-2}$ s。取向极化率一般比电子位移极化率高 2 个数量级。当然，极性分子在外电场作用下也会发生原子或离子的位移极化，因此其在外电场作用下的总极化率是这三种极化率的总和。

此外，还有电子、离子弛豫极化和空间电荷极化等其他极化机制。

6.6.2 介电损耗

理想电容施加电场就产生极化而充电，电场消失则极化消失而放电。而在很多情形下，电介质极化的建立或消失需要时间。例如，对电子和离子的位移极化，相对于无线电频率（5×10^{12} Hz 以下），其极化建立时间是很短的（$10^{-16} \sim 10^{-12}$ s），因此可以认为是"瞬时位移极化"，可不考虑其极化建立时间。而对于取向极化等其他极化机制，极化建立的时间不可忽略，该类极化称为松弛极化，松弛极化建立或消除所需的时间称为松弛时间或弛豫时间。松弛极化会引起充放电电流与外电场变化出现不同的相位差。

6.6.2.1 复介电常数和介电损耗

在理想平板真空电容器上加上角频率 $\omega = 2\pi f$ 的交流电压 U，交流电压为：

$$U = U_0 e^{i\omega t} \tag{6-96}$$

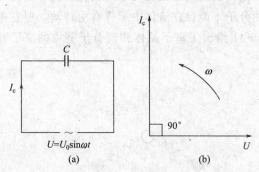

如图 6-45(a) 所示，则在电极上出现电荷为：

$$Q = C_0 U = C_0 U_0 e^{i\omega t} \tag{6-97}$$

其回路电流为：

$$I_c = \frac{\mathrm{d}Q}{\mathrm{d}t} = i\omega C_0 U_0 e^{i\omega t} = i\omega C_0 U \tag{6-98}$$

图 6-45　正弦电压下的理想平板电容器的
电压与电流的相位关系
(a) 电路图；(b) 电流与电压的相位关系

可见理想真空电容器的电容电流 I_c 比电压 U 超前 90° 相位。如果在理想真空电容器极板间填充相对介电常数为 ε_r 的理想电介质，则其电容变为 $C = \varepsilon_r C_0$，其电流 $I' = \varepsilon_r I_c$，与真空平板电容器差一个常数，其相位不变，

仍然比电压 U 超前 90° 相位。

但实际介电材料总是与理想介电材料不同，其电导率不为零，介质中的电流一般包括三部分：由几何电容的充电和位移极化引起的瞬时电流 $\boldsymbol{I}_c$，其相位比电压 U 超前 90°，是容性电流；由松弛极化引起的吸收电流 $\boldsymbol{I}_{ac}$ 和由电导（漏电）引起的剩余电流（漏电电流）$\boldsymbol{I}_{dc}$，

其相位与电压 U 相同，是电流中的电导分量。因此在交变电场下的实际电介质中的总电流是容性分量与电导分量的矢量和，如图 6-46 所示。此时的总电流 I_T 不再比总电压 U 超前 $90°$ 相位，而是超前 $90° - \delta$ 相位。总电流为：

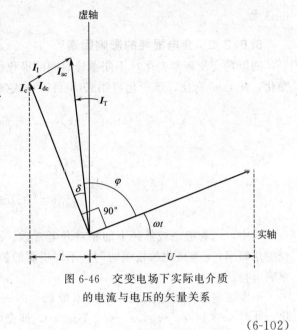

图 6-46　交变电场下实际电介质的电流与电压的矢量关系

$$I_T = I_c + I_{ac} + I_{dc} = I_c + I_1 \qquad (6-99)$$

式中，I_1 是电流中的电导分量，$I_1 = I_{ac} + I_{dc}$。

由于：
$$I_c = i\omega CU \qquad (6-100)$$
$$I_1 = GU \qquad (6-101)$$

式中，G 为电导。

所以

$$I_T = i\omega CU + GU = \left(i\omega \frac{\varepsilon_r \varepsilon_0 A}{d} + \sigma \frac{A}{d} \right) U$$
$$= \left(i\omega \frac{\varepsilon A}{d} + \sigma \frac{A}{d} \right) U \qquad (6-102)$$

式中，A 为极板的面积；d 为电介质厚度，即极板间距；σ 为电导率。

σ^* 定义为：

$$\sigma^* = i\omega\varepsilon + \sigma \qquad (6-103)$$

σ^* 为复电导率，则电流密度为：

$$J = \sigma^* E \qquad (6-104)$$

以上公式也具有欧姆定律的形式。

类似于复电导率，定义复介电常数和复相对介电常数分别为：

$$\varepsilon^* = \varepsilon' - i\varepsilon'' \qquad (6-105)$$
$$\varepsilon_r^* = \varepsilon_r' - i\varepsilon_r'' \qquad (6-106)$$

二者都是 ω 的函数。此时有：

$$C = \varepsilon_r^* C_0 \qquad (6-107)$$
$$Q = CU = \varepsilon_r^* C_0 U \qquad (6-108)$$
$$I = \frac{dQ}{dt} = C \frac{dU}{dt} = \varepsilon_r^* C_0 i\omega U = (\varepsilon_r' - i\varepsilon_r'') C_0 i\omega U \qquad (6-109)$$

所以总电流为：

$$I_T = i\omega\varepsilon_r' C_0 U + \omega\varepsilon_r'' C_0 U \qquad (6-110)$$

即总电流分为两项：第一项为电容的充电放电过程，对应于图 6-46 中的 I_c，无能量损耗，由复相对介电常数的实部 ε_r'（对应于相对介电常数 ε_r）描述；第二项与电压同相位，对应于图 6-46 中的 I_1，为能量损耗部分，由复相对介电常数的虚部 ε_r'' 描述，称为介质相对损耗因子。所以 I_1/I_c 可代表介电材料在交变电场下的能量损耗的大小，δ 角的大小可反映这一比值，所以将 δ 角称为损耗角。更精确的描述是损耗因子，即损耗角的正切为：

$$\tan\delta = \frac{I_1}{I_c} = \frac{\varepsilon''}{\varepsilon'} = \frac{\varepsilon_0 \varepsilon_r''}{\varepsilon_0 \varepsilon_r'} = \frac{\varepsilon_r''}{\varepsilon_r'} \qquad (6-111)$$

显然 $\tan\delta$ 越大，能量损耗越大。对于一般的绝缘材料，希望使用过程中能量损失尽量小，因此希望 $\tan\delta$ 小。而对于通过介电损耗加热的情形，如高频加热、高频干燥，则希望

tanδ 大。

6.6.2.2　介电损耗的影响因素

随电场交变频率变化，不同弛豫时间的极化机制在起作用，复介电常数的实部和虚部都变化，使 tanδ 变化，该变化可用式(6-112)～式(6-114) 的德拜方程描述：

$$\varepsilon_r' = \varepsilon_{r\infty} + \frac{\varepsilon_{rs} - \varepsilon_{r\infty}}{1 + \omega^2 \tau^2} \tag{6-112}$$

$$\varepsilon_r'' = (\varepsilon_{rs} - \varepsilon_{r\infty}) \left(\frac{\omega\tau}{1 + \omega^2 \tau^2} \right) \tag{6-113}$$

$$\tan\delta = \frac{(\varepsilon_{rs} - \varepsilon_{r\infty})\omega\tau}{\varepsilon_{rs} + \varepsilon_{r\infty}\omega^2 \tau^2} \tag{6-114}$$

式中，ε_{rs} 为静态或低频下的相对介电常数；$\varepsilon_{r\infty}$ 为光频下的相对介电常数；ω 为电压交变的角频率；τ 为极化的松弛时间。不同机制的极化有不同的松弛时间，决定了其不同的频率响应特征。

不考虑电介质漏电损耗，当频率很低，即 $\omega \to 0$ 时，所有极化机制都能跟上电场的变化，此时 $\omega\tau \ll 1$，$\varepsilon_r' \to \varepsilon_{rs}$，$\varepsilon_r'' \to 0$，$\tan\delta \to 0$，即介电常数与频率无关，介电损耗为 0。此时如果有介电损耗，则该损耗主要是由漏电引起的。电场交变频率升高时，对式(6-113) 求导可知，当 $\omega\tau = 1$ 时，ε_r'' 有极大值 $\dfrac{\varepsilon_{rs} - \varepsilon_{r\infty}}{2}$；对 $\tan\delta$ 求导可知，当 $\omega\tau = \sqrt{\dfrac{\varepsilon_{rs}}{\varepsilon_{r\infty}}}$ 时，$\tan\delta$ 有极大值 $\dfrac{\varepsilon_{rs} - \varepsilon_{r\infty}}{2\varepsilon_{rs}}\sqrt{\dfrac{\varepsilon_{rs}}{\varepsilon_{r\infty}}}$。如果电场交变频率极高，即 $\omega \to \infty$ 时，由式(6-114) 可知，$\tan\delta \to 0$。由此得出的 $\tan\delta$ 与角频率 ω 的关系如图 6-47 所示。

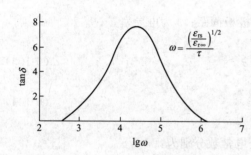

$$\omega = \frac{\left(\frac{\varepsilon_{rs}}{\varepsilon_{r\infty}} \right)^{1/2}}{\tau}$$

图 6-47　tanδ 与角频率 ω 的关系

由图 6-47 可见，频率极低时，$\tan\delta \to 0$，其原因已在前面作了分析。当然电场交变频率不会无穷大。所谓的无穷大应该是足够大，即当频率很高时，弛豫时间较长的极化机制来不及响应电场的变化，故对总的极化强度没有贡献。也就是说，频率足够高时 ε_r' 中没有弛豫时间过长的极化机制的贡献。

在极高的频率（10^{15} Hz）下电子位移极化即可起作用，该频率是紫外线的频率范围。频率降低时离子位移极化、取向极化、电子、离子弛豫极化和空间电荷极化等极化机制先后或同时起作用，引起明显的介电损耗。

温度也影响介电损耗，其影响方式是通过松弛时间 τ 影响 $\tan\delta$。由于温度升高，离子间的移动更容易，离子位移极化、取向极化等机制的极化松弛时间均缩短，松弛时间 τ 与温度 T 大致有如下关系：

$$\tau \propto \exp\left(\frac{E_0}{kT} \right) \tag{6-115}$$

式中，E_0 为分子的活化能；k 为玻耳兹曼常数。

针对不同的温度下的 $\omega\tau$，结合德拜方程式(6-112)～式(6-114)，经分析可得到图 6-48 所示的 $\tan\delta$ 与温度的关系，图中还给出了复介电常数的实部 ε_r' 与温度的关系。可见温度升高时 $\tan\delta$ 和 ε_r' 都在一定的温度达到极大值。而且超过极大值后温度持续升高到很高时 $\tan\delta$

可持续增大，这是因为在很高的温度下离子热振动剧烈，离子迁移受热振动的阻碍增大，极化减弱，ε_r' 降低，但电导升高，漏电增多，导致 $\tan\delta$ 升高。

实际材料由于结构不均匀，且有表面吸附水分、油污、灰尘等，往往有多种极化机制同时在起作用，引起不同的损耗情形。例如，陶瓷中的带电质点（弱束缚电子、弱联系离子、空位、电子和空穴等）移动时，由于与外电场的作用不同

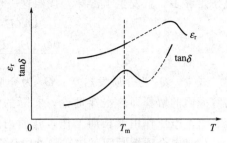

图 6-48　$\tan\delta$ 和 ε_r' 与温度的关系

步，因而吸收了电场能量并把它传给周围的离子，使电磁能转换成为离子的热振动能量，即将电磁能消耗在电介质的发热效应上。又如，以离子晶体为主的晶相陶瓷材料的损耗主要来源于其中的玻璃相。一般的陶瓷介电材料都在配方中加入易熔物质改善工艺性能，但加入的易熔物质常常导致玻璃相的形成，增加了损耗。而在高频下使用的陶瓷，如氧化铝、金红石等，其中很少有玻璃相。

6.6.3　介电体击穿

介电体击穿（dielectric breakdown）是指在高电场下介电体中的电流急剧增大，在某一电场强度下完全丧失绝缘性能的现象。引起材料击穿的电压梯度称为介电强度或介电击穿强度。

6.6.3.1　本征击穿

击穿的原因很复杂，材料厚度、环境温度和气氛、材料形状、表面状态、电场频率和波形、材料成分和孔隙率、晶体学取向、非晶态结构等都影响击穿强度。所以目前在理论上尚未对击穿的原因作出统一的解释，在实验上也难于测定具体击穿的机制。

设想材料是宏观均匀的，其各部分所能承受的电压梯度是相同的，在临界电场强度下其击穿与样品的几何形状以及电场的波形无关，只与材料的内在特征有关，此情形下发生的击穿就是本征击穿。人们从不同的角度分析提出了碰撞电离理论、热击穿理论、雪崩式击穿理论等理论解释击穿的原因。

发生本征击穿的本质原因还是由于电介质中有自由电子。电介质中的自由电子来源于杂质、缺陷能级以及价带。在强电场下由于冷发射或热发射固体导带中也会存在一些电子。在外电场下这些电子被外电场加速，同时与晶格相互碰撞，即与晶格振动相互作用加剧晶格振动，把能量传给晶格。当两方面在一定温度和场强下达到平衡时，电介质有一稳定的电导。但如果电子从电场获得的能量大于损失给晶格振动的能量，则其动能越来越大，直至增强到使晶格电离出新电子，自由电子数迅速增加，发生击穿。这就是所谓的碰撞电离理论。

按碰撞电离理论，发生本征击穿的临界条件为：

$$A(E, E_0) = B(T, E_0) \tag{6-116}$$

式中，$A(E, E_0)$ 为电子从电场中获得能量的速率；$B(T, E_0)$ 为电子损失给晶格的能量的速率；T 为晶格的温度；E 为电场强度；E_0 为电子的能量。

由于任何介质都有一定的电导率 σ，当施加外电场 E 时，单位时间内在单位体积中就会产生 σE^2 的焦耳热。如果这些热量不能及时导出，就会使材料的温度升高，介质温度（晶格温度）T 足够高，达到某一临界值 T_c，且电场强度足够高，达到某一临界值 E_c 时，自由

电子足够多，就发生了击穿。按照这一理论，发生击穿时，必然有：

$$Q_1(E_c, T_c) = Q_2(E_c, T_c) \tag{6-117}$$

$$\left.\frac{\partial Q_1(E_c, T)}{\partial T}\right|_{T_c} = \left.\frac{\partial Q_2(E_c, T)}{\partial T}\right|_{T_c} \tag{6-118}$$

式中，Q_1 为介质发热量；Q_2 为介质散热量。从而可求解出介质的击穿强度 E_c。这一击穿原因的解释即热击穿理论。实际的热平衡方程还应根据具体问题进行。如果电介质在交、直流电压作用下长期工作，介质内温度变化缓慢，最后导致热击穿，则称为稳态热击穿。如果电介质短时间工作在脉冲电压下，介质内产生的热量来不及散发，短时间内即导致热击穿，则称为脉冲热击穿。

雪崩式击穿理论结合了碰撞电离理论和热击穿理论，用碰撞电离理论描述电子的行为，而以热击穿作为击穿的判据。该理论认为击穿的最初机制是场发射或离子碰撞。场发射是由于来自价带的电子因隧道效应进入缺陷能级或进入导带，导致传导电子密度增加。电荷是逐渐或相继积聚，而不是电导率突然增高。传导电子的发射几率为：

$$P = aE\exp\left(-\frac{bI^2}{E}\right) \tag{6-119}$$

式中，E 为电场强度；I 为电流；a、b 为常数。可见只有电场强度 E 非常强时发射几率 P 才能足够高。

福兰兹（Frantz）提出以隧道电流在强电场作用下增大导致电介质温度升高到一定温度作为介质隧道击穿的判据。采用脉冲热判据 $T = T_c$ 作为一个临界参数，结合式（6-119）可估算出发生击穿的临界电场强度为 10^7 V/cm。赛兹（Seitz）提出电子传递给介质的能量足以破坏晶格结构时击穿就发生了，并计算出当自由电子密度达到 10^{12} 个/cm³ 时，其总能量就足以破坏晶格结构。当一个电子游离开始与晶格和其他电子碰撞，一个游离电子可变成两个游离电子，这两个游离电子经再次碰撞又会变成 4 个，依此类推，即发生了"雪崩"。经过 n 次碰撞一个游离电子变成 2^n 个，当 $2^n = 10^{12}$ 时就会发生击穿。此时 $n \approx 40$，也就是说，1cm 内电离达到 40 次电介质就击穿了。所以这一理论又称为 40 代理论。

根据雪崩式击穿理论，如果电介质很薄，达不到电子平均自由程的 40 倍，碰撞电离未达到第 40 代时电子雪崩系列已经进入阳极复合，介质就不会击穿。据此可定性地揭示薄层电介质击穿电场高的原因。

6.6.3.2 实际材料的击穿

实际材料中存在缺陷、宏观不均匀、多相复合等情形，形状变化、外部冷却等也引起散热条件变化，导致击穿的机制变化。

设想一种双层材料，两层的厚度、介电常数、电导率分别为 d_1、ε_1、σ_1 和 d_2、ε_2、σ_2，垂直于材料的厚度方向施加直流电压 U，则两层电介质开始建立极化并达到稳态。两层可看成串联，其材料示意图和等效电路图如图 6-49 所示。按此模型可推导出两层所承受的电场强度分别为：

$$E_1 = \frac{\sigma_2(d_1 + d_2)}{\sigma_1 d_2 + \sigma_2 d_1}E \tag{6-120}$$

$$E_2 = \frac{\sigma_1(d_1 + d_2)}{\sigma_1 d_2 + \sigma_2 d_1}E \tag{6-121}$$

式中，E 为平均电场强度，$E = \dfrac{U}{d_1 + d_2}$。所以电导率小的介质承受较高的场强，而电导率大的介质承受较低的场强。在交流电压下也有类似的关系。如果 σ_1 和 σ_2 相差较大，则作用于其中一层的电场强度远大于平均电场强度，可能导致该层优先击穿。一层击穿后全部电压都作用于另一层上，使其电场强度升高，从而导致整个介质的贯通击穿。

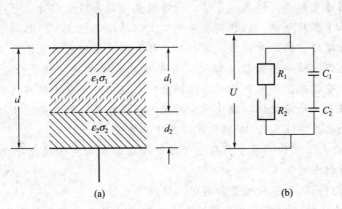

图 6-49　双层串联复合介质材料示意图及其等效电路图

(a) 双层串联复合介质材料示意图；(b) 等效电路图

当然上述假设不过是一种理想情况。但说明介质的宏观不均匀性会导致材料的击穿强度降低。对陶瓷材料中的晶相和玻璃相的不同分布可看成多层介质的串联和并联进行类似的分析。特别地，无论是陶瓷还是高分子材料，其中常常有气泡。气泡的介电常数和电导率都很小，因此在电压作用下其承受的电场强度很高，气泡本身的击穿强度一般比固体介质要低得多。一般陶瓷的击穿强度在 80kV/cm 左右，而空气介质的击穿强度在 33kV/cm 左右，所以气泡在高压作用下首先击穿，引起局部放电，产生大量正、负离子，即发生内电离，放出大量热量，易于导致整个材料热击穿。温度升高形成的热应力也容易使材料丧失机械强度而破裂，因此这种击穿常称为电-机械-热击穿。即使局部放电没有立即导致机械破坏，也会引起材料的老化而降低击穿强度，使材料在随后的局部放电过程中被击穿。

材料的表面状态不良也会引起击穿强度降低。除了表面粗糙度、清洁程度外，材料与周围介质的接触状态也影响击穿强度。在固体电介质与电极表面接触不好、吸湿等情形下，其表面周围的气体优先击穿而放电，虽然一般不会引起材料的立即击穿，但其产生的电火花和热量会导致表面发生热和化学作用而老化，导致材料击穿强度降低。电极设计不合理也会导致电极边缘的电场强度高于平均电场强度，且可能使局部散热条件差，使材料局部优先击穿最后整体击穿。用变压器油（介电常数、电导率、击穿强度均高）包围介质、在陶瓷表面施釉、合理设计电极形状等都是针对此类现象的措施。

由于实际击穿的原因很复杂，难于判断其具体击穿形式，因此实际在高频、高压下工作的电介质要进行耐压试验。

思考题和习题

1　掌握下列重要名词含义

欧姆定律　电流密度　相对电导率　电子导电的弛豫时间　平均自由程　有效电子数
晶格波（点阵波）　声子　德拜温度　马西森定律　剩余电阻比　电阻温度系数　接触电阻

本征半导体　电子和空穴的迁移率　固有载流子浓度　杂质半导体　施主原子　n型半导体　受主原子　p型半导体　施主能级　受主能级　掺杂　掺杂物质　多数载流子　少数载流子　耗竭区　饱和区　霍尔效应　霍尔系数　离子晶体本征导电　离子晶体杂质导电　能斯特-爱因斯坦方程　固体电解质　快离子导体　超导现象　超导转变温度　超导体　迈斯纳效应　临界磁场强度　第Ⅰ类超导体　第Ⅱ类超导体　上临界磁场强度　下临界磁场强度　临界电流密度　约瑟夫森效应　同位素效应　库帕对　热电势　绝对塞贝克系数　相对塞贝克系数　塞贝克效应　热电偶　珀耳帖效应　极化　电介质　束缚电荷　相对介电常数　介电常数　极性分子电介质　非极性分子电介质　极化强度　电极化率　电子位移极化　离子位移极化　取向极化　瞬时极化　松弛极化　极化弛豫时间　介电损耗　损耗角　损耗因子　介电体击穿　介电强度（介电击穿强度）　本征击穿　脉冲热击穿

2　按经典自由电子理论、量子自由电子理论和能带理论对金属电导率的解释有何区别和联系？它们各有何成功和不足？

3　用能带理论解释1～5价元素和离子晶体的导电性。

4　叙述马西森定律的内容，并说明为什么电阻分为与温度有关和无关的两部分？

5　叙述剩余电阻率的概念、存在原因及其应用。

6　比较铁、铜、铝、金作为导电材料的优缺点，并举出其应用实例。

7　比较导电陶瓷、电热合金、钨和钼作为电热体的优缺点，并举出其应用实例。

8　解释温度对本征半导体电阻率和金属导体电阻率的不同影响。

9　结合图6-10和图6-12说明n型半导体和p型半导体的概念、载流子浓度高于本征半导体的原因及其多数载流子的概念。

10　以n型半导体为例参照图6-14解释杂质半导体的电导率与温度的关系，说明如何获得室温附近电导率稳定的半导体，并解释电导率出现极大值的原因。

11　简述霍尔效应的现象、产生原因、意义、霍尔系数的测定方法及霍尔效应的应用。

12　比较离子导电机制与金属导电、半导体导电机制的不同，并说明其电阻率与温度的关系。

13　简述影响离子导电电导率的因素。

14　为什么说迈斯纳效应独立于零电阻效应？

15　从温度、外磁场、电流密度分析出现超导态的条件。

16　简述第Ⅰ类超导体和第Ⅱ类超导体的区别。说明超导临界温度与磁场强度的关系。

17　从热力学如何证明超导转变是一级相变或二级相变？

18　简述超导理论的发展过程以及超导应用的主要问题。

19　说明热电势的概念及其产生的原因。

20　简述塞贝克效应的现象，并举出其应用的实例。

21　简述珀耳帖效应的现象及其与焦耳热的区别，并举出其应用实例。

22　简述极化的概念及其常见机制。

23　说明极性分子电介质和非极性分子电介质的概念及其极化机理的不同。

24　分析图6-46解释介电损耗出现的原因，说明损耗角的意义。

25　简述介电损耗与温度、频率的关系。

26　简述本征击穿的原因，并说明为什么不能从理论上得到材料的击穿强度？

27　简述影响实际材料击穿强度的因素，并说明为何在高频、高压下工作的电介质要进行耐压试验？

28 已知在 300K，Si 的固有载流子浓度为 1.5×10^{16} 个/m^3，自由电子迁移率 $\mu_n = 0.135 m^2/(V \cdot s)$，空穴迁移率 $\mu_p = 0.048 m^2/(V \cdot s)$，电子电量 $e = 1.60 \times 10^{-19} C$，求 Si 在 300K 的电阻率。又已知硅的禁带宽度 $E_g = 1.1eV$，玻耳兹曼常数 $k = 8.62 \times 10^{-5} eV/K$，求 Si 在 150K 的电阻率。

29 硅片中掺杂了 10^{21} 个/m^3 的磷，在 300K 下假设掺杂原子全部电离，求其多数载流子和少数载流子的浓度以及该硅片的电阻率。Si 的固有载流子浓度、自由电子迁移率、空穴迁移率、电子电量等参数与 28 题相同。将求出的电阻率与 28 题的结果相比较。

30 实验测定表明，一种固体电解质的电阻率与温度的关系符合式(6-59)，已知该材料在 500K 和 1000K 的电导率分别为 $10^{-9} \Omega^{-1} \cdot cm^{-1}$ 和 $10^{-6} \Omega^{-1} \cdot cm^{-1}$，求该材料的电导活化能。

第7章 材料的磁学性能

现代电力、运输、医学、信息等科学技术的发展使磁性材料的应用日益广泛。大到磁悬浮列车的永磁体，小到计算机存储设备、磁头，都对磁性材料提出了越来越高的性能要求。尽管人们认识磁现象已经有几千年的历史，但人们对磁性的本质的认识是在近 200 年来才逐渐清晰的。在普通物理中对磁现象已经有一定的介绍，但主要是研究电与磁的交互作用，对不同材料在外磁场中的表现以及其本质原因介绍不多。本章着重介绍材料对外磁场的反应及其本质原因，并简要介绍不同磁性材料的性能及其应用。

7.1 材料磁性能的表征参量和材料磁化的分类

7.1.1 材料磁性能的表征参量

中国人很早就认识到磁现象。但人们早期对磁现象的认识是模糊和浅显的，局限于磁石吸铁、指南北、分磁极等简单现象。人们还知道用磁石能使铁针磁化，但并不了解其机理。直到 1820 年，奥斯特发现电流能在周围空间产生磁场，首次将电与磁联系起来。人们开始认识到磁力是通过磁场传递的。磁场的物质性是通过对载流导体或运动电荷有力的作用体现出来的。通过运动电荷在磁场中所受的力可表征磁场的强弱。定义磁场中一点的磁感应强度为：

$$\boldsymbol{B} = k \frac{\boldsymbol{F}_{\max}}{qv} \tag{7-1}$$

式中，q 为磁场中的运动电荷的电量；v 为电荷的运动速度；$\boldsymbol{F}_{\max}$ 为电荷在磁场中所受力的最大值，出现在电荷运动速度与磁场方向垂直时；k 为比例系数。国际单位制中通过选择合适的单位，可使 $k=1$，则磁感应强度为：

$$\boldsymbol{B} = \frac{\boldsymbol{F}_{\max}}{qv} \tag{7-2}$$

式中，$\boldsymbol{F}_{\max}$ 的单位为 N；q 的单位为 C；v 的单位为 m/s；$\boldsymbol{B}$ 的单位为 T。磁感应强度 $\boldsymbol{B}$ 是矢量，其方向是磁场方向，规定为该点所放的小磁针平衡时 N 极所指的方向。

在第 6 章已经知道电场中的电介质由于极化而影响电场，使电介质中的电场强度 $\boldsymbol{E}$ 变成真空中的电场强度 $\boldsymbol{E}_0$ 和电介质中由于电极化而产生的附加电场强度 $\boldsymbol{E}'$ 之和。与此类似，磁介质在磁场中也要发生磁化而影响磁场，所以磁介质中的磁感应强度 $\boldsymbol{B}$ 等于真空中的磁感应强度 $\boldsymbol{B}_0$ 和由于磁介质磁化而产生的附加磁感应强度 $\boldsymbol{B}'$ 之和，即：

$$\boldsymbol{B} = \boldsymbol{B}_0 + \boldsymbol{B}' \tag{7-3}$$

所以磁感应强度 **B** 描述的是传导电流的磁场和磁介质中磁化电流的磁场的综合场的特性。

如果磁场在真空中形成的磁感应强度为 B_0，则磁场的强度 **H** 可由下式确定：

$$B_0 = \mu_0 H$$

式中，μ_0 为一个系数，称为真空磁导率或真空透磁率，$\mu_0 = 4\pi \times 10^{-7}$ H/m。磁场的强度 **H** 也是描述磁场的一个重要的物理量，无论在真空或在磁介质中，**H** 只表征传导电流的磁场特征，与磁介质无关。

将材料放入磁场强度为 **H** 的自由空间，则材料中的磁感应强度为：

$$B = \mu H \tag{7-4}$$

式中，μ 为材料的磁导率或绝对磁导率。根据式(7-3) 的道理，磁感应强度还可以表示为：

$$B = B_0 + B' = \mu_0 H + \mu_0 M = \mu_0 (H + M) \tag{7-5}$$

式中，**M** 为材料的磁化强度，其物理意义为材料在外磁场中被磁化的程度。式(7-5) 的含义为：材料内部的磁感应强度可看成材料对自由空间的反应 $\mu_0 H$ 和磁化引起的附加磁场 $\mu_0 M$ 两部分叠加而成。磁化强度 **M** 用单位体积内的磁矩多少来衡量，即：

$$M = \frac{m}{V} \tag{7-6}$$

式中，V 为材料的体积；**m** 为其中磁矩的矢量和，磁矩的定义将在 7.2 节给出。

外磁场强度 **H** 增大，则材料的磁化程度增大，其关系为：

$$M = \chi H \tag{7-7}$$

式中，χ 为材料的磁化率，即单位磁场强度可引起的材料的磁化强度，是一个无量纲的量。

材料的相对磁导率定义为：

$$\mu_r = \frac{\mu}{\mu_0} \tag{7-8}$$

μ_r 也是无量纲的。可推导出：

$$B = \mu H = \mu_0 H + \mu_0 M = \mu_0 H + \mu_0 \chi H = \mu_0 (1 + \chi) H \tag{7-9}$$

所以：

$$\chi = \frac{\mu}{\mu_0} - 1 = \mu_r - 1 \tag{7-10}$$

可见绝对磁导率 μ、相对磁导率 μ_r 和磁化率 χ 都是描述材料在外磁场下磁化能力的物理量，它们之间有固定的关系，知道其中的一个即可求出另外的两个。

7.1.2 材料磁化的分类

在外磁场作用下材料都会发生不同程度和性质的磁化，根据材料的磁化率，可将材料的磁化分为五类，如图 7-1 所示。

第一类材料的 $\chi < 0$ 且绝对值很小，一般在 $-10^{-5} \sim -10^{-6}$ 数量级，这种材料称为抗磁体。即抗磁体在外磁场中磁化形成的磁感应强度方向与外磁场方向相反，且磁化程度很小。约一半金属是抗磁体，如 Cu、Ag、Au、Hg、Zn。这些金属的磁化率不随温度变化，称为"经

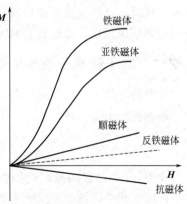

图 7-1 根据磁化率对材料分类

典"抗磁体。Si、P、S 等非金属和许多高聚物也是抗磁体。另一些抗磁体的磁化率随温度变化，且比"经典"抗磁体高 1~2 个数量级，称为"反常"抗磁体，如 Bi、Ga、Sb、Sn、In 等。

第二类材料的 $\chi > 0$ 且绝对值很小，一般在 $10^{-6} \sim 10^{-2}$ 数量级，这种材料称为顺磁体。即顺磁体在外磁场中磁化形成的磁感应强度方向与外磁场方向相同，且磁化程度很小。顺磁体的另一特征是其磁化率 χ 与热力学温度成反比。如 Pt、Pd、Fe（奥氏体相）是顺磁体。稀土金属、铁族元素的盐类等也是常见的顺磁体。另有一些特殊的顺磁体的 χ 与温度无关，如 Li、Na、K、Rb 等碱金属。

第三类材料的 $\chi > 0$ 且绝对值很大，可达 10^6 数量级，且与外磁场呈非线性关系，这种材料称为铁磁体。即铁磁体在外磁场中磁化形成的磁感应强度方向与外磁场方向相同，且磁化程度很大。铁磁体在高温下不能存在，在高于某一临界温度 T_c 时铁磁体变成顺磁体，T_c 称为该材料的居里点或居里温度。而且当外磁场消失时这类材料仍能保留一定的磁化率。如 Fe、Co、Ni、Y、Dy 等及它们的一些合金是铁磁体。

第四类材料的 $\chi > 0$ 且绝对值较大，可达 10 以上，且与外磁场呈非线性关系。即其磁化行为与铁磁体类似，但磁化率小些，这种材料称为亚铁磁体。含铁酸盐的陶瓷磁性材料，如磁石（磁铁矿）、铁氧体等都是亚铁磁体。虽然这类材料的磁化率不如铁磁体高，但其电阻大，产生的涡流损耗小，适于制作电导率低的磁性材料。

第五类材料的 $\chi > 0$ 且绝对值很小，约为 10^{-3} 的数量级，这类材料与顺磁体磁化行为的区别在于，在低温下其磁化率随温度升高而增大。其磁化机理与顺磁体不同。根据其磁化机理将其命名为反铁磁体。如 α-Mn、Cr、MnO、Cr_2O_3、CoO、$ZnFeO_4$ 等是反铁磁体。当温度在高于某一临界温度 T_N 时，反铁磁体的磁化率与热力学温度开始服从反比关系，即反铁磁体变成了顺磁体，T_N 称为该材料的奈尔点，即反铁磁体的居里点或居里温度。

由于具有很大的磁化率，铁磁体和亚铁磁体一般被称为强磁体，是在磁性材料中应用最多的。而顺磁体、抗磁体和反铁磁体的磁化率很小，一般被称为弱磁体。

7.2　孤立原子的磁矩

1822 年，安培即提出了物质磁性的本质的假说，认为一切磁现象的根源是电流。由于材料都是由原子组成的，原子中的带电粒子——电子和原子核以不同的方式运动都会产生电流，从而引起某种磁矩。这些电流的方向可能是随机的，产生的磁矩的方向也是随机的。当有外磁场时，这些电流可能以某种规则排列，使其磁矩发生规则排列，在材料中产生了一定方向的磁感应强度，即磁化。从本质上说，一切材料的磁性都来源于电荷的运动（或电流）。

7.2.1　电子和原子核的磁矩

与电荷类似，可以将磁荷定义成磁的基本单位。两磁极若分别有 q_1 和 q_2 磁荷的磁极强度，则其作用力为：

$$F = k \frac{q_1 q_2}{r^2} \tag{7-11}$$

式中，r 为磁极间距；k 为比例常数。

磁极 q 在外磁场中要受到力的作用，该力的大小为：

$$\boldsymbol{F} = q\boldsymbol{H} \tag{7-12}$$

式中，H 为外磁场的强度。

一般磁极总是以正负对的形式存在，单独的磁极是否存在尚难确定。将相互接近的一对磁极 $+q$ 和 $-q$ 称为磁偶极子。

真空中，单位外磁场作用在相距 d 的磁偶极子上的最大的力矩为：

$$P_m = qd \qquad (7\text{-}13)$$

式中，P_m 为该磁偶极子的磁偶极矩（磁动量）。磁偶极矩与真空磁导率 μ_0 的比值称为磁矩，用 m 表示，即：

$$m = \frac{P_m}{\mu_0} \qquad (7\text{-}14)$$

当磁偶极子与外磁场方向成一定角度时它将受到磁场力的作用产生转矩，转矩力图使磁偶极矩 P_m 处于能量最低方向。磁偶极矩与外磁场的作用势能称为静磁能，即：

$$U = -P_m \cdot H = -P_m H \cos\theta \qquad (7\text{-}15)$$

式中，θ 是 P_m 与 H 的夹角，如图 7-2 所示。外磁场作用下磁场力的作用转矩有使磁偶极矩处于能量最低状态的趋势。

原子中电荷的运动方式有电子的轨道运动、自旋运动和原子核的自旋。这些电荷运动产生了尺度为原子尺度的小磁体，也是磁偶极子。所以原子的磁矩来源于电子轨道磁矩、电子自旋磁矩和原子核自旋磁矩。

将电子绕核的运动考虑成环形电流，设轨道半径为 r，电子电量为 e，质量为 m，运动角速度为 ω，轨道角动量为 L_l，则轨道电流强度为：

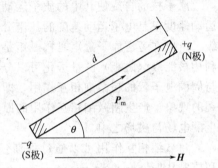

图 7-2　磁偶极矩与外磁场的夹角

$$I = \frac{dq}{dt} = \frac{e}{\frac{2\pi}{\omega}} = e\frac{\omega}{2\pi} \qquad (7\text{-}16)$$

电子轨道磁矩为：

$$m_e = IS = e\frac{\omega}{2\pi}\pi r^2 = \frac{e}{2m}m\omega r^2 = \frac{e}{2m}rmv = \frac{e}{2m}L_l \qquad (7\text{-}17)$$

式中，S 为环形电流的面积。电子的轨道角动量为：

$$L_l = \sqrt{l(l+1)}\hbar \qquad (7\text{-}18)$$

式中，l 为角量子数；$\hbar$ 为狄拉克常数。当主量子数 $n=1,2,3\cdots$ 时，$l=n-1,n-2,\cdots,0$。所以电子轨道磁矩为：

$$m_e = \frac{e}{2m}\sqrt{l(l+1)}\hbar = \sqrt{l(l+1)}\mu_B \qquad (7\text{-}19)$$

即电子轨道是量子化的，其值为：

$$\mu_B = \frac{e\hbar}{2m} = 9.273 \times 10^{-24} \text{J/T} \qquad (7\text{-}20)$$

μ_B 是电子磁矩的最小单位，称为玻尔磁子。

电子轨道磁矩的方向垂直于电子运动环形轨迹的平面，并符合右手螺旋定则，它在外磁场方向的投影，即电子轨道磁矩在外磁场 z 方向的分量为：

$$m_{ez} = m_l\mu_B \qquad (7\text{-}21)$$

m_{ez} 也是量子化的，其中 $m_l = 0, \pm1, \pm2, \cdots, \pm l$，为电子轨道运动的磁量子数。由

于电子的轨道磁矩受不断变化方向的晶格场的作用，不能形成联合磁矩。

电子自旋角动量 L_s 和自旋磁矩 m_s 取决于自旋量子数 s，$s=1/2$，即：

$$L_s = \sqrt{s(s+1)}\hbar = \frac{\sqrt{3}}{2}\hbar \tag{7-22}$$

$$m_s = 2\sqrt{s(s+1)}\mu_B = \sqrt{3}\mu_B \tag{7-23}$$

它们在外磁场 z 方向的分量取决于自旋磁量子数 $m_{ss} = \pm\frac{1}{2}$，即：

$$L_{sz} = m_{ss}\hbar = \pm\frac{1}{2}\hbar \tag{7-24}$$

$$m_{sz} = 2m_{ss}\mu_B = \pm\mu_B \tag{7-25}$$

其符号取决于电子自旋方向，一般取与外磁场方向 z 一致的方向为正。实验上也测定出电子自旋磁矩在外磁场方向的分量恰为一个玻尔磁子。

原子核的自旋使其中的质子运动也产生磁矩。但由于质子的质量是电子的 1 千多倍，其运动速度仅是电子运动速度的几千分之一，所以核磁矩 μ_N 一般比玻尔磁子 μ_B 小 3 个数量级。所以在考虑原子磁矩时核磁矩是可以忽略的，即核磁矩对普通的磁性几乎没有影响。但利用核能级（磁矩）的量子化可以分析材料的键结构和磁矩结构等。这些分析是基于原子核与周围电子云的超微细相互作用，即周围的电子云使原子核的能级发生极其微小的移动或分裂的现象。产生超微细相互作用的原因是在晶体中原子核是处于核外电子和配位体原子所产生的电场与磁场之中。

超微细相互作用可以通过穆斯堡尔效应（Mossbauer effect，核对 γ 射线的共振吸收）和核磁共振（nuclear magnetic resonance，NMR）探测出来。通过穆斯堡尔效应能够探测超微细相互作用的原因是处于不同环境的原子核吸收的 γ 射线光子能量和数目不同。通过核磁共振能够探测超微细相互作用的原因是处于不同环境的原子与外界交变磁场产生共振的频率不同。分析穆斯堡尔谱或核磁共振谱可了解磁体中顺磁相、铁磁相的量及各类原子周围的化学环境（键结构）。

7.2.2　原子的磁矩

不考虑原子核的贡献，原子的总角动量和总磁矩由其中电子的轨道与自旋角动量耦合而成。多数原子取 Russell-Saunders 耦合，各电子的轨道角动量与自旋角动量先分别合成出总轨道角动量 P_L 和总自旋角动量 P_S，然后二者再合成出总角动量 P_J。

总轨道角动量由总轨道量子数 L 决定：

$$P_L = \sqrt{L(L+1)}\hbar \tag{7-26}$$

式中，L 是各电子的轨道磁量子数的总和，$L = \sum m_{li}$。总轨道磁矩为：

$$\mu_L = \sqrt{L(L+1)}\mu_B \tag{7-27}$$

总轨道磁矩在外磁场 z 方向的分量为为：

$$\mu_{Lz} = m_L\mu_B \tag{7-28}$$

式中，$m_L = \pm L$，$\pm(L-1)$，$\pm(L-2)$，$\cdots$，0，对应于 $2L+1$ 个取向。

总自旋角动量由总自旋量子数 S 决定：

$$P_S = \sqrt{S(S+1)}\hbar \tag{7-29}$$

式中，S 是各电子的自旋磁量子数的总和，$S = \sum m_{si}$。总自旋磁矩为：

$$\mu_S = 2\sqrt{S(S+1)}\mu_B \tag{7-30}$$

总自旋磁矩在外磁场 z 方向的分量为：

$$\mu_{Sz} = 2m_S\mu_B \tag{7-31}$$

式中，$m_S = \pm S$，$\pm(S-1)$，$\pm(S-2)$，…，0，对应于 $2S+1$ 个取向。

原子总角动量由总角量子数 J 决定：

$$P_J = \sqrt{J(J+1)}\hbar \tag{7-32}$$

式中，J 由 L 和 S 合成，依赖于 P_L 和 P_S 的相对取向，$J = |L-S|$，$|L-S|+1$，…，$|L+S|$。

原子的总磁矩为：

$$\mu_J = g_J\sqrt{J(J+1)}\mu_B \tag{7-33}$$

$$g_J = 1 + \frac{J(J+1)+S(S+1)-L(L+1)}{2J(J+1)} \tag{7-34}$$

式中，g_J 为朗德劈裂因子，其数值反映出电子轨道运动和自旋运动对原子总磁矩的贡献。当 $S=0$ 而 $L \neq 0$ 时，$g_J = 1$；当 $S \neq 0$ 而 $L=0$ 时，$g_J = 2$；当 $S \neq 0$ 且 $L \neq 0$ 时，孤立原子或离子的 g_J 可大于或小于 2。

原子总自旋磁矩在外磁场 z 方向的分量为：

$$\mu_{Jz} = g_J m_J \mu_B \tag{7-35}$$

式中，$m_J = \pm J$，$\pm(J-1)$，$\pm(J-2)$，…，0，共 $2J+1$ 个可能值。

以上关于孤立原子磁矩的各个表达式都适用于孤立离子。当原子的 $J=0$ 时，原子的总磁矩 $\mu_J = 0$，当原子中的电子壳层均被填满时即属此情况。当原子的电子壳层未被填满时，其 $J \neq 0$，原子的总磁矩 $\mu_J \neq 0$，其原子总磁矩称为原子的固有磁矩或本征磁矩。

原子的固有磁矩与其中的电子排布有关。方向相反的磁矩可以互相抵消，所以占据同一轨道的两电子的自旋磁矩互相抵消。若原子的电子壳层是满填的，则自旋磁矩完全相互抵消，原子磁矩由轨道磁矩决定。若原子的电子壳层未满填，则电子按洪特（Hund）规则占据尽可能多的轨道，且占据的轨道中电子自旋方向平行，其自旋磁矩未被完全抵消，表现出的磁矩主要由自旋磁矩决定。

洪特规则是描述含有未满壳层的原子或离子基态的电子组态及其总角动量的规则，可简要表述为：第一，未满壳层中各电子的自旋取向（m_S）使总自旋量子数 S 最大时能量最低；第二，在满足第一规则的条件下，以总轨道角量子数 L 最大的电子组态能量最低；第三，当未满壳层中的电子数少于状态数的一半时，$J = |L-S|$ 的能量最低。

例如，根据泡利不相容原理和洪特规则，孤立铁原子的电子层分布为 $1s^2 2s^2 2p^6 3s^2 3p^6 3d^6 4s^2$，其中的 d 轨道是未满填的，6 个 d 电子占据全部 5 个 d 轨道，其中一个轨道中有两个自旋相反的电子，另外 4 个轨道是单占据的，其自旋磁矩未被完全抵消，所以整个原子的磁矩主要由其自旋磁矩决定，为 $4\mu_B$。

7.3　抗磁性和顺磁性

材料中原子的电子态与孤立原子不同，使其磁性与孤立原子不同。导致这种差异的一个重要原因是键合使外层电子排布发生了变化。共价结合常使价电子配对甚至杂化成总磁矩为零的电子结构，例如氢分子就是如此。但也有例外的情形，如虽然氧分子的总电子数为偶数，但其 $L=0$，$S=1$，使其总磁矩不为零。在离子化合物中，原子间的价电子转移使原子变为正负离子。如果为简单元素，可使有磁矩的原子变成无磁矩的离子。在金属中价电子起金属键的作用，金属的磁性取决于正离子实和自由电子的磁性。在过渡金属中，d 轨道展宽成能带，与 s 能带交叠，使 s 带和 d 带中的电子数与孤立原子不同。例如，孤立钯原子的外层电子组态为 $3d^{10}4s^0$，没有磁矩，但在金属钯中外层电子组态则变成 $3d^{9.4}4s^{0.6}$，出现磁矩。

材料中电子态发生变化的另一重要原因是晶体电场效应，即局域于离子中的电子运动受邻近离子产生的静电场作用而发生变化。其结果是使电子轨道简并态发生分裂，并使轨道磁矩对总磁矩的贡献减少甚至消失，即使轨道磁矩部分或全部猝灭。若晶体场的影响强烈，3d 电子未充满的过渡元素的轨道角动量消失，磁矩只取决于电子的自旋，其磁矩称为原子的自旋。

7.3.1 抗磁性

抗磁性的主要机制为局域电子轨道矩在外磁场作用下的改变，可用经典理论描述。根据拉莫（Larmor）定理，在外磁场中的电子绕中心核的运动，除了其原有的运动外，还会以恒定角速度（拉莫频率）绕磁场方向作进动，如图 7-3 所示。这种磁场感应的附加电子运动产生的磁场方向与外磁场方向相反，因而产生抗磁性。所有材料中的局域电子都有这种抗磁性，经计算其抗磁磁化率为：

图 7-3　电子轨道矩
拉莫进动示意图

$$\chi_d = -\frac{\mu_0 n e^2}{6m}\sum_{i=1}^{z}\overline{r_i^2} \tag{7-36}$$

式中，μ_0 为真空磁导率；n 为单位体积的原子数；e 和 m 分别为电子的电量和质量；z 为每个原子的电子数；$\overline{r_i^2}$ 为第 i 个电子轨道半径的均方值。可看出这一磁化率随局域电子数 z 和电子轨道半径的增大而增大，且基本不随温度变化。电子轨道半径在 0.1nm 的数量级，将相应的物理量代入式(7-36) 可估算出磁化率在 -10^{-6} 的数量级。

抗磁性的另一来源是传导电子在外磁场作用下的回旋运动的量子效应，即朗道能级分裂。经计算传导电子的抗磁磁化率为：

$$\chi_{ed} = -\frac{1}{2}\times\frac{n\mu_B^2}{kT_F}\left(\frac{m}{m^*}\right)^2 \tag{7-37}$$

$$T_F = \frac{E_F}{k}$$

式中，n 为单位体积的原子数；μ_B 为玻尔磁子；k 为玻耳兹曼常数；T_F 为费米温度；E_F 为费米能；m 和 m^* 分别为自由电子的质量和能带中电子的有效质量。对一般的金属，如铜，$m/m^*\approx 1$，可估算出 χ_{de} 在 -10^{-6} 的数量级。但对能带将满的金属，如铋，m/m^* 很大，可得到很大的抗磁磁化率。更重要的是，在低温高磁场下，传导电子的抗磁磁化率随磁场强度而振荡，称为 De Haas-Van Alphen（DHVA）效应，该效应产生的原因是磁场引起朗道能级分裂，引起费米面能量随磁场振荡。所以 DHVA 效应成为研究金属中费米面形貌的重要手段之一。

归结起来说，抗磁性来源于电子轨道运动在外磁场下的改变。虽然所有的材料都有抗磁磁化率，但并非所有材料都是抗磁体。由于抗磁磁化率很小，在材料具有原子、离子或分子磁矩时，其他磁化率掩盖了抗磁磁化率，所以只有材料中没有固有磁矩或固有磁矩很小时抗磁性才能表现出来。所以电子壳层满填的物质才能成为抗磁体，例如惰性气体、离子型固体

（如氯化钠）、共价晶体（如碳、硅、锗、硫、磷等）。大部分有机材料也是抗磁体。金属的情况较复杂，但一些金属也是抗磁体。

7.3.2 顺磁性

顺磁性可能有三个来源：外磁场对原子或离子固有磁矩的取向作用，即局域电子的顺磁性；传导电子的顺磁性；范弗来克（Van Vleck）顺磁性。

1895 年居里（P. Curie）在研究 O_2 的顺磁磁化率与温度的关系时发现居里定律：

$$\chi = \frac{C}{T} \tag{7-38}$$

式中，T 为热力学温度；C 为常数，称为居里常数。朗之万（P. Langevin）等对该现象提出了如下解释。

在通常温度下，原子不停地热振动，其振动频率为 $10^{12} \sim 10^{15}$ Hz。随温度升高，其振幅增大。根据经典统计理论，原子热振动的动能 E_k 与温度成正比，即：

$$E_k \propto kT \tag{7-39}$$

式中，k 为玻耳兹曼常数；T 为热力学温度。受热振动的影响，原子固有磁矩不为零时，原子磁矩倾向于混乱分布，在任何方向上的原子磁矩之和为零，对外不表现磁性。

当有磁感应强度为 $\boldsymbol{B}_0$ 的外磁场时，原子磁矩 $\boldsymbol{m}$ 与 $\boldsymbol{B}_0$ 的夹角 θ 要尽量小以降低势能：

$$U = -mB_0\cos\theta \tag{7-40}$$

即外磁场使原子磁矩 $\boldsymbol{m}$ 趋于一致排列。当外磁场增加到使势能 U 的减少能够补偿热运动的能量时，原子磁矩即一致排列，此时：

$$kT \propto mB_0 \tag{7-41}$$

$$B_0 \propto \frac{kT}{m} \tag{7-42}$$

不考虑材料中磁性离子的相互作用，在高温低磁场的情形下，可推导出磁化率为：

$$\chi = \frac{M}{H} = \frac{nm}{\dfrac{B_0}{\mu_0}} = \frac{nm}{\dfrac{3kT}{\mu_0 m}} = \frac{n\mu_0 m^2}{3kT} = \frac{C}{T} \tag{7-43}$$

式中，n 为单位体积的原子数。居里常数为：

$$C = \frac{n\mu_0 m^2}{3k} \tag{7-44}$$

这部分顺磁性来源于原子固有磁矩在外磁场作用下发生的择优取向。通过测量 χ 和 T 的关系，可求出斜率 C，进而求出原子磁矩 m。

当材料中磁性离子较多，相互作用较强而不可忽略时，其顺磁磁化率常服从居里-外斯定律，则：

$$\chi = \frac{C}{T - T_c} \tag{7-45}$$

式中，T_c 是居里温度，可能来源于交换作用、偶极子相互作用或晶体电场的作用。上述推导适用于具有未填满内壳层的原子或离子，如过渡元素的离子（d 层未填满）、稀土元素（f 层未填满）和锕系元素等。

传导电子的顺磁性普遍存在于金属材料中。金属材料导带中的正负自旋的电子在磁场作用下能量不同，相当于正负自旋能带发生劈裂。平衡时正负自旋电子数不等，从而出现磁化。根据自由电子近似的计算，泡利给出了 0K 时的顺磁磁化率为：

$$\chi_{ep} = \frac{3}{2} \times \frac{n\mu_B^2}{kT_F}$$ (7-46)

与式(7-37)对照可知,自由电子的顺磁磁化率的绝对值是抗磁磁化率的 3 倍,因此自由电子的抗磁磁化率被掩盖,总的表现为顺磁性。一般来说,传导电子的总磁化率可近似地表示为:

$$\chi_e = \chi_{ep} + \chi_{ed} = \frac{3}{2} \times \frac{n\mu_B^2}{kT_F} \left[1 - \frac{1}{3} \left(\frac{m}{m^*} \right)^2 \right]$$ (7-47)

当电子的有效质量 $m^* < m/\sqrt{3}$ 时 χ_e 为负,传导电子表现出抗磁性,反之则为顺磁性。半金属(如铋、锑等)为前者,正常金属(如碱金属、碱土金属和铝)为后者。但金、银、铜等金属虽然传导电子的磁化率为正,但其内层局域电子的抗磁性更大,所以为抗磁体。

范弗来克顺磁性来源于外磁场对电子云的形变作用,即二级微扰使激发态混入基态,使电子态发生微小的变化。这种顺磁性既可存在于局域电子中,也可存在于能带电子中,它常是对顺磁性及抗磁性的一个修正。

计算表明,当温度为 1000K,磁场为 1T,顺磁物质的磁化强度 M 约为 $10^2 A/m$,说明顺磁物质很难磁化。大多数物质为顺磁体,如稀土元素(室温),居里点以上的 Fe、Co、Ni、过渡金属的盐、Li、Na、K、Ti、Al、V 等。

7.4 铁 磁 性

7.4.1 铁磁体磁化的现象

7.4.1.1 磁滞回线

普通的铁磁体在没有外磁场的作用时,外部不出现 N、S 极,不表现磁性的状态称为退磁状态。铁磁体的特征在于其可在不很强的磁场下获得很大的磁化强度。例如,铁磁性的纯铁在 $10^{-6} T$ 的磁场下即可获得 $10^4 A/m$ 的磁化强度,而顺磁性的硫酸亚铁在同样的磁场下只能获得 $10^{-3} A/m$ 的磁化强度。

但铁磁体的磁化曲线(**M-H** 或 **B-H** 曲线)是非线性的,图 7-4 给出了铁磁体 **M-H** 曲

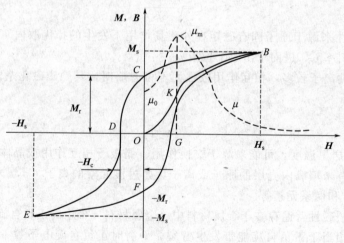

图 7-4　铁磁体的磁滞回线

线，B-H 曲线有相同的趋势。图中还给出了磁导率随外磁场的变化。当外磁场强度 H 增大时，材料中的磁化强度 M 和磁感应强度 B 都非线性地增大，增大有慢—快—慢的变化，增大到某一值 M_s 和 B_s 后达到饱和，即 M 和 B 不再随 H 的增大而增大，如图 7-4 中的曲线 OKB 所示。M_s 和 B_s 分别称为饱和磁化强度和饱和磁感应强度，它们所对应的最低外磁场强度称为饱和磁场强度 H_s。由于磁导率 $\mu = B/H$，所以磁导率在 OKB 曲线的斜率最大点 K 达到最大值 μ_m。

将铁磁体磁化至饱和后缓慢地降低外磁场强度 H 时，材料中的磁化强度 M 和磁感应强度 B 也都减小，这一过程称为退磁过程。但其减小并不沿 BKO 曲线发生，而是沿 BC 曲线进行。当 H 降低到 0 时，M 和 B 达到某一不为零的值 M_r 和 B_r，分别称为剩余磁化强度和剩余磁感应强度，简称剩磁。如果要使 M=0 或 B=0，则必须施加一个反向外磁场 H_c，H_c 称为矫顽力。通常将曲线的 BD 段称为退磁曲线。可以看出，退磁过程中的 M 和 B 的变化总是落后于 H 的变化，这种现象称为磁滞现象。

继续增大反向磁场到 $-H_s$，则在 E 点又可达到磁化的反向饱和。如果再沿正方向增大磁场，则可得到另一半磁化曲线 EFGB，与 BCDE 段磁化曲线关于原点对称。所以外磁场强度 H 从 H_s 变到 $-H_s$ 再到 H_s，磁化曲线形成封闭环，这一封闭环称为磁滞回线。

磁滞回线所包围的面积表征磁化和退磁一周所消耗的功，称为磁滞损耗，即：

$$Q = \oint H dB \tag{7-48}$$

7.4.1.2 磁晶各向异性

在晶体的不同的取向与外磁场平行时，磁化的难易不同，称为磁晶各向异性。其表现为在不同方向上得到同样的磁化强度需要消耗不同的能量。使磁性材料磁化时消耗的能量称为磁化功，它在数值上等于图 7-5 中阴影部分的面积，达到饱和磁化时的磁化功为：

$$W = \int_0^{M_s} H dM \tag{7-49}$$

式中，M_s 为饱和磁化强度。

对铁、镍、钴三种铁磁体的单晶沿不同的方向磁化得到的磁化曲线如图 7-6 所示。α-Fe 是体心立方结构，由图 7-6 (a) 可见，其沿 [100] 晶向的磁化功最小，沿 [111] 晶向的磁化功最大，所以 [100] 晶向为其易磁化方向，[111] 晶向为其难磁化方向。对面心立方结构的镍，其易磁化方向

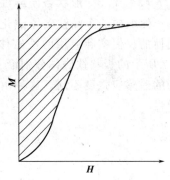

图 7-5　磁化功的图示

是 [111]，难磁化方向是 [100]。对密排六方结构的钴，其易磁化方向是 [0001]，难磁化方向是 [1010]。

可见对不同的晶体和不同的取向磁化功不同，即磁化强度矢量的能量不同。用磁化强度矢量沿不同晶轴方向的能量差来衡量磁晶各向异性的程度，称为磁晶各向异性能，用 E_k 表示。对立方晶系的晶体，分别以 α_1、α_2、α_3 表示磁化强度与 x、y、z 晶轴夹角的余弦，即 $\alpha_1 = \cos\alpha$，$\alpha_2 = \cos\beta$，$\alpha_3 = \cos\gamma$，则有：

$$E_k = K_0 + K_1(\alpha_1^2\alpha_2^2 + \alpha_2^2\alpha_3^2 + \alpha_3^2\alpha_1^2) + K_2\alpha_1^2\alpha_2^2\alpha_3^2 + K_3(\alpha_1^2\alpha_2^2 + \alpha_2^2\alpha_3^2 + \alpha_3^2\alpha_1^2)^2 \tag{7-50}$$

式中，K_0 为主晶轴方向上的磁化能量；K_1、K_2、K_3 为磁晶各向异性常数。在一般情况下，K_2、K_3 较小，可忽略，E_k 仅用 K_1 表示。对其他晶系也有相应的磁晶各向异性能的表达式。

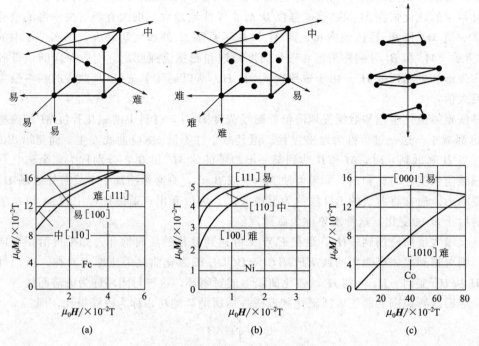

图 7-6　铁、镍、钴沿不同晶向的磁化曲线

（a）铁；（b）镍；（c）钴

7.4.1.3　形状各向异性

无织构的多晶铁磁体磁化时不显示各向异性，如果其形状为球形，则其磁化是各向同性的。但实际应用的铁磁体几乎没有球形的，形状对其磁化过程有影响。例如，对图7-7 所示的板状铁磁体分别沿 x、y、z 方向施加磁场，在同样的磁场强度下沿不同方向得到的磁感应强度不同。这种由于磁体的形状不同引起的各方向磁化的差异称为形状各向异性。

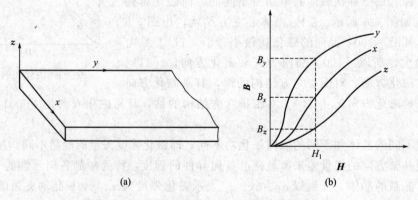

图 7-7　板状铁磁体不同方向磁化的差异

（a）板的形状和方向；（b）不同方向的磁化差异

从本质上说，形状各向异性是由退磁场引起的。铁磁体磁化后由于磁极的出现，除了在其周围空间产生磁场外，在磁体内部也产生磁场，这一磁场与磁化强度方向相反，起到退磁作用，因此称为退磁场，以 H_d 表示，如图7-8 所示。此时材料内部的实际磁场强度为外磁

场与退磁场的差，即：

$$H_i = H - H_d$$

退磁场的表达式为：

$$H_d = -NM \tag{7-51}$$

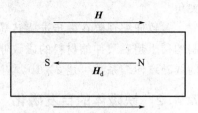

图7-8 退磁场与外磁场的方向

式中，N 为退磁因子；M 为磁化强度，负号表示退磁场强度与磁化强度方向相反。可见退磁场强度与磁化强度成正比。磁体在自身退磁场中的能量称为退磁场能。

退磁因子 N 与磁体形状有关。如棒状铁磁体越短粗则 N 越大，退磁场越强，达到磁饱和需要的外磁场越强。与式（7-49）类似，退磁场能为：

$$E_d = -\int_0^M H_d \, dM = \int_0^M NM \, dM = \frac{1}{2}NM^2 \tag{7-52}$$

当磁化达到饱和时，退磁场能 $E_d = \frac{1}{2}NM_s^2$。

7.4.1.4 磁致伸缩

磁致伸缩即铁磁体在磁场中磁化时形状和尺寸发生变化的现象。用磁致伸缩系数表征材料的磁致伸缩程度，其定义为：

$$\lambda = \frac{l - l_0}{l_0} \tag{7-53}$$

式中，l_0 为铁磁体的初始长度；l 为其在磁场方向上伸缩后的长度；λ 为线磁致伸缩系数，λ 为正表示铁磁体在磁场作用下伸长，反之则缩短。随外磁场强度的增强，磁化强度增大，磁致伸缩程度 λ 增大，如图7-9所示。当 $H = H_s$ 时，磁化强度达到饱和值 M_s，此时磁致伸缩程度也达到饱和值 λ_s，称为饱和线磁致伸缩系数。对一定的材料 λ_s 是一个常数，所以 λ_s 可代表铁磁材料的磁致伸缩能力。不同材料的饱和磁致伸缩系数不同，一般在 $10^{-6} \sim 10^{-3}$ 的数量级。

在一般情况下，当外磁场强度小于 H_s 时，铁磁体的体积不变，因此某一方向的伸长同时要引起与之垂直方向的缩短。单晶体的磁致伸缩也有各向异性。所以对无织构的多晶体，其磁致伸缩是不同取向晶粒的磁致伸缩的平均值。对立方晶系的多晶体，平均饱和磁致伸缩系数 $\bar{\lambda}_s$ 可表示为：

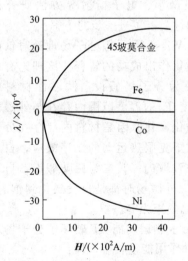

图7-9 不同材料的线磁致伸缩系数与外磁场强度的关系

$$\bar{\lambda}_s = \frac{2\lambda_s^{\langle 100 \rangle} + 3\lambda_s^{\langle 111 \rangle}}{5} \tag{7-54}$$

式中，$\lambda_s^{\langle 100 \rangle}$ 和 $\lambda_s^{\langle 111 \rangle}$ 分别为 $\langle 100 \rangle$ 和 $\langle 111 \rangle$ 方向的饱和线磁致伸缩系数。

如果铁磁体在磁化过程中的尺寸变化受到限制，不能自由伸缩，则会形成拉（压）内应力，在磁体内部引起弹性能，称为磁弹性能。磁弹性能是附加的内能升高，对磁化形成阻力。对多晶体，由于应力存在引起的磁化时单位体积中的磁弹性能 E_σ 可用下式计算：

$$E_\sigma = \frac{3}{2}\lambda_s \sigma \sin^2\theta \tag{7-55}$$

式中，λ_s 是饱和线磁致伸缩系数；σ 是材料所受的应力；θ 是应力方向与磁化方向的夹角。

磁致伸缩现象在微步进旋转马达、减振、传感器等方面有广阔的应用前景。目前人们研制的稀土超磁致伸缩材料的磁致伸缩系数比普通铁磁体高 1 个数量级以上，如 TbDyFe 合金的线磁致伸缩系数可达 2×10^{-3} 以上。

7.4.2 铁磁体的自发磁化

铁磁性材料的磁性是自发产生的，即不加外磁场时铁磁性材料的原子磁矩就在很多局部发生取向一致的排列，产生局部的磁矩，这种现象称为铁磁材料的自发磁化。铁磁材料在被外磁场磁化之前不表现出磁性是因为其各个原子磁矩一致的小区域的原子磁矩取向是随机的，整个材料不表现出宏观磁矩。这种由于自发磁化形成的铁磁材料中的原子磁矩一致的小区域称为磁畴。铁磁材料在外磁场作用下发生磁化，表现出宏观的磁化强度，是由于外磁场使磁畴的取向发生了与外磁场一致的有序排列，这种外磁场作用下的磁化称为技术磁化。

7.4.2.1 外斯分子场理论

自发磁化和磁畴的存在最初是用粉纹图来证明的。把铁磁材料表面涂以磁性悬浮液体，

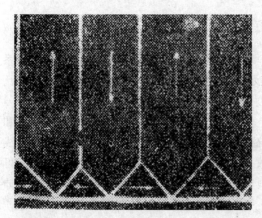

再用显微镜观察，便可发现磁粉排列成一定的图像。图 7-10 是铁硅合金单晶在（100）面的粉纹图，可清楚地发现其中的磁畴。近年来用磁光、电子显微镜、电子衍射等方法研究磁畴，对磁畴的性质有了进一步的了解。

外斯（P. Wiss）最早用分子场理论对铁磁材料的自发磁化作出成功的解释。该理论有两个假设。其一为分子场假设，铁磁性材料在 0K 至居里温度 T_c 的温度范围内存在与外磁场无关的自发磁化，其原因是材料内部存在分子场，使原子磁矩克服热运动的无序效应，自发地产生平行一致取向。其二为磁畴假设，自发

图 7-10　铁硅合金单晶在（100）面的粉纹图

磁化是按区域分布的，各个自发磁化的区域称为磁畴，在无外磁场时都是自发磁化到饱和，但各个磁畴自发磁化的方向有一定的分布，使宏观磁体的总磁矩为零。

按此假设，铁磁材料在高于 T_c 的温度铁磁性消失是由于热运动能 kT 破坏了分子场对原子磁矩有序取向的作用能 $H_{mf}P_J$，所以在 T_c 的温度两种作用能量相等，即：

$$kT_c = H_{mf}P_J \tag{7-56}$$

式中，k 为玻耳兹曼常数；T_c 为温度；H_{mf} 为分子场；P_J 为原子的磁偶极矩。代入 $k = 1.3805 \times 10^{-23} J/K$，$P_J = 10^{-29} Wb \cdot m$，取 $T_c = 1000K$，则可估算出 $H_{mf} = 10^9 A/m$，即铁磁材料中存在该数量级的分子场，使其中的原子磁矩发生自发磁化。

基于外斯假设，可用半经典的顺磁性理论推导出居里温度为：

$$T_c = w \frac{N g_J^2 \mu_B^2}{3k} J(J+1) \tag{7-57}$$

式中，N 为单位体积内的原子数；J 是每个原子的总角量子数；g_J 为朗德劈裂因子；μ_B 为玻尔磁子；k 为玻耳兹曼常数；w 为外斯分子场系数，是没有外磁场时分子场强度 H_{eff} 与其引起的磁化强度 M 的比值。

$$H_{\text{eff}} = w M \tag{7-58}$$

基于外斯分子场理论，还可以推导出 T_c 温度以上的顺磁磁化率与温度的关系，即居里-外斯定律。所以外斯分子场理论对铁磁体自发磁化给出了令人满意的解释。

7.4.2.2 分子场的来源和交换作用理论

由铁磁性的高磁化强度推知，铁磁性是由于电子自旋磁矩产生的，电子轨道磁矩的贡献则微不足道，这已经被实验所证明。外斯理论说明了使电子自旋磁矩同向排列的分子场的存在，但未给出分子场出现的原因。直到量子力学出现后才由海森堡（Heisenberg）在 1928年用近邻原子的静电交换作用成功地解释分子场出现的原因。

经典的静电相互作用不影响磁矩的取向。但量子力学证明，静电性的交换作用与电子的自旋取向相关。根据泡利不相容原理，两个以上的电子的波函数包含了电子在不同的单电子态的交换，因而引进了电子间的相关——两个电子不能处于同一状态。于是自旋相同的两个电子靠近的几率比反平行时的几率小，称为泡利排斥或交换相关。因其来自相邻原子的直接相互作用，所以称为直接交换作用。

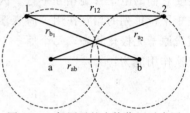

交换作用最早是在氢分子中提出的。图 7-11 是氢原子的交换作用示意图。其中的两个原子是 a 和 b，虚线表示它们的 1s 轨道，分别用波函数 φ_a 和 φ_b 表示。先不考虑自旋，设两个电子 1 和 2 分别处于一个轨道上。当

图 7-11　氢原子的交换作用示意图

考虑了两个原子之间的相互作用时，可以得到两个能量不同的状态为：

$$\phi_S = \frac{1}{\sqrt{2}} [\varphi_a(r_1)\varphi_b(r_2) + \varphi_a(r_2)\varphi_b(r_1)] \tag{7-59}$$

$$\phi_A = \frac{1}{\sqrt{2}} [\varphi_a(r_1)\varphi_b(r_2) - \varphi_a(r_2)\varphi_b(r_1)] \tag{7-60}$$

式中，r_1、r_2 分别表示电子 1 和 2 的位置坐标。ϕ_S 和 ϕ_A 对应的电子云分布如图 7-12 所示，可见明显的泡利排斥作用。因而使不同的自旋态具有不同的电子间和电子与原子核间的静电作用能，相应的能量为：

$$E_S = 2\varepsilon_0 + K + J_e \tag{7-61}$$

$$E_A = 2\varepsilon_0 + K - J_e \tag{7-62}$$

式中，ε_0 表示氢原子 1s 电子的能量；K 与 J_e 表示考虑原子之间的相互作用之后的能量变化；K 表示库仑相互作用能。

$$K = \int \varphi_a^*(r_1)\varphi_b^*(r_2)V_{ab}\varphi_a(r_1)\varphi_b(r_2)\mathrm{d}r_1\mathrm{d}r_2 \tag{7-63}$$

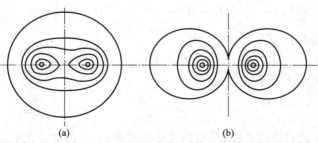

图 7-12　氢分子的两种电子云分布

（a）自旋反平行的 ϕ_S^2；（b）自旋平行的 ϕ_A^2

式中，V_{ab} 为两原子之间的相互作用函数。

$$V_{ab} = e^2 \left(\frac{1}{r_{ab}} - \frac{1}{r_{a_2}} - \frac{1}{r_{b_1}} + \frac{1}{r_{12}} \right) \tag{7-64}$$

式中，各个 r 分别表示核 a、核 b、电子 1、电子 2 等之间的距离，如图 7-11 所示；e 为电子电量。而：

$$J_e = \int \varphi_a^*(r_1) \varphi_b^*(r_2) V_{ab} \varphi_a(r_2) \varphi_b(r_1) \mathrm{d}r_1 \mathrm{d}r_2 \tag{7-65}$$

式中，J_e 为交换能。考虑自旋后可推知，两个氢原子结合在一起时，能量依赖于两个电子的自旋取向。自旋相反时能量为 $K+J_e$，自旋平行时能量为 $K-J_e$，它们的差别取决于交换能 J_e。可推知氢分子中 $J_e < 0$，自旋相反的状态能量更低，所以氢分子的基态正是这种状态。

可以设想，如果交换能有正值，即 $J_e > 0$，则自旋平行能量更低，原子间的交换作用将促使它们的电子自旋相互平行。因此原子之间的正交换作用能可提供一种外斯理论要求的使磁矩平行排列的相互作用。海森堡将氢分子交换作用模型推广到 N 个原子组成的系统，并假设原子无极化状态，每个原子中有一个电子对铁磁性贡献，从而得到 N 个原子系统的交换作用能为：

$$E_{ex} = -2A \sum_{i<j}^{N} \boldsymbol{S}_i \cdot \boldsymbol{S}_j = 2A \langle \boldsymbol{S}_i \cdot \boldsymbol{S}_j \rangle \tag{7-66}$$

式中，$\boldsymbol{S}_i$、$\boldsymbol{S}_j$ 是原子 i、j 的自旋矢量；A 为交换积分；$\langle \boldsymbol{S}_i \cdot \boldsymbol{S}_j \rangle$ 是决定系统电子自旋矢量平方的量子数。

$$A = \iint \varphi_i^*(r_i) \varphi_j^*(r_j) \varphi_j(r_i) \varphi_i(r_j) \left(\frac{e^2}{r_{ij}} - \frac{e^2}{r_i} - \frac{e^2}{r_j} \right) \mathrm{d}r_1 \mathrm{d}r_2 \tag{7-67}$$

式中，r_{ij} 是电子 i 和 j 之间的间距；r_i 和 r_j 分别是电子 i 和 j 与各自原子核的间距；$\varphi_i(r_i)$、$\varphi_j(r_j)$ 分别是电子 i 和 j 在其所属的原子核附近的波函数；$\varphi_i(r_j)$、$\varphi_j(r_i)$ 是电子 i 和 j 交换位置后的波函数。

$$\langle \boldsymbol{S}_i \cdot \boldsymbol{S}_j \rangle = \frac{S(S+1) - Ns(s+1)}{N(N+1)} \tag{7-68}$$

式中，s 为每个电子的自旋量子数；S 为 N 个电子的自旋量子数。

由于直接交换作用是一种近程作用，设每个原子有 Z 个近邻原子可发生交换作用，则整个系统有 $NZ/2$ 个交换作用项，总交换作用能为：

$$E_{ex} = \frac{1}{2} NZ (-2A \langle \boldsymbol{S}_i \cdot \boldsymbol{S}_j \rangle) = \frac{-ZA[S(S+1) - Ns(s+1)]}{N+1} \approx -\frac{ZA}{N} S^2 \tag{7-69}$$

根据分子场理论，有：

$$E_{ex} = -\int_0^{M_s} H_{eff} \mathrm{d}M = -\int_0^{M_s} wM \mathrm{d}M = -\frac{1}{2} wM_s^2 \tag{7-70}$$

而饱和磁化强度为：

$$M_s = 2S\mu_B \tag{7-71}$$

故可推知，外斯分子场系数为：

$$w = \frac{ZA}{2N\mu_B^2} \tag{7-72}$$

用自旋量子数 S 代替总量子数 J，取朗德劈裂因子 $g_J = 2$，将 w 的取值代入式(7-57)，有：

$$T_c = \frac{2ZA}{3k} S(S+1) \tag{7-73}$$

即铁磁材料的居里温度与交换积分 A 成正比。居里温度本质上是铁磁材料内静电交互作用强弱在宏观上的表现，交换作用越强，破坏这种作用需要的热能越大，则居里温度越高。这一表达式将宏观现象与微观机理联系起来，说明海森堡交换作用理论与实验现象是相符的。这一理论证明了分子场是量子交换作用的结果，纯属量子效应。可见铁磁性自发磁化起源于电子间的静电交换作用，因此这一理论也称为静电交换作用理论。

由上面的推断可知材料具有铁磁性的条件。必要条件是：材料原子中具有未充满的电子壳层，即有原子磁矩，原子的本征磁矩不为零。充分条件是：交换积分 $A>0$，即原子磁矩同向平行排列。材料是否满足必要条件很容易判断，但是否满足充分条件不易判断。理论计算表明，交换积分 A 不仅与电子运动的波函数有关，还强烈依赖于相邻原子核之间的距离 r_{ab}。图 7-13 是计算得到的一些元素的交换积分 A 与 r_{ab} 的关系，其中的 r 为参加交换作用的电子到核的距离，例如对 Fe 就是 3d 层半径。可见 Cr、Mn 等元素 r_{ab}/r 小，$A<0$，这些元素是反铁磁性的；Fe、Co、Ni

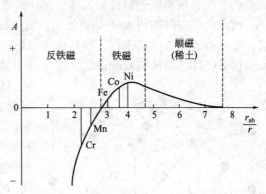

图 7-13 元素的交换积分 A 与 r_{ab} 的关系

等元素 r_{ab}/r 变大，$A>0$，所以这些元素是铁磁性的；间距再大，$A \rightarrow 0$，交换作用微弱，元素变为顺磁性的。满足 $r_{ab}/r>3$ 且接近 3 才可能为铁磁性，这需要一定的晶体结构和原子尺寸，所以仅有少数几种纯元素为铁磁性元素。

通过合金化可改变材料的晶体结构和原子尺寸，得到多种磁性材料。另外，对金属，电子不是只被局限于原子核附近的局域电子，因此上面的理论在处理实际问题时还需修正。

7.4.2.3 反铁磁性和亚铁磁性

图 7-14 是铁磁体的磁化率与温度的关系。由于交换积分 $A>0$，在 $T<T_c$ 时，原子磁矩同向平行排列，有很强的自发磁化强度，可获得很大的磁化率。超过 T_c，交换作用被破坏，变成顺磁性，磁化率 χ 服从居里-外斯定律。

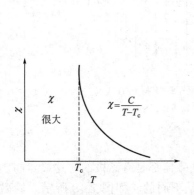

图 7-14 铁磁体的磁化率与温度的关系

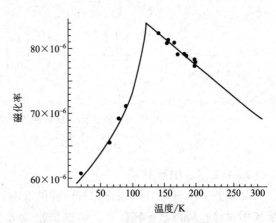

图 7-15 MnO 的磁化率与温度的关系

反铁磁体与铁磁体的磁化率的区别不仅在于其大小相差多个数量级，其磁化率与温度的关系也不同。图 7-15 是实测的反铁磁体 MnO 的磁化率与温度的关系。可见在高温部分，磁化率随温度的升高而降低，服从居里-外斯定律，这是顺磁性的规律，与铁磁体的 T_c 以上的规律相同。但在低温，磁化率随温度的升高而升高，这是与铁磁体相反的地方。在某一温度 T_N，磁化率达到最大值，T_N 即为反铁磁体的居里点或奈尔点。

反铁磁性的机理也可用交换作用解释。反铁磁体的交换积分 $A<0$，使其电子自旋反向平行排列。不论在什么温度下，都不能观察到反铁磁体的任何自发磁化现象。因此反铁磁体的宏观磁化特性是顺磁性的，磁化强度 M 与外磁场强度 H 同向，磁化率 χ 为正值。在极低的温度下由于相邻原子的自旋完全反向，其磁矩几乎完全抵消，故磁化率接近于 0。温度升高，使自旋反向的作用减弱，磁化率增大。温度升高到奈尔点以上时，与铁磁体的行为相同，热运动破坏了交换作用，使其表现出顺磁体的磁化行为。

这一解释已经被实验所证实。图 7-16 是用中子衍射测出的 MnO 点阵中 Mn^{2+} 的自旋排列。MnO 具有 NaCl 型晶体结构，其中的 Mn^{2+} 可以看成由（111）密排面叠成的面心立方结构。可见在同一（111）面上的离子自旋方向相同，而所有相邻（111）面上的离子自旋方向相反。将这两种位置的 Mn^{2+} 各自的排列方式进行抽象，可以得到 A 和 B 两种子晶格，反铁磁性出现的原因就是两种子晶格上的原子自旋方向相反。

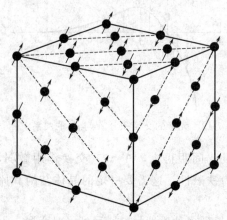

图 7-16　MnO 中 Mn^{2+} 两种子晶格的反向自旋排列

由于相邻的 Mn^{2+} 间有 O^{2-} 隔开，Mn^{2+} 间的直接交换作用很弱，这种自旋反向平行不能用直接交换作用解释。其解释为氧离子的一个 p 电子跃迁到相邻的 Mn 中成为 d'，形成 Mn^+—O^-—Mn^{2+} 的结构，发生了超交换作用，这里不作详述。

亚铁磁体也有图 7-14 所示的磁化率与温度的关系，与铁磁体的区别仅在于 T_c 以下的磁化率比铁磁体小。但其形成机制则完全不同。与反铁磁体相似，亚铁磁体的交换积分 $A<0$，原子磁矩反向平行排列。不同的是亚铁磁体中有两种不同的原子磁矩，反向平行排列的原子磁矩不能完全相互抵消，因此具有明显的自发磁化强度。图 7-17 形象地给出了铁磁体、反铁磁体、亚铁磁体的原子磁矩排列方式。

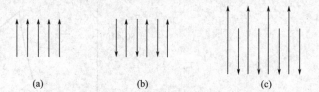

(a)　　　　　　　　(b)　　　　　　　　(c)

图 7-17　铁磁体、反铁磁体、亚铁磁体的原子磁矩排列方式
(a) 铁磁体；(b) 反铁磁体；(c) 亚铁磁体

7.4.2.4　磁畴结构

如果整个铁磁体自发磁化都有同样的取向，则任何铁磁体都是有磁极的，这显然与实验事实不相符。所以铁磁体在各个微区的自发磁化的方向是不同的。如图 7-18 所示，铁磁体分为多个磁畴，使整个铁磁体对外不显示磁性。这是外斯理论的基本假设之一，已为实验所证实。

分畴的原因是要降低铁磁体的总能量。如图 7-19(a) 所示，如果单晶体自发磁化成一个磁畴，必然在其端面形成磁极，所产生的磁场分布在整个铁磁体附近的空间内，有很大的静磁能。如果整个晶体形成自发磁化方向相反的两个磁畴，磁场主要分布在铁磁体两端附近，静磁能降低，如图 7-19（b）所示。如果分成多个畴，且相邻磁畴的自发磁化方向相反，则静磁能可进一步降低，所以从降低静磁能的角度看，磁畴应该无限细分，但总也达不到静磁能为零。如果形成图 7-19（c）所示的三角形的封闭磁畴，则可实现静磁能为零。但形成那样的磁畴必然有的磁畴的自发磁化不处于易磁化方向，产生磁晶各向异性

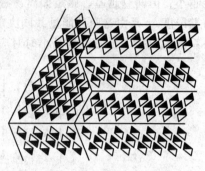

图 7-18　磁畴示意图

能；而且由于各个磁畴的方向不同，其磁致伸缩不同，还会产生磁弹性能。如果磁畴细化则可以降低磁晶各向异性能和磁弹性能，所以实际单晶体的磁畴往往形成如图 7-19（d）的形状，使总能量降低。

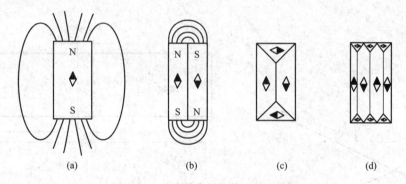

图 7-19　磁畴的分割与静磁能示意图
（a）单畴；（b）双畴；（c）三角形的封闭磁畴；（d）多个三角形的封闭磁畴

　　相邻磁畴之间的分界称为畴壁。磁畴不能无限细分的原因是畴壁也引起能量升高，称为畴壁能。磁畴细分可降低静磁能、磁晶各向异性能和磁弹性能，但增加了磁畴面积，提高了畴壁能，当提高和降低能量的诸方面达到平衡时总能量最低，分畴停止。计算和实验均表明，一般磁畴的尺寸为 $1 \sim 100 \mu m$ 的数量级，约含有 10^{15} 个原子。

　　按相邻磁畴的原子磁矩取向可将畴壁分为 180°畴壁和 90°畴壁两种，如图 7-20 所示，其相邻磁畴中的原子磁矩完全反向或差 90°角。当然，原子磁矩的取向差可能不严格为 180°或 90°，例如 90°相邻磁畴的自发磁化方向差可为 109°、90°、71°等。

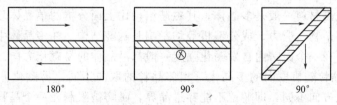

图 7-20　180°畴壁和 90°畴壁

　　畴壁是有一定厚度的过渡区，如图 7-21 所示。如果畴壁没有过渡区，如图 7-21（a）所示，计算表明，交界处的交换能 E_{ex} 极大。为降低交换能，磁畴之间必然形成过渡层，如图 7-21（b）所示，原子自旋方向经过畴壁逐渐过渡到反平行或 90°角的状态。畴壁越厚，交换

能越小；但畴壁越厚，磁矩偏离易磁化方向的原子越多，磁晶各向异性能 E_k 越大。平衡的畴壁厚度 δ_0 是由这两种能量共同决定的。图 7-22 为单位面积上的畴壁能 W 与畴壁厚度 δ 的关系，E_k 和 E_{ex} 的总能量最小时对应着畴壁的平衡厚度 δ_0。

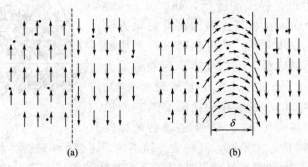

图 7-21　180°畴壁的原子磁矩排列示意图

（a）畴壁无过渡；（b）畴壁有过渡

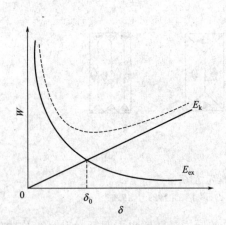

图 7-22　畴壁的平衡厚度

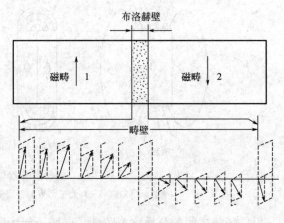

图 7-23　布洛赫壁示意图

　　畴壁中的原子磁矩可能按不同的方式逐步过渡到 180°或 90°的取向差。如果在整个过渡区畴壁内原子磁矩都平行于畴壁平面，这种畴壁就称为布洛赫（Bloch）壁，如图 7-23 所示。在铁中布洛赫壁的厚度约有 300 个点阵常数。

　　将磁畴的形状、尺寸、畴壁类型与厚度总称为磁畴的结构。同一磁性材料经过不同的处理可得到不同的磁畴结构，使其磁化行为发生变化。因此说磁畴结构不同是铁磁体的磁性千差万别的原因之一。

　　实际应用的铁磁材料一般是多晶体，其磁畴结构比上面分析的单晶体复杂。晶界、第二相、晶体缺陷、夹杂物、应力、成分偏析等均影响其磁畴结构。在多晶体中，每个晶粒都可能包含多个磁畴。在一个磁畴内自发磁化强度一般都沿晶体的易磁化方向。多晶体的磁畴如图 7-24 所示。对晶粒随机取向的多晶体，相邻晶粒的取向不同，易磁化方向不同，因此其中的磁畴自发磁化方向不同，即畴壁不能穿过晶界，磁畴被限制在一个晶粒内。

7.4.3　铁磁体的技术磁化

7.4.3.1　技术磁化和退磁的过程

　　与自发磁化不同，技术磁化是铁磁体与外磁场作用的结果，实际上是外加磁场作用于磁

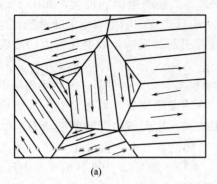
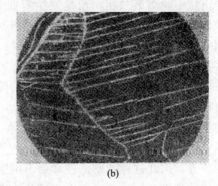

(a)   (b)

图 7-24   多晶体的磁畴

（a）示意图；（b）铁硅合金多晶体的畴界和晶界的粉纹图

畴，使其逐渐转向外磁场方向的过程。技术磁化包含磁畴旋转与畴壁迁移两种过程。磁畴旋转使铁磁体中的自发磁化方向趋向于与外磁场一致；畴壁迁移使自发磁化方向与外磁场较为一致的磁畴体积增大，其他磁畴体积减小，总的结果也是使铁磁体的磁化强度与外磁场方向一致。两种过程可单独发生作用，也可同时发生作用。

图 7-25 示意地说明了磁化曲线的形成过程。在外磁场较小时，为畴壁可逆迁移区，即图中的Ⅰ区。外磁场增大，进入不可逆迁移区，又称为巴克豪森跳跃区，即图中的Ⅱ区。外磁场再增大进入磁畴旋转区，即图中的Ⅲ区。一般铁磁体的磁化过程都遵循图 7-25 的规律，开始曲线斜率逐渐增大，随后达到拐点，斜率逐渐变小而接近水平，达到饱和。但各阶段的磁化机制是以畴壁迁移还是磁畴旋转为主则随具体材料的不同而异。

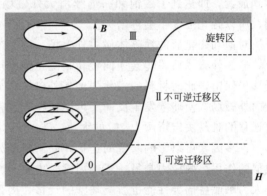

图 7-25   磁化曲线的形成过程示意图

图 7-26 是含有第二相的铁磁体的畴壁迁移过程示意图。在无外加磁场时，材料自发磁化，形成的畴壁容易通过第二相，如图 7-26(a) 所示。因为通过第二相可减小畴壁的面积，从而降低畴壁能。

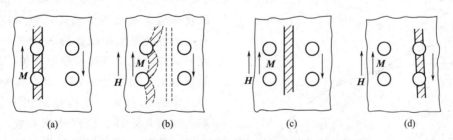

(a)   (b)   (c)   (d)

图 7-26   含有第二相的铁磁体的畴壁迁移过程示意图

（a）畴壁通过第二相减小畴壁面积；（b）畴壁在外磁场作用下弯曲；（c）畴壁脱离第二相；

（d）畴壁达到新平衡位置又通过第二相

施加外磁场，畴壁从自发磁化方向与外磁场相近的磁畴向相邻磁畴迁移，即前者的体积增大，其相邻磁畴体积减小。畴壁的迁移实际上是邻近畴壁的原子磁矩依次转向的过程。但此时畴壁仍然不脱离第二相，而是发生弯曲形成弧形，使畴壁面积增大，如图 7-26（b）所示。如果此时取消外磁场，畴壁又会迁移回原位，形成平直的畴壁以降低畴壁能。这对应于图 7-25 中 I 区的畴壁可逆迁移。由于畴壁可逆迁移引起的磁畴体积变化不大，形成的磁化强度不大，此时形成的磁化曲线斜率不大。

如果增大外磁场强度，畴壁弯曲增加的畴壁面积大于畴壁通过第二相减小的面积，畴壁就会脱离第二相而重新变平直，达到图 7-26（b）中的虚线位置，如图 7-26（c）所示。在外磁场作用下畴壁会继续迁移，直到又穿过第二相粒子，达到新的低畴壁能状态，如图 7-26（d）所示。此时取消外磁场，由于畴壁处于新的平衡位置，不会再发生弯曲越过高能态回到原来的位置，因此这种畴壁的迁移是不可逆的，对应于图 7-25 中 II 区的畴壁不可逆迁移。不可逆迁移的结果是与外磁场取向相近的磁畴体积明显增大，直至整个铁磁体成为一个大磁畴，因此形成了较大的磁化强度，对应的磁化曲线斜率较大。由于此时的大磁畴是由自发磁化方向与外磁场相近的磁畴发展成的，而磁畴自发磁化的磁矩方向是其易磁化方向，所以此时材料的易磁化方向趋向于与外磁场方向一致。

如果继续增大外磁场强度，将促使整个磁畴的磁矩方向转向外磁场方向，对应于图 7-25 中 III 区的磁畴旋转。旋转的结果使磁畴的磁化强度方向与外磁场平行，材料的宏观磁化强度达到最大，即达到了磁饱和。继续增大外磁场强度，材料中不再有形成更大磁化强度的机制，所以磁化强度不会再增大。

对饱和磁化后的铁磁体撤去外磁场，由于饱和磁化强度 M_s 的方向与其易磁化方向不一致，撤去外磁场后磁畴会逆向旋转，磁化强度从外磁场方向转回易磁化方向，但磁畴不可逆迁移仍保留，此时材料的磁化强度在外磁场方向的投影就是剩磁 M_r。为消除剩磁，必须加反向外磁场，使畴壁发生反向不可逆迁移，这就是完全退磁需要矫顽力 H_c 的原因。磁畴反向迁移的难易决定矫顽力 H_c 的大小。

许多因素可以影响畴壁的迁移，除了前面分析过的第二相粒子外，夹杂物、孔洞等也有类似的作用。内应力是另一影响因素，内应力起伏越大，分布越不均匀，对畴壁迁移的阻力越大。磁晶各向异性能也影响畴壁的迁移，因为畴壁迁移过程中原子磁矩的转动必然要通过难磁化方向，所以磁导率随磁晶各向异性能的降低而增大。磁致伸缩和磁弹性能也会对磁畴迁移形成阻力，因为畴壁迁移会引起材料某一方向伸长，某些方向缩短。

7.4.3.2 强磁体磁性能的影响因素

在强磁体的应用中，人们主要关心的磁性能有饱和磁化强度、剩磁、矫顽力、磁导率或磁化率等。从机理分析，一般与技术磁化有关的性能是组织敏感的，剩磁、矫顽力、磁导率或磁化率等都与组织有关，晶粒度、晶粒取向、第二相等都对其有影响。一般与自发磁化有关的性能是组织不敏感的，如饱和磁化强度、磁致伸缩系数、磁晶各向异性常数、居里点等只受材料成分、原子结构、材料的相组成比例等的影响。

图 7-27 给出了几种金属的饱和磁化强度与温度的关系。可见随温度升高，饱和磁化强度 M_s 减小，到一定温度 M_s 减小到

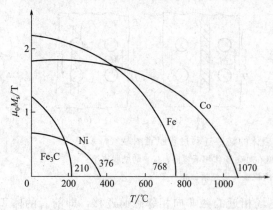

图 7-27 几种金属的饱和磁化强度与温度的关系

0，该温度就是居里温度 T_c。目前人们发现的纯元素仅有 Fe、Ni、Co、Gd 的 T_c 在室温以上，即室温下是铁磁性的。在极低的温度下 Tb、Dy、Ho、Er、Tm 也是铁磁体。

虽然亚铁磁体的两个子晶格上的原子形成的磁化强度 M_A、M_B 都随温度升高而降低，但由于它们的降低速度不同，使亚铁磁体的饱和磁化强度与温度的关系有不同的变化。如图 7-28 所示，其中的图 7-28(a) 所示的情形表示在某一温度 $M_A = M_B$，此时的亚铁磁体与反铁磁体类似，总磁化强度 $M_A - M_B = 0$，这一温度 T_{comp} 称为补偿温度（补偿点），这种现象已经在磁光记录中得到了应用。随 M_A 与 M_B 的变化趋势不同，总磁化强度 $M_A - M_B$ 可能一直随温度升高而降低，也可能有波动，如图 7-28(b)、(c) 所示。

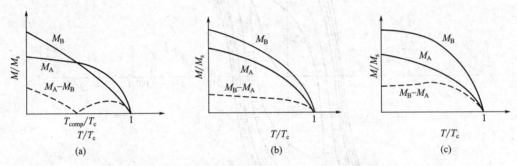

图 7-28 亚铁磁体的饱和磁化强度与温度的关系
(a) 在补偿温度饱和磁化强度降低到 0；(b) 饱和磁化强度随温度升高而降低；
(c) 饱和磁化强度随温度变化有波动

随温度升高，强磁体矫顽力、剩磁等一般也是降低的。多相合金的饱和磁化强度是各相饱和磁化强度按体积的加权平均。

冷塑性变形和再结晶退火也影响磁性能。这是因为冷塑性变形后发生晶粒破碎、内应力增大等组织结构变化，使畴壁不易迁移，从而使矫顽力增大。再结晶退火则引起相反的组织结构变化，从而使磁性能也发生相反的变化。冷塑性变形引起的另一重要组织结构变化是形成形变织构，即形变后晶粒发生择优取向，使易磁化方向趋向一致，沿该方向磁化就可获得比晶粒随机取向材料高得多的磁导率、饱和磁化强度等磁性能。例如，对硅钢片轧制后在有利取向上可将磁导率提高一倍以上。

通过合适的磁化方式也可提高磁性能。例如，在磁化时使有织构的铁磁体的易磁化方向与外磁场方向一致可提高剩磁 M_r。在磁场中对铁磁体进行热处理，将其在磁场中加热至 T_c 以上降温，形成磁畴的有序排列也可以提高 M_r。热处理还可以改变铁磁体的应力状态、第二相形状、数量分布等，对磁性能产生复杂的影响。合适的热处理方式也是改善磁性能的重要手段。

7.4.3.3 交变磁场下强磁体的能量损耗

许多强磁体在交变磁场下工作。例如，变压器的铁芯就是在工频电流下工作，交流电流产生的磁场对铁芯的磁化也是工频的。随着信息技术的发展，许多磁性材料在高频交变磁场下工作。在交变磁场作用下，强磁体的磁化行为与静态或准静态磁场下不同。

交流磁化时，由于磁场强度周期性变化，磁化强度或磁感应强度也是周期性变化的，将变化一周期的磁场强度 H 与磁化强度 M（磁感应强度 B）的关系称为交流磁滞回线。图 7-29 是厚度为 0.1mm 的 Fe-6％Al 软磁合金在 4kHz 的交变磁场下的交流磁滞回线。随着交流磁场振幅 H_m 的变化，最大磁感应强度 B_m、磁滞回线的形状和面积都在变化。当 H_m 增

大到饱和磁场强度 H_s 时磁滞回线的面积达到最大，形状与静态磁场下相同。

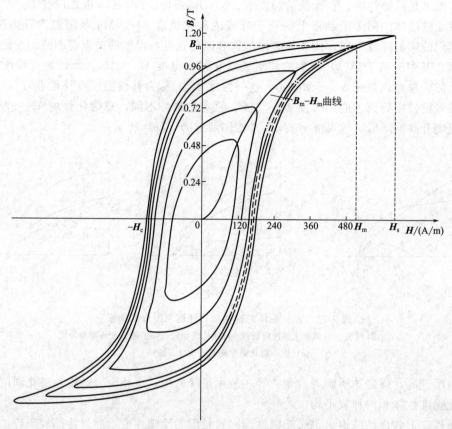

图 7-29　Fe-6％Al 软磁合金的交流磁滞回线

动态磁滞回线的形状除与磁场的振幅有关外，还与频率、波形有关。在一定频率下，随磁场强度的振幅减小，磁滞回线逐渐趋于形成椭圆的形状。当频率升高时，呈现椭圆回线的磁场强度会扩大，且各磁场强度下回线的矩形比 B_{ra}/B_m 会升高（其中 B_{ra} 为磁场强度振幅 H_m 下的剩余磁感应强度）。图 7-30 为 79Ni4MoFe 材料在不同频率磁场下的交流磁化曲线，

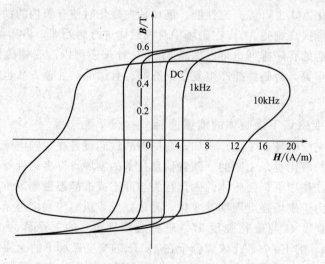

图 7-30　交流磁化曲线与频率的关系

清楚地显示了交流磁化曲线的这种特点。

在交流磁场下磁化的磁场强度 **H** 和磁感应强度 **B** 也存在位向差，这种 **B** 的位向比 **H** 的落后会导致交流磁化时的磁滞能量损耗。可推导，处于均匀交变磁场中的单位体积铁磁体单位时间内的平均磁滞能量损耗（称为磁损耗功率密度）为：

$$P_n = \frac{1}{T}\int_0^T \mathbf{H}\mathrm{d}\mathbf{B} = \pi f\mu'' H_m^2 \tag{7-74}$$

式中，T 为磁场的周期；f 为磁场的频率；H_m 为磁场的振幅；μ'' 为复磁导率的虚部，复磁导率的定义方法与复电导率、复介电常数类似。

如果强磁体是导体，在交变磁场中反复磁化时其内部的磁通密度总是在变化的，因此其内部有电流产生。这种在导体内部流动的电流称为涡流。除了宏观的涡流外，强磁体畴壁处还会产生微观涡流。涡流会产生焦耳热而损耗能量。显然材料的电阻越大，涡流越弱，涡流损耗越小，这是在某些场合铁氧体比金属材料优越的地方。还应注意的是，涡流在任何时刻都产生与外磁场相反的磁通，且越到材料内部这种效应越强烈，使材料表面和内部的磁感应强度、磁场强度有很大的差异，好像材料内部的磁感应强度被排斥到材料表面一样，这种现象称为趋肤效应（集肤效应）。

除磁滞损耗、涡流损耗外，交变磁场下的铁磁体磁化还有其他引起损耗的因素，但其机理不完全清楚，也不能写出具体的解析式，所以将这类损耗统称为剩余损耗。

7.5 强磁材料

传统的强磁材料主要用来作电磁感应的介质或永磁体。近年来信息技术的迅速发展促进了磁记录材料的研究与开发。本节简单介绍软磁材料、硬磁材料和磁记录材料的性能和应用。

7.5.1 软磁材料

软磁材料是指具有高磁导率和低矫顽力的磁性材料。这种材料很容易被磁化，也很容易退磁，用于电磁铁极头、发电机、电动机、变压器、继电器的铁芯等场合。对其性能的要求是有大的磁导率 μ，使之在一定的磁场下可产生很大的磁感应强度；有小的矫顽力 H_c，使其磁化在外磁场去掉后立即消失。一般要求其矫顽力 H_c 小于 100A/m。还要求其磁化的能量损耗小。

最初的软磁材料就是纯元素的铁磁体。通过对磁化机理的研究人们发现，第二相和杂质可钉扎磁畴壁，提高矫顽力并降低磁导率。因此对这类材料的制备主要注意通过提高原料纯度、改善熔炼、铸造工艺提高其均匀性。电工纯铁可采用真空或氢气热处理。用纯铁和低碳钢 μ/μ_0 可达 1600，H_c 为 80A/m。

向纯铁中加入硅可提高电阻率，降低涡流损耗。通过冷轧后再结晶处理可获得具有 (110)、[001] 单取向织构或 (001)、[100] 双取向织构的硅钢片，在易磁化方向获得优良的软磁性能。加入铝可进一步改善软磁性能，但使合金脆性增大。在有利取向上 Fe-Si-Al 硅钢的 μ/μ_0 可达 40000，H_c 可降低至 8A/m。

Ni-Fe 合金系软磁材料称为坡莫合金，具有很高的磁导率，但成本较高。Ni-Fe-Mo 系合金（如 Ni79Fe17Mo4）的 μ/μ_0 可达 200000，H_c 可低至 1A/m。该合金塑性很好，可冷

轧成 $2.5\mu m$ 厚的薄带，在较高频交变场下应用可有效降低涡流损耗。

铁氧体软磁材料（磁性陶瓷材料）有很大的电阻率，可达 $10^5 \sim 10^{12} \Omega \cdot m$，因此在高频交变场下可有效地降低涡流损耗。这种材料用于通信变压器、电感器、开关电源等场合，在交变场的频率达到 1GHz 数量级时仍可使用。其成分一般为 MFe_2O_4，其中 M＝（Mn，Zn）＋Fe 或（Ni，Zn）＋Fe，一般有与 Fe_3O_4 相似的尖晶石结构。

非晶态合金具有优良的软磁性能，因此近年来已经在开关电源、变压器铁芯等场合获得了工业应用。这些合金包括 Fe-Co-Cr-Si-B、Fe-Ni-Mo-Si-B 等体系。但非晶态合金太脆，在受热后易晶化，且实际应用的只是薄带，大块非晶态合金难于制备，这些都限制了其实际应用。

近来也有纳米晶软磁材料的研究与开发，通过向 Fe-B-Si 基合金中加入 Cu、Nb 形成非晶态，经适当热处理使之晶化，形成纳米级晶粒。期望在纳米晶粒度下获得强烈的晶粒交换耦合作用，得到优异的磁性能。

7.5.2　硬磁材料

硬磁材料又称为永磁材料，是指被外磁场磁化后，去掉外磁场仍然保持较强剩磁的材料。这类材料用于为扬声器、耳机、话筒、小马达、冰箱封条等多种机电和生活用品提供稳定的磁场。显然这类材料要求有大的剩磁 M_r（和 B_r）和高的矫顽力 H_c，一般要求其 H_c 大于 $10^4 A/m$。此外，还要求硬磁材料有大的磁能积最大值 $(BH)_m$，这一指标的含义为退磁时 BH 乘积的最大值，可反映出材料磁化后向周围空间产生磁场的能力。

除了天然的磁石外，最初的硬磁材料也来源于碳钢。对碳钢淬火获得马氏体组织，其中有很高的内应力锁定磁畴，获得高矫顽力。向钢中加入 W、Ca、Co 等元素可改善其磁性能，但成本较高。以 Al 取代较贵的元素形成 AlNiCo 系磁钢，该类钢可通过调幅分解机制析出强铁磁性的第二相 α'，其取向可通过热处理控制，因而在有利取向上可获得优良的磁性能。

硬磁铁氧体不同于软磁铁氧体，其组成一般为 $MO \cdot 6Fe_2O_3$（M＝Ba，Sr），具有六方结构，称为陶瓷磁体。由于成本较低，自 20 世纪 70 年代起在许多场合逐渐取代了 AlNiCo 系磁钢。

稀土永磁材料是材料理论设计的一个成功的例子。稀土金属的 4f 电子有大的轨道磁矩和轨道自旋耦合，因而磁晶各向异性强，有利于提高矫顽力。3d 过渡金属又有很大的交换作用，将它们组合可望获得高的矫顽力和高的居里温度。自 20 世纪 60 年代起发展了 SmCo 系合金，磁能积得到极大提高。SmCo 系合金因其相对较低的成本，现在仍然大量使用。20 世纪 80 年代又发展了 NdFeB 系合金，其磁能积 $(BH)_m$ 可达钢的几十倍，是目前所知的最强的永磁材料。但由于其高成本，NdFeB 系合金的应用仍然受到限制。

聚合物基永磁复合材料又称为黏结型磁体（bond magnets），是通过将永磁材料粉末加入橡胶、塑料等聚合物中制成的。该类材料易成型、易二次加工、韧性好、重量轻，因而逐步得到越来越多的应用。例如，NdFeB 系合金粉末制成的黏结磁体的磁性能可超过 AlNiCo 系磁钢和铁氧体。

7.5.3　磁记录材料

磁记录材料并非单独的一类材料，只不过是通过特殊的加工方法将硬磁材料或软磁材料用于磁记录，使该材料可将信息转化为磁性材料的磁化（写入），再将材料的磁化转化为信息（读出）。根据需要磁记录有模拟式和数字式，广泛应用于录音、录像、计算机、磁卡等。最初的磁记录都是模拟式的，即将电信号转换成模拟磁信号。例如，最初的磁记录是用钢丝的磁化与退磁记录声音。近年来数字式记录发展迅速，其中发展最迅速的是硬盘。20世纪90年代以来信息存储的面密度以每年60%的增幅发展，2000年每位（bit）占据的记录尺寸已小于100nm。

对磁记录介质的性能要求是有高矫顽力、高剩磁，以提高记录密度，并使磁场容易被磁头分辨。最普通的磁记录介质是颗粒型不连续介质，即将单畴微粒与高分子介质混合在一起涂覆于基体上。所用的磁粉有 γ-Fe_2O_3 粉、CrO_2 粉等，将 γ-Fe_2O_3 粉掺入或包覆 Co 性能更好。最初是将这些磁粉涂覆于高分子基体上，如涤纶上，制成磁带记录声音或图像，即早期的录音带或录像带。如今磁粉仍有应用，如不同类型的磁卡。

高密度磁记录介质多采用薄膜型连续磁介质。一般是将铁磁体通过电镀、真空蒸镀、溅射等方法沉积于基体上，例如在铝基片上沉积金属膜。所用的金属有 Ni、Co、Fe、Co-P、Co-Fe、Co-Ni、Co-Ni-Cr、Co-Ni-Pt、Co-Sm、Co-Cr 等，其更新换代很快。近年来还开发了非晶态合金，如 Co-Cr-Pt-Tb-B 合金，已应用于硬盘。

写入头要用软磁材料。常用的感应式写入头是一个带有缝隙的微小环形电磁铁。写入头将电流信号转变成缝隙中的磁场信息，使记录介质磁化实现写入。对其材料的性能要求有高饱和磁化强度、高磁导率、高使用频率、低矫顽力、高居里温度、低磁致伸缩系数等。已经应用的材料有单晶或多晶铁氧体、坡莫合金、Fe-Co-Ni 合金、Fe-Al 合金等。

读出头也可用软磁材料。但为了提高读出速度，近年来开始开发巨磁电阻材料制成的磁头。该磁头的制备是基于磁电阻（magneto-resistance）现象，即磁性材料的电阻可随磁化状态的改变而改变。一般磁性材料的电阻在磁化后可改变1‰～2‰，而1988年发现 Fe/Cr 超薄多层膜磁化后电阻率变化达50%以上，该现象称为"巨磁电阻"效应，该现象的应用促使硬盘的体积大为缩小，而容量成百倍增加。法国科学家阿尔贝·费尔和德国科学家彼得·格林贝格尔因先后独立发现了"巨磁电阻"效应，分享了2007年诺贝尔物理学奖。

思考题和习题

1　掌握下列重要名词含义

磁场强度　磁化　磁导率（透磁率）　相对磁导率　绝对磁导率　真空磁导率　磁化强度　磁化率　抗磁体　顺磁体　铁磁体　亚铁磁体　反铁磁体　居里点　奈尔点　强磁体　弱磁体　磁偶极子　磁偶极矩　磁矩　静磁能　玻尔磁子　电子轨道磁矩　电子自旋磁矩　原子核磁矩　超微细相互作用　原子的固有磁矩（本征磁矩）　原子的自旋　居里定律　居里常数　居里-外斯定律　退磁状态　饱和磁化强度　饱和磁感应强度　退磁过程　剩余磁化强度　剩余磁感应强度　剩磁　矫顽力　磁滞现象　磁滞回线　磁滞损耗　磁晶各向异性　磁化功　磁晶各向异性能　磁晶各向异性常数　形状各向异性　退磁场　退磁场能　退磁因子　磁致伸缩　线磁致伸缩系数　饱和线磁致伸缩系数　磁弹性能　自发磁化　磁畴　技术磁化　畴壁　畴壁能　磁畴结构　180°和90°畴壁　布洛赫壁　磁畴旋转　磁畴迁移　交流磁滞回线　磁滞能量损耗　涡流　趋肤效应　软磁材料　硬磁材料　磁记录材料　巨磁电阻效应

2　简述表征材料磁性的常用参数的概念、意义及它们之间的关系。

3 简述根据磁化率对材料所分的五类及其特征。

4 简述不同元素的孤立原子的固有磁矩的来源及大小。

5 简述原子核磁矩的来源及其应用。为什么在考虑原子的固有磁矩时可忽略核磁矩？

6 简述抗磁性的来源。"所有的材料均有抗磁性"的说法对否？"所有的材料都是抗磁体"的说法对否？为什么？何种元素能成为抗磁体？

7 简述顺磁性的来源及其磁化率与温度的关系。

8 如何通过实验测定原子磁矩？简述其理论依据。

9 简述铁磁性材料磁化和退磁的过程和磁滞回线概念。

10 简述形状各向异性的概念及其产生原因。

11 简述外斯分子场理论的基本假设、成功之处及其局限，并解释居里温度存在的原因。

12 简述材料具有铁磁性的必要条件和充分条件。结合图 7-13 说明何种材料可以成为铁磁体。

13 简述反铁磁性和亚铁磁性的来源。

14 简述磁畴的概念、分畴的原因和畴壁厚度的影响因素。

15 简述铁磁性材料技术磁化和退磁过程中不同阶段的机制。

16 画图说明弥散第二相影响铁磁体技术磁化过程的机制。

17 简述温度对铁磁体和亚铁磁体饱和磁化强度的不同影响。

18 简述温度、热处理、冷塑性变形对铁磁体的饱和磁化强度、矫顽力、剩磁等性能的影响。

19 硅钢片进行冷轧对其磁性能产生了何种影响？

20 简述对硬磁材料、软磁材料和磁记录材料的性能要求及其常用的体系。

21 从不同信息记录方式所用的材料体会材料在人类文明发展中的作用。

第8章 材料的热学性能

虽然主要考虑热学性能而应用的材料不多，也没有热学材料这一名词，但热学性能是选用材料必须考虑的重要因素，对隔热材料、特殊膨胀材料等更为重要。分析热学性能还是进行材料分析测试的主要手段之一，例如，通过测试热容和热膨胀的变化反映材料内部的相变等。本章主要介绍材料的热容、热传导、热膨胀、热稳定性的基本理论，并简要介绍其应用。

8.1 材料的热容

8.1.1 杜隆-珀替定律

在普通物理中从气体的压强公式和理想气体状态方程已经推导出气体分子的动能为：

$$\frac{1}{2}m\,\overline{v}^2 = \frac{3}{2}kT \tag{8-1}$$

式中，m 为分子的质量；$\overline{v}$ 为分子的平均平动速率；k 为玻耳兹曼常数；T 为热力学温度。可见气体分子的平均动能只由温度决定。

固体的分子运动动能不能从压强得出，但可以考虑将气体中得到的能量按自由度均分的原则扩展到固体。该原则的表述为：在平衡状态下，气体、液体和固体分子的任何一种运动形式的每一个自由度的平均动能都是 $kT/2$。19 世纪杜隆-珀替从这一原则出发推导出固体的热容。

由于固体中原子具有三个自由度，其平均动能为 $3kT/2$。固体中振动着的原子的动能与势能周期性变化，其平均动能和平均势能相等，所以一个原子平均能量为平均动能的 2 倍，即 $3kT$。所以 1mol 固体的能量为：

$$E = 3kTN_0 = 3RT \tag{8-2}$$

式中，N_0 为阿伏伽德罗常数；R 为气体常数。所以固体摩尔热容为：

$$C_{mV} = \frac{dE}{dT} = 3R \approx 24.9\,\text{J/(mol·K)} \tag{8-3}$$

即固体的摩尔热容为常数 $3R$。这称为杜隆-珀替定律。

表 8-1 给出了实验测得的一些固体元素的摩尔热容，可见大部分元素的摩尔热容是符合杜隆-珀替定律的。但金刚石和硼的摩尔热容则与 $3R$ 有很大的偏离。

表 8-1 一些固体元素的摩尔热容

元素	金刚石	铁	金	镉	硅	铜	锡	铅	银	锌	硼	铝	硫	磷
摩尔热容/[J/(mol·K)]	5.65	26.6	26.6	25.6	19.5	24.7	27.7	26.3	25.6	25.5	10.5	25.6	22.5	22.5

实际上材料的热容是与温度有关系的，杜隆-珀替定律认为它是一个与温度无关的常数，与实验事实不符。图 8-1 给出了实验测出的一些固体的摩尔热容与温度的关系，其中的 Θ_D 为德拜温度。可见低温下固体的摩尔热容与 $3R$ 有很大的偏离。这种偏离显然是由于用气体分子运动的模型处理固体的热容过于简单化。这种模型认为质点的能量是可以连续变化的，而实际上固体中原子的振动的能量是量子化的，不符合这一假设。因此必须考虑量子效应才能给出符合实际的解释。

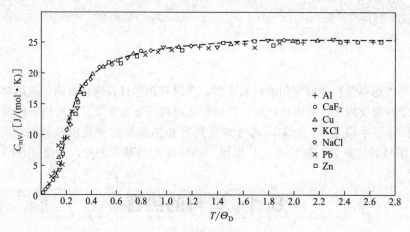

图 8-1 一些固体的摩尔热容与温度的关系

8.1.2 热容的量子理论

8.1.2.1 晶格振动振子的平均能量

根据量子理论，晶格振动的能量是量子化的，角频率为 ω_i 的振动的能量为：

$$E_i = \left(n + \frac{1}{2}\right)\hbar\omega_i \qquad (8-4)$$

式中，n 为量子数；$\frac{1}{2}\hbar\omega_i$ 为系统的最小能量，称为零点能；$\hbar$ 为狄拉克常数。零点能对热容无贡献，在热容推导中可略去，则：

$$E_i = n\hbar\omega_i \qquad (8-5)$$

能量为 $\hbar\omega_i$ 的能量量子即声子。按玻耳兹曼统计理论，能量为 E_i 的谐振子的数量正比于 $e^{\frac{n\hbar\omega_i}{kT}}$，其中，$k$ 为玻耳兹曼常数，T 为热力学温度。角频率为 ω_i 的谐振子的平均能量为：

$$\overline{E}_i = \frac{\sum\limits_{n=0}^{\infty} n\hbar\omega_i e^{-n\hbar\omega_i/kT}}{\sum\limits_{n=0}^{\infty} e^{-n\hbar\omega_i/kT}} \approx \frac{\hbar\omega_i}{e^{\hbar\omega_i/kT} - 1} \qquad (8-6)$$

1mol 晶体有 N_0 个原子，每个原子有 3 个自由度，每个自由度相当于一个谐振子在振动，所以 1mol 晶体的晶格振动平均能量为：

$$\overline{E} = \sum_{i=1}^{3N_0} \frac{\hbar\omega_i}{e^{\hbar\omega_i/kT} - 1} \qquad (8-7)$$

若振子角频率分布可用函数 $\rho(\omega)$ 表示，则在 ω 和 $\omega + d\omega$ 之间的格波数为 $\rho(\omega)d\omega$，

1mol 固体的平均能量为：

$$\overline{E} = \int_0^{\omega_m} \frac{\hbar\omega}{e^{\hbar\omega/kT} - 1} \rho(\omega) \mathrm{d}\omega \tag{8-8}$$

式中，ω_m 为最大角频率。因此只要给出振子角频率分布函数 $\rho(\omega)$ 就可求出平均能量，进而求出热容。但具体材料的 $\rho(\omega)$ 计算很复杂，所以一般用简化的模型处理。

8.1.2.2　爱因斯坦热容模型

爱因斯坦模型假设，晶体中所有原子都以相同的角频率 ω_E 振动，且各振动相互独立，则由式(8-7)可知 1mol 晶体的平均能量为：

$$\overline{E} = \frac{3N_0\hbar\omega_E}{e^{\hbar\omega_E/kT} - 1} = 3N_0 \frac{k\Theta_E}{e^{\Theta_E/T} - 1} \tag{8-9}$$

式中，Θ_E 为爱因斯坦温度，$\Theta_E = \dfrac{\hbar\omega_E}{k}$，计算表明其值一般为 $100 \sim 300\mathrm{K}$。所以晶格热振动的摩尔热容为：

$$C_{mV} = \left(\frac{\partial\overline{E}}{\partial T}\right)_V = 3N_0 k \left(\frac{\Theta_E}{T}\right)^2 \frac{e^{\Theta_E/T}}{(e^{\Theta_E/T} - 1)^2} \tag{8-10}$$

高温时 $T \gg 0$ 很大，$\Theta_E/T \ll 1$，所以：

$$\left(\frac{\Theta_E}{T}\right)^2 \frac{e^{\Theta_E/T}}{(e^{\Theta_E/T} - 1)^2} \approx 1 \tag{8-11}$$

所以 $C_{mV} \approx 3N_0 k = 3R$，因此杜隆-珀替定律是爱因斯坦热容模型在高温下的一个特例。

在温度很低时 $T \to 0$，$\Theta_E/T \gg 1$，所以：

$$C_{mV} \approx 3N_0 k \left(\frac{\Theta_E}{T}\right)^2 e^{-\Theta_E/T} \approx 3N_0 k e^{-\Theta_E/T} \tag{8-12}$$

可见 $T \to 0$ 时有 $C_{mV} \to 0$。图 8-1 中不同的元素和化合物都显示了这一特点。爱因斯坦模型在这一点上与实验事实是相符的。但从式(8-12)可推知，温度降低时 C_{mV} 按指数规律快速下降，比实验值更快地趋于零。这是因为爱因斯坦模型假设所有晶格振动的角频率都是 ω_E，这显然与事实不相符，特别是低温时的低频振动未考虑在模型内。因此需要更接近实际的模型才能对固体热容提出合理的解释。

8.1.2.3　德拜热容模型

德拜（Debye）热容模型假设，晶体是各向同性连续介质，晶格振动具有 $0 \sim \omega_m$ 的角频率分布，则对具有 N 个原子的晶体有 $3N$ 个自由度，即有 $3N$ 个谐振子在振动，所以：

$$\int_0^{\omega_m} \rho(\omega) \mathrm{d}\omega = 3N \tag{8-13}$$

可证明，对晶体中的三支连续介质弹性波，有：

$$\rho(\omega) = \frac{3V}{2\pi^2} \times \frac{\omega^2}{v_p^3} \tag{8-14}$$

式中，V 为晶体体积；v_p 为波速。所以：

$$\int_0^{\omega_m} \frac{3V}{2\pi^2} \times \frac{\omega^2}{v_p^3} \mathrm{d}\omega = 3N \tag{8-15}$$

可解得：

$$\omega_m^3 = 6N\pi^2 v_p^3 / V \tag{8-16}$$

$$\omega_m = v_p \left(\frac{6\pi^2 N}{V}\right)^{1/3} \tag{8-17}$$

所以晶体的平均能量为：

$$\overline{E} = \int_0^{\omega_m} \frac{\hbar\omega}{e^{\hbar\omega_i/kT}-1}\rho(\omega)\,\mathrm{d}\omega = \frac{3V}{2\pi^2 v_p^3}\int_0^{\omega_m} \frac{\hbar\omega^3}{e^{\hbar\omega/kT}-1}\,\mathrm{d}\omega \qquad (8\text{-}18)$$

令 $x=\dfrac{\hbar\omega}{kT}$，$\Theta_D=\dfrac{\hbar\omega_m}{k}$，则有 $x_m=\dfrac{\hbar\omega_m}{kT}=\dfrac{\Theta_D}{T}$，式(8-18) 可简化为：

$$\overline{E} = 9NkT\left(\frac{T}{\Theta_D}\right)^3\int_0^{\Theta_D/T}\frac{x^3}{e^x-1}\,\mathrm{d}x \qquad (8\text{-}19)$$

所以晶体的热容为：

$$C_V = \left(\frac{\partial\overline{E}}{\partial T}\right)_V = 9Nk\left(\frac{T}{\Theta_D}\right)^3\int_0^{\Theta_D/T}\frac{x^4 e^x}{(e^x-1)^2}\,\mathrm{d}x \qquad (8\text{-}20)$$

当 $N=N_0$，得摩尔热容为：

$$C_{mV} = 9N_0 k\left(\frac{T}{\Theta_D}\right)^3\int_0^{\Theta_D/T}\frac{x^4 e^x}{(e^x-1)^2}\,\mathrm{d}x \qquad (8\text{-}21)$$

高温时 $T\gg0$ 很大，$\Theta_D/T\ll1$，所以：

$$\left(\frac{T}{\Theta_D}\right)^3\int_0^{\Theta_D/T}\frac{x^4 e^x}{(e^x-1)^2}\,\mathrm{d}x \approx \frac{1}{3} \qquad (8\text{-}22)$$

所以 $C_{mV}\approx3N_0 k=3R$，因此杜隆-珀替定律也可以看成是德拜热容模型在高温下的一个特例。

温度很低时 $T\to0$，$\Theta_D/T\to\infty$，则有：

$$\int_0^{\infty}\frac{x^4 e^x}{(e^x-1)^2}\,\mathrm{d}x = \frac{4}{15}\pi^4 \qquad (8\text{-}23)$$

$$C_{mV} = 9N_0 k\left(\frac{T}{\Theta_D}\right)^3\frac{4}{15}\pi^4 = \frac{12\pi^4}{5}R\left(\frac{T}{\Theta_D}\right)^3 = bT^3 \qquad (8\text{-}24)$$

式中，b 为一个常数。可见低温下固体的摩尔热容与温度的三次方成正比，这种关系称为德拜三次方定律。

图 8-2 是德拜热容模型计算值与铝和铜的热容实测值的比较，其中的纵轴 C_V/C_∞ 为任意温度的热容与高温热容的比值。可见理论计算与实际吻合得很好。

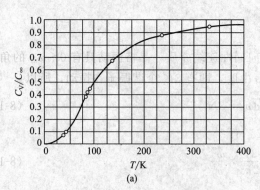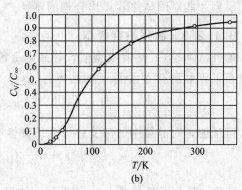

图 8-2　德拜热容模型计算值与铝和铜的热容实测值的比较
(a) 铝；(b) 铜

德拜模型比爱因斯坦模型有很大的进步，但对一些化合物的热容计算与实验不相符。这是因为模型中的连续介质简谐振动假设对振动频率较高的部分不适用。实际上，正是由于晶格的振动并非严格的简谐振动，才使材料有热膨胀、热传导等宏观热学性能。另外，认为 Θ_D 和温度无关也不尽合理。

8.1.2.4 德拜温度

由式(8-21)可见，不同晶体的摩尔热容的差别在于其德拜温度 Θ_D 不同。实际上，德拜温度是用经典理论和量子理论解释比热容的温度分界。低于德拜温度，声子被冻结，要用量子统计规律处理问题；高于德拜温度，声子全部被激发，可用经典统计规律处理问题。

德拜温度可由实验得出的 C_V-T/Θ_D 曲线得出。表 8-2 给出了一些单质晶体和化合物的德拜温度。如果德拜模型精确成立，则每种晶体的德拜温度应该是恒定值。但不同来源的德拜温度有一定的偏差，这固然有实验精度的问题，但实际上在不同温度下根据式(8-21)精确计算发现德拜温度是变化的。这说明德拜模型有其局限性。但德拜温度仍是反映晶体性质的一个重要参数。例如，从德拜温度的定义可计算出晶格振动的角频率 ω_m。用表 8-2 中的数据计算可知，一般晶体的 ω_m 在 $10^{13}\,s^{-1}$ 数量级，处于红外线区。

表 8-2 一些单质晶体和化合物的德拜温度

物质	Θ_D/K	物质	Θ_D/K	物质	Θ_D/K	物质	Θ_D/K	物质	Θ_D/K
Hg	71.9	La(β)	142	Re	430	Ag	225	Sn(w)	200
K	91	Ti	420	Fe	470	Au	165	Pb	105
Rb	56	Zr	291	Ru	600	Zn	327	Bi	119
Cs	38	Hf	252	Os	500	Cd	209	U	207
Be	1440	V	380	Co	445	Al	428	Li	335
Mg	400	Nb	275	Rh	480	Ga	320	Na	156
Ca	230	Ta	240	Ir	420	In	108	NaCl	280
Sr	147	Cr	630	Ni	450	Tl	78.5	KCl	230
Ba	110	Mo	450	Pd	274	C	2230	CaF$_2$	470
Sc	360	W	400	Pt	240	Si	645	LiF	630
Y	280	Mn	410	Cu	343	Ge	374	SiO$_2$	255

实际上，德拜温度也可通过熔点由经验公式得出。如果认为晶体熔化是由于温度升高到熔点时原子振幅大到足以使晶格破坏，则熔点 T_m 与晶格振动频率应该有一定关系。林德曼（Lindlman）经验公式反映了这种关系：

$$\nu_m = 2.8 \times 10^{12} \sqrt{\frac{T_m}{MV_a^{2/3}}} \tag{8-25}$$

式中，ν_m 为晶格振动频率；M 为原子量；V_a 为原子体积。

而由德拜温度的定义有：

$$\Theta_D = \frac{\hbar \omega_m}{k} = \frac{h \nu_m}{k} \tag{8-26}$$

因而可以导出：

$$\Theta_D = 137 \sqrt{\frac{T_m}{MV_a^{2/3}}} \tag{8-27}$$

可见熔点高的材料 Θ_D 高。这是因为熔点和德拜温度都是原子间结合力的反映。所以 Θ_D 也是选用高温材料考虑的因素之一。对于原子量小的金属，Θ_D 随熔点的升高更大。

8.1.3 实际材料的热容

前面已经指出了德拜模型的局限性，因此实际材料的热容不完全符合德拜模型的计算结果。对不同的材料有不同的规律。

金属的重要特点是其中有大量的自由电子。除晶格振动外，金属中的自由电子对热容同样有贡献。在第 5 章中已经根据量子自由电子理论在式（5-84）中给出了电子的平均能量，所以 1mol 原子中的电子对热容的贡献为：

$$C_{mV}^{e} = N_0 Z \left(\frac{\partial \overline{E}}{\partial T} \right) = \frac{\pi^2 Z k R}{2 E_F^0} T \tag{8-28}$$

式中，Z 为金属原子价数；k 为玻耳兹曼常数；R 为气体常数；E_F^0 为 0K 时的费米能；T 为热力学温度。

例如，Cu 的密度为 $8.9 \times 10^3 \, \text{kg/m}^3$，原子量为 63，据此可计算出单位体积的原子数，求出电子密度 n。代入式（5-80）可求出 E_F^0，然后根据式（8-28）求出其 $C_{mV}^{e} = 0.64 \times 10^{-4} T$。在常温下与摩尔热容 $3R$ 相比是可以忽略不计的。

但在低温下，电子对热容的贡献不再可忽略。低温下晶格振动对热容的贡献可由式（8-24）求出，为区别总热容与晶格振动的热容，以 C_{mV}^{p} 代表晶格振动对热容的贡献，则有：

$$\frac{C_{mV}^{e}}{C_{mV}^{p}} = \frac{5 k Z T}{24 \pi^2 E_F^0} \left(\frac{\Theta_D}{T} \right)^3 \propto \frac{1}{T^2} \tag{8-29}$$

当温度降低时，电子的贡献逐渐显著。所以低温下金属的热容可表示为：

$$C_{mV} = C_{mV}^{p} + C_{mV}^{e} = b T^3 + \gamma T \tag{8-30}$$

$$b = \frac{12 \pi^4}{5 \Theta_D^3} R$$

$$\gamma = \frac{\pi^2 Z k R}{2 E_F^0}$$

式中，b、γ 为常数。所以：

$$\frac{C_{mV}}{T} = b T^2 + \gamma \tag{8-31}$$

即 C_{mV}/T 与 T^2 应该成直线关系。图 8-3 为实验作出的钾的 C_{mV}/T-T^2 曲线，可见它们之间确实是直线关系，这说明了理论的正确性。从直线的斜率和截距可得出 b 和 γ 的实验值，进而计算出 Θ_D 和 E_F^0，可作为物质结构研究的一种手段。

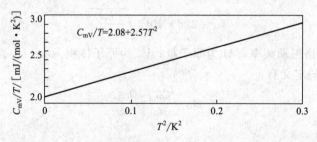

图 8-3　钾的实测 C_{mV}/T-T^2 曲线

由于声子被冻结，实际上金属在超低温下的热容主要由电子的贡献所确定。图 8-4 是铜的摩尔热容-温度曲线，可见在不同的温区热容和温度之间有不同的关系。在 Ⅰ 区（0～5K），C_{mV} 与 T 成正比，这是因为在如此低温下声子对热容的贡献已经不如电子的贡献大，热容主要来自电子的贡献。Ⅱ 区有相当大的温度区间，在这一温度范围内 C_{mV} 与 T^3 成正比，即晶格振动满足德拜热容模型。在 Θ_D 温度，$C_{mV} = 3R$。但在 Ⅲ 区，即 Θ_D 温度以上，$C_{mV} > 3R$，这是因为除了晶格振动的贡献外，在此温度范围还有电子对热容的贡献。

合金的热容一般可从其组元的热容导出，其总的规律称为奈曼-考普（Neumann- Kopp）定律，即合金的热容为组元热容的加权平均。其原因是高温下原子在合金中的热振动能几乎与在单质晶体中相同。用奈曼-考普定律计算出的合金热容与实验值的偏差不大于 4%，但这一规律不适用于低温条件或铁磁合金。

对不同的体系奈曼-考普定律有不同的表达式。对固溶体或化合物，合金的热容为：

$$C = \sum n_i C_i \tag{8-32}$$

式中，n_i 为第 i 组元的原子分数；C_i 为其原子热容。对多相合金和复合材料，有：

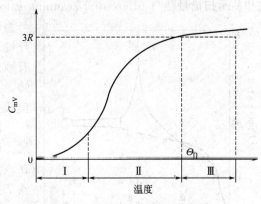

图 8-4　铜的摩尔热容-温度曲线

$$C = \sum g_i C_i \tag{8-33}$$

式中，g_i 和 C_i 分别是第 i 相的质量分数和比热容。

陶瓷材料的原子主要通过离子键和共价键结合，室温下其中几乎没有自由电子，因此其中自由电子对热容的贡献可忽略，其热容与温度的关系更符合德拜模型。图 8-5 是几种陶瓷材料的热容-温度曲线。可见其热容都先后达到 $3R$。不同材料的德拜温度不同，例如石墨、BeO、Al_2O_3 的德拜温度分别为 1873K、1173K、923K，所以它们的热容达到 $3R$ 的温度不同。在德拜温度以上，热容几乎不随温度变化，只有 MgO 例外，热容随温度升高略有升高。

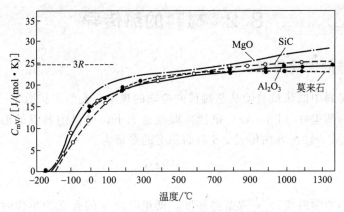

图 8-5　几种陶瓷材料的热容-温度曲线

8.1.4　热分析法

从前面对热容的机理分析可知，对单相材料，在低温下热容都是随温度升高单调增大的，在高温下热容可能增大或保持不变。但在有相变时则有不同的规律。从第 3 章已经知道，一级相变有相变潜热，二级相变有热容变化，所以分析熔变确定热容和相变潜热，是研究相变的有效方法。基于这一原理热分析已经成为研究相变的最便利、最有效的方法之一。

传统热分析法有量热计法、萨克斯法和斯密特法。由于实验精度不高和操作困难，这些方法的应用已经很少。现代常用的方法有差热分析（differential thermal analysis，DTA）

法和差示扫描量热（differential scanning calorimetry，DSC）法两种。DTA法将待测样品与参比物（标准试样）在同样的条件（功率和保温环境）下加热，通过分析二者的温差反映样品是否有额外的放热或吸热。DSC法同时加热样品和参比物，并使其保持同样温度，通过对样品的功率补偿反映样品额外的放热和吸热。

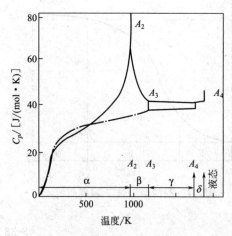

图 8-6　纯铁的热容-温度曲线

例如，图8-6是实验测出的纯铁的热容-温度曲线。可见在 A_2 温度有明显的热容变化，因此推测在该温度有一个二级相变。研究表明，该相变是纯铁从铁磁态向顺磁态的转变，所以该温度就是纯铁的居里温度 T_c。通过热分析测试居里温度比通过磁性测量测试居里温度要简便得多。而且从热焓变化不能显示二级相变，所以用热分析法研究二级相变必须从热容入手。

当然，热分析法的应用不局限于磁性转变。实际上，这些方法在相图测定、金属的等温和连续冷却转变曲线测定、有序-无序转变研究、钢的回火转变研究、第二相析出研究等方面都获得了令人满意的结果。对陶瓷材料和高分子材料，这些方法也是有效的。这一方法的另一优点是，需要的样品少，且样品制备容易。另外，热分析法除了反映相变点外，还可对热学参数进行准确的定量。

8.2　材料的热传导

8.2.1　热传导的宏观现象

热传导是指材料中的热量自动从热端传向冷端的现象。类似于扩散定律，从大量实验结果归纳出热传导的傅里叶（Fourier）定律，即在稳态下，材料中各点的温度不随时间变化时，在时间 Δt 内沿 x 轴正方向传过 ΔS 截面积上的热量为：

$$\Delta Q = -k_t \frac{dT}{dx} \Delta S \Delta t \tag{8-34}$$

式中，T 为热力学温度；$\dfrac{dT}{dx}$ 为温度梯度，傅里叶定律的含义为单位时间内通过材料垂直于导热方向的单位截面积的热量与温度梯度成正比；ΔS 为截面积；Δt 为时间；k_t 为热导率；负号表示传热方向与温度梯度方向相反。定义单位时间内通过材料垂直于导热方向的单位截面积的热量为能（热）流密度，以 J 表示，则有：

$$J = \frac{\Delta Q}{\Delta S \Delta t} = -k_t \frac{dT}{dx} \tag{8-35}$$

J 与温度梯度成正比，是傅里叶定律的另一种表述方式，与扩散第一定律有相似的形式。

对于非稳态传热，材料各点的温度是随时间变化的，因此温度梯度与时间有关。例如，一个孤立体系内部的传热就是非稳态的。实际传热过程非稳态更为普遍。例如，不考虑材料与外界的热交换，则材料热端温度逐渐降低，冷端温度逐渐升高，各点的温度梯度不断变化，到平衡时趋于零。

对非稳态传热，有：

$$\frac{\partial T}{\partial t} = \frac{k_t}{\rho C_p} \times \frac{\partial^2 T}{\partial x^2} \tag{8-36}$$

式中，t 为时间；ρ 和 C_p 分别为材料的密度和等压比热容。导温系数（热扩散率）定义为：

$$\alpha = \frac{k_t}{\rho C_p} \tag{8-37}$$

则有：

$$\frac{\partial T}{\partial t} = \alpha \frac{\partial^2 T}{\partial x^2} \tag{8-38}$$

此方程与扩散第二定律有相似的形式。因此只要确定了初始条件与边界条件，非稳态传热在不同的时间内的温度分布也可以用类似于扩散第二方程的解法求出。

非稳态传热时，同时有热量的传导和温度的变化，导温系数是一个将二者联系起来的物理量，反映非稳态传热时的温度变化速率。在相同的加热或冷却条件下，导温系数越大，材料各部分的温差越小，即温度分布越均匀。因此对经受骤冷骤热的材料，大的导温系数对减小其热应力有特殊的意义。例如，钢在淬火时经历急速的冷却，如果导温系数大，则冷却过程中从表面到内部的温度梯度小，则不容易由于热应力太大导致开裂。对陶瓷材料，热应力导致的开裂是更为严峻的问题。

8.2.2　热传导的机理

在气体分子运动理论中已经知道，气体靠分子直接碰撞传递热量。而固体中的原子只能在其平衡位置附近作微小的振动，所以固体中的热传递主要靠电子和声子（晶格振动的格波）进行，高温下还有光子的参与。

高温处的质点（原子或分子）的热振动强烈，振幅较大，通过质点间的作用力使其邻近质点的振动加强，热运动能量增大，由此发生了热量的转移或传递，即通过声子碰撞使邻近原子的振动加强，发生热量传递。

定义声子两次碰撞间走过的路程为声子自由程 λ_p，该自由程两端的温差为：

$$\Delta T = -\lambda_p \frac{dT}{dx} \tag{8-39}$$

声子从热端带到冷端的热量为 $C_V^p \Delta T$，其中，C_V^p 为声子对热容的贡献。若声子沿导热方向 x 的速度为 v_{px}，则单位时间通过单位截面积的热量即能流密度为：

$$J = C_V^p v_{px} \Delta T = -C_V^p v_{px} \lambda_p \frac{dT}{dx} \tag{8-40}$$

定义声子两次碰撞的时间间隔为弛豫时间 τ_p，则 $\lambda_p = \tau_p v_{px}$，所以：

$$J = -C_V^p v_{px}^2 \tau_p \frac{dT}{dx} \tag{8-41}$$

根据能量按自由度均分的原理有：

$$\overline{v_{px}^2} = \frac{1}{3} v_p^2 \tag{8-42}$$

式中，$\overline{v_{px}^2}$ 为 v_{px}^2 的平均值；v_p 为声子的平均速率。又知平均自由程 $\overline{\lambda}_p = v_p \tau_p$，所以：

$$J = -\frac{1}{3} C_V^p v_p \overline{\lambda}_p \frac{dT}{dx} \tag{8-43}$$

与式（8-35）比较可知声子的热导率为：

$$k_t^p = -\frac{1}{3} C_V^p v_p \bar{\lambda}_p \tag{8-44}$$

与声子导热类似，对电子导热也有电子的热导率为：

$$k_t^e = \frac{1}{3} C_V^e v_e \bar{\lambda}_e \tag{8-45}$$

式中，C_V^e 为电子对热容的贡献；v_e 为电子的平均速率；$\bar{\lambda}_e$ 为电子的平均自由程。考虑到 $E_F^0 = \frac{1}{2} m v_e^2$，$\bar{\lambda}_e = v_e \tau_e$，$C_V^e = \frac{\pi^2 k^2 n_e}{2 E_F^0} T$，可得：

$$k_t^e = \frac{\pi^2 n_e k^2 T \tau_e}{3m} \tag{8-46}$$

式中，n_e、τ_e 和 m 分别为电子密度、电子的平均弛豫时间和质量；T 为热力学温度；k 为玻耳兹曼常数。

除了声子和电子的导热外，高温时材料中还有明显的光子热传导。这是因为高温时材料中分子、原子和电子的振动、转动等运动状态的改变会辐射出电磁波，波长在 $400 \sim 40000nm$ 的可见光和红外线有较强的热效应，称为热射线，其传递过程为热辐射。考虑到黑体辐射能：

$$E_T = \frac{4\sigma_0 n^3 T^4}{c} \tag{8-47}$$

式中，σ_0 为斯特藩-玻耳兹曼常量，$\sigma_0 = 5.67 \times 10^{-8} W/(m^2 \cdot K^4)$；$n$ 为折射率；c 为真空中的光速。则辐射热容量为：

$$C_r = \frac{\partial E_T}{\partial T} = \frac{16\sigma_0 n^3 T^3}{c} \tag{8-48}$$

因光子在材料中的速度 $v_r = c/n$，光子的热导率为：

$$k_t^r = \frac{1}{3} C_r v_r \bar{\lambda}_r = \frac{16}{3} \sigma_0 n^2 T^3 \bar{\lambda}_r \tag{8-49}$$

式中，$\bar{\lambda}_r$ 为光子的平均自由程。

值得注意的是，光子导热机制主要发生于透明材料中。在透明材料中光子的平均自由程 $\bar{\lambda}_r$ 较大，k_t^r 较大。半透明的材料 $\bar{\lambda}_r$ 很小，不透明材料 $\bar{\lambda}_r = 0$，光子导热可忽略。一般单晶陶瓷和玻璃是透明的，在 $500 \sim 1000^\circ C$ 辐射传热已经比较明显。普通的烧结陶瓷由于包含晶相与非晶相，且有气相，一般不透明，辐射传热作用很小。多晶陶瓷和金属一般都是不透明的，其辐射传热作用很小。多晶陶瓷材料在 $1500^\circ C$ 以上光子导热才变得明显起来。不透明材料主要是通过改变材料的吸收和散射系数影响光子的平均自由程 $\bar{\lambda}_r$。

8.2.3 实际材料的导热

8.2.3.1 金属和合金的导热

对纯金属有 $C_V^e/C_V^p \approx 0.01$，$v_p \approx 5 \times 10^3 m/s$，$v_e \approx 10^6 m/s$，$\bar{\lambda}_p \approx 10^{-9} m$，$\bar{\lambda}_e \approx 10^{-8} m$，所以可计算出 $\frac{k_t^e}{k_t^p} = \frac{C_V^e v_e \bar{\lambda}_e}{C_V^p v_p \bar{\lambda}_p} \approx 20$。即纯金属的主要导热机制为电子导热，电子导热比声子导热热导率大得多，所以纯金属有大的热导率。

由于金属传热和导电都以自由电子为主要载体，推测二者之间应该有一定的关系。魏德曼-弗兰兹-洛伦兹（Wideman-Franz-Lorenz）首先发现该关系：

$$\frac{k_t}{\sigma} = LT \tag{8-50}$$

式中，σ 为电导率；T 为热力学温度；L 为比例系数。这一关系也可从理论上推导出来。在材料的第 5 章已经了解电导率 $\sigma = \frac{e^2 n_e \tau_e}{m}$，与式（8-46）比较可知：

$$\frac{k_t^e}{\sigma} = \frac{\pi^2 k^2}{3e^2} T \tag{8-51}$$

即只考虑电子导热，有 $L = \frac{\pi^2 k^2}{3e^2} \approx 2.45 \times 10^{-8} \, \mathrm{V^2/K^2}$，$L$ 为常数，称为洛伦兹常数。对电导率较高的金属，温度高于德拜温度 Θ_D 时，均有 L 为常数。图 8-7 给出了实测的一些金属的实例。

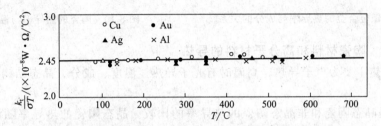

图 8-7　高电导率纯金属在不同温度下的电导率和热导率的关系

但对电导率较低的金属，在较低的温度下，式（8-51）不再严格成立，L 不再是常数，图 8-8 给出了实测的一些金属的实例。式（8-51）不再严格成立的原因是其推导过程中未考虑声子影响。考虑声子导热，电导率和热导率的关系应该写成：

$$\frac{k_t}{\sigma T} = \frac{k_t^e}{\sigma T} + \frac{k_t^p}{\sigma T} = L + \frac{k_t^p}{\sigma T} \tag{8-52}$$

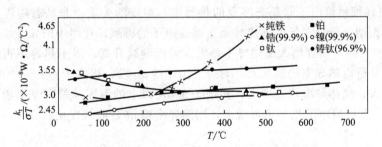

图 8-8　低电导率纯金属在不同温度下的电导率和热导率的关系

可见只有 $T > \Theta_D$，$\frac{k_t^p}{\sigma T} \to 0$ 时才有热导率主要来自自由电子的贡献，魏德曼-弗兰兹-洛伦兹定律才严格成立。该定律实际上是声子导热可忽略时的特例。该定律虽有局限，但它是自由电子理论的一个证明，且可根据该定律由电导率估计热导率。

由于金属的导热和导电都以电子为载体，所以影响电导率的因素也同样影响热导率。杂质和缺陷是降低电导率的，它们也同样降低热导率。合金中的杂质原子对电子起散射作用，杂质浓度上升，电子的自由程 λ_e 降低，所以电子热导率 k_t^e 降低，声子的导热不能忽略，导热是声子和电子的共同的贡献。可见合金的热导率比相应的纯组元都要低，图 8-9 是银金合金的热导率与成分的关系，可见在原子浓度为 50% 时合金的热导率最小，这是因为该合金的杂质浓度最高。

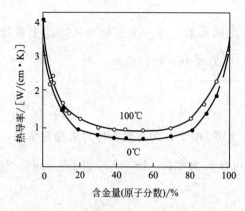

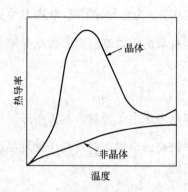

图 8-9　银金合金的热导率与成分的关系　　　　图 8-10　陶瓷的热导率与温度的关系

8.2.3.2　陶瓷材料和高分子材料的导热

陶瓷的导热主要为声子导热,高温时有光子导热。温度、成分、晶态结构、气孔等都影响其热导率。

图 8-10 是晶态陶瓷和非晶态陶瓷的热导率的比较。晶态陶瓷的热导率随温度的变化规律可从式(8-44) 推测。其中声子的速率 v_p 可看成常数,即不随温度变化。在低温下平均自由程 $\bar{\lambda}_p$ 基本保持最大值,声子热容 C_V^p 与温度 T^3 成正比,所以低温下热导率 k_l^p 近似与温度 T^3 成正比。温度增高到一定值后,C_V^p 的增大变慢,$\bar{\lambda}_p$ 随温度的升高而减小,使 k_l^p 达到极大值。温度再升高,C_V^p 几乎恒定在 $3R$,$\bar{\lambda}_p$ 与温度成反比,k_l^p 随温度的升高成反比下降。温度继续升高,由于有光子导热的作用,热导率再次随温度的升高而升高。非晶态陶瓷的热导率总是比晶态陶瓷的低。

图 8-11 更详细地给出了非晶态陶瓷的热导率与温度的关系。非晶态陶瓷 (如玻璃) 中也有原子的热振动,所以在低温下热导率主要是声子的贡献,在图中的 oa 段 (相当于 600K 以下),温度 T 升高,热容增大使热导率增大。温度继续升高,声子热容不再增大,但开始出现光子导热,所以热导率仍然增大,对应于图中的 ab 段,相当于 600～900K。在 bc 段光子导热急剧增大,使热导率快速增大,相当于 900K 以上的温度。若陶瓷不透明,无光子对导热的贡献,a 点以后声子热容不再增大,则热导率按 $ab'c'$ 曲线变化。

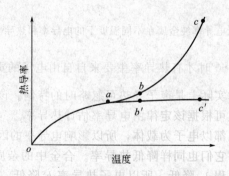

图 8-11　非晶态陶瓷的热导率与温度的关系

陶瓷固溶体的热导率与合金固溶体有类似的趋势,即由于异类原子附加的散射作用,固溶体的热导率随浓度增高而减小。图 8-12 的 MgO-NiO 固溶体的热导率与成分的关系显示了这种规律。从图 8-12 还可见，低温下杂质对热导率的降低作用更明显。

许多陶瓷是复相的，其中有晶相和玻璃相共存，也可能有两个或多个晶相，一般都含有气相。对复相陶瓷的简化模型认为，它是由连续相和均匀分布于其中的分散相组成的。如果不考虑相界附加的散射作用，则可以推导出复相陶瓷的热导率为：

$$k_t = k_c \frac{1+2V_d(1-\theta)/(1+2\theta)}{1-V_d(1-\theta)/(1+2\theta)} \quad (8\text{-}53)$$

$$\theta = \frac{k_c}{k_d}$$

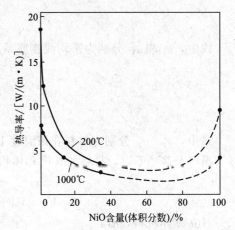

图 8-12　MgO-NiO 固溶体的
热导率与成分的关系

式中，θ 是连续相和分散相的热导率之比；k_c、k_d 分别表示连续相和分散相的热导率；V_d 是分散相的体积分数。对复相合金和复合材料也有类似的规律。

若将固体看成连续相，气孔看成分散相，则由于气孔热导率 $k_d \approx 0$，$\theta \to \infty$，当气孔率 V_d 不大时，式（8-53）可近似地简化为：

$$k_t \approx k_c(1-V_d) \quad (8\text{-}54)$$

即气孔增多，热导率降低。图 8-13 是 1000℃ 下刚玉和莫来石的热导率和孔隙率的关系，实测结果表明，二者基本符合线性关系，与式（8-54）的理论结果基本符合。对刚玉，在孔隙率较大时计算结果与实测结果有一定的偏差。其原因是孔隙率过大时，孔隙难以分散均匀，而且容易形成连续的通孔，发生对流传热，使虚线所代表的实测热导率增大。另外，在高温下孔隙率较大时气孔的辐射传热不能忽略，这是出现偏差的另一原因。材料中的孔隙导致热导率降低的现象被用来制备保温材料。例如，多孔泡沫硅酸盐、纤维制品、粉末和空心球状轻质陶瓷等都可用于保温。

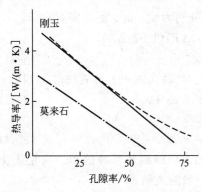

图 8-13　刚玉和莫来石的
热导率和孔隙率的关系

高分子材料一般没有自由电子，在其使用温度下一般也不会发生明显的光子导热，所以其主要导热机制是通过分子与分子碰撞的声子热传导，其电导率和热导率都很低，可用作绝热材料。在低温区，温度升高使热容增大，引起热导率增大，到玻璃化温度达最大。玻璃化温度以上，高分子材料的分子排列变得疏松，使其热导率降低。

8.3　材料的热膨胀

8.3.1　热膨胀的宏观现象

热膨胀是指常压下材料的长度和体积随温度升高而增大的现象。设材料的初始长度（体积）为 $l_0(V_0)$，升温后的增量为 $\Delta l(\Delta V)$，则有：

$$\frac{\Delta l}{l_0} = \bar{\alpha}_l \Delta T \quad (8\text{-}55)$$

$$\frac{\Delta V}{V_0} = \bar{\alpha}_V \Delta T \tag{8-56}$$

式中，$\bar{\alpha}_l$ 和 $\bar{\alpha}_V$ 分别为平均线膨胀系数和平均体膨胀系数。在某一特定温度 T，有：

$$\alpha_l = \frac{\partial l}{l \partial T} \tag{8-57}$$

$$\alpha_V = \frac{\partial V}{V \partial T} \tag{8-58}$$

式中，α_l、α_V 分别为材料在该温度下的线膨胀系数和体膨胀系数。

温度升高 ΔT 后，材料的长度和体积分别为：

$$l_T = l_0 + \Delta l = l_0 (1 + \bar{\alpha}_l \Delta T) \tag{8-59}$$

$$V_T = V_0 + \Delta V = V_0 (1 + \bar{\alpha}_V \Delta T) \tag{8-60}$$

对立方体材料，有：

$$V_T = l_T^3 = l_0^3 (1 + \bar{\alpha}_l \Delta T)^3 = V_0 (1 + \bar{\alpha}_l \Delta T)^3 \approx V_0 (1 + 3\bar{\alpha}_l \Delta T) \tag{8-61}$$

这是因为 $\bar{\alpha}_l$ 是一个小量（一般为 $10^{-6} \sim 10^{-5} \mathrm{K}^{-1}$ 的数量级），所以其二次方和三次方项可忽略。比较式(8-60) 和式(8-61) 可知：

$$\bar{\alpha}_V \approx 3\bar{\alpha}_l \tag{8-62}$$

同理可知：

$$\alpha_V \approx 3\alpha_l \tag{8-63}$$

即体膨胀系数约为线膨胀系数的 3 倍。

对各向异性晶体，若其各晶轴方向的平均线膨胀系数分别为 $\bar{\alpha}_a$、$\bar{\alpha}_b$、$\bar{\alpha}_c$，则有：

$$V_T = l_{aT} l_{bT} l_{cT} = l_{a0} l_{b0} l_{c0} (1 + \bar{\alpha}_a \Delta T)(1 + \bar{\alpha}_b \Delta T)(1 + \bar{\alpha}_c \Delta T)$$

$$\approx V_0 [1 + (\bar{\alpha}_a + \bar{\alpha}_b + \bar{\alpha}_c) \Delta T] \tag{8-64}$$

这同样是因为 $\bar{\alpha}_a$、$\bar{\alpha}_b$、$\bar{\alpha}_c$ 都是小量，所以乘积项可忽略。比较式(8-64) 和式(8-60) 可知：

$$\bar{\alpha}_V \approx \bar{\alpha}_a + \bar{\alpha}_b + \bar{\alpha}_c \tag{8-65}$$

同理有：

$$\alpha_V \approx \alpha_a + \alpha_b + \alpha_c \tag{8-66}$$

即体膨胀系数约为各晶轴方向线膨胀系数的和。这是线膨胀系数与体膨胀系数之间更一般的关系。

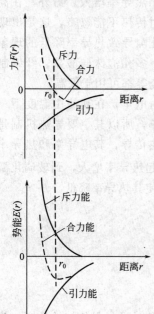

图 8-14　原子间的作用力和势能与距离的关系

8.3.2　热膨胀的微观机理

温度升高并不改变材料中原子的数目，所以长度和体积的增大只能归结于原子尺寸的增大，换言之，点阵中的原子的间距增大，晶格常数增大。原子间距增大的原因是晶格振动过程中原子间的作用力是非线性的，即原子间的作用力和势能与距离的关系都是非线性的。

图 8-14 给出了原子间的作用力和势能与距离的关系。随着原子间距的增大，原子间的引力和斥力都减小，但其减小的快慢不同。在某一距离 r_0，引力和斥力达到平衡，这一距离的合力为 0，对应着最低的总势能。不考虑晶格振动，则 r_0 是原子间的平衡距离。然而，由于原子间的作用力和势能的非线性，$r < r_0$ 时斥力和斥力能增大快，$r > r_0$ 时引力和引力能增大慢，所以晶格振动到原子相互靠近方向时的振幅小，晶格振动到原

子相互远离方向时的振幅大，考虑晶格振动，原子的平均距离大于 r_0。温度升高，晶格振动向两个方向的振幅都增大，但原子相互远离方向的振幅增大更快，所以原子平均距离增大，其宏观表现就是热膨胀。

以上只是定性说明，实际上热膨胀系数可以从势能曲线推导出来。考虑点阵中的两个原子，以其中的一个原子固定为原点，另一个原子在与其距离 r_0 处平衡，即该距离下两原子间相互作用力 $F(r_0)=0$，势能 $E(r_0)$ 最小，晶格振动动能最大。当晶格热振动使其距离增大 δ 时，动能减小，势能增大。两原子间的作用势能 $E(r)=E(r_0+\delta)$ 可展开成泰勒级数，即：

$$E(r)=E(r_0)+\left(\frac{\partial E}{\partial r}\right)_{r_0}\delta+\frac{1}{2!}\left(\frac{\partial^2 E}{\partial r^2}\right)_{r_0}\delta^2+\frac{1}{3!}\left(\frac{\partial^3 E}{\partial r^3}\right)_{r_0}\delta^3+\cdots \tag{8-67}$$

当 $r=r_0$ 时势能最低，有：

$$\left(\frac{\partial E}{\partial r}\right)_{r_0}=0 \tag{8-68}$$

所以：

$$E(r)\approx E(r_0)+\frac{1}{2}\beta\delta^2-\frac{1}{3}\beta'\delta^3 \tag{8-69}$$

$$\beta=\left(\frac{\partial^2 E}{\partial r^2}\right)_{r_0}$$

$$\beta'=-\frac{1}{2}\left(\frac{\partial^3 E}{\partial r^3}\right)_{r_0}$$

当势能曲线一定时 β、β' 应为常数。

只考虑式(8-69)的前两项，则两原子间的作用力为：

$$F(r)=-\frac{\mathrm{d}E}{\mathrm{d}r}=-\beta\delta \tag{8-70}$$

说明原子间的作用力与其偏离平衡间距的距离成正比，这也是虎克定律的微观表达式，β 为微观弹性模量。但按此表达式，晶格振动为线性简谐振动，振动的平均位置仍为 r_0，温度升高，振幅增大，但其平均位置不变，即不会发生热膨胀。

同时考虑式(8-69)的前三项，则：

$$F(r)=-\frac{\mathrm{d}E}{\mathrm{d}r}=-\beta\delta+\beta'\delta^2 \tag{8-71}$$

$F(r)$ 不再是线性的，晶格热振动是非线性振动。图8-15是按式(8-69)得出的势能与原子间距的关系，其中的虚线代表只考虑式(8-69)前两项得出的结果，0、1、2、3、4……代表温

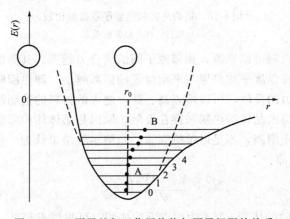

图 8-15　双原子的相互作用势能与原子间距的关系

度从低到高时晶格振动的振幅和原子平均位移的变化。用玻耳兹曼统计法，可得出平均位移为：

$$\overline{\delta} = \frac{\beta' kT}{\beta^2} \tag{8-72}$$

式中，k 为玻耳兹曼常数；T 为热力学温度。可见平均位移随温度升高而增大热膨胀系数为：

$$\alpha_l = \frac{d\overline{\delta}}{r_0 dT} = \frac{\beta' k}{r_0 \beta^2} \tag{8-73}$$

α_l 是常数，与温度无关。若考虑 $E(r)$ 中的 δ^4 和 δ^5 等高次项，则可得到热膨胀系数与温度的关系。

实际上，除了原子间距的增大可引起热膨胀外，晶体中的各种热缺陷也会引起晶格畸变和局部点阵膨胀。但这些因素引起的膨胀一般是可忽略的。然而，在高温下这些因素引起的膨胀也应考虑。例如，在高温下空位密度大量增大也会引起长度和体积的明显增大，这使前面的推导需要修正。

8.3.3　热膨胀系数与其他物理量的关系

热膨胀是由升温时晶格非线性振动加剧引起的容积膨胀，而热容源于升温时晶格振动能量的增高，推测二者之间应该有一定的关系。格律乃森（Gruneisen）从晶格振动理论推导出：

$$\alpha_l = \frac{\gamma}{KV} C_V \tag{8-74}$$

式中，γ 是格律乃森常数，是表示晶格非线性振动的物理量，对一般物质为 $1.5 \sim 2.5$；K 是体积弹性模量；V 是体积；C_V 是定容热容。可见热膨胀系数与热容应该有同样的变化趋势。图 8-16 是 Al 的热容和热膨胀系数与温度的关系，其中横轴的 T_m 为熔点。可见其变化趋势完全相同，热容和 T^3 成正比，热膨胀系数亦然。

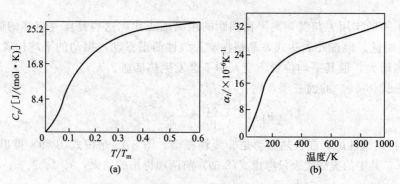

图 8-16　铝的热容和热膨胀系数的比较

（a）热容；（b）热膨胀系数

从热膨胀的微观机制可以推测，相邻原子间的结合力越强，其势能曲线越陡，晶格振动的振幅越小，升高同样温度平均位置与平衡位置的偏离越小，即热膨胀系数越小。熔点和结合能都是原子间结合力的反映，所以熔点高、结合能大的材料的热膨胀系数应该小。

另外，格律乃森提出晶体的热膨胀存在极限，原因是晶体体积膨胀过大时原子间结合力已很弱，晶格振动过于剧烈，不足以维持固态。归纳实验结果认为一般纯金属从 0K 到熔点 T_m 体积约膨胀 6%，即：

$$\frac{V_{T_m} - V_0}{V_0} \approx 6\% \tag{8-75}$$

式中，V_0 为 0K 时的体积；V_{T_m} 为熔点下的体积。可见熔点越低，热膨胀系数越大。

当然，由于原子结构、点阵类型的差别，膨胀极限不一定都是 6%。例如，对正方点阵的 In 和 β-Sn，膨胀极限为 2.79%。但是从膨胀极限原理可知，熔点和热膨胀系数之间有一定的关系，这种关系的经验公式为：

$$\alpha_l T_m = b \tag{8-76}$$

式中，b 是常数，对大多数立方晶系和六方晶系的金属取 $0.06 \sim 0.076$。图 8-17 为实测的热膨胀系数与熔点，可见二者之间大致满足反比关系。

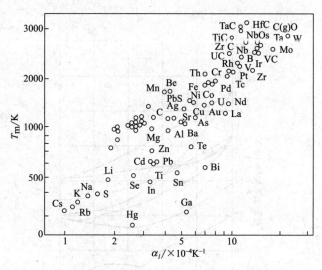

图 8-17　固体熔点与热膨胀系数的关系

元素的原子间结合力随原子序数有周期性的变化，而热膨胀系数、硬度、熔点等都和原子间的结合力有关，因此这些物理性能都随原子序数发生周期性变化。图 8-18 是这些物理

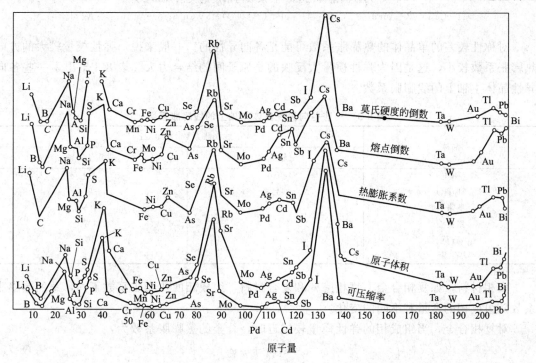

图 8-18　元素的物理性质与原子量的关系

性质随原子量的变化，可看出明显的周期性。

8.3.4　实际材料的热膨胀

固溶体的热膨胀系数一般介于纯组元的热膨胀系数之间，但并不是组元的热膨胀系数的简单加和，一般比直线规律低些。如图 8-19 所示，固溶体的热膨胀系数与浓度的关系反映了这一规律。形成这种规律的原因较复杂，如果固溶体中加入过渡元素，则这种规律性被破坏。

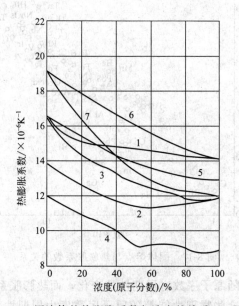

图 8-19　固溶体的热膨胀系数与浓度的关系（35℃）

1—CuAu；2—AuPd；3—CuPd；4—CuPd（−140℃）；5—CuNi；6—AgAu；7—AgPd

对称性较差的单晶体的热膨胀系数可能是各向异性的。一般来说，弹性模量较大的方向热膨胀系数较小，这是因为弹性模量大反映的是原子间的结合力大。表 8-3 给出了一些各向异性晶体主轴上的线膨胀系数。

表 8-3　一些各向异性晶体主轴上的线膨胀系数

晶体	线膨胀系数/$\times 10^{-6} K^{-1}$	
	c 轴方向	垂直于 c 轴
刚玉	9.0	8.3
$Al_2 TiO_5$	11.5	−2.6
莫来石	5.7	4.5
锆英石	6.2	3.7
石英	9	14
石墨	27	1

多相材料，如复相合金、复相陶瓷和复合材料，组成相的热膨胀系数不同，总的热膨胀系数随组成相的含量有不同的变化。

对复相合金，当组成相的弹性模量较接近时，合金的热膨胀系数为：

$$\alpha = \alpha_1 \varphi_1 + \alpha_2 \varphi_2 \tag{8-77}$$

式中，φ_1、φ_2 分别是组成相 1、2 的体积分数；α_1、α_2 分别为组成相 1、2 的热膨胀系

数。如果组成相的弹性模量 E 相差较大，则有：

$$\alpha = \frac{\alpha_1 \varphi_1 E_1 + \alpha_2 \varphi_2 E_2}{\varphi_1 E_1 + \varphi_2 E_2} \tag{8-78}$$

陶瓷材料多为几种晶体加上非晶相构成的复合体。假设各组成相均匀分布且各向同性，但各相的热膨胀系数、弹性模量、泊松比不同。在温度变化时由于各相的膨胀量不同导致不同的热应变，从而产生内应力。假设内应力为纯的拉应力或压应力，则温度变化时第 i 相的内应力为：

$$\sigma_i = K_i(\bar{\alpha}_V - \alpha_V^i)\Delta T \tag{8-79}$$

$$K_i = \frac{E_i}{3(1-2\nu_i)}$$

式中，$\bar{\alpha}_V$ 为总平均体膨胀系数；α_V^i 为第 i 相的体膨胀系数；ΔT 为从应力松弛状态算起的温度变化量；E_i 和 ν_i 分别是第 i 相的弹性模量和泊松比。

由于整个材料的内应力之和为零，有：

$$\sum \sigma_i V_i = \sum K_i(\bar{\alpha}_V - \alpha_V^i)V_i\Delta T = 0 \tag{8-80}$$

$$V_i = \frac{G_i}{\rho_i} = \frac{GW_i}{\rho_i}$$

式中，V_i 为第 i 相的体积；G_i、ρ_i、W_i 分别为第 i 相的质量、密度和质量分数；G 为总质量。整理得：

$$\bar{\alpha}_V = \frac{\sum \alpha_V^i K_i W_i / \rho_i}{\sum K_i W_i / \rho_i} \tag{8-81}$$

所以平均线膨胀系数为：

$$\bar{\alpha}_l = \frac{\bar{\alpha}_V}{3} = \frac{\sum \alpha_V^i K_i W_i / \rho_i}{3\sum K_i W_i / \rho_i} \tag{8-82}$$

复合材料、多相合金、多相陶瓷中热膨胀系数差异导致的热应力是产生微观裂纹的重要机制之一，当这种热膨胀伴随着相变等组织变化引起的组织应力时，这种裂纹更容易发生，甚至导致宏观断裂。因此陶瓷在加热和冷却过程中都要注意缓慢地升温和降温，防止热应力引起开裂。金属材料淬火时采用不同的介质也是为了在满足相变要求的前提下尽量缓慢降温，防止开裂、应力和变形。

8.3.5　膨胀分析和膨胀合金

膨胀分析主要是利用材料在相变时发生的异常胀缩测定材料的相变点。例如，钢在加热时的相变点测定、冷却动力学曲线的相变点测定、马氏体点测定、回火时转变过程研究等。测定方法是用一定的机构设计仪器，将 $10^{-6} \sim 10^{-5}$ 数量级的微小相对变形放大。最简单的如千分表简易膨胀仪，精密的用机械、光学等方法放大变形后转化成电磁信号使之容易读出和记录，如光学膨胀仪、电测膨胀仪等。图 8-20 是一般钢在加热和冷却过程中的尺寸变化曲线。在 a、b、c、d（或 a'、b'、c'、d'）点出现异常胀缩，将它们当作升温或降温过程中的相变开始和终了温度，即加热和冷却过程中奥

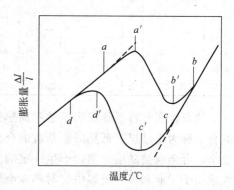

图 8-20　钢的膨胀曲线

氏体-铁素体转变的开始和终了温度 A_{c1}、A_{c3}、A_{r1}、A_{r3}。

膨胀合金是指为满足某些特殊要求专门设计的具有特殊的热膨胀系数的合金，包括低膨胀合金（因瓦合金）、定膨胀合金（可伐合金、封接合金）和热双金属。

低膨胀合金主要用于仪器、仪表，如标准量尺、精密天平、标准电容、标准频率计的谐振腔等。低膨胀合金也可与高膨胀合金配合制成热双金属。表 8-4 给出了不同时期人们研制的低膨胀合金的性质。随着人们研究的不断深入，已经可以制造出一定温度范围内的零膨胀合金，甚至还有利用反常膨胀的负膨胀合金。根据不同的应用场合，在选用低膨胀合金时除了要考虑膨胀系数外，还要考虑磁性、耐腐蚀性等性能。

表 8-4 一些低膨胀合金的成分和性能

发现年份	名称	成分	晶系	磁性	$\alpha/℃^{-1}$ [①]	T_c 或 $T_N/℃$
1897	Fe-Ni 因瓦	35Ni-65Fe	立方	铁磁	1.2×10^{-6}	232
1931	超因瓦	32Ni-6Fe-4Co	立方	铁磁	0	230
1934	不锈因瓦	37Fe-52Co-11Cr	立方	铁磁	0	127
1937	Fe-Pt 因瓦	75Fe-25Pt	立方	铁磁	-30×10^{-6}	80
1962	Fe-Pd 因瓦	67Fe-31Pd	立方	铁磁	0	340
1972	Cr 基因瓦	94Cr-5.5Fe-0.5Mn	立方	反铁磁	约 1×10^{-6}	约 45
1974	Mn 基因瓦	α-Mn	立方	反铁磁	$<10^{-6}$(4.2K)	-178
1974	Gd-Co 因瓦	67Co-33Gd	立方	亚铁磁	约 3×10^{-6}	约 160
1974	Y_2Fe_{17} 因瓦	10.5Y-89.5Fe	六角	铁磁	—	-29
1977	非晶态 Fe-B 因瓦	83Fe-17B	非晶态	铁磁	$(1\sim2)\times10^{-6}$	约 320

① 除指明温度外，α 都是室温值。

定膨胀合金主要是在电真空技术中用于和玻璃、陶瓷等的封接，所以也称为封接合金。对这类材料的主要要求是其热膨胀系数在一定温度范围内基本不变，且与被封接材料匹配。表 8-5 给出了主要的定膨胀合金成分、性能和用途。

表 8-5 一些定膨胀合金的成分、性能和用途

牌号	成分/%				线膨胀系数 $\alpha/\times10^{-6}℃^{-1}$				用途
	Ni	Fe	Co	Cr	0~300℃	0~400℃	0~500℃	0~600℃	
4J42	41.5~42.5	余			4.4~5.6	5.4~6.6			与软玻璃、陶瓷封接
4J43	42.5~43.5	余			5.6~6.2	5.6~6.8			杜美丝芯材
4J45	44.5~45.5	余			6.5~7.7	6.5~7.7			与软玻璃、陶瓷封接
4J54	53.5~54.5	余			10.2~11.4	10.2~11.4			与云母封接
4J58	57.5~58.5	余			11.73	11.92	12.07	12.28	用作精密机床基尺
4J6	41.5~42.5	余		5.5/6.3	7.5~8.5	9.5~10.5			与软玻璃封接
4J28		余		27~29			10.4~11.6		与软玻璃封接
4J29	28.5~29.5	余	16.8~17.8		4.7~5.5	4.6~5.2	5.9~6.4		与硬玻璃封接
4J34	28.5~29.5	余	19.5~20.5		6.3~7.5	6.2~7.6	6.5~7.6	7.8~8.4	与 95%Al_2O_3 封接
4J46	36~37	余	5~6	Cu 3~4	5.5~6.5	5.6~6.6	7.0~8.0	$\leqslant9.5$	与 95%Al_2O_3 封接

热双金属是将低热膨胀系数和高热膨胀系数的合金焊合形成的复合材料。高热膨胀系数的合金称为主动层，低热膨胀系数的合金称为被动层。升温时主动层膨胀量大，被动层膨胀量小，合金向被动层弯曲，产生一定的力或位移，用于仪器、仪表的测量或控制传感元件，大量用于工业和家用电器中。对热双金属的基本要求是两层的热膨胀系数相差较大。反映单位温度变化时热双金属的偏转量的指标称为其热灵敏度。我国采用比弯曲值 K 表征热灵敏

度。表 8-6 给出了我国的主要热双金属系列。

表 8-6 我国的主要热双金属系列

序号	组合层合金		比弯曲值 K (20~150℃) /$\times 10^{-6}$℃$^{-1}$	电阻率 ρ [(20±5)℃] /$\times 10^{-6}\Omega \cdot m$	线性温度范围 /℃	允许使用 温度范围 /℃	允许应力 /MPa	最大允 许应力 /MPa
	主动层	被动层						
5J11	Mn75Ni15Cu10	Ni365	18.0~22.0	1.08~1.18	−20~200	−70~250	150	300
5J14	Mn75Ni5Cu10	Ni45Cr6	14.0~16.5	1.19~1.30	−20~200	−70~250	150	300
5J16	Ni20Mn6	Ni36	13.8~16.0	0.82~1.77	−20~180	−70~450	200	400
5J17	Cu62Zn38	Ni36	13.4~15.2	0.14~0.19	−20~180	−70~250	100	300
5J18	3Ni24Cr2	Ni36	13.2~15.5	0.77~0.84	−20~180	−70~450	200	350
5J19	Ni20Mn7	Ni34	13.0~15.0	0.76~0.84	−50~100	−80~450	200	400
5J20	Cu90Zn10	Ni36	12.0~15.0	0.09~0.14	−20~180	−70~180	100	300
5J23	Ni19Cr11	Ni42	9.5~11.7	0.67~0.73	0~300	−70~450	200	400
5J24	Ni	Ni36	8.5~11.0	0.14~0.19	−20~180	−70~430	100	300
5J25	3Ni24Cr2	Ni50	6.6~8.4	0.54~0.59	0~400	−70~450	200	400
5J101	3Ni24Cr2	Ni,中间 层用 Cu	12.0~15.0	0.14~0.18	−20~250	−70~250	150	250

8.4 材料的热稳定性

　　材料的热稳定性是指材料承受温度的急剧变化而不破坏的能力，也称为抗热震性。陶瓷在烧制过程中控制不当出现裂纹是常见的现象，玻璃在急冷、急热过程中炸裂也很普遍。甚至金属在急冷、急热过程中也能出现裂纹，如淬火裂纹。抗热震性主要用来评价无机非金属材料。例如，日用陶瓷仅要求能承受 200K 左右的热冲击，而火箭喷嘴要求瞬时可承受 3000~4000K 的热冲击，同时还要能承受高速气流的力和化学腐蚀作用。

　　热震破坏的根源是热应力，但材料的强度、塑性、弹性模量、导热性、热膨胀系数等许多因素都影响热稳定性，因此热稳定性是一个复杂的问题。热冲击破坏的主要原因是热应力，但相变应力（组织应力）和热疲劳也是破坏的重要原因。热冲击破坏形式可能是瞬时断裂，也可能是循环热冲击导致表面开裂、剥落并逐渐发展导致最后碎裂。由于难于建立精确的数学模型，对热稳定性的评价一般用直观测定的方法。

8.4.1 热应力

　　热应力是指仅由于材料的热胀缩引起的内应力。热应力的来源可用图 8-21 的实例给出解释。该图为一根均质各向同性固体杆，两端受束缚，受到均匀的加热和冷却，由于不能自由胀缩，产生热应力。根据虎克定律可知热应力为：

$$\sigma = E\alpha_l(T_0 - T_t) = E\alpha_l \Delta T \qquad (8\text{-}83)$$

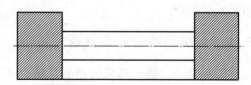

图 8-21 两端受束缚的固体杆

　　式中，E 为弹性模量；T_0 为无应力的初始温度；T_t 为加热或冷却后的温度；α_l 为线膨胀系数；ΔT 为温差。加热时，$T_t > T_0$，$\sigma < 0$，即材料膨胀时受压应力；冷却时，$T_t < T_0$，$\sigma > 0$，即材料收缩时受拉应力。

　　加热或冷却时材料内部几乎都有温度梯度。由于温度梯度的存在，引起材料各区域的膨胀量不同，相当于各区域的胀缩都受相邻区域的约束，形成热应力。例如，块体材料快速冷却时，表面降温快，收缩多，内部降温慢，收缩少，使表面受拉应力，内部受压应力。材料的热膨胀系数越大、热导率越小、温度变化越剧烈、弹性模量越大，则这种热应力越大。温度变化速度与材料的形状、尺寸有关，所以这种热应力还受材料的形状、尺寸影响。

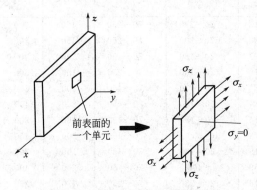

图 8-22 薄板在骤冷时的热应力

复合材料或多相混合材料各区域热膨胀系数不同，升降温时其胀缩互相束缚，引起内应力。例如，钢中的基体固溶体与第二相间有内应力，陶瓷坯与釉间有内应力，搪瓷胎与釉间有内应力。

如图 8-22 所示，一块薄板材料骤冷，y 方向厚度小，其温差可忽略；x 和 z 方向表面温度低，内部温度高。由于内部收缩小，x 和 z 方向的表面收缩被抑制，即 $\varepsilon_x = \varepsilon_z = 0$，产生内应力 $+\sigma_x$ 和 $+\sigma_z$。而 y 方向可自由胀缩，所以 $+\sigma_y = 0$。根据广义胡克定律（详见第 9 章），有：

$$\varepsilon_x = \frac{\sigma_x}{E} - \nu\left(\frac{\sigma_y}{E} + \frac{\sigma_z}{E}\right) - \alpha_l \Delta T = 0 \tag{8-84}$$

$$\varepsilon_z = \frac{\sigma_z}{E} - \nu\left(\frac{\sigma_x}{E} + \frac{\sigma_y}{E}\right) - \alpha_l \Delta T = 0 \tag{8-85}$$

$$\varepsilon_y = \frac{\sigma_y}{E} - \nu\left(\frac{\sigma_x}{E} + \frac{\sigma_z}{E}\right) - \alpha_l \Delta T \tag{8-86}$$

解得 x 和 z 方向的内应力为：

$$\sigma_x = \sigma_z = \frac{\alpha_l E}{1 - \nu} \Delta T \tag{8-87}$$

式中，E 为弹性模量；ν 为泊松比；α_l 为线膨胀系数。

在时间 $t = 0$ 的瞬间 ΔT 最大，因此应力最大，如果此时内应力达到了抗拉强度 σ_b，则材料开裂。因此材料可承受的最大温差为：

$$\Delta T_{\max} = \frac{\sigma_b (1 - \nu)}{\alpha_l E} \tag{8-88}$$

若材料形状不是平面薄板，可加一不同的形状因子 S 来计算极限温差，则：

$$\Delta T_{\max} = S \frac{\sigma_b (1 - \nu)}{\alpha_l E} \tag{8-89}$$

因为冷却时引起的表面应力为拉应力，更容易引起表面开裂，所以冷却引起的热应力比加热时更危险。

8.4.2 抗热冲击断裂性能

8.4.2.1 第一热应力断裂抵抗因子

第一热应力断裂抵抗因子定义为：

$$R_1 = \frac{\sigma_b (1 - \nu)}{\alpha_l E} \tag{8-90}$$

由式(8-89) 可知，材料可承受的极限温差 $\Delta T_{\max}$ 与 R_1 成正比，所以 R_1 越大，材料可承受的极限温差越大，R_1 可用来衡量材料的热稳定性。而且材料的抗拉强度越大，弹性模量和热膨胀系数越小，则材料的热稳定性越大。表8-7给出了一些材料的第一热应力断裂抵抗因子 R_1。

表8-7　一些材料的第一热应力断裂抵抗因子 R_1

材料	σ_b/MPa	ν	α_l/$\times 10^{-6} K^{-1}$	E/GPa	R_1/℃
Al_2O_3	345	0.22	7.4	379	96
SiC	414	0.17	3.8	400	226
反应烧结 Si_3N_4	310	0.24	2.5	172	547
热压烧结 Si_3N_4	690	0.27	3.2	310	500
锂辉石($LiOAl_2O_6 \cdot 4SiO_2$)	138	0.27	1.0	70	1460

由表8-7可见，用不同方法制备的同种材料的力学性能和热膨胀系数都有差异，而抵抗热应力不断裂的能力强烈依赖于力学性能，所以 R_1 受力学性能的影响很大。而力学性能与材料的组织结构密切相关，所以材料在热应力下是否断裂与组织结构也有密切的关系，这在第9章中可更清楚地看到。

又如，普通钠钙玻璃，α_l 约为 $9 \times 10^{-6} K^{-1}$，对热冲击敏感；加入足量的 B_2O_3，减少 CaO 和 Na_2O 的含量，制成硼磷酸玻璃，α_l 可降低至 $3 \times 10^{-6} K^{-1}$，使热稳定性提高，可用于厨房烘箱，在烘烤过程中反复急冷急热的条件下也不开裂。

8.4.2.2　第二热应力断裂抵抗因子

从定义可见，R_1 只反映了材料可承受的最大温差，但并不涉及材料中的实际温差。材料中的实际温差与热导率、材料与环境的温差、传热途径、材料形状、尺寸等都有关，因此用 R_1 衡量热稳定性过于简略。例如，材料的热导率增大，则可能减小材料内部的温差；材料越薄，越容易达到温度均匀；材料表面散热越快，则材料内部的温差越大。

定义材料表面单位面积上每高出环境温度 1K 单位时间所带走的热量为表面热传递系数 h，则 h 增大会增大表面和内部的温差，使热稳定性降低。例如在工业生产中，如果烧制过程中陶瓷窑意外进风，会急剧增大材料表面与环境的温差，导致表面热传递系数增大，从而增大材料内部的温差而引起制品炸裂，这种断裂仅从 R_1 是不能判断的。表8-8给出了一些传热条件下的表面热传递系数 h。

表8-8　一些传热条件下的表面热传递系数 h

条件	h/[J/(s·cm^2·℃)]
空气流过圆柱体	
流率 287kg/(s·m^2)	0.109
流率 120kg/(s·m^2)	0.050
流率 12kg/(s·m^2)	0.0113
流率 0.12kg/(s·m^2)	0.0011
从1000℃向0℃辐射	0.0147
从500℃向0℃辐射	0.00398
水淬	0.4~4.1
喷气涡轮机叶片	0.021~0.08

综合考虑材料的厚度、热导率、表面热传递状态对热应力的影响，毕奥（Biot）系数定义为：

$$\beta = \frac{h r_m}{k_t} \tag{8-91}$$

式中，h 为表面传热系数；r_m 为材料半厚；k_t 为热导率。显然 β 大对热稳定性不利。

实际冷却过程中不会实现理想骤冷条件，即冷却时瞬时就达到最大热应力 σ_{max}。由于散热等因素，最大热应力有一定滞后，不在瞬时达到且绝对值降低。无量纲表面应力定义为：

$$\sigma^* = \frac{\sigma}{\sigma_{max}} \tag{8-92}$$

式中，σ 为材料中的实际应力；σ_{max} 为材料中的理想最大应力。材料的厚度、热导率、表面传热状态不同，引起的最大热应力的绝对值和出现时间都不同，图 8-23 给出了无限大平板在不同的 β 值下的无量纲表面应力。可见 β 增大，实际最大应力出现早，绝对值大，对热稳定性不利。

S. S. Manson 研究发现，对于一般对流和辐射传热，表面传热系数 h 较低，此时最大无量纲表面应力为：

$$\sigma_{max}^* = 0.31 \frac{h r_m}{k_t} \tag{8-93}$$

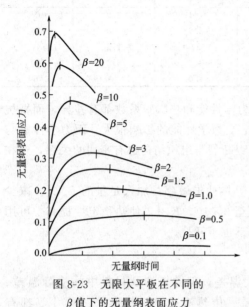

图 8-23　无限大平板在不同的
β 值下的无量纲表面应力

材料在最大温差下的实际应力达到抗拉强度 σ_b 时材料断裂，此时的理论上的理想热应力可由式(8-88) 给出，所以，材料因热应力开裂的实际条件为：

$$\sigma_{max}^* = \frac{\sigma_b}{\dfrac{E \alpha_l}{1-\nu} \Delta T_{max}} = 0.31 \frac{h r_m}{k_t} \tag{8-94}$$

所以：

$$\Delta T_{max} = \frac{k_t \sigma_b (1-\nu)}{E \alpha_l} \times \frac{1}{0.31 h r_m} \tag{8-95}$$

第二热应力断裂抵抗因子定义为：

$$R_2 = \frac{k_t \sigma_b (1-\nu)}{E \alpha_l}$$

考虑构件形状，材料不因热应力断裂的极限温差为：

$$\Delta T_{max} = \frac{R_2 S}{0.31 h r_m} \tag{8-96}$$

式中，S 为非平板材料的形状系数。

图 8-24 给出了不同表面传热条件下一些材料的不发生断裂的极限温差，其中 Al_2O_3 分别是初始温度 T_0 为 100℃和 1000℃的数据，其他材料都是初始温度为 400℃的数据。可见材料在不同传热条件下的极限温差有很大的差异，在 $r_m h$ 较小时 ΔT_{max} 降低较快，在 $r_m h$ 较大时 ΔT_{max} 趋向于恒定值。例如，BeO 是变化较大的材料，在 $r_m h$ 较小时 ΔT_{max} 低稍于石英玻璃（熔融 SiO_2）和 TiC 金属陶瓷，有良好的热稳定性；而在 $r_m h$ 较大时其 ΔT_{max} 小，仅大于 MgO，热稳定性差。还可以看出，不同材料在不同传热条件下的极限温差的大小顺序是变化的，因此不能简单地对材料进行热稳定性的排序。

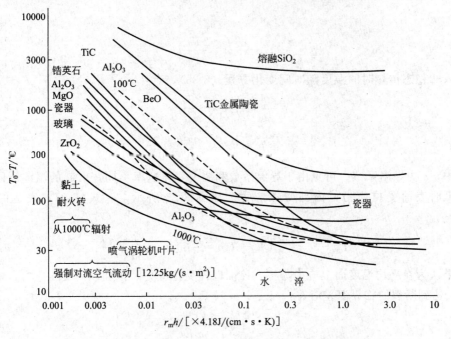

图 8-24　不同表面传热条件下一些材料的不发生断裂的极限温差

8.4.2.3　第三热应力断裂抵抗因子

对非稳态传热，导温系数更直接地决定材料内的温差。考虑导温系数 α 越大，材料内的温差越小，产生的热应力越小，第三热应力断裂抵抗因子 R_3 定义为：

$$R_3 = \frac{\sigma_b(1-\nu)}{E\alpha_l}\alpha = \frac{\sigma_b(1-\nu)}{E\alpha_l} \times \frac{k_t}{\rho C_p} = \frac{R_2}{\rho C_p} \tag{8-97}$$

式中，ρ 和 C_p 分别为材料的密度和等压比热容。R_3 主要用来确定材料可承受的最大冷却速度。

仍以厚度为 $2r_m$ 的无限大平板材料为例讨论其可承受的最大冷却速度。假设在降温过程中材料内沿厚度方向的温度分布为抛物线形，如图 8-25所示，材料的表面温度为 T_s，心部温度为 T_c，平均温度为 T_{av}，表面到心部的温差为 $T_0 = T_c - T_s$。由于温度分布为抛物线形，对任意一点 x 处的温度 T，有：

$$T_c - T = \lambda x^2 \tag{8-98}$$

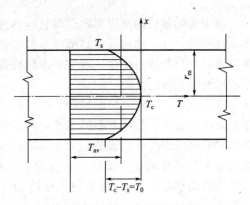

图 8-25　无限大平板上的抛物线形温度分布

式中，λ 是与材料有关的系数。所以：

$$-\frac{\mathrm{d}T}{\mathrm{d}x} = 2\lambda x \tag{8-99}$$

$$-\frac{\mathrm{d}^2 T}{\mathrm{d}x^2} = 2\lambda \tag{8-100}$$

在平板表面，$x = r_m$，所以：

$$T_c - T_s = \lambda r_m^2 = T_0 \tag{8-101}$$

$$\lambda = \frac{T_0}{r_m^2} \tag{8-102}$$

$$-\frac{d^2 T}{dx^2} = \frac{2T_0}{r_m^2} \tag{8-103}$$

代入非稳态传热时的温度随时间变化方程（8-36），有：

$$\frac{\partial T}{\partial t} = \frac{k_t}{\rho C_p}\left(-\frac{2T_0}{r_m^2}\right) \tag{8-104}$$

$$T_0 = T_c - T_s = -\frac{r_m^2}{2\alpha} \times \frac{\partial T}{\partial t} \tag{8-105}$$

式中，α 为导温系数。可见由于导温系数和温度变化速率不同，引起的温差不同。在表面温度低时表面受拉应力，内部受压应力。如图 8-25 所示，对式（8-98）表达的温度分布，有：

$$T_{av} - T_s = \frac{2}{3}(T_c - T_s) = \frac{2}{3}T_0 = -\frac{r_m^2}{3\alpha} \times \frac{\partial T}{\partial t} \tag{8-106}$$

如果认为在平均温度面上应力为零，该面以外受拉应力，该面以内受压应力，则根据式（8-88），达到断裂的临界温差时有：

$$T_{av} - T_s = \frac{\sigma_b(1-\nu)}{\alpha_l E} \tag{8-107}$$

所以材料可承受的临界冷却速度为：

$$\left(\frac{\partial T}{\partial t}\right)_{max} = -\frac{\sigma_b(1-\nu)}{\alpha_l E} \times \frac{3\alpha}{r_m^2} = \frac{3R_3}{r_m^2} \tag{8-108}$$

式中，R_3 是材料自身的性质。所以对一定厚度的材料，不因热应力断裂的临界冷却速度是由材料的自身性质决定的。陶瓷烧成后的冷却速度超过这一临界值就会炸裂。

8.4.3 实际材料热稳定性的表征

由于实际材料的热应力不仅与材料的弹性模量、热膨胀系数等有关，其温度分布还与传热条件有关，且不同温度的热膨胀系数、弹性模量等都不同，建立精确的数学模型很困难。所以实际材料的热稳定性一般按一定的规范试验评定。根据材料的使用条件，对不同材料采用不同的规范评定。

例如，用于红外窗口的抗压 ZnS，在 165℃保温 1h 淬入 19℃的水中保温 10min，在 150 倍显微镜下观察，如果看不到裂纹，且红外透过率不变则为合格。再如，对日用陶瓷，加热到不同温度立即投入室温的流动水急冷，直至找到不发生表面龟裂的最高加热温度，用这一温度表征其热稳定性。又如，对普通耐火材料，加热到 850℃保温 40min，立即投入 10～20℃的流动水急冷 3min 或在空气中冷却 5～10min，重复多次，直至其破碎损失重量达到 20%，以重复次数表征其热稳定性。

应该注意的是，虽然陶瓷材料在加热、冷却过程中的热应力是引起失效的重要原因，但高温强度降低、高温软化、高温下化学不稳定、高温下相变引起异常体积变化等同样会引起失效。这些因素也会影响抗热震性。前面推导只基于热应力进行，且认为弹性模量、抗拉强度、热膨胀系数等都是不随温度变化的，所以在多数情况下难于做到与实际条件吻合。实际材料的热稳定性用一定的规范试验更具有可比较性。

高温合金在许多场合也承受热冲击，所以热稳定性也是其重要指标，但其热破坏形式常伴随着表面氧化等过程，因而更复杂。薄膜、涂层等与基底有不同的力学性能和热学性能，热应力也是其剥落的重要原因。对高温合金、薄膜、涂层等，依据实际工作条件，常用热冲击、热循环、热暴露等方法评价其热稳定性。

对实际构件，由于其形状、尺寸都不同，用评价材料的一般规范不一定能保证其不失效，应该用有针对性的实际测试方法评价其热稳定性。

思考题和习题

1　掌握下列重要名词含义

能量按自由度均分原则　杜隆-珀替定律　爱因斯坦温度　奈曼-考普定律　热传导　稳态导热　非稳态导热　傅里叶定律　热导率　能（热）流密度　导温系数（热扩散律）　魏德曼-弗兰兹-洛伦兹定律　洛伦兹常数　热膨胀　平均线膨胀系数　平均体膨胀系数　线膨胀系数　体膨胀系数　格律乃森常数　膨胀合金　因瓦合金（低膨胀合金）　定膨胀合金　热双金属　热稳定性（抗热震性）　热应力　表面热传递系数

2　推导杜隆-珀替定律并说明其意义和适用范围。

3　简述爱因斯坦热容模型的基本假设、其结论的成功之处和局限性。

4　简述德拜热容模型的基本假设、其结论的成功之处和局限性。

5　简述经典热容模型、爱因斯坦热容模型和德拜热容模型的基本假设、结果、适用范围的区别和联系。

6　简述德拜温度的定义、意义、测定方法及其与熔点的关系。

7　简述电子运动在不同温度范围对金属热容的贡献，并说明金属材料和陶瓷材料在不同温度热容的不同。

8　简述对固溶体、化合物以及复相材料奈曼-考普定律的不同表达方法。

9　比较稳态导热和非稳态导热方程与稳态扩散和非稳态扩散方程的形式，给出非稳态导热的误差函数解。

10　材料的导热有几种机制？简述对不同材料和温度何种机制起主要作用？

11　推导魏德曼-弗兰兹-洛伦兹定律和洛伦兹常数，简述该定律的意义和局限性。

12　说明固溶体的热导率和成分的关系，并解释这种关系。

13　给出多孔材料的热导率和气孔率的关系，说明用多孔材料作隔热材料的原因。

14　推导材料的线膨胀系数和体膨胀系数的关系。

15　结合图 8-14 和图 8-15 解释热膨胀的微观机理。

16　热膨胀系数与热容有何关系？为什么？

17　解释式(8-75) 能够存在的原因，并由该式推导平均线膨胀系数与熔点的关系。

18　解释热膨胀系数与熔点、德拜温度、莫氏硬度等具有相同的周期性变化趋势的原因。

19　简述固溶体和多相材料的热膨胀系数与其组分的关系。

20　简要分析热应力的来源。

21　简述第一、第二、第三热应力断裂抵抗因子的意义、区别和联系以及局限性。

22　简述实际材料热稳定性的影响因素和表征方法。

23　已知钠的原子量为 23，密度 ρ 为 $1.013 \times 10^3 \text{kg/m}^3$，求自由电子对其热容的贡献 C_{mV}^e 与温度的关系，并计算室温下 C_{mV}^e 的值，说明为什么这一贡献可忽略。

24 实验测定出钾的 C_{mV}/T-T^2 曲线为 $C_{mV}/T=2.08+2.57T^2\,mJ/(mol\cdot K^2)$，根据这一结果推算其德拜温度和 0K 时的费米能。

25 已知镁在 0℃ 的电阻率为 $4.4\times10^{-4}\Omega\cdot m$，电阻温度系数为 $0.005℃^{-1}$，忽略声子导热，求其在 300℃ 的热导率。

26 根据式(8-51) 计算洛伦兹常数，某不透明材料在 300K 下的热导率为 320W/(m·K)，电阻率为 $10^{-2}\Omega\cdot m$，求其电子热导率和声子热导率的比。

第9章 材料的力学性能

材料的力学性能也称为机械性能（mechanical property），是指材料对外力的反应，是材料获得使用性能的重要基础。一定的力学性能保证了材料在使用条件下保持一定的形状和尺寸。对结构材料，力学性能尤为重要。提高材料的强度、塑性、韧性等性能可节约材料、便利加工、提高安全性。因此对材料进行强韧化是材料研究极为重要的方面。

外力对材料的作用效果不外乎变形（deformation）和断裂（fracture）。变形又分为弹性变形（elastic deformation）和塑性变形（plastic deformation），前者是指外力去除后可以完全消失的那部分变形，后者是指外力去除后不能消失的那部分变形。材料的力学性能是组织结构敏感的，不同材料的变形、断裂机制有很大的不同。本章主要介绍材料力学性能的表征方法、变形机制、断裂机制和强韧化方法。

9.1 材料的力学性能指标

9.1.1 应力和应变

材料受力时，其内部原子、分子、离子的相对位置和距离会产生变化，引起宏观形变；同时产生原子、分子、离子间的附加内力抵抗外力，产生恢复到形变前状态的趋势，并保证材料不解体。达到平衡时附加内力与外力大小相等，方向相反。应力（stress）是指材料单位截面积所受的附加内力，数值上等于单位截面积上所受的外力。工程应力（名义应力）的定义为：

$$\sigma = \frac{F}{A_0} \tag{9-1}$$

式中，F 为力；A_0 为受力前的初始截面积。考虑材料受力后的形状变化，受力后截面积可能增大或减小，定义真实应力为：

$$\sigma_T = \frac{F}{A} \tag{9-2}$$

式中，A 为受力后的实际截面积。对金属和陶瓷材料，一般情况下变形不大，所以真实应力与名义应力差别不大。

应变用来表征材料受力时内部各质点间的相对位移。对各向同性材料，应变有拉伸、剪切、压缩三种基本类型。

拉伸应变是指材料受到大小相等方向相反的同轴力时发生的形变。如图 9-1 所示，长度为 l_0 的材料被拉伸至长度 l_1 时，拉伸应变为：

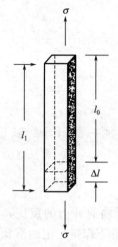

图 9-1 拉伸应变示意图

$$\varepsilon = \frac{l_1 - l_0}{l_0} = \frac{\Delta l}{l_0} \qquad (9\text{-}3)$$

即材料长度的相对变化率，其中 Δl 为伸长量。工程上就用这种简单的方法计算应变，因此这一应变又称为工程应变。考虑材料的长度是变化的，定义变形各阶段相对变形率的总和为：

$$\varepsilon_T = \int_{l_0}^{l_1} \frac{\mathrm{d}l}{l} = \ln \frac{l_1}{l_0} \qquad (9\text{-}4)$$

ε_T 为真应变。单向压缩是负拉伸，其应变为负值。

剪切应变为材料受到大小相等方向相反的不同轴力时发生的变形。如图 9-2 所示，在剪切应力 τ 作用下，材料发生了偏斜角为 θ 的变形，定义剪切应变为：

$$\gamma = \tan\theta \qquad (9\text{-}5)$$

压缩应变为材料周围受到均匀压应力时的体积缩小，如图 9-3 所示，材料在应力 P 作用下体积由 V_0 变为 $V_1 = V_0 - \Delta V$，则压缩应变为：

$$\Delta = \frac{V_0 - V_1}{V_0} = \frac{\Delta V}{V_0} \qquad (9\text{-}6)$$

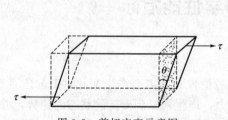

图 9-2 剪切应变示意图

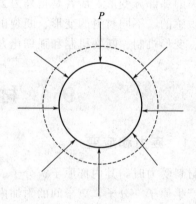

图 9-3 压缩应变示意图

9.1.2 材料的静载力学性能指标

9.1.2.1 静拉伸力学性能

静载力学性能是指材料在加载速度较慢时表现出的力学性能。静拉伸试验是工业上应用最广泛的力学性能评定方法之一。试验时在试样两端缓慢施加载荷，使其工作部分缓慢地沿轴向伸长，直至拉断为止。拉伸试验采用如图 9-4 所示的圆棒试样或板状试样在拉伸试验机上进行。对不同的材料，试样形状、尺寸、加工精度、加载速度等均有相应的标准。试验过

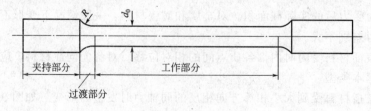

图 9-4 拉伸试样示意图

程中拉伸试验机可自动记录材料的工程应力和应变。

图 9-5 为低碳钢的拉伸应力-应变曲线。在应力较小时为弹性变形，外力去除后变形消失。应力增大到一定程度后，外力去除后变形也不能完全消失，而是有一部分残余变形，即发生了塑性变形。材料不发生塑性变形的最大应力为弹性极限 σ_e。在弹性变形阶段，应力和应变一般服从虎克（Hook）定律，成正比关系，但应力达到某一极限值 σ_p 后的短暂的弹性变形阶段，应力和应变偏离直线关系，σ_p 是应力和应变成正比关系的最大应力，称为比例极限。

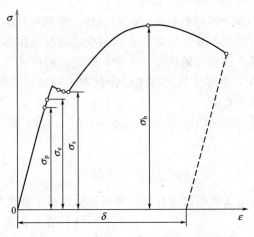

图 9-5 低碳钢的拉伸应力-应变曲线

低碳钢刚刚开始塑性变形时，应力达到某一水平后突然降低，并在较低的水平上几乎维持不变，但应变持续增大，这一现象称为屈服。出现屈服的应力高限称为上屈服点，应力低限称为下屈服点。对有屈服现象的材料，以其下屈服点为屈服强度（yield strength），以 σ_s 表示。屈服后材料发生加工硬化，即必须持续增大应力塑性变形量才能增大，也就是说，材料对塑性变形的抗力在屈服后逐渐增大。

但应力增大到一定水平后试样开始发生颈缩，即试样的变形不再均匀分布在整个工作长度上，而是集中发生在中间的某一部分，该部分试样变细并大量变形最后导致断裂。颈缩后虽然试样的名义应力降低，但变形持续增大，最后断裂。试样在拉断前可承受的最大名义应力称为材料的抗拉强度（tensile strength），以 σ_b 表示。实际上，颈缩后材料仍然在持续硬化，即颈缩处的真应力仍在增大，图 9-6 示出了这种现象。

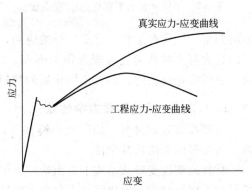

图 9-6 真实应力-应变曲线和工程
应力-应变曲线的区别

σ_e、σ_p、σ_s、σ_b 都是材料的强度指标，对材料的工程应用有不同的意义。对于仪器、仪表等运用应力和应变正比关系的场合，要依据比例极限 σ_p 进行设计，例如弹簧秤所用材料承受的应力不应超过其比例极限。对于不允许出现塑性变形的场合，要依据弹性极限 σ_e 进行设计，例如普通弹簧材料承受的应力不应该超过其弹性极限。然而 σ_e、σ_p 都是不容易测定的，因为测试出来的材料开始出现微量塑性变形的应力取决于仪器的精度，仪器精度越高，σ_e、σ_p 越低。所以对于一般的应用场合依据屈服强度进行设计，对于有明显屈服的材料就是 σ_s。对塑性好的金属，高的 σ_b 可保证材料使用的安全性，即材料在断裂前发生明显的塑性变形，塑性变形引起的硬化阻止持续塑性变形而引起断裂，并能在断裂前警示过载。

材料的塑性是指材料发生塑性变形而不断裂的能力。如图 9-5 所示，延伸率（elongation percentage）δ 定义为试样拉断后工作部分长度的相对伸长量，即：

$$\delta = \frac{l_b - l_0}{l_0} \times 100\% \tag{9-7}$$

式中，l_0 为试样工作部分的初始长度；l_b 为试样工作部分断裂后的长度。δ 越大，断裂前的伸长率越大，代表塑性变形能力越大。在均匀变形阶段工作部分长度越大，则试样的总伸长量越大；但不论试样工作部分的长度是多少，颈缩后的伸长量是几乎不变的。所以颈缩后的平均伸长率与试样的工作部分长度有关。因此在不同试样长度下得到的 δ 可能是不同的，这是构件设计时应该注意的。

表征塑性的另一指标为断面收缩率（contraction of area），其定义为试样断裂后的截面积收缩率，即：

$$\psi = \frac{S_0 - S_b}{S_0} \times 100\% \tag{9-8}$$

式中，S_0 和 S_b 分别是试样的初始截面积和断裂后的最小截面积。

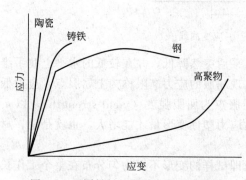

图 9-7　不同材料的工程应力-应变曲线

不同材料有不同形状的应力-应变曲线，如图 9-7 所示。陶瓷这种脆性材料，发生一定程度的弹性变形后即发生断裂。铸铁、铸铝等金属材料也是脆性的，在断裂前可能有微量的塑性变形，但不会出现颈缩。陶瓷和脆性金属构件的设计只能依据抗拉强度 σ_b。大多数金属具有良好的塑性，但不一定有明显的屈服现象。对这类材料，以 $\sigma_{0.2}$ 作为其屈服强度，其含义为试样发生 0.2% 塑性变形时的应力。实际上 σ_e 和 $\sigma_{0.2}$ 都是材料发生微量塑性变形所对应的应力，但 $\sigma_{0.2}$ 更容易测定，因此在工程上有更广泛的应用，这类材料的构件设计往往依据 $\sigma_{0.2}$。高聚物拉伸时的行为与金属和陶瓷可能有很大不同，它可能有极好的弹性，但不发生塑性变形，如橡胶；也可能是硬脆的，如许多固化后的塑料。

9.1.2.2　其他静载力学性能

对塑性较差的材料，如陶瓷、铸铁等，用拉伸试验难于比较其塑性，常常用扭转、弯曲、压缩等试验测试其塑性。

材料的塑性变形从本质上是由切应力引起的。扭转试验可更真实地反映材料在切应力下的行为。扭转试验一般用圆柱形试样在扭转试验机上进行。试验机自动记录每一时刻施加于试样上的扭矩 M 和扭转角 θ（在试样标距 l_0 上的两个端面间的相对扭转角），绘制成 M-θ 曲线，求出材料的扭转强度、切弹性模量和剪切应变。

扭转试验开始时扭矩 M 和扭转角 θ 成正比关系，即满足虎克定律。扭矩超过某一值 M_p 时 M-θ 曲线开始出现弯曲，之后只有持续增大扭矩塑性变形量才会增大，说明材料在发生硬化。扭矩增大到某一极限值 M_b 时材料断裂。定义扭转比例极限为：

$$\tau_p = \frac{M_p}{W} \tag{9-9}$$

式中，W 为试样断面系数，由试样断面的形状和尺寸决定。用发生 0.3% 残余扭转切应变（相当于 0.2% 残余拉伸应变）的扭矩 $M_{0.3}$ 计算扭转屈服强度。扭转屈服强度的定义为：

$$\tau_{0.3} = \frac{M_{0.3}}{W} \tag{9-10}$$

扭转条件强度极限 τ_b 通常也称为抗剪强度，其定义为：

$$\tau_b = \frac{M_b}{W} \tag{9-11}$$

扭转切应变 γ_b 可代表材料的塑性，其计算公式为：

$$\gamma_b = \frac{\varphi_b d_0}{2l_0} \times 100\% \tag{9-12}$$

式中，φ_b 为断裂后残余的扭转角；d_0 为试样直径。

工程中许多构件是在弯曲载荷下工作的，弯曲试验不仅便于评价脆性和低塑性材料的塑性，也更接近这些构件的实际工作条件，因此弯曲试验也是工程中常用的材料性能评价方法。但对塑性材料的弯曲试验不能导致材料破坏。

弯曲试验一般用圆柱形或方条形试样在万能试验机上进行。三点弯曲试验操作简便，因此在工程中的应用较广泛。三点弯曲的加载方式如图 9-8 所示，试样上的最大弯矩为：

$$M_{最大} = \frac{PL}{4} \tag{9-13}$$

式中，P 为载荷；L 为两支持点的距离。根据最大弯矩值求弯曲强度。对弯断的脆性材料只求断裂时的抗弯强度为：

$$\sigma_{bb} = \frac{M_b}{W} \tag{9-14}$$

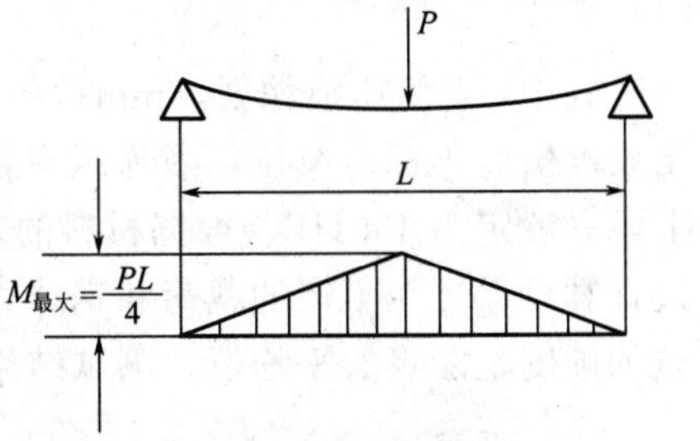

图 9-8　三点弯曲的加载方式

式中，M_b 为断裂时的最大弯矩；W 为试样截面系数，由试样的截面形状和尺寸决定。

试样的变形可用弯曲挠度 f 表示。将试样上的载荷 P 或弯矩 M 与挠度 f 的关系绘制成曲线即为弯曲曲线。断裂时的挠度越大，则说明材料的塑性越好。

对承受压缩载荷的构件压缩试验也更接近其实际工作条件。压缩的试样一般为圆柱形，并规定一定的长径比。由于单向压缩可以看成负拉伸，拉伸性能指标的定义和公式都可以在压缩试验中应用。对塑性好的材料，压缩只能将材料压扁而不能压破。还应注意的是，压缩时试样端面与样品台之间有很大的摩擦力，阻止试样端面的横向变形，使压缩后的试样不能保持圆柱形而变成腰鼓形。为降低摩擦，对压缩试样断面要进行精加工降低其粗糙度，并加润滑油润滑。

9.1.3　硬度

硬度是衡量材料软硬程度的指标。硬度无一定的物理意义，它是表征材料的弹性、塑性、形变强化、强度和韧性等不同物理量组合的综合性能指标。随试验方法不同，一般硬度是材料表面抵抗局部压入变形或刻划破裂的能力。

刻划法硬度称为莫氏硬度，该类硬度只表示材料的硬度顺序，不表示材料的软硬程度，顺序排在后面的材料可划破前面的材料的表面。表 9-1 给出了莫氏硬度。要测试其他材料的莫氏硬度，只要用表中的材料刻划待测材料即可测知。莫氏硬度一般仅用来测试很脆的材料。

表 9-1 莫氏硬度

顺序	1	2	3	4	5	6	7	8	9	10	11	12	13	14	15
材料	滑石	石膏	方解石	萤石	磷灰石	正长石	SiO_2 玻璃	石英	黄石	石榴石	熔融 ZrO	刚玉	碳化硅	碳化硼	金刚石

多数材料可用压入法硬度测出软硬程度的定量值。压入法硬度测试的基本原理是：用一定的载荷将某种比待测材料硬的特定形状的压头压入材料，压痕越小，则材料的硬度越高。根据待测材料的性质和测试目的不同，载荷和压头材料、形状有多种，因而硬度有多种标度。常见的有布氏硬度、洛氏硬度和维氏硬度。由于压痕小代表材料抵抗塑性变形和断裂的能力大，压入法硬度和抗拉强度有一定的关系，所以可以从硬度推测材料的强度。进行硬度测试可以不像拉伸试验那样破坏具体构件，有其便利之处。但对于脆性材料，压痕处可能出现裂纹，就不适合这种推测。

布氏硬度的测试原理如图 9-9 所示。把直径为 D 的淬火钢球用载荷 P 压入待测材料的表面，保持一定时间后卸载，以压痕上单位面积上的压力作为硬度值，即：

$$HB = \frac{P}{\pi D h} \tag{9-15}$$

式中，h 为压痕深度，mm；P 为载荷，kg；D 为直径，mm。实际测试时一般直接给出硬度值而不标出单位。因为压头是淬火钢球，布氏硬度不能测试过硬的材料，其测试硬度上限一般定为 450HB。根据材料的软硬和薄厚，布氏硬度有一系列的载荷和钢球直径，通过计算可保证在不同的载荷和钢球直径测得的硬度值不变。布氏硬度的优点是压痕较大，测试的硬度是宏观的平均值，测试结果的偶然性较小。

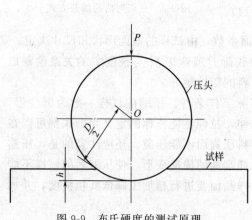

图 9-9 布氏硬度的测试原理

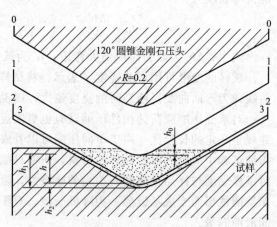

图 9-10 洛氏硬度的测试原理

洛氏硬度的测试原理如图 9-10 所示。用金刚石圆锥或钢球压入材料，以一定载荷下的压痕深度确定硬度高低，材料越硬，压痕深度越小。测试时先加初载荷使压头处于 1—1 位置，压痕深度为 h_0；随后加主载荷使压头处于 2—2 位置，压痕深度增大到 $h_0 + h_1$；卸除主载荷，一部分弹性变形恢复，压痕深度减小 h_2，压头处于 3—3 位置，压痕深度变成 $h_0 + h$；用主载荷引起的压痕深度 h 计算硬度值。洛氏硬度用大载荷和金刚石压头，可测试高硬度的材料。为了测试从软到硬的材料的硬度，洛氏硬度采用不同的压头和总载荷，组合成几种硬度标度，其中常用的是 HRC、HRB、HRA。不同标度的洛氏硬度值不能直接比较，但可借助实验测得的换算表进行换算。对表面渗层、镀层和表面淬火层等薄的表面改性层，普通洛氏硬度测试可将该层压透，得不到确切的硬度值，因此设计了表面洛氏硬度计用小载荷测试此类材料的硬度。洛氏硬度计操作简便，可测各种材料的硬度，但其压痕小，测得的是材料的宏观小局部的硬度，由于材料的不均匀性，使所测得的硬度值的分散性大，且各种标度之间不易比较。

维氏硬度的压头形状和测试原理如图 9-11 所示。用金刚石棱锥压头压入材料，以一定载荷下的压痕对角线长度确定硬度高低，压痕对角线越短，硬度越高。维氏硬度的设计目的是建立一个从软到硬的统一的硬度标度。而且，维氏硬度的角锥压痕轮廓清晰，测试精度高。其缺点是测试不如洛氏和布氏硬度简便。

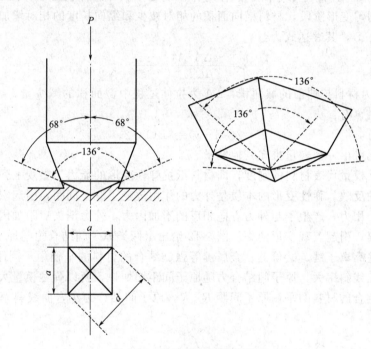

图 9-11　维氏硬度的测试原理

为测试材料显微局部的硬度和极薄的表面层的硬度，设计了显微硬度计。其实质是小载荷的维氏硬度。根据样品的软硬，其载荷可小至 2g。该种硬度计的压痕要在显微镜下观察，可测试材料中某一显微相或组织的维氏硬度。

9.2　材料的变形

9.2.1　晶体的弹性变形

9.2.1.1　虎克定律和弹性模量

晶态金属和陶瓷这些无机材料可看成理想的弹性体，其弹性变形服从虎克定律，即应力与应变成正比，其比例系数称为弹性模量。由于应力与应变的形式不同，弹性模量有三种形式，分别为正弹性模量（杨氏模量）、切弹性模量（剪切模量）和体积模量。正弹性模量（杨氏模量）为：

$$E = \frac{\sigma}{\varepsilon} = \frac{F/A_0}{\Delta l/l_0} \qquad (9\text{-}16)$$

切弹性模量（剪切模量）为：

$$G = \frac{\tau}{\gamma} = \frac{F}{A_0 \tan\theta} \qquad (9\text{-}17)$$

体积模量为：

$$B = \frac{P}{\Delta V/V_0} = \frac{PV_0}{\Delta V} \qquad (9\text{-}18)$$

式中，σ、τ、P 为正应力、切应力、压应力；其余符号意义与式(9-1)、式(9-3)、式(9-5)、式(9-6) 相同。在拉伸试验中，由于试样的体积不变，试样的伸长必然伴随着截面积减小。在拉伸试验的均匀变形阶段，材料横向面积的相对减少和纵向长度的相对增加之比称为泊松比（Poisson ratio），其表达式为：

$$\nu = \frac{-\Delta A/A_0}{\Delta l/l_0} = \frac{-\varepsilon_t}{\varepsilon} \qquad (9\text{-}19)$$

式中，A_0 为材料拉伸前的截面积；ΔA 为拉伸过程中截面积的减少量；ε_t 为横向应变。对各向同性材料，有：

$$E = 2G(1+\nu) = 3B(1-2\nu) \qquad (9\text{-}20)$$

即从泊松比可由一个模量推知其他模量。

宏观上弹性模量代表材料的刚度，即材料抵抗弹性变形的能力。微观上弹性模量是原子间结合力大小的反映。弹性变形的本质是外力的作用改变了原子间距，引起宏观变形，同时改变了原子间作用力，产生了与外力方向相反的附加内力，外力消失后附加内力使原子间距恢复到平衡距离，引起宏观变形消失。图 9-12 给出了两类原子间结合力与原子间距的关系。金属和陶瓷这些靠离子键、共价键、金属键等强键结合的材料的平衡原子间距 R_1 小，原子间结合力大，曲线斜率大，原子间结合力随原子间距增加快，所以弹性模量大。高聚物等靠分子键等弱键结合的材料的平衡原子间距 R_2 大，原子间结合力小，曲线斜率小，所以弹性模量小。

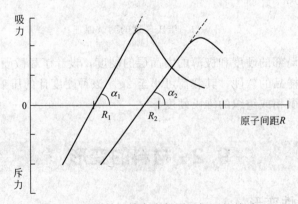

图 9-12　原子间结合力与原子间距的关系

还应注意的是，从热膨胀机理的讨论中即已经知道，原子间距和原子间结合力之间不是直线关系，因此应力和应变之间似乎不应该是正比关系。但金属和陶瓷这类无机材料的弹性变形量都很小，一般应变不超过 1%，在弹性变形过程中原子间距改变很小，在平衡原子间距附近原子间距和原子间结合力之间近似为直线关系，宏观上的表现为虎克定律。无机材料的弹性变形量小是其弹性变形的一个特征，其原因是应力达到一定水平后即发生了塑性变形或断裂。对高聚物，如橡胶等弹性体，其弹性变形机制可能是分子链的伸直与回弯，可产生大的弹性变形量，甚至达到百分之几百的弹性应变量，应力与应变之间不一定严格满足直线关系。这些特点从图 9-7 也可看出。

由于弹性模量是原子间结合力的反映，影响原子间结合力的因素都影响弹性模量。从第 8 章关于热膨胀系数与其他物理量关系的分析知道，熔点、德拜温度都与原子间结合力有关，所以一般熔点和德拜温度越高，弹性模量越大，而且弹性模量随原子序数有周期性的变化。Be 与这一规律偏离较大，具有很大的比弹性模量。过渡金属一般熔点高，弹性模量大。

随温度升高，原子间距变大，结合力变弱，弹性模量降低。晶体结构改变引起原子间结合力改变，所以相变也会引起弹性模量变化。将金属进行冷轧或拉拔形成织构，则可以表现出弹性模量的各向异性。最近有人观察到 Nb-Ti 合金超导转变伴随着弹性模量的突变，其原因有待研究。铁磁性材料在磁饱和状态下比未磁化状态下的弹性模量高，这一现象称为弹性的铁磁性反常，是由磁致伸缩引起的，利用这一现象可制备恒弹性合金，即在一定温度范围内弹性模量几乎不随温度变化的合金。

9.2.1.2 滞弹性与内耗

滞弹性在金属和陶瓷材料中有明显的表现。例如，在真空中振动的金属音叉，即使在完全的弹性范围内其振幅也在衰减，最后停止振动。如果金属是理想的弹性体，这一音叉振动时的动能和弹性势能相互转换，机械能守恒，振幅不应该衰减。衰减的原因是滞弹性引起的内耗。

从虎克定律看，理想的弹性材料受到应力后立即表现出弹性形变，应力消失后弹性形变也立即消失。对于通常的加载速度，弹性形变能够跟上应力的变化，所以通常我们观察到的应力和应变的关系是符合虎克定律的。但对于实际材料，如果应力变化速度过快，就可以观察到弹性应变的明显滞后。如图 9-13 所示，在弹性范围内对实际材料突然施加一个应力 σ_0，则材料立即产生一个应变 ε_0，之后随着应力保持时间 t 的延长，材料的弹性应变会增大，到时间 t_1 又逐渐产生 ε_1 的应变，总应变达到 $\varepsilon = \varepsilon_0 + \varepsilon_1$；同样，应力消失后，应变也立即消失一部分 ε'，而另一部分随时间延长逐渐消失。这种现象称为弹性后效，这种落后于应力变化，并和时间有关的弹性称为滞弹性或弹性弛豫。

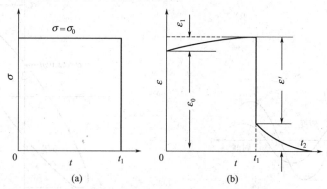

图 9-13　弹性后效示意图
（a）应力随时间的变化；（b）应变随时间的变化

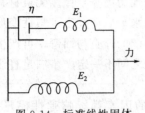

图 9-14 标准线性固体
的力学模型

将实际材料想象成图 9-14 所示的模型组合，称为"标准线性固体"，该模型由一个黏度为 η 的黏壶（充满黏性液体的活塞，符合牛顿定律）和弹性模量为 E_1 的弹簧串联后再与弹性模量为 E_2 的弹簧并联组成。可以推导这种标准线性固体的应力与应变关系为：

$$\sigma + \dot{\sigma}\tau_\varepsilon = M_R(\varepsilon + \dot{\varepsilon}\tau_\sigma) \tag{9-21}$$

式中，σ、ε 分别为应力、应变；M_R 为弛豫模量；τ_ε 为应力弛豫时间，即恒定应变下应力弛豫到接近平衡值的时间；τ_σ 为应变弛豫时间，即恒定应力下应变弛豫到接近平衡值的时间。

$$\dot{\sigma} = \frac{\mathrm{d}\sigma}{\mathrm{d}t} \tag{9-22}$$

$$\dot{\varepsilon} = \frac{\mathrm{d}\varepsilon}{\mathrm{d}t} \tag{9-23}$$

式中，$\dot{\sigma}$、$\dot{\varepsilon}$ 分别是应力和应变对时间 t 的变化率。式(9-21)与虎克定律有相似的形式，但考虑了时间对应力和应变的影响。

对图 9-13 所示的应力、应变与时间的关系，有 $t=0$ 时，$\sigma=\sigma_0$，此时式(9-21)可变为：

$$\varepsilon + \dot{\varepsilon}\tau_\sigma = \frac{\sigma_0}{M_R} \tag{9-24}$$

再利用初始条件 $t=0$ 时，$\varepsilon=\varepsilon_0$ 可解得：

$$\varepsilon(t) = \frac{\sigma_0}{M_R} + \left(\varepsilon_0 - \frac{\sigma_0}{M_R}\right)e^{-\frac{t}{\tau_\sigma}} \tag{9-25}$$

当 $t \rightarrow \infty$ 时，有 $\varepsilon(\infty) = \sigma_0/M_R$，为恒定应力 σ_0 作用下滞弹性材料的最终趋于平衡时的应变值。当 $t \rightarrow \tau_\sigma$ 时，有 $\varepsilon(\tau_\sigma) - \varepsilon(\infty) = [\varepsilon_0 - \varepsilon(\infty)]e^{-1}$，说明该时刻的应变与平衡应变的差值为初始应变与平衡应变差值的 $1/e$，可见 τ_σ 的物理意义为恒应力下的材料弛豫速度。

理想弹性体的应力和应变始终是同相位，所以在应力循环变化时也不会消耗能量。实际材料中由于弹性弛豫的存在，在周期性交变的应力作用下，应变的相位就要落后于应力的相位，如图 9-15 所示。当应力为 0 时，仍有残余应变 OA；当反向应力达到一定值以后，应变才变为 0。这种应力和应变的相位差引起机械能的消耗。这种在弹性变形阶段由于材料内部的原因引起的机械能消耗称为材料的内耗（internal friction）或阻尼（damping）。

应力变化一个周期时，应力-应变曲线就会形成一个封闭环，称为应力-应变回线，如图 9-16

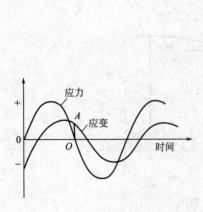

图 9-15　滞弹性引起的应变滞后

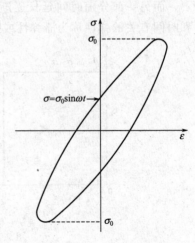

图 9-16　应力-应变回线

所示。回线所包围的面积就是应力循环一周所消耗的机械能 ΔW。ΔW 与应力循环一周的最大应变能 W 之比可表示材料内耗引起的机械能衰减率，所以在应变均匀、内耗很小且与振幅无关的情况下，定义材料的内耗为：

$$Q^{-1} = \frac{\Delta W}{2\pi W} \tag{9-26}$$

假设应力的变化规律为：

$$\sigma = \sigma_0 \sin\omega t \tag{9-27}$$

由于滞弹性，样品的应变比应力落后 φ 相位角，即：

$$\varepsilon = \varepsilon_0 \sin(\omega t - \varphi) \tag{9-28}$$

回线面积即应力循环一周消耗的能量为：

$$\Delta W = \oint \sigma d\varepsilon = \int_0^{2\pi} \sigma_0 \varepsilon_0 \sin\omega t \, d[\sin(\omega t - \varphi)] = \pi \sigma_0 \varepsilon_0 \sin\varphi \tag{9-29}$$

应力循环一周的最大振动能为：

$$W = \frac{1}{2}\sigma_0 \varepsilon_0 \tag{9-30}$$

此时材料的内耗为：

$$Q^{-1} = \frac{\Delta W}{2\pi W} = \sin\varphi \approx \tan\varphi \tag{9-31}$$

内耗也常用自由振动的振幅衰减幅度来表征，定义对数衰减率为：

$$\delta = \ln\frac{A_n}{A_{n+1}} \tag{9-32}$$

式中，A_n、A_{n+1} 分别是第 n、$n+1$ 次振动的振幅。显然 δ 越大内耗越大。

虽然弹性弛豫的现象比较清楚，但其产生机制则是复杂的。已知的有溶质原子应力感生有序引起的内耗、晶界引起的内耗、位错引起的内耗、热弹性内耗、铁磁材料的磁弹性内耗等。这里仅以溶质原子应力感生有序引起的内耗为例，解释内耗的一种产生机制。

例如，体心立方结构的 α-Fe 中常存在碳、氮等间隙溶质原子，处于该结构的八面体间隙位置。不受力时，间隙原子在这些间隙位置中的分布是随机的，如图 9-17 所示。当 Z 方向受到拉应力时，Z 方向的 Fe 原子间距增大，八面体间隙增大，溶质原子处于 z 位置的能量要低于处于 x、y 位置的能量。这将引起溶质原子从 x、y 位置向 z 位置跳动，使 z 位置上的溶质原子增多，溶质原

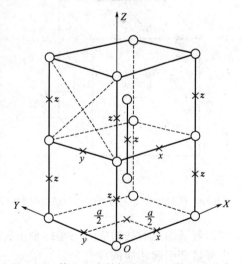

图 9-17　体心立方结构中的八面体间隙分布

子的无序分布状态受到破坏，这种现象称为应力感生有序。由于间隙原子在应力作用下有应力感生有序的倾向，产生有序的间隙原子跳动需要时间，对应于应力的应变就产生了弛豫现象。

当晶体受到交变应力时，间隙原子就在 x、y 位置和 z 位置之间来回跳动，引起应变落后于应力，导致能量的消耗。在交变频率很高时，间隙原子来不及跳动，不能产生可观察到

的弛豫现象，故不能引起内耗；当交变频率很低时，接近静态的完全弛豫过程，应力和应变的滞后回线面积为 0，也不产生内耗。同样道理，在较大的浓度下，也观察到了置换固溶体中的应力感生有序引起的内耗，由于其弛豫时间与间隙原子引起的不同，其内耗的频率响应范围也有所不同。在纯金属中，空位的有序分布也能引起内耗。

内耗的应用主要集中在两个方面：一是通过测量内耗研究材料的内部结构；二是研制高阻尼材料。例如，通过内耗研究溶质原子的分布，可推测溶质原子的扩散行为、偏析行为等，在这方面已经有扩散系数测定、固溶体时效、氢脆、稀土元素在位错、晶界的偏析、铝合金的疲劳机制研究等成功的例子。

高阻尼合金对现代的航空、造船、机械和仪器仪表等工业有重要意义。因为随着机器部件运转速度的加快，有害的振动和噪声的影响日益明显，使部件寿命降低，甚至由于共振导致部件断裂。例如，飞机发动机叶片、舰船用螺旋桨、桥梁用金属材料都需要高阻尼材料。例如，用 1Cr13 钢制造汽轮机叶片，除考虑耐高温、力学性质外，也因其有良好的减振性能。Fe-15Cr 合金则有更高的内耗。高阻尼合金包括利用弹性孪晶产生内耗的 Mn-Cu、Ni-Ti、Mg-Zr 等，利用复相结构不均匀产生内耗的灰口铸铁、铝黄铜、Al-Zn 合金等，以及利用磁弹性产生内耗的 1Cr13 钢、2Cr13 钢、NiVCo-10、Fe-Cr-Al、Fe-Co、Fe-Mo 等系列合金。

9.2.1.3 广义虎克定律

前面的讨论一般仅涉及单向应力，但实际构件所受的应力往往是两向或三向的复杂应力状态。作用在材料某一体积元单位面积上的力 F_1、F_2、F_3 可分解为法向应力（正应力）σ_{xx}、σ_{yy}、σ_{zz} 和剪切应力（切应力）τ_{xy}、τ_{yz}、τ_{zx} 等，构成应力张量（stress tensor）σ_{ij}，如图 9-18 所示。

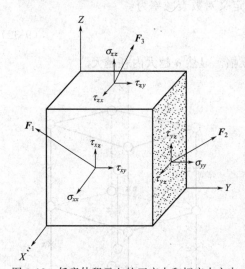

图 9-18　任意体积元上的正应力和切应力方向

$$\sigma_{ij} = \begin{bmatrix} \sigma_{xx} & \tau_{xy} & \tau_{xz} \\ \tau_{yx} & \sigma_{yy} & \tau_{yz} \\ \tau_{zx} & \tau_{zy} & \sigma_{zz} \end{bmatrix} \quad (9\text{-}33)$$

根据切应力互等原理，有 $\tau_{xy} = \tau_{yx}$，$\tau_{yz} = \tau_{zy}$，$\tau_{zx} = \tau_{xz}$，故任意体积元只有六个独立应力分量 σ_{xx}、σ_{yy}、σ_{zz}、τ_{xy}、τ_{yz}、τ_{zx}。其中，切应力的第一个角标表示切应力作用平面的法线方向，第二个角标表示力的作用方向。

法向应力 σ 导致材料伸长或缩短。规定拉应力为正，压应力为负。剪切应力导致材料的切向应变。若某面上的法向应力与坐标轴正向相同，则其剪切应力与坐标轴正向相同者为正。各应力分量会引起相应的应变分量，所以一个体积元上的应变也可用应变张量（strain tensor）ε_{ij} 表示：

$$\varepsilon_{ij} = \begin{bmatrix} \varepsilon_{xx} & \gamma_{xy} & \gamma_{xz} \\ \gamma_{yx} & \varepsilon_{yy} & \gamma_{yz} \\ \gamma_{zx} & \gamma_{zy} & \varepsilon_{zz} \end{bmatrix} \quad (9\text{-}34)$$

对各向同性材料，同样有 $\gamma_{xy} = \gamma_{yx}$，$\gamma_{yz} = \gamma_{zy}$，$\gamma_{zx} = \gamma_{xz}$，故任意体积元也只有六个独立应变分量 ε_{xx}、ε_{yy}、ε_{zz}、γ_{xy}、γ_{yz}、γ_{zx}。

将相应的独立应力分量和应变分量用弹性模量联系起来，就成为广义虎克定律：

$$\begin{cases} \varepsilon_{xx} = \dfrac{1}{E}[\sigma_{xx} - \nu(\sigma_{yy} + \sigma_{zz})] \\[2mm] \varepsilon_{yy} = \dfrac{1}{E}[\sigma_{yy} - \nu(\sigma_{zz} + \sigma_{xx})] \\[2mm] \varepsilon_{zz} = \dfrac{1}{E}[\sigma_{zz} - \nu(\sigma_{xx} + \sigma_{yy})] \\[2mm] \gamma_{xy} = \dfrac{\tau_{xy}}{G} \\[2mm] \gamma_{yz} = \dfrac{\tau_{yz}}{G} \\[2mm] \gamma_{zx} = \dfrac{\tau_{zx}}{G} \end{cases} \tag{9-35}$$

上述六个应力和应变分量随单元体的取向不同而变化，但总的应力效果是不变的，所以可以按任意取向取体积元。因此可以取出这样一个体积元，使其上只有正应力分量，而没有切应力分量，这样的体积元称为主单元体，其上的三个正应力分量称为主应力，按其大小分别称为第一主应力 σ_1、第二主应力 σ_2、第三主应力 σ_3，此时的应力张量为：

$$\sigma = \begin{bmatrix} \sigma_1 & 0 & 0 \\ 0 & \sigma_2 & 0 \\ 0 & 0 & \sigma_3 \end{bmatrix} \tag{9-36}$$

主单元体上也只有三个主应变，其应变张量为：

$$\varepsilon = \begin{bmatrix} \varepsilon_1 & 0 & 0 \\ 0 & \varepsilon_2 & 0 \\ 0 & 0 & \varepsilon_3 \end{bmatrix} \tag{9-37}$$

此时的广义虎克定律简化为：

$$\begin{cases} \varepsilon_1 = \dfrac{1}{E}[\sigma_1 - \nu(\sigma_2 + \sigma_3)] \\[2mm] \varepsilon_2 = \dfrac{1}{E}[\sigma_2 - \nu(\sigma_3 + \sigma_1)] \\[2mm] \varepsilon_3 = \dfrac{1}{E}[\sigma_3 - \nu(\sigma_1 + \sigma_2)] \end{cases} \tag{9-38}$$

在特殊的应力状态下虎克定律可能有特殊的形式，产生特殊的结果。如果只有两个正的主应力，即有式(9-39)，且 $\sigma_1 > 0$，$\sigma_2 > 0$，则称为平面应力状态。薄板裂纹或缺口前端就是这种应力状态。

$$\sigma = \begin{bmatrix} \sigma_1 & 0 & 0 \\ 0 & \sigma_2 & 0 \\ 0 & 0 & 0 \end{bmatrix} \tag{9-39}$$

如果 $\sigma_1 > 0$，$\sigma_2 > 0$，且有式(9-40)，则虽然受的是三向拉应力，但 $\varepsilon_3 = 0$，此时的应力状态称为平面应变状态。在厚板裂纹前端常为这种应力状态，这种应力状态使裂纹容易扩展。

$$\sigma = \begin{bmatrix} \sigma_1 & 0 & 0 \\ 0 & \sigma_2 & 0 \\ 0 & 0 & \nu(\sigma_1 + \sigma_2) \end{bmatrix} \tag{9-40}$$

9.2.2　晶体的塑性变形

材料的塑性（plasticity）是指材料在外应力去除后仍保持部分应变的特性。材料的塑性也常用延展性（ductility）来描述，指的是材料发生塑性变形而不断裂的能力。一方面，一般希望材料在使用过程中能够抵抗塑性变形以维持构件的形状和尺寸，即希望材料具有较高的屈服强度。同时希望超过屈服强度后材料可以发生大量的塑性变形也不断裂，以保证构件的安全性。另一方面，通过塑性变形对金属材料进行成形加工时，如轧制、拉拔、压力加工等也需要材料有良好的塑性。

9.2.2.1　晶体塑性变形的阻力

从第 2 章关于位错的介绍已经知道，晶体的塑性变形来源于切应力引起的晶面相对滑动，而这一滑动是通过位错滑移进行的，所以增加位错运动阻力的因素均可提高屈服强度。阻碍位错运动的因素包括点阵阻力和缺陷阻力。溶质原子、第二相粒子、晶界、相界和位错等都能对位错运动形成缺陷阻力。

位错运动的点阵阻力称为派-纳（Peierls-Nabarro，P-N）力，其产生原因可结合图 9-19予以说明。图中表示的是一个刃型位错，当其半原子面由位置 1 移动到位置 2 时相当于位错滑移一步。由于位置 1 和位置 2 都是位错的平衡位置，位错在该位置具有较低的能量，位错在其中间位置时能量较高，所以位错滑移必须克服一个势垒，对位错滑移产生阻力，即派-纳力，该力的大小与晶体结构和原子间的作用力等因素有关，可推导其大小，大致可用下式表示：

$$\tau_{P\text{-}N} = \frac{2G}{1-\nu}\exp\left[\frac{-2\pi a}{(1-\nu)b}\right] = \frac{2G}{1-\nu}\exp\left(\frac{-2\pi W}{b}\right) \tag{9-41}$$

式中，a 为滑移面的晶面间距；b 为滑移方向上的原子间距；G 为切弹性模量；ν 为泊松比；W 为位错宽度。

$$W = \frac{a}{1-\nu} \tag{9-42}$$

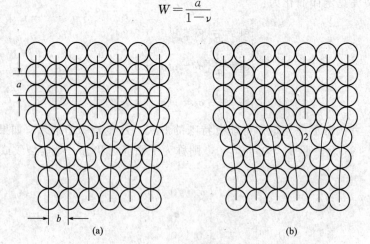

图 9-19　刃型位错的滑移过程
（a）滑移前；（b）滑移后

可见位错宽度越大，位错运动的点阵阻力越小。这是因为位错宽度表示了位错所导致的点阵严重畸变区的范围，宽度大则位错周围的原子就能比较接近于平衡位置，点阵的弹性畸变能低，故位错移动时其他原子所作相应移动的距离较小，产生的阻力亦较小。金属的位错宽度大，使其屈服应力低，容易发生塑性变形；而由离子晶体构成的陶瓷位错宽度小，位错运动点阵阻力大，位错难于开动，使其常常未屈服就已断裂，表现出脆性特征。

由式(9-41)还可见，滑移面晶面间距 a 越大，滑移方向的原子间距 b 越小，位错滑移的阻力越小。由于最密排晶面的晶面间距最大，最密排方向的原子间距最小，所以位错最容易在最密排晶面和最密排方向上发生滑移。也就是说，滑移要沿着特定的晶面和特定的方向进行，将其称为滑移面和滑移方向。将一个滑移面和其上的一个滑移方向称为一个滑移系（统）。如果某种晶体的滑移系统多，则不论外力是何种取向，都可能有某个滑移系统处于有利于滑移的取向，该种晶体就具有较好的塑性。例如，面心立方和体心立方金属分别有 12 个和 48 个滑移系统，所以有较好的塑性；而密排六方金属只有 3 个滑移系统，故一般塑性较差。

位错与溶质原子交互作用可降低体系的总能量。例如，间隙溶质原子处于刃型位错的半原子面的下方比处于远离位错的位置时引起的点阵畸变小，因此这种组合使体系的总能量降低。同样道理，较小的置换溶质原子处于刃型位错的上方或较大的置换溶质原子处于刃型位错的下方的组合也可降低体系的总能量。因此位错滑移离开溶质原子时引起体系总能量升高，形成对位错运动的阻力。

当切应力较小时位错像弓弦一样弯曲，但不离开溶质原子，如图 9-20 所示。位错弯曲引起位错长度增大，总弹性能升高，当位错弯曲引起的能量升高到大于位错离开溶质原子引起的能量升高时，位错开始离开溶质原子而伸直，好像弓弦弹回。这种位错运动模型也称为位错滑移的弦模型。

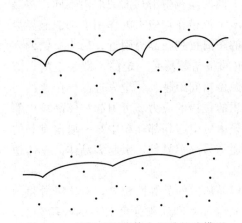
图 9-20　位错在固溶体中运动的弦模型

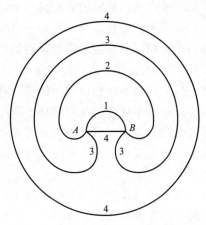
图 9-21　弗兰克-瑞德位错源使位错增殖的过程示意图

金属材料的屈服现象就是由于溶质原子对位错的"钉扎"作用。位错需要较大的应力才可以脱离溶质原子的钉扎开始运动，该应力就是图 9-5 中的上屈服点。脱离钉扎后位错运动阻力减小，在较小的应力下就可以继续滑移引起持续塑性变形，该应力就是图 9-5 中的下屈服点。

由图 9-5 还可见，屈服后材料发生加工硬化，即应力要持续增大塑性变形才可以持续进行。发生加工硬化的主要原因是随着塑性变形量的增大位错的数量在增多，称为位错的增殖。图 9-21 给出了一种位错增殖的过程示意图，称为弗兰克-瑞德位错源。由于第二相、溶质原子、其他位错等的阻碍作用或位错本身的原因，位错线 AB 的两端固定，不能移动，在切应力的作用下发生弯曲，从作用在位错上的力可以推测其弯曲过程应该如步骤 1～3 的形式，导致两段异号位错相遇而抵消，位错线断裂成一个位错环和一段两端固定的位错段

AB，即步骤 4。随切应力的增大此过程不断重复，一个两端固定的位错段可在其滑移面上生成多个位错环。这一机制已经在实验中观察到。位错增殖使位错之间的交割更多，位错运动阻力增大，因此只有继续增大外应力才能维持塑性变形，即加工硬化。

当然，位错还有其他增殖机制，因此冷塑性变形可引起位错大量增殖，图 9-22 是用透射电子显微镜拍摄的冷轧不锈钢中的高密度位错，注意到其变形量仅为 2%，如果变形量再增大，位错密度更高，会形成位错胞，在照片上已难以分辨。

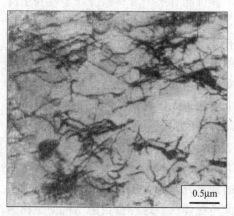

图 9-22　冷轧变形 2% 后不锈钢中的高密度位错

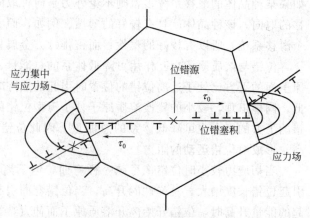

图 9-23　位错在晶界塞积示意图

晶界是位错滑移的缺陷阻力的另一来源。由于在不同的晶粒中滑移面的取向不同，多晶体中的位错滑移不能越过晶界。当同一位错源发出的多个位错在切应力的作用下都向晶界滑移时，第一个位错停留在晶界附近，后续位错按一定的距离排列在晶界附近，称为位错的塞积，如图 9-23 所示。在一定切应力 τ_0 下，位错源发出的位错数量是一定的，即一定的切应力对应着一定的位错数目和位错间距，且越靠近位错源位错间距越大，越靠近晶界位错的间距越小。虽然位错不能越过晶界滑移，但晶界附近塞积的位错的应力场可引起相邻晶粒中邻近塞积部位的应力集中。当切应力足够大时这一应力集中可引起相邻晶粒中某一取向有利的晶面上的位错发生滑移，好像塑性变形从一个晶粒传递到另一个晶粒，引起多晶体的整体塑性变形。

从这一机制可以推测，如果晶粒细小，则单位体积晶体内的晶界面积大，对位错滑移的阻力大，晶体的屈服强度高。Hall-Petch 据此提出了晶粒尺寸和屈服强度关系的经验公式，即霍尔-配奇公式：

$$\sigma_s = \sigma_0 + K d^{-\frac{1}{2}} \tag{9-43}$$

式中，σ_s 为屈服强度；d 为晶粒平均直径；σ_0 和 K 为常数。这一公式虽然是从实验测试的经验归纳得出的，但从位错塞积理论也能够推导出来。

第二相粒子是位错滑移的缺陷阻力的另一来源。奥罗万（E. Orowan）提出当位错遇到不可变形的第二相粒子时的绕过机制，如图 9-24 所示。由于第二相粒子较硬，切应力不足以使位错在第二相粒子中滑移，切应力使位错在第二相粒子附近弯曲，切应力足够大时位错充分弯曲，使两边弯曲形成的异号位错相遇而抵消，留下一个绕第二相的位错环（称为奥罗万环）和一个弯曲的位错段，位错段在切应力的作用下将继续滑移。这一推断已经被实验证实，图 9-25 是用透射电子显微镜拍摄到的奥罗万环。位错绕过第二相粒子发生弯曲、留下奥罗万环，增加了位错的线张力，形成了对位错滑移的阻力。

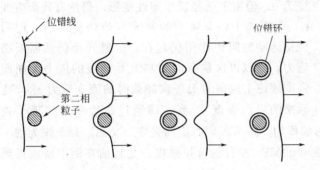

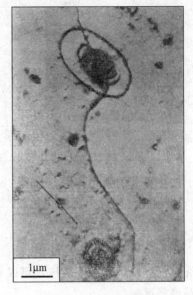

图 9-24　奥罗万机制示意图　　　　　图 9-25　奥罗万环照片

　　当位错遇到可变形第二相粒子时，位错会切过该粒子。图 9-26 是位错切过第二相粒子的透射电子显微照片。如果第二相粒子的弹性模量比基体固溶体高，则位错切过当然引起滑移的附加阻力。而且，如图 9-27 所示，位错的切过必然增大基体和第二相相界的面积，引起相界面能增大，形成对位错滑移的阻力。对与基体共格或半共格的第二相粒子，其周围的应力场也会对位错滑移产生附加阻力。

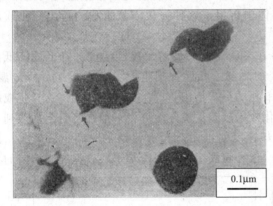

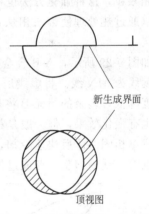

图 9-26　在 Ni-Cr-Al 合金中位错切过　　　　图 9-27　位错切过第二相粒子
　　　　Ni$_3$Al 第二相粒子　　　　　　　　　　导致相界面积增大

9.2.2.2　金属材料的强化方法

　　这里所说的强化是指提高金属材料的屈服强度。强化的出发点是增加位错滑移的阻力。

　　向金属中加入合金元素形成固溶体提高其屈服强度的方法称为固溶强化。一般间隙原子的固溶强化效果比置换原子的强化效果大，例如 C、N 间隙原子可以明显地提高钢的强度。一般来说，溶质原子浓度越大，强化效果越大，但一般的固溶体均为有限固溶体，其溶解度限制了溶质浓度的提高。对置换原子，溶质原子与溶剂原子的直径差越大，其强化效果越大。固溶强化在提高屈服强度的同时降低塑性。

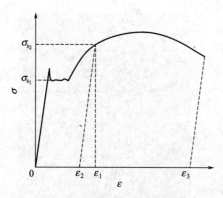

图 9-28　通过冷塑性变形提高
金属屈服强度的原理

通过冷塑性变形提高金属材料屈服强度的方法称为加工硬化。前面已指出，经塑性变形后，金属中的位错密度增高，位错滑移阻力增大，流变应力增大。如图 9-28 所示，金属的初始屈服强度为 σ_{s_1}，对其加载使之屈服，随塑性变形量增大流变应力升高，当应变为 ε_1 时流变应力为 σ_{s_2}。此时卸载，应力变为 0，但由于已经发生塑性变形，仍然有残余应变 ε_2。在微观上，金属中的高密度位错仍保留，即对位错运动的阻碍作用仍存在，位错开动仍然需要高应力，所以再次加载时材料开始屈服的应力即屈服强度理论上应该为上一次卸载时的流变应力 σ_{s_2}，比原来的屈服强度 σ_{s_1} 高，即通过塑性变形实现了强化。例如，对钢板进行冷轧不仅有成形的作用，还可以同时提高强度。又如，对组织为细小珠光体的钢丝进行深度冷拔，可以获得 4000MPa 左右的抗拉强度，是目前在钢中所能得到的最高强度。

然而，金属初始的延伸率是 ε_3，即断裂时发生了 ε_3 的塑性应变。当屈服强度提高到 σ_{s_2} 时，再次加载到断裂仅能发生 $\varepsilon_3-\varepsilon_2$ 的塑性应变，即延伸率降低了 ε_2。所以加工硬化后金属的塑性降低，即加工硬化是以牺牲金属的塑性为代价的。

通过在材料中形成第二相来提高强度的方法称为第二相强化。不论位错切过还是绕过第二相，一般细小弥散的第二相粒子有更好的强化效果。通过粉末冶金的方法可加入大量的第二相颗粒，这种强化方法也称为弥散强化。但这种方法不容易得到细小且均匀的第二相。也可以通过热处理使第二相从过饱和固溶体中析出，这种强化方法也称为析出强化或沉淀强化。

如图 9-29 所示，A-B 合金中的组元 B 在 α 固溶体中的溶解度随温度的降低而降低，其溶解度线为 MN 线。将虚线所代表的合金加热到 α 相区，则组元 B 完全溶解。降低温度，溶解度降低，多余的组元 B 将从 α 相中以 β 相的形式析出，即生成了第二相。这样生成的第二相也有强化效果，但一般是粗大的，强化效果较差。实际生产中一般在将合金加热到 α 相区生成单相固溶体后快速冷却，较快的冷却速度使组元 B 没有足够的时间扩散聚集，其析出（沉淀）受到抑制，形成过饱和固溶体。这种将固溶体快速冷却形成过饱和固溶体的处理

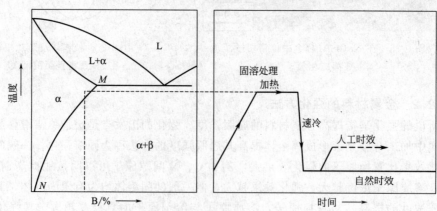

图 9-29　析出强化的工艺过程示意图

方法称为固溶处理。固溶处理后再将合金加热到一个较低的温度（称为人工时效），或者在室温长时间停留（称为自然时效），在低温下使第二相 β 缓慢析出。这种处理方法称为固溶处理＋时效，可获得细小弥散的第二相，得到良好的沉淀强化效果。例如，多种铝合金都是用这种方式强化的。

通过细化晶粒提高材料强度的方法称为细晶强化。晶粒细化不仅能够提高强度，同时还可提高塑性和韧性，这是细晶强化的重要优势。在铸造过程中向液态金属中加入细小的形核剂（也称为孕育剂或变质剂），作为非均匀形核的基底，可有效地细化凝固后的晶粒，这种方法称为孕育处理或变质处理。对固态金属，则可以通过热处理引起相变重新结晶的方法细化晶粒。对冷塑性变形后的金属控制变形程度、加热温度和时间，从而对其再结晶后的晶粒尺寸进行控制也可以细化晶粒。但上述方法的细化的程度受工艺条件的限制。

超细化是近年来金属结构材料研究的一个方向。如果能够将晶粒尺寸制成纳米尺度，则其性能会发生更为奇异的变化，但其机制与前面所说的位错塞积理论不完全相同，晶粒尺寸与屈服强度的关系不完全符合霍尔-配奇公式。

实际的强化方式可能是多种强化机制同时在起作用。例如，对钢加热使其奥氏体化，有较大的溶碳能力，随后快速冷却，使其形成马氏体类型的非平衡组织，然后在较低的温度回火，可使钢的强度大幅度提高。这是通过相变强化的处理方式，称为淬火＋回火，其强化来自多种机制。马氏体是 C 在 α-Fe 中的过饱和固溶体，其过饱和度很大，因此有明显的固溶强化效果。在淬火过程中有大量的位错和孪晶形成，引起相变强化。在回火时还会发生碳偏聚和细小弥散的碳化物析出，起到明显的第二相强化作用。另外，淬火后在原来奥氏体的一个晶粒内可形成多个马氏体晶粒，也可能通过马氏体相变使组织细化，起到细晶强化的作用。

9.2.3　晶体的蠕变

蠕变（creep）是指在低于屈服强度的恒定应力下材料的塑性应变随时间延长而增大的现象。图 9-30 为蠕变曲线的典型形式，弹性应变后起始的第 I 阶段称为瞬态蠕变，速率较快；随后进入缓慢的第 II 阶段稳态蠕变，最后进入第 III 阶段加速蠕变直至断裂。蠕变这一名词一般用于金属和陶瓷材料。常温下晶体的塑性变形伴随着加工硬化，恒定的应力对应着一定的塑性变形量。蠕变变形一般发生在高温，变形过程中不发生硬化，因此可持续变形直至断裂。所说的高温一般是指熔点 T_m 的 0.4～0.5 倍以上。虽然高分子材

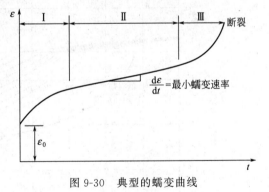

图 9-30　典型的蠕变曲线

料在恒应力下可表现出更明显的塑性变形，但由于变形机制不同，一般将其称为黏性流动，也有人将其称为蠕变。

虽然对金属和陶瓷，蠕变变形的速率很慢，但对高温应用的材料蠕变仍然必须引起注意。例如，锅炉的壳体同时承受高温和高压，其蠕变变形可导致材料变薄，实际应力增大而造成锅炉报废或引发安全事故。蒸汽轮机、燃气轮机、航空发动机、核动力装置、宇航工业、石油和化学工业中的许多设备中蠕变都是重要的问题。

实际高温运行的部件还有很多是处于恒应变的状态。例如，螺栓要在一定的应力下才会紧固，这使高温下工作的螺栓承受轴向拉应力，其应变是恒定的。由于在高温下承受应力，

螺栓会发生蠕变。由于总应变一定，蠕变的塑性伸长使其弹性应变减小，因此按照虎克定律，其承受的拉应力随时间的延长越来越小。这种高温下应变恒定时材料所受的应力随时间延长而降低的现象称为应力松弛。

在不同的应力、温度和应变速率下蠕变的机制是不同的。主要的蠕变机制有下列三种。第一种是位错蠕变，在较高的应力和较高的温度下，位错可发生攀移和交滑移，且空位可沿位错定向扩散，形成较大的应变速率 $\dot{\varepsilon}$。第二种是扩散蠕变，也称为纳巴罗-海林（Nabarro-Herring）蠕变，其原因是在应力作用下沿晶界不同方向上的平衡空位浓度不同，导致空位通过晶粒内部向垂直于拉应力的方向扩散，形成沿拉应力方向的总变形。当应力较低，位错运动困难，而温度较高，扩散较易进行时，这种蠕变容易发生。第三种是如果温度和应力都较低，会发生晶界蠕变，也称为科布莱（Coble）蠕变，由于此时位错运动困难，晶内扩散也不容易进行，但空位还可沿晶界扩散。对金属材料，在低温和低应力下的科布莱蠕变的应变速率很低，用一般的实验方法常常探测不到，所以才认为蠕变只在高温下发生。但理论上蠕变总是存在的。

图 9-31 给出了纯镍在不同应力、温度、应变速率下的变形机制的研究结果。其中的位错滑移区是应力超过位错滑移的临界切应力时发生的屈服，不属蠕变的范畴。而且可见，随温度的升高，屈服应力降低。在外应力处于屈服应力以下时，如果当温度和应力都较高，可能有多种蠕变机制同时起作用，因此可得到较大的应变速率 $\dot{\varepsilon}$。科布莱蠕变对陶瓷材料尤为重要，这是因为陶瓷材料中的位错运动困难，体扩散也不容易，所以在高温下观察的陶瓷的塑性变形通常都是通过空位沿晶界扩散实现的。

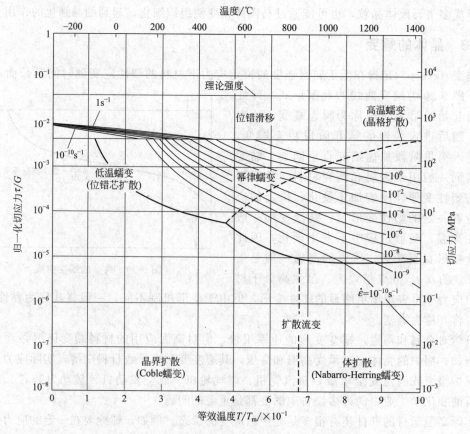

图 9-31　晶粒直径为 1mm 的纯镍的塑性变形机制

在高温下能够在不发生硬化的条件下得到持续的塑性变形，所以有可能得到极高的塑性变形量。例如，一般钢的延伸率为 30%～40%，铝合金的延伸率也不过 50%～60%，但在特殊条件下已经在金属中得到了 3000% 的延伸率。这种某些材料在特殊条件下变形可获得极大塑性变形的现象称为超塑性（superplasticity）。甚至在陶瓷材料中人们也得到了超塑性。这是由于超塑性应变的机制不是以位错滑移为主，而主要是由晶界滑动和晶粒回转引起的，在适当的温度下陶瓷中也可以发生明显的晶界滑动和晶粒回转。当然，超塑性变形过程中还同时伴有原子扩散引起的物质迁移。

发生超塑性变形的一般条件为：适当的温度 $[(0.5～0.65)T_m]$，小应变速率（$10^{-4}～10^{-2}s^{-1}$），超塑性变形前为均匀细小的等轴晶（晶粒直径$\leqslant 10\mu m$），且在变形时保持稳定而不发生显著长大。2000 年卢柯等发现，晶粒尺寸为纳米级的金属在室温下也有超塑性，其原因就是纳米晶中有大量的晶界。

9.2.4 材料的黏性流动和黏弹性

黏性形变（viscous deformation）是指材料在剪切力作用下发生的不可逆流动形变，变形量随时间的延长而增大。黏性流动是液体的特征，从晶态结构上讲，非晶态材料与液体并无本质区别，因此在应力下玻璃、非晶态高分子材料发生黏性流动是容易理解的。陶瓷材料中有非晶相，金属多晶体中的晶界也是非晶结构，所以这些材料中也会发生可观察到的黏性流动，晶界的黏性流动也是蠕变的原因之一。

与液体类似，理想的黏性流动遵从牛顿定律：

$$\tau = \eta \frac{d\varepsilon}{dt} = \eta \frac{dv}{dx} \qquad (9\text{-}44)$$

式中，τ 为切应力；ε 为应变；t 为时间；v 为流速；x 为距离；η 为黏度（黏性系数，viscosity）。

即使在高分子材料中也有结晶的部分，所以实际材料的形变一般介于理想弹性固体和理想黏性液体之间，同时具有弹性和黏性，称为黏弹性（viscoelasticity）。图 9-32 是高分子材料的蠕变及其回复曲线。施加应力后瞬时产生应变 ε_1，为弹性应变的特征，卸载时这部分应变立即消失；随应力作用时间的延长，应变增大，但这部分与时间有关的应变包含卸载后可回复的部分 ε_2 和卸载后不可回复的部分 ε_3。在任意时刻，总应变为：

$$\varepsilon = \varepsilon_1 + \varepsilon_2 + \varepsilon_3 = \frac{\sigma}{E_1} + \frac{\sigma}{E_2}(1 - e^{-t/\tau}) + \frac{\sigma}{\eta}t \qquad (9\text{-}45)$$

式中，ε_1 为普通弹性应变，与时间无关；ε_2 和 ε_3 分别为高弹性应变（分子链受力逐渐伸展）和黏性应变，都与时间有关；σ、t、τ、E 和 η 分别为应力、时间、松弛时间、弹性

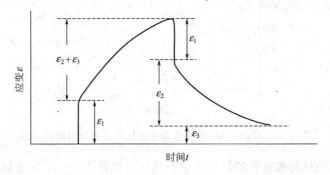

图 9-32 高分子材料的蠕变及其回复曲线

模量和黏度。

各部分应变来源于不同的机制：ε_1 来自分子链内部链长和键角的瞬时形变，可回复；ε_2 来自分子链段在受力时逐渐伸展的形变，也可回复；而 ε_3 来自没有化学交联的线性分子链段受力时的相对滑移形变，类似于晶体中的晶面滑移，是从一个平衡态到另一个平衡态，卸载后这些滑移不会逆向发生，因此不可回复。这一过程的可回复部分类似于晶体的弹性变形和弹性弛豫，不可回复部分类似于晶体的塑性变形，但其发生机制是黏性流动，没有加工硬化的机制。随时间延长应变增大则与晶体的蠕变类似，但晶体的蠕变一般观察不到可回复的部分变形。尽管晶体和非晶体的弹性变形、弹性弛豫、塑性变形、黏性流动等现象来源于不同的机制，且其时间范围也有很大的区别（一般金属材料明显发生蠕变的时间比高分子材料明显发生蠕变的时间高几个数量级），但它们能够用统一的物理模型描述，例如都可以当作多个弹簧和黏壶经不同方式的串联、并联组成的系统，所以可以用统一的数学模型描述。

对高分子材料，和时间有关的两项形变 ε_2 和 ε_3 均消耗功，这比弹性内耗增加了黏性流动项，因此在交变载荷下消耗的功更大。应力交变一周期所损失的能量在这里称为力损耗，也可以用描述内耗的式(9-27)～式(9-32)来描述。但对于高分子材料，由于其导热性较差，损耗的能量转化成的热量可能引起材料的温升，降低材料的变形抗力和寿命。力损耗 δ 对不同的高分子材料有不同的应用意义。轮胎、皮带等橡胶制品希望 δ 小，以延长使用寿命；而防振、隔声材料希望 δ 大，以增强其功能。

虽然非晶态金属比金属晶体硬、脆，但与岩石、陶瓷晶体相比仍具有一定的塑性，其变形机制也与高分子材料有所不同。图 9-33 是实测的 57Cu-43Zr 非晶态合金的屈服强度 σ_s 与温度的关系。600K 以下，σ_s 与应变速率 $\dot{\varepsilon}$ 无关，可认为是非热性变形；600K 以上，应变速率增大则 σ_s 增大，说明变形受热激活控制。对其屈服强度 σ_s、维氏硬度 Hv 和弹性模量 E 进行归纳，得到如下的经验公式：

$$Hv = 0.06E \tag{9-46}$$

$$Hv = 3\sigma_s \tag{9-47}$$

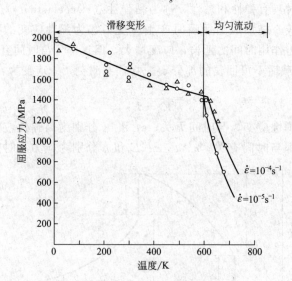

图 9-33　57Cu-43Zr 非晶态合金的屈服应力与温度的关系

后者是完全塑性体的特征，即屈服后的流变应力保持不变，不发生加工硬化，为黏性流动机制。

由此推测，在温度较低时，非晶态金属的变形机制是滑移机制。因为非晶体中不存在晶格，因此其中也没有晶面和位错。但在应力作用下，非晶态金属中也可能发生局部相对滑动，且滑移是逐渐进行的，有已滑移区和未滑移区分界，将这种分界称为广义位错，如图 9-34 所示。由于没有晶格，这种滑移没有固定的滑移面，滑移方向是变动的，也不能找出柏氏矢量 *b*。

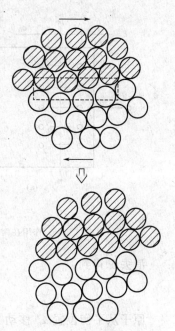

图 9-34　非晶体中的广义
位错及其滑移过程

在非晶体中，总有局部填充不好，有较大的空隙。这些局部是处于高能的亚稳态，周围原子有向该处移动填充空隙的趋势。在较低温度下，原子不具备移动填充空隙的条件。但在较高的温度下，原子的移动受到热激活，就可以通过移动填充空位，在材料内各部位独立地产生局域剪切变形。这种变形实际上是通过原子的扩散进行的，因而变形量与时间有关。在应力的作用下，局域的剪切变形是各向异性的。例如，处于拉应力作用下的局部在垂直于拉应力的方向上空隙倾向于增多或增大，导致周围原子填充这些空隙形成局部伸长。多个部位发生类似的过程就可以导致宏观伸长。由于局域变形可以在多个部位同时发生，宏观上变形是均匀的。当应变速率增大时扩散时间变短，获得同样的变形量所需应力相应增大，所以应变速率增大则 σ_s 增大。

由式 (9-46) 和式 (9-47) 还可看出，对非晶态合金 $\sigma_s = 0.02E$，而晶态金属的 σ_s 为 $10^{-3}E$ 数量级，即非晶态金属的屈服强度比晶态金属高 1 个数量级。但这种强度的提高是以极大地牺牲塑性为代价的，所以一般不作为金属强化的方法。

9.3　材料的断裂

9.3.1　理论断裂强度

完整晶体沿某一原子面被拉断时，其本质是正应力作用下原子之间的距离变得足够远，使其作用力为 0。材料的理论结合强度是指其中原子间结合力的最大值 σ_m。如果外应力超过 σ_m 就可克服最大内力使材料断裂，因此 σ_m 也是材料的理论断裂强度。

如图 9-35 所示，随外力 σ 的增大，原子间距增大，原子间的引力增大，外力超过原子间最大作用力 σ_m 时，原子间的引力就随着原子间距的增大而减小，所以只要外力超过 σ_m，晶体就会沿 mn 原子面发生解理断裂。近似地用正弦函数描述原子间结合力 σ 与原子位移 x 的关系，即：

$$\sigma = \sigma_m \sin \frac{2\pi x}{\lambda} \tag{9-48}$$

式中，λ 为正弦波长；x 为原子到平衡位置 a_0 的距离。当原子从平衡位置 $x=0$ 移动一个小距离到 $x=a-a_0$ 时，有：

$$\sigma = \sigma_m \sin \frac{2\pi x}{\lambda} \approx \sigma_m \frac{2\pi x}{\lambda} \tag{9-49}$$

在脆性断裂范围内，虎克定律仍然适用，故有：

$$\sigma = E\varepsilon = E \frac{x}{a_0} \tag{9-50}$$

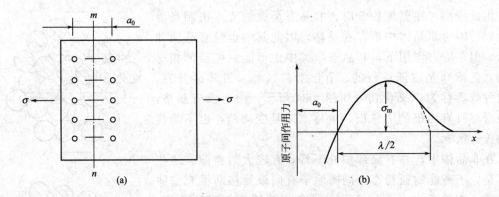

图 9-35　原子间结合力与原子间距的关系
(a) 作用在两原子面上的正应力；(b) 原子间作用力与原子间距的关系

消去 x 得到：

$$\sigma_m = \frac{\lambda E}{2\pi a_0} \tag{9-51}$$

原子从平衡位置 a_0 移动 x 距离时，外力做功引起弹性变形，功大小为图 9-35 的应力-位移曲线下的面积。材料断裂时这一弹性变形功达到最大，即：

$$W = \int_0^{\frac{\lambda}{2}} \sigma_m \sin \frac{2\pi x}{\lambda} \mathrm{d}x = \frac{\lambda \sigma_m}{\pi} \tag{9-52}$$

另一方面材料断裂后产生两个新的表面，表面能应该来自弹性变形功。若单位表面积上的表面能为 γ，则有：

$$2\gamma = \frac{\lambda \sigma_m}{\pi} \tag{9-53}$$

$$\lambda = \frac{2\pi\gamma}{\sigma_m} \tag{9-54}$$

将 λ 的值代入式(9-51)，得到理论断裂强度为：

$$\sigma_m = \sqrt{\frac{\gamma E}{a_0}} \tag{9-55}$$

对一般的金属或陶瓷材料，近似取 $a_0 = 3 \times 10^{-10}$ m，$\gamma = 1 \mathrm{J/m^2}$，则可求得 $\sigma_m = 0.1E$。例如，对于 Fe，已知 $a_0 \approx 2.5 \times 10^{-10}$ m，$\gamma \approx 2 \mathrm{J/m^2}$，$E \approx 2 \times 10^2$ GPa，可求出 $\sigma_m = 40$ GPa $= 0.2E$。对于一般的固体，求出的 σ_m 在 $0.1E \sim 0.2E$ 的数量级，而实验测定的断裂强度都比理论断裂强度低 2～3 个数量级，因此这一理论断裂强度推导的模型一定有与实际材料不相符之处。

9.3.2　格里菲斯断裂强度理论

为解释材料实际断裂强度和理论断裂强度的差异，格里菲斯（Griffith）提出实际材料中都是有微裂纹的，微裂纹的存在引起应力集中，使实际断裂强度降低。一方面，基于这一理论推导出的断裂强度在许多场合下与实际是相符的。另一方面，缺陷很少的晶须的断裂强度接近理论断裂强度，也可以当作这一理论的佐证。最近有人用微探针技术测量了单根金原子链（无缺陷）的断裂强度，实测结果 1.5nN 与计算的理论断裂强度 1.6nN 非常接近，这也证明在无缺陷时理论断裂强度与实际断裂强度是相符的。

9.3.2.1　应力集中理论

应力集中理论认为裂纹的存在并不降低原子间的结合力，但裂纹尖端的应力集中使局部应力大于平均外应力。假设材料为无限大平板，含有长度为 $2a$ 的裂纹，裂纹尖端曲率半径为 R，平板受垂直于裂纹长度方向的均匀外应力 σ，如图 9-36 所示。格里菲斯根据弹性理论求出裂纹尖端的应力为：

$$\sigma_A = \sigma\left(1 + 2\sqrt{\frac{a}{R}}\right) \tag{9-56}$$

对扁平裂纹，$a/R \gg 1$，则：

$$\sigma_A \approx 2\sigma\sqrt{\frac{a}{R}} \tag{9-57}$$

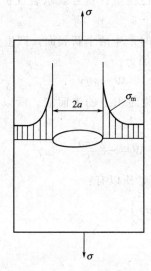

图 9-36　无限大平板中的裂纹及其应力集中

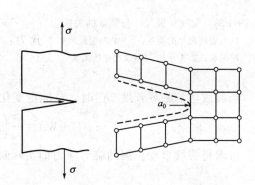

图 9-37　裂纹尖端曲率半径对应于原子间距

如图 9-37 所示，裂纹的最尖端可能是两原子面分开与未分开的交界处，故奥罗万认为 R 的最小值近似与原子间距 a_0 同一数量级，所以：

$$\sigma_A = 2\sigma\sqrt{\frac{a}{a_0}} \tag{9-58}$$

一般裂纹长度 $a > a_0$，则 $\sigma_A > \sigma$，即裂纹尖端有应力集中。

当 $\sigma_A \geqslant \sigma_m$ 时裂纹开始扩展，裂纹长度增大，使 σ_A 更大，所以裂纹一旦开始扩展就将很快导致断裂。按此理论，断裂的临界条件为：

$$2\sigma\sqrt{\frac{a}{a_0}} \geqslant \sqrt{\frac{\gamma E}{a_0}} \tag{9-59}$$

所以裂纹扩展、材料断裂的临界外应力即实际断裂强度为：

$$\sigma_f = \sqrt{\frac{\gamma E}{4a}} \tag{9-60}$$

因 $4a \gg a_0$，$\sigma_f \ll \sigma_m$，即实际断裂强度远小于理论断裂强度。

9.3.2.2　能量平衡理论

格里菲斯还从能量平衡的观点计算了裂纹自动扩展的临界应力。如图 9-38 所示，裂纹扩展的动力是裂纹形成、扩展时释放的弹性应变能 U，这一能量与裂纹尺寸的关系由曲线 1 表示。裂纹扩展的阻力是形成、扩展时新增加的表面能 W，这一能量与裂纹尺寸的关系由曲线 2 表示，为线性关系。裂纹扩展时的总能量变化 $U+W$ 由曲线 3 表示。由于 U 随裂纹

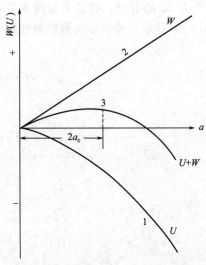

图 9-38 裂纹扩展尺寸与能量的关系
1—U 与裂纹尺寸的关系；2—W 与裂纹尺寸的关系；3—$U+W$ 与裂纹尺寸的关系

扩展增大越来越快，当裂纹尺寸超过一个临界值 $2a_c$ 时，总能量变化随裂纹尺寸的增大而降低，裂纹将自动扩展。对应于图 9-35 的应力和裂纹条件，长度为 $2a$ 的裂纹在垂直于裂纹长度方向的均匀单向应力 σ 作用下使裂纹伸长，按弹性理论可计算出裂纹释放的弹性应变能为：

$$U = -\frac{\sigma^2 \pi a^2}{E} \qquad (9-61)$$

式中，E 为弹性模量；负号表示裂纹扩展使能量降低。

由于裂纹生成时产生两个新表面，产生长度为 $2a$ 的裂纹的表面能增加为：

$$W = 4a\gamma \qquad (9-62)$$

式中，γ 为单位面积上的表面能。所以总能量变化为：

$$U+W = -\frac{\sigma^2 \pi a^2}{E} + 4a\gamma \qquad (9-63)$$

当裂纹达到临界长度 $2a_c$ 时，总能量变化达到极大值，所以有：

$$\frac{\partial}{\partial a}(U+W) = \frac{\partial}{\partial a}\left(-\frac{\sigma^2 \pi a^2}{E} + 4a\gamma\right) = 0 \qquad (9-64)$$

可求得裂纹自动扩展的临界应力即实际断裂强度为：

$$\sigma_f = \sqrt{\frac{2\gamma E}{\pi a}} \qquad (9-65)$$

与应力集中理论的结果相似，只是系数稍有差别。可见弹性模量增大、表面能增大、裂纹尺寸减小可提高断裂强度。这是由于弹性模量大来源于原子间结合力大，表面能增大则会增大裂纹扩展阻力，必须增大外应力才可以克服这一阻力。

9.3.2.3 格里菲斯判据的适用范围和塑性修正

上述模型都强调应力方向垂直于裂纹长度方向，这种情形在实际材料中是常常能够遇到的，因此格里菲斯的断裂强度在许多情形下与材料的实际断裂强度是吻合的。这是因为材料中可能存在多个微裂纹，其中某一裂纹与应力垂直的可能性很大。只要有一个合适的裂纹就足以导致材料的断裂。例如，格里菲斯的实验表明，刚拉制的玻璃棒，弯曲强度为 6GPa，在空气中放置几小时后，弯曲强度降低到 0.4GPa，其原因是大气腐蚀形成表面裂纹，裂纹明显降低断裂强度。又如，用温水溶去氯化钠表面缺陷，其强度从 5MPa 提高到 1.6GPa，说明晶体的表面裂纹也明显降低强度。一般玻璃、陶瓷等脆性材料的表面都有微裂纹，所以格里菲斯的断裂强度在这些材料中都是适用的。

实验测试发现，石英玻璃纤维的长度为 12cm 时其强度为 275MPa，当其长度为 0.6cm 时强度增大到 760MPa。有人从大尺寸锗晶体中切割出不同尺寸的小块，并进行化学抛光，发现当试样直径接近 $1\mu m$ 时，其强度已经接近理论断裂强度 σ_m。这种随材料的尺寸减小断裂强度增大的现象称为断裂强度的尺寸效应。脆性材料的尺寸效应更显著。出现尺寸效应的原因是大尺寸的材料裂纹数目多，且更可能有大裂纹，按格里菲斯理论可推知其断裂强度低。

在金属和非晶态高聚物中实际断裂强度一般远高于格里菲斯理论的计算值。这是由于塑性材料裂纹失稳扩展前会发生大量的塑性变形，可缓解应力集中，消耗大量能量。奥罗万引入裂纹扩展单位面积所需的塑性变形功 γ_p，推导出塑性材料的断裂强度为：

$$\sigma_f = \sqrt{\frac{E(\gamma+\gamma_p)}{\pi a}} \tag{9-66}$$

对于塑性材料，$\gamma_p \gg \gamma$，因此塑性变形功控制着断裂过程。实际测试表明，在金属和非晶态高聚物等塑性材料中毫米级的裂纹才能导致低应力断裂，而陶瓷、玻璃等脆性材料中微米级的裂纹即能导致低应力断裂。

9.3.3 材料断裂的过程

9.3.3.1 裂纹萌生

格里菲斯理论适用的前提是材料中存在裂纹，这一般是符合材料中的实际情况的。例如在材料的制备过程中，铸造、烧结时可形成气孔、缩孔等缺陷；表面机械损伤和化学腐蚀也会造成裂纹。陶瓷等脆性材料对机械损伤更敏感。例如，新制备的陶瓷材料表面经手触摸强度即可能降低 1 个数量级，从几十厘米高落下的沙子即可在玻璃表面形成微裂纹。表 9-2 为直径 6.4mm 的玻璃棒在不同表面状态下测得的强度，可见其强度对表面状态的敏感程度。

表 9-2　玻璃棒在不同表面状态下测得的强度

表面状态	工厂刚制得	受沙子严重冲刷	用酸腐蚀除去表面缺陷
强度/MPa	45.5	14.0	1750

金属材料的塑性较好，对表面机械损伤不是那样敏感，但在应力作用下通过材料内部位错运动也会形成微裂纹。图 9-39 给出了通过位错形成微裂纹的几种途径。在应力作用下，同一滑移面上的两个小位错可能合并成一个大位错，就是图 9-39(a) 的情形。如果外应力足够大，晶界塞积的位错距离足够近，就形成了一个柏氏矢量为 nb 的大位错，就是图 9-39(b) 的情形。图 9-39(c) 的机制是科垂尔提出的，可解释体心立方的 α-Fe 常从 (001) 面发生解理断裂的原因。在 α-Fe 中，最密排面和最密排方向分别是 {110} 和 〈111〉，所以它们分别是滑移面和滑移方向，而其解理面常为 (001) 面。如图 9-40 所示，两个正交的滑移面 $(10\bar{1})$ 和 (101) 相交于解理面 (001) 中的 [010] 轴线。如果在滑移面 $(10\bar{1})$ 和 (101) 上分别有柏氏矢量为 $\frac{a}{2}[111]$ 和 $\frac{a}{2}[\bar{1}\bar{1}1]$ 的平行位错在交叉线上相遇，则可能发生图 9-41 的位错所示反应，其反应式为：

$$\frac{a}{2}[111] + \frac{a}{2}[\bar{1}\,\bar{1}1] \rightarrow a[001] \tag{9-67}$$

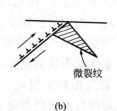
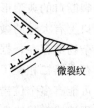

图 9-39　通过位错形成微裂纹示意图

(a) 位错组合形成；(b) 位错在晶界附近塞积形成；(c) 通过位错反应形成

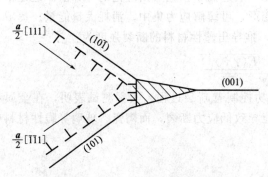
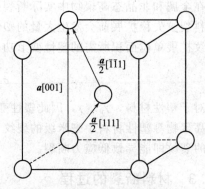

图 9-40　位错反应形成裂纹示意图　　　　　图 9-41　位错反应的柏氏矢量关系

从位错反应式和图 9-41 都可见反应前和反应后的位错的柏氏矢量的和是相等的，即位错反应的结构条件是满足的。由第 2 章已知位错的能量与 b^2 成正比，反应前和反应后的柏氏矢量的平方和的关系为：

$$\frac{3}{4}a^2 + \frac{3}{4}a^2 = \frac{3}{2}a^2 > a^2 \tag{9-68}$$

反应后的位错能量降低，满足位错反应的能量条件，所以这一位错反应可进行。生成的位错 $a[001]$ 是不动位错。当塞积的位错较多时，多余的半原子面形成排，向楔子一样插入 (001) 晶面中形成裂纹。

9.3.3.2　裂纹扩展

在一定的应力下，如果萌生的裂纹达到了格里菲斯理论的临界裂纹长度，裂纹即可扩展，即：

$$a_c = \frac{\gamma E}{4\sigma^2} \tag{9-69}$$

扩展后裂纹长度增大，如果没有阻止扩展的因素，则继续扩展所需的应力减小，裂纹将迅速扩展导致断裂。所以对脆性材料，一旦发生裂纹扩展就迅速发生断裂。

但对于塑性材料，在大多数应力条件下，按前述位错机制生成的裂纹一般达不到 a_c，只有裂纹由于某种原因（疲劳、应力腐蚀等）达到临界尺寸时才会导致裂纹失稳扩展而断裂。在裂纹失稳扩展之前，裂纹自形成到扩展至临界长度的阶段称为裂纹的亚稳扩展阶段。

材料中有多种机制阻止裂纹扩展，例如晶界、韧性相、塑性变形等都对裂纹扩展有阻碍作用。如果裂纹扩展过程中通过不同途径吸收了大量的能量，在断裂前发生了大量塑性变形，则称之为韧性断裂。如果裂纹扩展过程中只吸收了很少的能量，在断裂前几乎不发生塑性变形，则称之为脆性断裂。韧性断裂和脆性断裂有不同的微观机制，从断裂后的断口也可区分。

韧性断裂断口的典型形貌为韧窝。如图 9-42 所示，用电子显微镜在较高的放大倍数观察，可见断口上有大量的微坑，即韧窝。对钢中的韧窝内部进行仔细观察，在多数情况下可见非金属夹杂物的存在，据此提出了图 9-43 所示的韧窝形成模型。

材料中存在第二相粒子，粒子与基体的相界如晶界一样可以阻碍位错运动，所以在塑性变形过程中可能有多个位错环塞积于第二相粒子附近，如图 9-43(a) 所示。在一定的应力下，位错塞积造成的位错运动阻力与切应力提供的驱动力平衡，形成一定数目、一定距离的位错环，位错源停止继续发出位错，如图 9-43(b) 所示。如果外应力足够大或者在粒子周围有应力集中，使塞积前沿的领先位错受到足够大的切应力，则可将该领先位错推向基体与

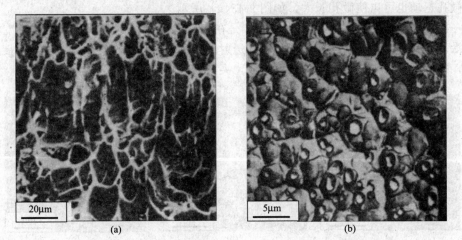

图 9-42　韧窝形貌

（a）碳素钢中的撕裂韧窝；（b）铜中的等轴韧窝

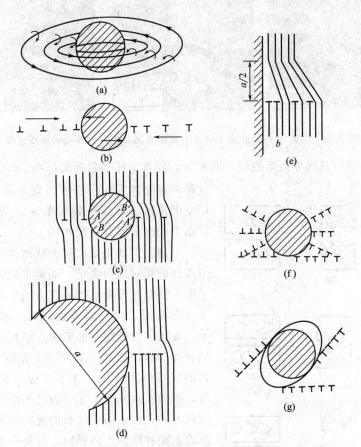

图 9-43　第二相边界附近形成裂纹并成长为韧窝的过程示意图

第二相粒子的相界面上，如图 9-43(c) 所示，此时相当于在相界面附近沿 AB 面形成微孔。微孔的形成使塞积位错对后续位错的排斥力减小，位错源重新开动，使位错不断地被推向微孔，导致微孔扩大，如图 9-43(d)、(e) 所示。由于不同滑移面上的位错都可以在颗粒边界塞积，微孔可以由几个滑移面上开来的位错共同形成，如图 9-43(f) 所示。其他滑移面上的位错向微孔运动也可以使微孔长大，如图 9-43（g）所示。

这一模型已经得到了实验证明。图 9-44 是在含碳 0.15％的钢中观察到的塑性变形过程中裂纹沿基体与第二相夹杂界面形成过程的透射电子显微照片，材料的受力方向为图片的竖直方向，裂纹首先在与外力正交的方向形成，夹杂物周围的波纹线为滑移线。

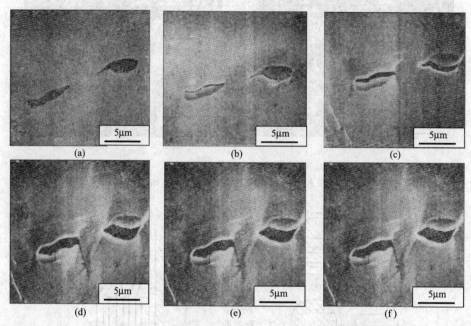

图 9-44　含碳 0.15％的钢中裂纹沿基体与第二相夹杂界面的形成过程

裂纹在夹杂物与基底界面形成后不断扩大，导致基体某截面面积减小，出现"内颈缩"，这种内颈缩达到一定程度后发生撕裂或剪切断裂，使空洞连接，形成形貌如图 9-42 所示的韧窝，最后断裂的部分就是韧窝的棱。

韧窝的形状主要由应力状态决定，或由拉应力与断面的相对取向决定。如果正应力垂直于微孔的平面，使微孔在垂直于正应力的平面上各方向的长大倾向相同，就形成等轴韧窝，如图 9-45（a）所示。在切应力作用下的断裂，韧窝的形状是拉长的抛物线形状，在对应的断面上抛物线的方向相反，如图 9-45（b）所示。如果正应力垂直于微孔的平面，但微孔在垂直于正应力的平面上各方向的长大倾向不同，也能形成拉长的抛物线韧窝，但对应的断面上抛物线的方向相同，都指向裂纹起源处，如图 9-45（c）所示。因此可以从断口的韧窝形状分析材料断裂前的应力状态。

脆性断裂断口的典型形貌为河流花样。图 9-46 是河流花样的典型形貌。其断裂方式是解理断裂。解理断裂是在拉伸应力下引起的一种脆性穿晶断裂

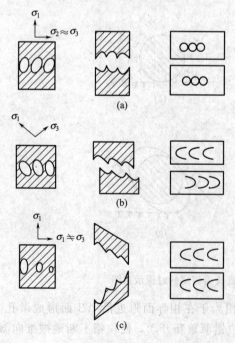

图 9-45　三种应力状态下形成的
显微空洞及韧窝形貌

（穿过晶粒），通常沿一定的晶面分离，这种晶面称为解理面。解理面一般是低指数面，这是因为低指数面一般表面能低，理论断裂强度低。面心立方金属塑性很好，很少发生解理断裂。

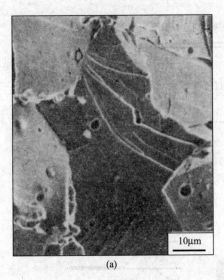 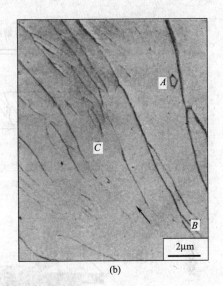

图 9-46 河流花样的典型形貌
（a）扫描电镜照片；（b）复型的透射电镜照片

如果裂纹严格按照理想的晶面分离，解理面的断口应该是光亮的平面，不会出现花样。但晶体中总是存在缺陷，图 9-47 给出了解理台阶形成的一种可能机制，解理裂纹与螺型位错相遇即可形成一个高度为柏氏矢量 b 的台阶。图 9-48 给出了解理台阶形成的另外两种机制：处于不同高度的平行解理裂纹可以通过二次解理（沿另一个晶面发生解理）或撕裂（剪切）连接而形成台阶。当裂纹扩展时，同号台阶汇合成较大的台阶，较大的台阶又汇合成更大的台阶，其结果就是河流花样，其过程如图 9-49 所示。所以河流本身就是解理台阶。通过河流花样的走向可以判断裂纹源的位置和裂纹扩展方向：河流的上游（支流发源处）是裂纹源，河流的下游是裂纹扩展方向。

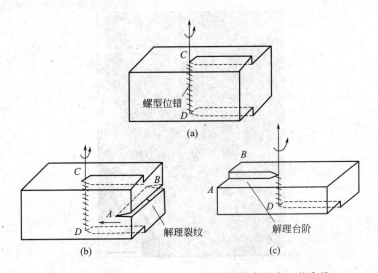

图 9-47 解理裂纹与螺型位错交截形成高度为 b 的台阶

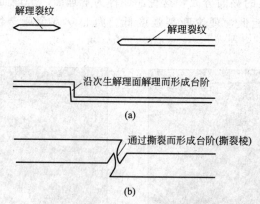

图 9-48 通过二次解理和撕裂形成台阶

（a）沿二次解理面解理形成台阶；（b）通过撕裂形成台阶

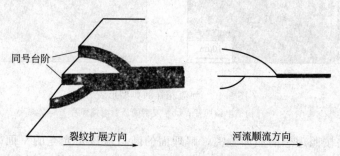

图 9-49 河流花样形成示意图

在某些脆性断口上，在电子显微镜下可观察到解理断裂的断口特征形貌，又可以观察到一些塑性变形的痕迹，这种断口称为准解理断口。图 9-50 是典型的准解理断口照片，其中的大箭头指示准解理小平面的边界，小箭头指示河流花样在准解理小平面中心的发源。准解理断口的形成过程可通过图 9-51 予以说明。当材料中有大量的微小裂纹同时形成并不断扩展时，这些裂纹彼此相连接的边界处可能通过塑性变形撕裂或韧窝状断裂使整体材料完全断开，于是出现了准解理断口。

图 9-50 典型的准解理断口

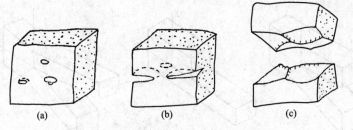

图 9-51　准解理断口的形成过程示意图

（a）裂纹形成；（b）裂纹扩展；（c）通过撕裂而连接

9.4　材料的断裂韧性

从上节对断裂过程的分析可知，材料的断裂远非从解理面拉断那样简单。一般的工程设计中用屈服强度 $\sigma_{0.2}$ 和安全系数 n 确定结构材料的许用应力 $[\sigma]$，并认为实际应力 $\sigma < [\sigma]$ 就不会出现塑性变形，更不会发生断裂。但工程实际中出现过多起远低于屈服强度的低应力脆性断裂，这种断裂常常造成灾难性的安全事故。对高强度构件这种危险性更大。为此，人们在强度设计的基础上再考虑塑性指标 δ、ψ 和冲击韧性指标 a_K、冷脆转变温度 T_K 进行设计。但这种设计存在操作上的困难：这些指标要求过高，则引起材料浪费；要求过低，则难于保证安全。从理论上难于给出一个安全判据。例如，用高强钢（$\sigma_{0.2} > 1400\text{MPa}$）制造的固体燃料发动机壳体按强度设计，经冲击韧性测试完全合格，但在水压试验时发生了脆断。又如，用调质处理（淬火＋高温回火）的 40Cr 钢（含 0.4％左右 C，1.5％以下 Cr）制造的 120t 氧气顶吹转炉耳轴，其强度、塑性和冲击韧性都符合设计要求，却发生了低应力脆断。

大量的事例和失效分析表明，低应力脆性断裂总是由材料中的宏观裂纹扩展引起的。连续介质力学认为材料是完整的、连续的，这常常与材料中存在宏观缺陷的事实不相符。所以断裂力学运用连续介质力学的弹塑性理论，考虑材料的不连续性，以材料中存在宏观缺陷为出发点，研究其中的裂纹扩展规律。断裂韧性就是断裂力学中一种被认为能反映材料抵抗裂纹失稳扩张能力的性能指标。

9.4.1　裂纹尖端应力场强度因子 K_I 及断裂韧性 K_{Ic}

含有裂纹的材料受到按不同方式作用的外应力时，裂纹的扩展有三种类型，分别称为 I 型、II 型、III 型，如图 9-52 所示。I 型为在与裂纹垂直的正应力作用下裂纹沿垂直于外应力的方向张开；II 型为在与裂纹长度方向平行的切应力作用下裂纹上下沿平行于切应力的方向滑开；III 型为在与裂纹长度方向垂直的切应力作用下裂纹上下沿平行于切应力的方向错开。在工程实际中，材料对裂纹张开型扩展的抗力最低，最容易引起低应力脆断，所以是最危险的。因此，按 I 型裂纹扩展考虑材料的断裂判据是安全的。

如图 9-53 所示，在一块无限宽板内有一条长度为 $2a$ 的中心贯穿裂纹，在无限远处受双向应力 σ 作用，根据弹性力学分析，可知对裂纹前端任意一点 $P(r, \theta)$ 所受的各应力分量为：

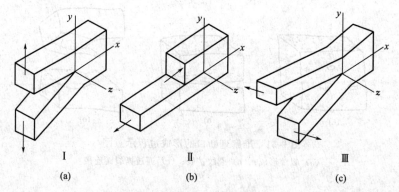

图 9-52　裂纹扩展的三种方式

(a) Ⅰ型，张开型；(b) Ⅱ型，滑开型；(c) Ⅲ型，撕开型

$$
\left.\begin{array}{l}
\sigma_x = \sigma\sqrt{\dfrac{\pi a}{2\pi r}}\cos\dfrac{\theta}{2}\left(1-\sin\dfrac{\theta}{2}\sin\dfrac{3\theta}{2}\right)=\dfrac{K_{\mathrm{I}}}{\sqrt{2\pi r}}\cos\dfrac{\theta}{2}\left(1-\sin\dfrac{\theta}{2}\sin\dfrac{3\theta}{2}\right) \\[3mm]
\sigma_y = \sigma\sqrt{\dfrac{\pi a}{2\pi r}}\cos\dfrac{\theta}{2}\left(1+\sin\dfrac{\theta}{2}\sin\dfrac{3\theta}{2}\right)=\dfrac{K_{\mathrm{I}}}{\sqrt{2\pi r}}\cos\dfrac{\theta}{2}\left(1+\sin\dfrac{\theta}{2}\sin\dfrac{3\theta}{2}\right) \\[3mm]
\sigma_z = \nu(\sigma_x+\sigma_y) \\[3mm]
\tau_{xy} = \sigma\sqrt{\dfrac{\pi a}{2\pi r}}\sin\dfrac{\theta}{2}\cos\dfrac{\theta}{2}\cos\dfrac{3\theta}{2}=\dfrac{K_{\mathrm{I}}}{\sqrt{2\pi r}}\sin\dfrac{\theta}{2}\cos\dfrac{\theta}{2}\cos\dfrac{3\theta}{2}
\end{array}\right\} \tag{9-70}
$$

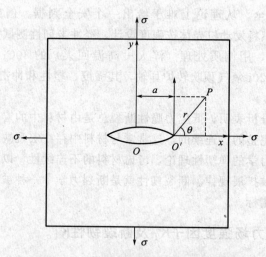

图 9-53　双向应力作用下的张开型裂纹

式中，σ 为远离裂纹并与裂纹平面平行的截面上的正应力，即名义应力；ν 为泊松比。式（9-70）是裂纹尖端附近的应力场近似表达式，越接近裂纹尖端越精确，适用于 $r\ll a$ 的情况。在裂纹延长线上，$\theta=0^\circ$，所以有：

$$
\left.\begin{array}{l}
\sigma_x=\sigma_y=\dfrac{K_{\mathrm{I}}}{\sqrt{2\pi r}} \\[3mm]
\tau_{xy}=0
\end{array}\right\} \tag{9-71}
$$

即该面上切应力为 0，拉伸正应力最大，故裂纹容易沿该平面扩展。

由式（9-70）可见，各应力分量有一个共同的因子为：

$$K_I = \sigma\sqrt{\pi a} \tag{9-72}$$

对裂纹前端的给定点 $P(r, \theta)$，由于其坐标一定，该点的应力分量的大小完全取决于 K_I，因此 K_I 表示在名义应力作用下，含裂纹的材料在弹性平衡状态下，裂纹前端附近应力场的强弱，其大小决定了裂纹前端附近各点应力的大小，所以将其称为裂纹前端应力场强度因子，简称应力场强度因子。

式(9-70)是在带有中心穿透裂纹的无限大宽板的特殊条件下推导出来的。当构件的几何形状、尺寸以及裂纹扩展方式变化时，式(9-70)仍然成立，但 K_I 的表达式与式(9-72)有所不同，其一般表达式为：

$$K_I = Y\sigma\sqrt{a} \tag{9-73}$$

式中，Y 是一个和裂纹形状、加载方式、构件的几何因素有关的无量纲量，称为几何形状因子。对带有中心穿透裂纹的无限大宽板 $Y = \sqrt{\pi}$。

如果构件上的应力增大，或裂纹逐渐扩展，则 K_I 增大，当其增大到某一临界值时，裂纹将产生突然的失稳扩展，使材料发生突然断裂。这一临界值称为临界应力场强度因子，即材料的断裂韧性。

如果裂纹尖端处于平面应变状态（$\varepsilon_z = 0$，应变限于 xy 平面），则断裂韧性的数值最低，称为平面应变断裂韧性，以 K_{Ic} 表示。K_{Ic} 反映了材料抵抗裂纹失稳扩展即抵抗脆性断裂的能力。值得注意的是，K_{Ic} 是材料本身的性能指标，与裂纹形状、尺寸、外应力等均无关。当裂纹形状、尺寸、外应力改变时，K_I 变化，如果达到了 K_{Ic}，则构件断裂，即构件不发生断裂的判据为：

$$K_I \leqslant K_{Ic} \tag{9-74}$$

如果已知构件的工作应力，则可以根据式(9-74)计算容许裂纹尺寸；如果通过无损探伤已知裂纹尺寸，则可以计算临界载荷；如果已知设计载荷，则可以判断构件的安全性。

9.4.2　裂纹尖端应力的塑性变形区修正

由式(9-70)可见，当 $r \to 0$ 时，各应力分量都趋于无穷大，即裂纹尖端的应力场具有奇异性。实际材料中不可能出现应力无穷大的情况，因为如果应力超过某一临界值，则裂纹尖端会发生扩展或屈服。例如对金属，裂纹尖端应力超过材料的屈服极限，就会出现局部屈服，使裂纹尖端发生应力松弛，屈服区内的应力-应变关系不再遵循线弹性力学，式(9-70)在该处不再适用。但经过适当修正，线弹性力学仍然可以应用，对不同的应力状态有不同的修正方法。

9.4.2.1　裂纹尖端塑性变形区的大小

单向拉伸时外应力达到材料的屈服强度 σ_s 时材料即发生屈服。但含裂纹构件裂纹前端为三向应力，此时的屈服条件必须采用最大剪应力判据或形状改变能判据。通常采用形状改变能判据，即复杂应力状态的形状改变能密度等于单向拉伸屈服时的形状改变能密度时，材料就屈服，其表达式为：

$$(\sigma_1 - \sigma_2)^2 + (\sigma_2 - \sigma_3)^2 + (\sigma_3 - \sigma_1)^2 = 2\sigma_s^2 \tag{9-75}$$

式中，σ_s 为材料的屈服强度；σ_1、σ_2、σ_3 为三个主应力。可以推导出：

$$\sigma_1 = \frac{K_I}{\sqrt{2\pi r}}\cos\frac{\theta}{2}\left(1 + \sin\frac{\theta}{2}\right) \tag{9-76}$$

$$\sigma_2 = \frac{K_I}{\sqrt{2\pi r}}\cos\frac{\theta}{2}\left(1-\sin\frac{\theta}{2}\right) \qquad (9\text{-}77)$$

对平面应力状态为：

$$\sigma_3 = 0 \qquad (9\text{-}78)$$

将式（9-76）～式（9-78）代入式（9-75），经推导可得出在塑性变形区边界为：

$$r = \frac{K_I^2}{2\pi\sigma_s^2}\left[\cos^2\frac{\theta}{2}\left(1+3\sin^2\frac{\theta}{2}\right)\right] \qquad (9\text{-}79)$$

即式（9-79）决定了塑性变形区的形状和大小。当 $\theta = 0°$ 时，塑性变形区宽度为：

$$r_0 = \frac{K_I^2}{2\pi\sigma_s^2} \qquad (9\text{-}80)$$

对平面应变应力状态，由于 $\sigma_3 = \nu(\sigma_1 + \sigma_2)$，可推导出其塑性变形区宽度为：

$$r_0 = \frac{K_I^2}{2\pi\sigma_s^2}(1-2\nu)^2 \qquad (9\text{-}81)$$

计算出的两种应力状态的塑性变形区边界如图 9-54 所示。通常将塑性区的最大主应力 σ_1 称为有效屈服应力，用 σ_{ys} 表示。可证明平面应力状态下，$\sigma_{ys} = \sigma_s$，平面应变状态 $\sigma_{ys} = \frac{\sigma_s}{1-2\nu}$。但实际构件裂纹前端一般不是纯粹的平面应变状态，例如厚板前后板面就处于平面应力状态，此时平面应变状态的有效屈服应力修正为 $\sigma_{ys} = \sqrt[4]{8}\sigma_s$，使塑性变形区尺寸有所扩大，其值为：

$$r_0 = \frac{K_I^2}{4\sqrt{2}\pi\sigma_s^2} \qquad (9\text{-}82)$$

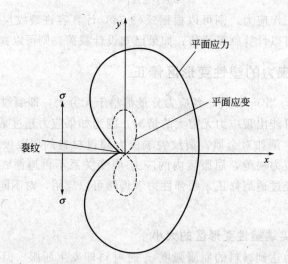

图 9-54　裂纹尖端的塑性变形区边界

此时平面应变状态的塑性变形区仍然比平面应力状态的小。

9.4.2.2　应力松弛对塑性变形区尺寸的影响

实际上，塑性材料的裂纹前端的塑性变形区会比式（9-80）、式（9-82）计算的大，其原因是当裂纹前端的应力场大于有效屈服应力 σ_{ys} 时，裂纹前端就会屈服，使屈服区内的最大主应力恒等于 σ_{ys}。所以屈服区的应力峰被削平到 σ_{ys}，屈服区多余出的应力要被松弛掉，传给了屈服区周围的区域，使那些区域的应力升高。如果那些区域的应力 σ_y 高于 σ_{ys}，该区域也会发生屈服，结果是屈服区扩大。应力松弛后的塑性变形区如图 9-55 所示，屈服区宽度由 r_0 扩大到 R，其中 DBC 为未发生应力松弛时的理论应力 σ_y 分布曲线，$ABEF$ 为应力松弛后的实际应力 σ_y^* 分布曲线。根据能量分析结果，可计算出平面应力状态下：

$$R = \frac{1}{\pi}\left(\frac{K_{\mathrm{I}}}{\sigma_{\mathrm{s}}}\right)^2 \tag{9-83}$$

平面应变状态下：

$$R = \frac{1}{2\sqrt{2}\pi}\left(\frac{K_{\mathrm{I}}}{\sigma_{\mathrm{s}}}\right)^2 \tag{9-84}$$

可见应力松弛均使塑性变形区尺寸扩大一倍。

另外，塑性变形区尺寸正比于 $\left(\dfrac{K_{\mathrm{I}}}{\sigma_{\mathrm{s}}}\right)^2$，在临界状态

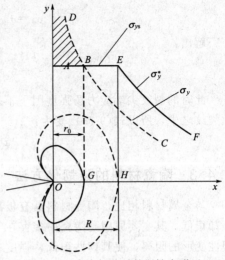

图 9-55　应力松弛后的塑性变形区

下正比于 $\left(\dfrac{K_{\mathrm{Ic}}}{\sigma_{\mathrm{s}}}\right)^2$，$K_{\mathrm{Ic}}$ 和 σ_{s} 均为材料的性能指标，可由之确定裂纹前端的临界塑性变形区尺寸。

9.4.2.3　应力场强度因子的塑性变形区修正

如果材料的 σ_{s} 较高，K_{Ic} 较低，则塑性变形区尺寸 R 很小，或 R 的值虽然不小，但相对于大的构件尺寸仍然可看成很小，则只要稍加修正，就仍可应用线弹性断裂力学的分析结果。修正的方法是引入"有效裂纹尺寸"的概念，把塑性变形区松弛应力场的作用等效地看成裂纹长度增加 r_y 而松弛应力场的作用，引入有效裂纹长度 $a+r_y$ 代替原有裂纹长度，就可以不再考虑塑性变形区的影响，原来推导的线弹性应力场的结果仍适用。

如图 9-56 所示，当裂纹前端出现塑性变形区后，应力分布由虚线 FCD 变成实线 $ABCE$，相当于裂纹尖端由 O 点移到 O' 点，此时的有效裂纹长度为 $a+r_y$。由于塑性变形区的影响已经在有效裂纹尺寸中包含，可直接用线弹性力学处理。根据式(9-71)，有效裂纹前端的应力分布为：

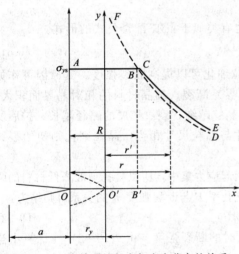

图 9-56　有效裂纹长度与应力分布的关系

$$\sigma_y' = \frac{K_{\mathrm{I}}}{\sqrt{2\pi r'}} \tag{9-85}$$

式中，r' 是以 O' 为原点的坐标。由于：

$$r' = r - r_y \tag{9-86}$$

在真实裂纹塑性变形区之外，有效裂纹前端应力为：

$$\sigma_y' = \frac{K_{\mathrm{I}}}{\sqrt{2\pi(r-r_y)}} \tag{9-87}$$

应该与真实裂纹引起的应力 σ_y 相等，即在 $r \geqslant R$ 的区域，实线应该与虚线重合。此时有效裂纹长度才能正确表示原有裂纹塑性变形区应力松弛的作用。也就是说，在 $r = R$ 处：

$$\sigma_y = \sigma_{ys} = \sigma'_y = \frac{K_I}{\sqrt{2\pi(R-r_y)}} \qquad (9\text{-}88)$$

解出：

$$r_y = R - \frac{1}{2\pi}\left(\frac{K_I}{\sigma_{ys}}\right)^2 \qquad (9\text{-}89)$$

此时的裂纹尖端应力场强度因子不须考虑塑性变形区的影响，因为该影响已经包含在有效裂纹之中，所以式（9-73）变为：

$$K_I = Y\sigma\sqrt{a+r_y} \qquad (9\text{-}90)$$

9.4.3 陶瓷材料的强韧化方法

与金属材料相比，陶瓷材料具有极高的抗压强度和弹性模量，但其抗拉强度、抗弯强度等却很低，其主要原因是陶瓷中多存在气孔等缺陷，且其位错难于滑移，裂纹扩展很少受到塑性变形的阻碍，使其韧性很低，强度也因之降低。表9-3给出了几种金属与陶瓷材料强韧性的比较，可见即使是高压下得到的较致密的陶瓷，其强度与韧性均低于金属。因此陶瓷的韧化是其强韧化的主要方面。

表 9-3 几种金属与陶瓷材料的室温强度与断裂韧性

项目	碳钢	马氏体时效钢	高温合金	钛合金	高压 Si_3O_4 陶瓷
屈服强度/MPa	235	1670	981	1040	490
K_{Ic}/MPa·m$^{1/2}$	210	93	77	47	3.5～5.5

9.4.3.1 细化、致密化和纯化

陶瓷材料的断裂强度 σ_f 与晶粒直径 d 的关系也有类似于霍尔-配奇公式的形式：

$$\sigma_f = \sigma_0 + Kd^{-\frac{1}{2}} \qquad (9\text{-}91)$$

式中，σ_0 和 K 是与材料有关的常数。可见晶粒细化可以提高断裂强度。其原因可作如下解释。陶瓷材料的晶界较弱，破坏一般是沿晶（界）断裂。细晶材料的相对晶界面积大，沿晶界破坏时，裂纹扩展要经过更多迂回的路径。晶粒越细，裂纹扩展的路径越长，扩展所需要的能量越高。另外，多晶材料的初始裂纹尺寸与晶粒尺寸相当，晶粒细化则初始裂纹小，其强度与韧性均提高。

气孔不仅降低了有效负荷面积，而且在其附近引起应力集中，所以气孔一般降低材料的强度与韧性，致密化则可以提高强韧性。陶瓷材料的气孔率 P 与断裂强度 σ_f 的关系可归结为：

$$\sigma_f = \sigma_0 \exp(-nP) \qquad (9\text{-}92)$$

式中，n 为常数，一般为4～7；σ_0 为没有气孔时的断裂强度。由式（9-92）在计算出当气孔率在10%左右时断裂强度就可降低一半左右，这样的气孔率在陶瓷中是常见的，这说明陶瓷材料的性能远未得到充分发挥。如果将晶粒度与气孔率结合起来考虑，可以得出：

$$\sigma_f = (\sigma_0 + Kd^{-\frac{1}{2}})e^{-nP} \qquad (9\text{-}93)$$

表9-4给出了几种陶瓷材料的断裂强度，可见晶粒度与气孔率的影响。

表 9-4 不同晶粒尺寸和气孔率的几种陶瓷材料的断裂强度

材料	晶粒尺寸/μm	气孔率/%	断裂强度/MPa
高铝砖（99.2% Al_2O_3）	—	24	13.5
烧结氧化铝（99.8% Al_2O_3）	48	约0	266
热压氧化铝（99.9% Al_2O_3）	3	<0.15	500
热压氧化铝（99.9% Al_2O_3）	<1	约0	900

材料	晶粒尺寸/μm	气孔率/%	断裂强度/MPa
单晶氧化铝(99.9%Al_2O_3)	—	0	2000
烧结氧化镁	20	1.1	70
热压氧化镁	<1	约0	340
单晶氧化镁	—	0	1300

杂质的存在也会由于形成应力集中而降低强度。如果杂质形成了弹性模量较低的第二相也会降低强度。因此纯化也是提高强度的方法。将陶瓷制成高纯的微晶，如纤维，特别是制成晶须，则可以消除气孔，将强度提高到接近理论强度。表 9-5 给出了不同形态的几种陶瓷材料的抗拉强度，可以看出这种影响。可见尺寸减小后强度可提高 1～2 个数量级，其原因是细小的截面提高了晶体的完整性。实验表明，晶须的强度随截面直径的增大而降低。

表 9-5 几种陶瓷材料的块体、纤维和晶须的抗拉强度

材料	抗拉强度/GPa		
	块体	纤维	晶须
Al_2O_3	0.28	2.1	21
BeO	0.14(稳定态)	—	13.3
ZrO_2	0.14(稳定态)	2.1	—
Si_3O_4	0.12～0.14(反应烧结)	—	14

9.4.3.2 形成表面压应力与消除表面缺陷

在表面形成一层压应力层可提高材料的抗拉强度，这是因为脆性断裂通常是在拉应力作用下自表面开始断裂，在材料服役过程中外加的拉应力要先克服表面残余压应力才能在表面形成拉伸破坏。

可以通过加热、冷却的方法在表面层中人为地造成表面残余压应力，这种处理方式称为热韧化。热韧化技术已经广泛地用于制造安全玻璃（钢化玻璃）。具体方法为：将玻璃加热到玻璃化温度以上熔点以下的某个温度后快速冷却（淬冷）。冷却过程中表面立即硬化不发生继续变形，而内部处于软化状态可以流动适应表面的收缩。内部冷却硬化后收缩，表面已经硬化，不能通过流动适应这种大的收缩量，从而在表面形成残余压应力。热韧化技术近年来也用于其他结构陶瓷，例如将 Al_2O_3 加热到 1700℃在硅油中淬冷，强度就会提高。当然，这种强度的提高除了有热韧化的作用外，也有快冷引起的晶粒细化的作用。

也可以通过改变表面化学组成的方法形成表面压应力，从而提高陶瓷材料的强度，这种方法称为化学强化。最初人们对金属进行化学热处理（表面合金化）强化金属表面，例如向钢表面渗碳、氮化、渗金属等，形成硬化相的同时还可形成表面压应力。向陶瓷表面渗入离子半径较大的离子可增大表面的摩尔体积，使表面体积膨胀形成表面压应力。可以认为这种体积膨胀与形成的压应力 σ 的关系近似服从虎克定律，即：

$$\sigma = B \times \frac{\Delta V}{V} = \frac{E}{3(1-2\nu)} \times \frac{\Delta V}{V} \tag{9-94}$$

式中，B 为体弹性模量；V 为体积；E 为正弹性模量；ν 为泊松比。如果体积变化为 2%，$E=70GPa$，$\nu=0.3$，则表面压应力可高达 1167MPa。可见化学强化可获得比热韧化更大的表面压应力。如果内部的拉应力较小，则经过化学强化的玻璃可韧化到能够切割和钻孔。但是，由于固态扩散的困难，特别是化学强化要渗入离子半径更大的离子，这种置换扩散的激活能很大，扩散系数很小，所以化学强化的压应力层的厚度被限制在数百微米的厚度内。

将陶瓷表面抛光或化学处理消除表面缺陷也可提高强度。与此类似，降低金属材料的表面粗糙度也可提高其疲劳强度。

9.4.3.3 形成增韧相

通过对陶瓷进行掺杂和热处理，使其中形成增韧的第二相以提高其韧性的方法称为相变增韧。相变增韧的最成功例子是氧化锆的增韧。

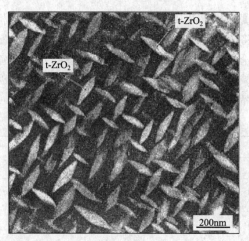

图 9-57 相变增韧的氧化锆

如图 9-57 所示，氧化锆有两相结构，其中的基底为立方相（c-ZrO_2），盘状的是四方相（t-ZrO_2），这种结构通过三种机制提高韧性。第一，随着裂纹的扩展导致应力升高，会使四方相通过马氏体相变转变为单斜相（m-ZrO_2），相变吸收能量并导致体积膨胀产生压应力，使裂纹继续扩展困难；第二，相变粒子周围的应力场会吸收额外的能量，并形成许多微裂纹，可有效降低初始裂纹尖端附近的有效应力；第三，第二相颗粒可引起裂纹偏转，使裂纹的表面积和有效表面能增加，裂纹扩展需要更大的能量。

这些机制同样适用于其他形状的第二相，如颗粒状或纤维状的第二相。通过这种机制已经成功地制得了多种增韧陶瓷，如用氧化钇或氧化钙部分稳定的氧化锆（partially stabilized zirconia，PSZ）、四方氧化锆多晶陶瓷、氧化锆增韧氧化铝（zirconia toughened alumina，ZTA）、氧化锆增韧莫来石、氧化锆增韧尖晶石、氧化锆增韧钛酸铝、氧化锆增韧 Si_3N_4 等，其中 PSZ、ZTA 等的断裂韧性 K_{1c} 已达 $10 \sim 15 MPa \cdot m^{1/2}$，甚至高达 $20 MPa \cdot m^{1/2}$。但温度升高时由于发生逆相变，会使相变增韧失效。

通过人为加入第二相形成复合材料也是陶瓷增韧的常用方法，这种方法称为弥散增韧。加入的第二相可以是金属粉末、其他陶瓷细粉、纤维、晶须等，通过塑性变形吸收能量、阻碍裂纹扩展使其扩展路径增长等机制提高韧性。这种机制可以保留到高温，但要注意加入的弥散相与基体之间应该具有良好的化学相容性和物理润湿性，使材料烧结后成为完整的整体且不产生有害的界面反应。

9.5 材料的疲劳

许多构件，如轴、齿轮、弹簧等在变动应力下工作，承受的最大应力一般都低于材料的屈服强度，但经过长时间的工作，这些构件也会发生断裂。这种材料在低于屈服应力的变动载荷作用下经长时间工作而发生断裂的现象称为材料的疲劳。无论材料在静载荷下显示韧性或脆性，疲劳断裂前均不显示明显的塑性变形，而是突然发生断裂，因此疲劳断裂常常是危险的，容易造成严重事故。

通常所说的疲劳指的是应力较低，应力交变频率较高的情况。如果应力较高（最大应力接近或超过屈服强度），应力交变频率较低，断裂时的交变周次少（少于 $10^2 \sim 10^5$ 次），则称为低周大应力疲劳。本节讨论前一种情形。

9.5.1 疲劳现象和疲劳极限

变动载荷是指载荷的大小、方向或二者都随时间变化的载荷。这种变动可以是周期性的，也可以是无规则的。例如，车轴上的一点在车轮运动一周时所受的应力的大小和方向均发生变化；气缸盖的紧固螺钉在气缸工作时一直受拉应力，但其大小在不断变化；飞机外壳在空中受气流的冲击则受到不规则的变动载荷。周期性的变动载荷的特征可用应力半幅 σ_a、平均应力 σ_m 和应力循环对称系数 γ 等描述，其定义为：

$$\sigma_a = \frac{\sigma_{max} - \sigma_{min}}{2} \tag{9-95}$$

$$\sigma_m = \frac{\sigma_{max} + \sigma_{min}}{2} \tag{9-96}$$

$$\gamma = \frac{\sigma_{min}}{\sigma_{max}} \tag{9-97}$$

式中，σ_{max}、σ_{min} 分别为应力循环中的最大和最小应力。如果 $\gamma = -1$，则称为对称应力循环，如车轴所受的弯曲应力就是这种应力循环。

通常用疲劳曲线描述材料承受的交变应力与断裂时的循环周次之间的关系。研究发现，材料承受的最大应力 σ_{max} 越小，断裂前的循环次数 N 越多，它们之间的关系如图 9-58 所示。当 σ_{max} 应力小于一定值后，应力交变无限次也不会发生疲劳断裂，此应力称为材料的疲劳极限，即疲劳曲线的水平部分所对应的应力。

疲劳极限通常用 σ_γ 表示，其中，γ 表示应力循环对称系数。对于对称应力循环，$\gamma = -1$，其疲劳极限表示为 σ_{-1}。不同材料有不同的疲劳曲线，根据疲劳曲线的形状可将其大致分为两种类型，如图 9-59 所示。例如，常温下的钢铁

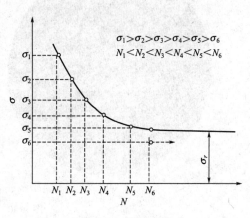

图 9-58 疲劳曲线

材料有图 9-59(a) 所示的疲劳曲线，曲线上有明显的水平部分，所以其疲劳极限有明确的物理意义。而铝合金等材料的疲劳曲线上没有明显的水平部分，如图 9-59(b) 所示，因此从疲劳曲线上难于得到这类材料的疲劳极限。对这类材料规定条件疲劳极限（有限疲劳极限）

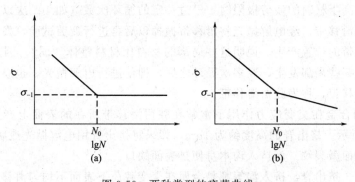

图 9-59　两种类型的疲劳曲线

(a) 钢铁材料；(b) 铝合金

的含义为疲劳断裂前循环次数对应于规定次数 N_0 的应力。N_0 称为循环基数，其大小是根据工件的工作条件和使用寿命确定的。例如，对火车轴取 $N_0=5\times10^7$ 次，汽车曲轴取 $N_0=12\times10^7$ 次，汽轮机叶片取 $N_0=25\times10^{10}$ 次。

图 9-60 是典型的疲劳宏观断口。疲劳宏观断口一般由两个区域组成，即疲劳裂纹产生及扩展区和最后断裂区。由于材料质量缺陷、加工缺陷、结构设计不当等原因，在构件局部区域会形成应力集中，这些区域容易成为疲劳裂纹核心的策源地。疲劳裂纹产生后，在交变应力作用下继续扩展长大，在疲劳裂纹扩展区常常留下以裂纹源为中心的一条条同心弧，称为疲劳裂纹前沿线或疲劳线。如果裂纹受反复的挤压和摩擦，也可以将这些疲劳线磨平，则这一区域是光亮的。裂纹的扩展使构件的有效截面积不断缩小，所受的实际应力不断增大，当应力超过断裂强度时则发生断裂，形成断口的最后断裂区。最后断裂区的断口形貌和静载荷下的缺口试样的断口相似，对塑性材料为暗灰色的纤维状断口，对脆性材料为结晶状断口。一般材料所受的应力越大，最后断裂区面积越大，所以可根据断口上两个区域的比例推断构件的过载程度。

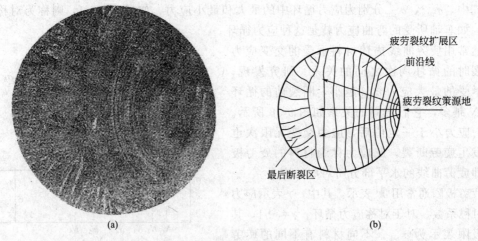

图 9-60　疲劳宏观断口
（a）旋转弯曲试样疲劳断口；（b）疲劳断口示意图

9.5.2　疲劳破坏的微观机制

9.5.2.1　疲劳裂纹的形成

当交变应力高于材料的疲劳极限时，经过一定的循环次数（如 10^4 次以上）会在抛光表面形成较粗大的滑移带，经电解抛光将滑移带抛掉以后再进行疲劳试验，发现新的滑移带仍然在原来的滑移带的位置产生，说明这些局部的材料比材料整体"弱"。因此交变载荷下的滑移总是集中在某些局部发生，经多次循环之后，即使进行电解抛光，也总会在表面残留一些未被抛去的滑移带，称为驻留滑移带。

某些金属和合金在交变应力作用下常常在驻留滑移带所在的表面上产生挤出脊和挤入沟，如图 9-61 所示。挤出脊的高度约为 $1\mu m$，如果将挤出脊用电解抛光或腐蚀方法清除掉，有时便可见到表面微裂纹。而挤入沟本身便是表面缺口。

驻留滑移带、挤出脊、挤入沟等都是金属在交变载荷下表面不均匀滑移形成的疲劳裂纹核心策源地。这些裂纹核心在交变应力作用下逐渐扩展，相互连接，最后发展为宏观疲劳裂

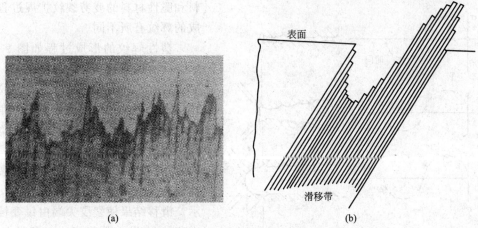

图 9-61 交变应力下在金属表面形成的挤出脊和挤入沟

(a) 铜交变扭转试验（应变为 0.003，2×10^5 次循环后的斜切面）；（b）挤出脊和挤入沟形成示意图

纹。晶界、孪晶界、夹杂物等处也容易成为疲劳裂纹核心。由于疲劳裂纹几乎都是在表面产生，提高表面光洁度或形成表面压应力都可显著地提高材料的疲劳抗力。

9.5.2.2 疲劳裂纹的扩展

在没有应力集中的情况下，疲劳裂纹的扩展可分为两个阶段，如图 9-62 所示。第Ⅰ阶段通常从表面的驻留滑移带、挤入沟或夹杂物处开始，沿最大切应力方向（约与主应力成45°角）扩展。由于晶粒间的取向不同和晶界对裂纹扩展的阻碍作用，裂纹方向逐渐转向和主应力垂直。这一阶段裂纹扩展几个晶粒的深度，扩展速率很慢，每一应力循环只有十分之一纳米的数量级。在有应力集中的情况下不经过第Ⅰ阶段，裂纹扩展直接进入第Ⅱ阶段。

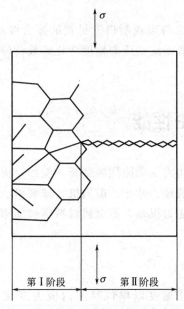

图 9-62 疲劳裂纹扩展的两个阶段

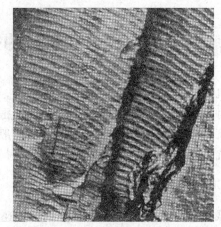

图 9-63 用 SEM 观察到的 7178 铝合金疲劳断口的塑性辉纹（箭头表示裂纹扩展方向）

第Ⅱ阶段裂纹扩展速率较快，每一应力循环可扩展微米的数量级。用扫描电子显微镜观察疲劳断口，可见图 9-63 所示的疲劳辉纹（疲劳条带），主要是在第Ⅱ阶段形成的。塑性材

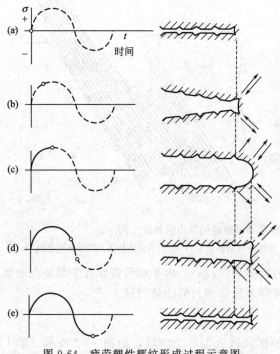

料和脆性材料的疲劳裂纹扩展过程中形成的辉纹有所不同。

塑性辉纹的形成过程如图 9-64 所示。应力循环到 0 时，裂纹闭合，如图 9-64(a) 所示。当应力循环使裂纹受到拉应力时裂纹张开，裂纹尖端尖角处由于应力集中而在与主应力成 45°角的方向产生滑移，如图 9-64(b) 所示。当拉应力达到最大时滑移区扩大，使裂纹尖端成为近似半圆形，如图 9-64(c) 所示。滑移结果使裂纹尖端由锐变钝，应力集中减小，滑移停止，裂纹扩展停止。当应力循环使裂纹受到压应力时发生反向滑移，裂纹两边被压近，在顶端处被弯折成耳状切口，如图 9-64(d) 所示。当压应力达到最大时裂纹被压合，裂纹尖端由钝变锐，形成尖角，裂纹向前扩展了一个条纹，如图 9-64(e) 所示。下一个应力循环又重复上述过程。

图 9-64 疲劳塑性辉纹形成过程示意图

每一个循环留下一个辉纹。

脆性辉纹也称为解理辉纹，在拉应力作用下裂纹尖端通过解理断裂向前扩展，在每一应力循环下解理断裂将在和解理面方位最适宜的裂纹分叉处产生，断口上可见到细小的解理面。

疲劳辉纹是判断疲劳断裂的有力证据。注意疲劳辉纹与宏观断口上见到的疲劳线不同，前者是每一应力循环裂纹尖端钝化形成的微观痕迹，后者是交变应力幅度变化或载荷停歇等原因形成的宏观特征。

9.6　材料的抗冲击性能

许多机械零件工作过程中要受到冲击载荷，即短时间内变动剧烈的载荷。例如，火车启动、刹车时其车厢间的连接杆都受到强烈的冲击。又如锻锤、冲床、凿岩机、球磨机、铆钉枪等本身就是靠冲击载荷工作的。脆性材料一般抗冲击能力很差，而金属材料则被期望有很好的冲击抗力。

9.6.1　冲击韧性试验

冲击载荷与静载荷的主要区别在于加载速度。加载速度以单位时间内应力变化幅度表示。由于变形速度与加载速度的变化趋势相同，所以也可以用应变速度间接反映加载速度的变化。研究表明，相对变形速度在 $10^{-4} \sim 10^{-1} s^{-1}$ 时金属的力学性能变化不大，可按静载荷处理；变形速度大于 $10^{-1} s^{-1}$ 时金属的力学性能有明显变化，必须考虑加载速度的影响。

工程上常采用一次摆锤冲击弯曲试验测定材料的抗冲击能力，简称冲击试验，其原理如图9-65所示。如图9-65(a)所示，将试样2放在支持座3上，支持座在左侧卡住试样。使重量为G的摆锤1抬高至H_1高度后自由摆下，将试样冲断，摆锤的剩余动能转化为势能，使其继续抬高至H_2高度。摆锤冲断试样损失的能量$A_K = G(H_1 - H_2)$就是使试样破断所做的功，称为材料的冲击功。用试样缺口处的截面积S去除冲击功，则称为材料的冲击韧性（冲击值）a_K，即：

$$a_K = \frac{A_K}{S} \qquad (9-98)$$

对韧性不同的材料，冲击试样有不同的形式。脆性材料的冲击试样不开缺口，就是一个 55mm×10mm×10mm 的方柱。韧性材料的试样如果也加工成方柱，即使摆锤抬到最高也不能冲断，所以韧性材料的冲击试样上要在中部开一缺口，并在冲击试验时将缺口放在摆锤的背面，如图9-65所示。韧性不同的材料要开不同的缺口，如图9-66所示。韧性一般的材料开圆弧形缺口，称为梅氏试样；韧性较高的试样开 V 形缺口，称为夏氏试样。缺口越尖锐，越容易保证在缺口处断裂，塑性变形体积越小，冲击功越小。所以用不同形式的试样测得的冲击值是不能直接比较的。

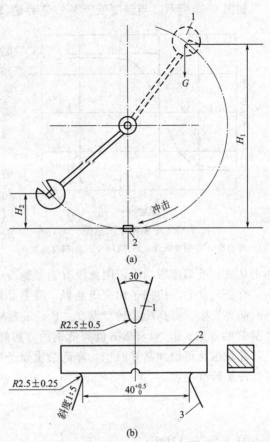

图 9-65　冲击试验原理
(a) 摆锤摆动过程；(b) 冲击试样的安放
1—摆锤；2—试样；3—支持座

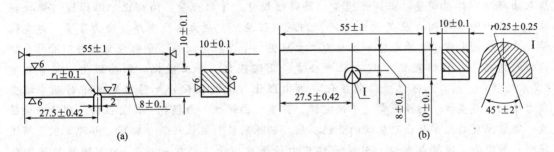

图 9-66　不同形式的冲击试样
(a) 梅氏试样；(b) 夏氏试样

9.6.2　金属材料的冷脆

具有体心立方或密排六方晶体结构的金属材料常常具有冷脆现象。冷脆使按韧性材料设计的构件在低温下发生低应力脆断，往往容易引起灾难性事故。

如图 9-67 所示，当温度低于某一临界值 T_K 时，冲击功突然降低，材料从韧性状态变成脆性状态，即冷脆。T_K 称为冷（韧）脆转变温度。出现冷脆的物理本质是材料的屈服强度和断裂强度都随温度的降低而升高，但屈服强度的升高更快，导致到某一温度以下屈服强度高于断裂强度。因此 T_K 应该是材料屈服强度与断裂强度相等的温度。

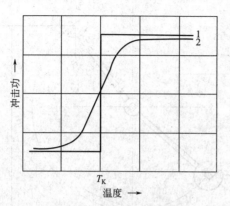

图 9-67　冷脆现象示意图
1—理想冲击功-温度曲线；2—实际冲击功-温度曲线

材料晶体结构对称性越差，位错运动的派-纳力越高，位错运动的阻力受温度影响越大，屈服强度受温度的影响越大，冷脆倾向越大。因此对称性很好的面心立方金属很少见到冷脆现象。

高强度钢本身的位错运动阻力大，塑性差，冲击功低，受温度影响小，因此没有明显的冷脆。中低强度钢则有明显的冷脆现象。

合金元素和杂质原子偏聚于晶界，降低晶界能，或者在晶界形成脆性相，使脆性断裂容易沿晶界发生，提高冷脆转变温度。P 是最容易引起钢的冷脆的杂质元素，所以炼钢要严格控制 P 的含量。但 Ni 和 Mn 能降低钢的冷脆倾向。

晶粒细化可增加晶界面积，降低杂质原子在晶界的偏聚程度，同时可提高塑性，因此可降低冷脆转变温度。

思考题和习题

1　掌握下列重要名词含义

弹性变形　塑性变形　应力　工程应力　真实应力　应变　拉伸应变（工程应变）静载荷　真应变　剪切应变　压缩应变　弹性极限　比例极限　屈服　上屈服点　下屈服点　屈服强度　颈缩　抗拉强度　塑性　延伸率　断面收缩率　$\sigma_{0.2}$　硬度　莫氏硬度　压入法硬度　弹性模量　正弹性模量　切弹性模量　体积模量　泊松比　滞弹性（弹性弛豫）　应力弛豫时间　应变弛豫时间　内耗（阻尼）　应力感生有序　应力张量　应变张量　广义虎克定律　主单元体　主应力　主应变　平面应力状态　平面应变状态　滑移系统　位错的增殖　位错的塞积　霍尔-配奇公式　固溶强化　加工硬化　细晶强化　孕育处理（变质处理）　第二相强化　弥散强化　析出强化（沉淀强化）　固溶处理＋时效　蠕变　应力松弛　超塑性　黏性形变　牛顿定律　黏度　黏弹性　力损耗　广义位错　理论断裂强度　断裂强度的尺寸效应　裂纹的亚稳扩展　韧性断裂　脆性断裂　韧窝　解理断裂　河流花样　解理面　准解理断口　裂纹前端应力场强度因子　断裂韧性　K_{Ic}　陶瓷的热韧化　陶瓷的化学强化　相变增韧　弥散增韧　变动载荷　疲劳　疲劳极限　σ_{-1}　条件（有限）疲劳极限　疲劳线　驻留滑移带　疲劳辉纹　冲击载荷　冲击功　冲击韧性　冷脆　冷（韧）脆转变温度

2　画出低碳钢的应力-应变曲线示意图，描述其变形和断裂的过程和机制，解释其中涉及的力学性能指标的意义。

3　给出工程应力、工程应变、真实应力、真应变的定义，画出低碳钢工程应力-应变曲线和真实应力-应变曲线示意图并解释其差别。

4　简述扭转、弯曲、压缩试验的特点和应用。

5　比较莫氏硬度、布氏硬度、洛氏硬度、维氏硬度、显微硬度的特点和适用范围。

6　虎克定律的三种表达式有何区别和联系？

7　从微观机理解释虎克定律，说明金属和陶瓷以及高分子材料弹性行为的区别，解释弹性模量与熔点、德拜温度、热膨胀系数的关系。温度升高，弹性模量如何变化？为什么？

8　简述滞弹性的现象。

9　用应力感生有序解释钢中内耗产生的原因，举出内耗现象应用的例子。

10　简述金属塑性变形阻力的来源。

11　解释溶质原子阻碍位错运动的机理和屈服现象产生的机理。

12　解释加工硬化产生的机理。

13　说明晶粒尺寸与金属屈服强度的关系，解释其机理。

14　解释弥散第二相粒子阻碍位错运动的两种机理。

15　提高金属材料强度一般有何种方法？在这些强化方法中，细晶强化有什么不同于其他强化方法的特点？

16　结合图 9-28 阐述通过冷塑性变形强化金属的原理。

17　举出通过相变提高金属材料强度的两种方法并比较其强化机制的区别。

18　简述蠕变对材料的意义，结合图 9-31 解释在不同应力和温度下蠕变机制的不同。

19　简要解释图 9-32 的高分子材料加载与卸载时的应变-时间关系的产生机理。

20　以图 9-33 为例说明非晶态金属力学性能的特点，并结合图 9-34 阐述其微观变形机制的变化。

21　推导晶态材料的理论断裂强度，并指出其与实际断裂强度不相符的原因。

22　比较理论断裂强度与根据格里菲斯理论推导出的两种断裂强度，解释其区别。

23　断裂强度为什么有尺寸效应？金属材料和陶瓷材料的尺寸效应哪个更显著？为什么？格里菲斯理论是否可以直接应用于金属材料？为什么？

24　举例说明金属材料和陶瓷材料裂纹萌生机制的不同。

25　简述韧性断裂、脆性断裂的断口特征及其形成机制。

26　比较抗拉强度、格里菲斯断裂强度、断裂韧性的意义，说明用哪种指标设计更为安全？为什么不在所有的设计中都采用这一指标？

27　裂纹尖端应力场强度因子 $K_I = Y\sigma\sqrt{a}$ 的前提是什么？这种计算可否用于塑性材料？为什么？

28　陶瓷材料强韧化的主要方面是什么？解释细化、致密化、纯化提高陶瓷材料强韧性的机理。

29　解释热韧化和化学强化提高陶瓷强韧性的机理。

30　解释第二相提高陶瓷强韧性的机理，并举出获得第二相的两种方法，将其与金属的第二相强化机制进行比较。

31　简述疲劳极限和条件疲劳极限的区别和联系。

32　简述疲劳裂纹扩展的两个阶段的特征和塑性材料疲劳辉纹产生的机理。

33　简述冲击试验的原理，解释对不同材料采用不同形状的冲击试样的原因。

34　简述冷脆的概念和影响韧脆转变温度的因素。

35 一个金属拉伸试样的直径为 10mm，标距长度为 100mm，对其施加 45000N 的拉力，其直径均匀缩小至 9mm，求其工程应力、真实应力、工程应变、真应变，讨论计算结果。

36 某种材料正弹性模量约为 300GPa，泊松比为 0.3，求其剪切模量和体积模量。

37 10 号钢（含碳 0.1‰的碳钢）经适当处理后平均晶粒直径为 400μm，屈服强度为 86MPa，经另一种处理得到 50μm 的平均晶粒直径，此时的屈服强度为 121MPa，试估算如果将其平均晶粒直径细化到 10μm 时的屈服强度。

第10章 材料的光学性能

人们对材料光学性能最初的认识是材料的颜色，即材料对不同颜色光的反射。玻璃的出现才使人们注意到了材料的透光和折射等现象。目前越来越多的材料因其光学特性获得应用，如用作窗口、透镜、棱镜、滤光镜等的透明材料。激光的发现不过几十年的历史，但已经用于信息存储、高能量密度的加热、医学等多个领域，激光材料也变得日益重要。光导纤维开创了信息传输的新时代，对材料也提出了新的要求。此外，发光材料的应用也日益广泛。本章主要介绍材料对光的反射、折射、透射、发光等现象的基本理论，并简要介绍光学材料的应用。

10.1 光与材料的作用

10.1.1 光的物理本质

在普通物理中我们已经知道光是电磁波。图 10-1 示出了光在电磁波谱中的位置，可见

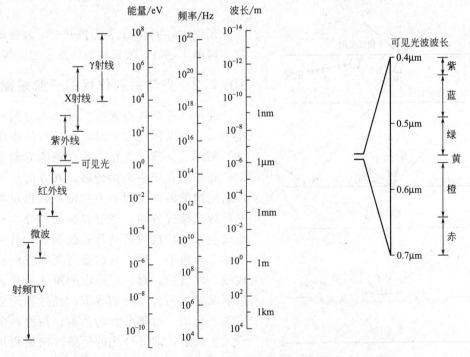

图 10-1 可见光在电磁波谱中的位置及不同颜色光的波长范围

光实际上就是波长处于人眼能够感知范围的那部分电磁波，其波长范围很窄，在 390～770nm 之间，随波长不同其颜色不同。白光是各种颜色光的混合光。

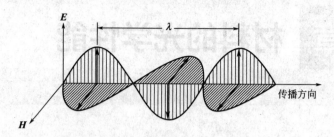

图 10-2　光波的电场分量 E 和磁场分量 H 与传播方向的关系

与一般的电磁波相同，光波也由电场分量与磁场分量组成，这两种分量彼此垂直且都垂直于光的传播方向，如图 10-2 所示。电磁波在真空中的传播速度 $c=3\times10^8\,\mathrm{m/s}$，且有：

$$c=\frac{1}{\sqrt{\varepsilon_0\mu_0}}\tag{10-1}$$

式中，ε_0 和 μ_0 分别为真空中的介电常数和磁导率。光在非真空介质中传播时光速为：

$$v=\frac{1}{\sqrt{\varepsilon\mu}}=\frac{c}{\sqrt{\varepsilon_r\mu_r}}\tag{10-2}$$

式中，ε 和 μ 分别为介质的介电常数和磁导率；ε_r 和 μ_r 分别为介质的相对介电常数和相对磁导率。物质的波粒二象性最早就是在光中提出的。考虑光的量子性，将光看成粒子，其能量量子即为光子，光子的能量为：

$$E=h\nu=\frac{hc}{\lambda}\tag{10-3}$$

式中，ν 为频率；λ 为波长；h 为普朗克常数。即频率越高、波长越短的光子能量越高。

10.1.2　光与材料作用的一般规律

光从一种介质进入第二种介质（例如从真空进入一种固体介质）时，与材料的作用如图 10-3 所示。一部分光在两种介质的界面上被反射，在第一介质中继续传播，其方向可为服从反射定律的镜面反射和方向随机的漫反射；另一部分光越过界面。越过界面的部分中有一部分被吸收，转换成其他形式的能量；另一部分在第二介质中传播，其传播速度和方向都发生改变，即折射；对一定厚度的第二介质，光折射后又到达两种介质的界面，经过界面后又进入第一介质，这部分称为透射；在材料中光还会发生散射，即部分光的传播方向偏离折射定律规定的方向。所以，如果入射到材料表面的

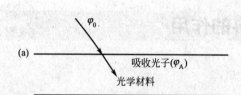

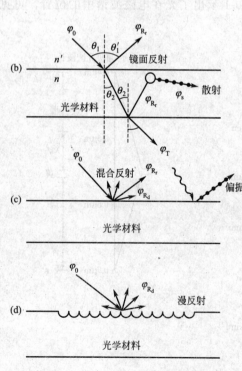

图 10-3　光与材料的作用示意图

光的能流率为 φ_0（W/m^2），则有：

$$\varphi_0 = \varphi_T + \varphi_A + \varphi_R + \varphi_S \tag{10-4}$$

式中，φ_T、φ_A、φ_R、φ_S 分别是透射、吸收、反射、散射的能流率。用 φ_0 除等式两边，则有：

$$T + A + R + S = 1 \tag{10-5}$$

$$T = \frac{\varphi_T}{\varphi_0}, \ A = \frac{\varphi_A}{\varphi_0}, \ R = \frac{\varphi_R}{\varphi_0}, \ S = \frac{\varphi_S}{\varphi_0}$$

式中，T、A、R、S 分别为透射率、吸收率、反射率和散射率。

折射、反射、散射、吸收各有其微观机制，实际上来自光与固体中的原子、离子、电子等的相互作用。光作用于材料，主要引起以下效应。

第一是引起材料中的电子极化。在可见光的频率范围内，光波的电场分量与传播路径上的每个原子作用，引起其中的电子极化，即造成电子云的负电荷中心与原子核的正电荷中心发生相对位移，结果使光通过介质时的部分能量被吸收，光速降低，导致折射。

第二是引起材料中电子能态的改变。以孤立原子为例说明光引起的电子能态改变。如图 10-4 所示，频率为 ν_{42} 的光子照射到孤立原子上，使 E_2 能级的电子被激发到 E_4 空能级，光子能量被完全吸收，光子消失。这种吸收的条件为：

$$\Delta E = h\nu_{ij} \tag{10-6}$$

$$\Delta E = E_i - E_j$$

式中，i，j 为原子中电子的两个能级；ΔE 为这两个能级的能级差；ν_{ij} 为能量恰好为这一能级差的光子的频率；h 为普朗克常数。可见只有能量为电子能级差的

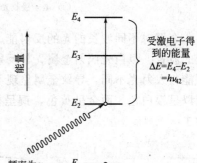

图 10-4 光子引起的孤立原子能态转变

光子才能被吸收，所以可被孤立原子吸收的光子是不多的。但在固体中，能级扩展成能带，能带是准连续的，不同能量（频率）的光子都有可能被吸收。

吸收了光子的电子处于高能量的受激态，是不稳定的，因此受激电子又会按不同途径衰变返回基态，同时发射不同波长（能量）的电磁波。如果图 10-4 中的受激电子又从 E_4 能级直接衰变回 E_2 能级，就会发射与入射光同样波长的光波，表现为材料表面发出的反射光。

10.1.3　金属材料对光的吸收和反射

金属对可见光一般是不透明的，其本质原因是由金属材料中电子的能带结构决定的。如图 10-5 所示，金属的费米能级以上存在许多空能级。当光线照射到金属时，不同波长（能量）的光子都能被电子吸收而将电子激发到空能级上。研究表明，只要金属箔的厚度超过 $0.1\mu m$ 就可吸收全部入射光子。因此只有厚度低于 $0.1\mu m$ 的金属箔才可以透过可见光。实际上，金属对无线电波到紫外线的所有低频电磁波都是不透明的，只有高频电磁波，如 X 射线和 γ 射线才可以穿透一定厚度的金属。

金属中大部分被激发到高能态的电子又会衰变返回基态，同时放射出与所吸收的光子波长相同的光子，表现为反射光。大多数金属的反射率在 0.9~0.95 之间，其余能量转换成其他形式的能量，如热量，使材料的温度升高。

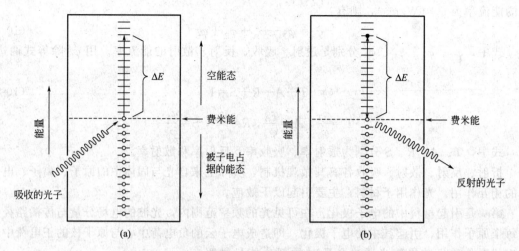

图 10-5　金属材料吸收光子后的电子能态变化

(a) 电子吸收光子受激发；(b) 受激电子返回基态发射光子

　　金属对不同波长的光的反射能力是不同的，如图 10-6 所示。金属的颜色取决于其反射光的波长。以白光照射金属，其反射光仍然是不同波长的光的混合，但其不同波长光的比例可能与入射光不同，导致金属呈现不同的颜色。例如，银和铝等金属的反射光混合成白光，所以呈银白色。而金呈黄色，铜呈橘黄色，则是因为其反射的混合波长的光以某一种波长为主。

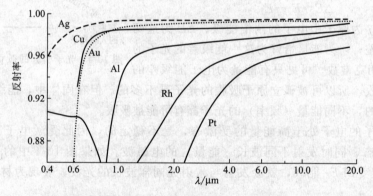

图 10-6　金属对不同波长光的反射率

10.1.4　非金属材料对光的反应

10.1.4.1　非金属材料对光的折射

　　当光从真空进入较致密的材料时，其速度降低，光在真空中和材料中的速度之比即为材料的折射率，即折射率为：

$$n = \frac{c}{v} \tag{10-7}$$

式中，v 为材料中的光速。

　　当光从材料 1 中通过界面进入材料 2 时，在材料 1 中入射光与界面法线所成的角即入射角为 i_1，在材料 2 中折射光与界面法线所成的角即折射角为 i_2，则有：

$$n_{21}=\frac{\sin i_1}{\sin i_2}=\frac{n_2}{n_1}=\frac{v_1}{v_2} \qquad (10-8)$$

式中，n_{21} 为材料 2 相对于材料 1 的相对折射率；n_1、n_2 分别为材料 1、2 的折射率；v_1、v_2 分别为材料 1、2 中的光速。

将式（10-2）代入式（10-7）可得材料的折射率为：

$$n=\frac{c}{v}=\sqrt{\mu_r \varepsilon_r} \qquad (10-9)$$

式中，ε_r 和 μ_r 分别为材料的相对介电常数和相对磁导率。由于大多数非金属材料的磁性很弱，$\mu_r \approx 1$，有：

$$n \approx \sqrt{\varepsilon_r} \qquad (10-10)$$

由于 $\varepsilon_r > 1$，材料的折射率总是大于 1 的，如空气的折射率为 1.0003，无机材料的折射率为 1.3~4.0。而且，材料的折射率随介电常数的增大而增大。其原因是当电磁辐射作用于电介质时，其原子受到电磁辐射的电场的作用，使原子的正负电荷中心发生相对位移，产生极化，电磁辐射与原子的作用使光子减速。由于大离子可以使原子的正负电荷中心产生较大的相对位移，ε_r 增大，可以用大离子构成高折射率的材料，例如 PbS 的折射率为 3.912。同样道理，可用小离子构成低折射率的材料，例如 $SiCl_4$ 的折射率为 1.412。加入大离子可有效提高玻璃的折射率，例如普通钠钙玻璃的折射率约为 1.5，而加 90%PbO 的铅玻璃折射率可达 2.1。表 10-1 给出了一些透明材料的平均折射率。

表 10-1 一些透明材料的平均折射率

玻璃	平均折射率	陶瓷晶体	平均折射率	高聚物	平均折射率
氧化硅玻璃	1.458	石英（SiO_2）	1.55	聚乙烯	1.35
钠钙硅玻璃	1.51	尖晶石（$MgAl_2O_4$）	1.72	聚四氟乙烯	1.60
硼硅酸玻璃	1.47	刚玉（Al_2O_3）	1.76	聚甲基丙烯酸甲酯	1.49
重燧石光学玻璃	1.6~1.7	方镁石（MgO）	1.74	聚丙烯	1.49

材料的折射率还受晶态结构及应力的影响。非晶态材料和立方晶系的晶体对光是各向同性的，只有一个折射率，称为均质介质。非立方晶系的晶体都是非均质介质，光线入射到该介质中会产生双折射现象，即出现两条振动方向相互垂直、转播速度不等的折射线。双折射是非均质介质的特性之一，这类介质的多种光学性能都与之有关。双折射导致双折射率：平行于入射面的光线的折射率为常数，与入射角无关，称为常光折射率 n_0，严格服从折射定律；另一条与之垂直的光线不严格遵守折射定律，所构成的折射率的大小随入射光方向变化，称为非常光折射率 n_e。当光线沿晶体光轴的方向入射时，只有 n_0 存在；沿垂直于光轴的方向入射时，n_e 达到最大值。这一最大值是材料的特性。例如，对石英，n_0 和 n_e 分别为 1.543 和 1.552；对方解石，n_0 和 n_e 分别为 1.658 和 1.486。一般沿晶体密堆方向 n_e 较大。

对多晶型材料，一般高温的晶型折射率较低。例如，常温下的石英玻璃 $n=1.46$，石英晶体 $n=1.55$，高温时的磷石英 $n=1.47$，方石英 $n=1.49$。当透明材料中有内应力时，垂直于受拉的主应力方向的折射率高，平行于该方向的折射率低。

前面讨论的影响折射率的因素都决定于材料的自身因素，实际上材料的折射率还与入射光的波长有关，即材料对光的折射率随光的波长的增大而减小，这种现象称为色散。在给定入射光波长的情况下，以 $\frac{dn}{d\lambda}$ 衡量色散的程度，图 10-7 给出了一些晶体和玻璃的折射率与波长的关系，从曲线上可直接得到这些材料在特定波长的色散程度。

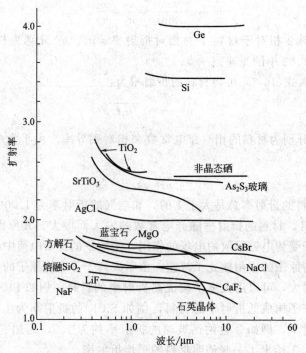

图 10-7　一些晶体和玻璃的折射率与波长的关系

不同材料在不同波长的色散趋势不同，难于相互比较，且完整波长的色散曲线的测定也不方便，因此最实用的方法是用固定波长的折射率表征色散程度，其中最常用的是以倒数相对色散，即色散系数 γ 表征色散为：

$$\gamma = \frac{n_D - 1}{n_F - n_C} \quad (10\text{-}11)$$

式中，n_D、n_F、n_C 分别为以钠的 D 谱线、氢的 F 谱线和 C 谱线（对应的波长分别为 589.3nm、486.1nm 和 656.3nm）为光源测得的折射率。图 10-8 给出了几种玻璃的折射率与波长的关系，其中标出了钠 D、氢 F 和氢 C 谱线的位置。

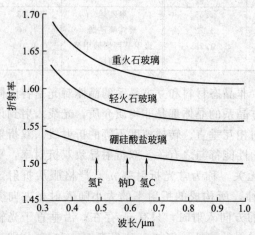

图 10-8　几种玻璃的折射率与波长的关系
以及钠 D、氢 F 和氢 C 谱线的位置

色散在一般情形下并不引起人们的注意，但对光学玻璃则是很重要的性质。例如三棱镜分光是最明显的色散现象。如果色散严重会引起单片透镜的成像不够清晰，在自然光透过时像的周围环绕一圈色带。克服的方法是：用不同牌号的光学玻璃分别制成凸透镜和凹透镜，组成复合镜头以消除色差，称为消色差镜头。

10.1.4.2　非金属材料对光的反射

光线从一种透明介质进入另一种折射率不同的介质时，总会有一部分光线在界面处被反射。从能量守恒定律和波动理论可以推导，当入射角和折射角都很小，即光线垂直于或接近垂直于界面入射时，反射率为：

$$R=\left(\frac{n_2-n_1}{n_2+n_1}\right)^2 \qquad (10-12)$$

式中，n_1、n_2 是两种介质的折射率。如果是从真空或空气入射到某种材料，则有：

$$R=\left(\frac{n-1}{n+1}\right)^2 \qquad (10-13)$$

式中，n 为该材料的折射率。可见材料的折射率越高，其反射率也越高。

如果两种材料的折射率相差较大，则反射损失较大。而且对多层玻璃制成的透镜系统，光线每次从空气中射入、从玻璃中射出都会引起反射损失，使透镜的透过率明显降低。在这种情况下，可采用与玻璃折射率相近的胶将这些透镜黏合起来，降低中间界面的反射损失。

10.1.4.3　非金属材料对光的吸收

光透过介质是指光射入介质后再从介质中射出。如图 10-9 所示，光从介质 1 进入介质 2 后可发生连续多次的反射和折射，反射光强是各次反射的总强度，透射光强是在介质 2 中反复传播过程中吸收和散射损失以及反射以外的光的总强度。

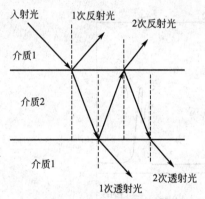

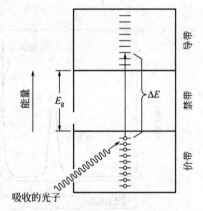

图 10-9　反射与透射的光路　　　图 10-10　非金属材料吸收光子后的电子能态变化

非金属材料对光的吸收可能有如下机理：第一是电子极化，只有光的频率与电子极化时间的倒数相近时这一机制才比较重要；第二是电子受激吸收光子跃迁到高能级，这一高能级可能是禁带以上的能级或禁带中的杂质或缺陷能级。

非金属材料吸收光子后的电子能态变化如图 10-10 所示。光子的能量 ΔE 大于禁带宽度 E_g 就能将电子从满价带激发到空导带上，并在价带留下一个空穴。显然此时应该有：

$$h\nu=\frac{hc}{\lambda}>E_g \qquad (10-14)$$

式中，c 为真空中的光速；ν 和 λ 分别为光的频率和波长。一方面，如果 E_g 足够大，则波长最短的紫光（波长 $0.4\mu m$）也不能将电子激发，即材料不吸收可见光。从式(10-14) 可计算出 $E_g>3.1eV$ 时材料即不能吸收可见光，即对可见光可能是无色透明的。

另一方面，波长最大的红光的波长是 $0.7\mu m$，可计算出其光子的能量为 $1.8eV$，所以所有可见光都可将禁带宽度小于 $1.8eV$ 的半导体材料的电子激发到空导带中，即该类材料可吸收所有颜色的可见光，因而是不透明的。对于 $1.8eV<E_g<3.1eV$ 的非金属材料，则可能吸收波长较短的可见光，即吸收部分颜色的可见光，因此该类材料可能是带色透明的。

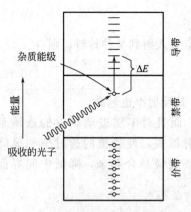

图 10-11 杂质能级上的电子吸收光子后被激发进入空导带

上面叙述的能带结构和吸收特性适用于高纯度材料。实际上材料中的杂质和缺陷可在禁带中引入杂质或缺陷的中间能级，使能量较低的光子能够将电子从满价带激发到中间能级或从中间能级激发到空导带，从而吸收光子。图 10-11 示出了后一种情况。因此禁带较宽的介电材料不纯时也可吸收不同频率的光子。

由以上分析还可见，由于不同材料有不同的能带结构，它们对不同波长的可见光的吸收能力是不同的。图 10-12 给出了不同类型的材料对不同波长的电磁波（光）的吸收率与波长的关系。由于金属和半导体的禁带宽度为 0 或很窄，对所有可见光都有很大的吸收率。而电介质材料，包括玻璃、陶瓷、非均相高聚物等在可见光区的吸收率很低，可能具有良好的透光性。而且，由能带结构决定，一些材料选择性地吸收某些颜色的可见光，使其呈现不同的颜色。

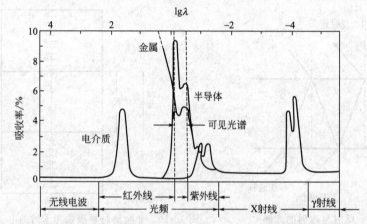

图 10-12 不同材料对电磁波（光）的吸收率与波长的关系

值得注意的是，在红外线区，光波的能量较低，电介质对该波长的光却有明显的吸收峰，这是用上述电子受激吸收机制不能解释的。实际上，红外吸收与晶格振动有关，是离子的弹性振动与光子辐射发生谐振消耗能量所致，因此这类吸收与材料的热振动频率有关。透光材料的热振动频率应该尽可能小，使谐振点的波长远离可见光区。无机非金属材料的热振频率 f 由下式给出：

$$f^2 = 2k\left(\frac{1}{M_c} + \frac{1}{M_a}\right) \tag{10-15}$$

式中，k 为离子有小位移时的弹性常数；M_c、M_a 分别为阳离子和阴离子的质量。所以弱的原子间结合力、较大的原子量、较大的能隙有利于光的透过。在这些方面一价的碱金属卤化物是最优的。

吸收光子后受激发的电子处于高能态，会以不同的形式释放能量，衰变回满价带。图 10-13 给出了激发态电子衰变回满价带的不同情形。图 10-13（a）所示的电子不经过中间能级直接返回满价带，与空穴结合，发射出原频率的光子；图 10-13（b）所示的电子经中间能级返回满价带，发射出两个低频率的光子；图 10-13（c）所示的电子经中间能级返回满价带，发射出一个低频率的光子和一个声子，此时光能转化为晶格振动的动能，使材料温度升高。经中间能级发射的能量子的频率取决于能级差。

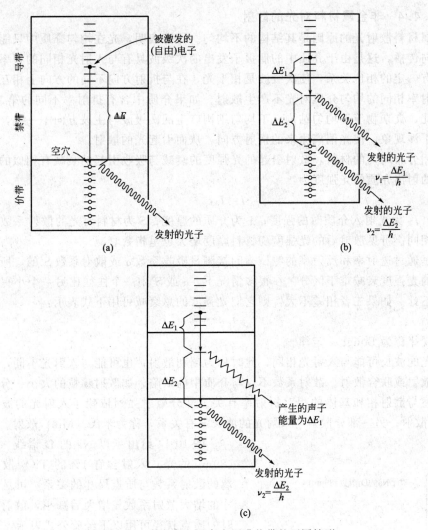

图 10-13　激发态电子衰变回满价带的不同情形

　　应该指出的是，吸收光子跃迁到高能级的电子又衰变回满价带发射光子，这些光子也可以射出介质，成为反射光或透射光，而不应计入吸收率中。所以尽管金属材料可以吸收几乎所有波长的可见光光量子，但其吸收率并不高。同样道理，非金属材料的吸收率也不高。

　　容易理解，介质中的光程越长，吸收损失越大，透过率越低。假设介质的厚度为 x，光射入介质时的强度为 I_0，经吸收后的射出介质的强度为 I，吸收能量损失正比于光强度 I 和厚度 x，则有：

$$-\mathrm{d}I = \alpha I \mathrm{d}x \tag{10-16}$$

$$\int_{I_0}^{I} \frac{\mathrm{d}I}{I} = -\alpha \int_0^x \mathrm{d}x \tag{10-17}$$

$$I = I_0 \mathrm{e}^{-\alpha x} \tag{10-18}$$

这表明吸收后的光强度随材料厚度增大呈指数衰减，这一规律称为朗伯特定律，式中 α

称为材料对光的吸收系数，取决于材料的性质和光的波长。例如，空气的 $\alpha \approx 10^{-5} \, cm^{-1}$，玻璃的 $\alpha \approx 10^{-2} \, cm^{-1}$，金属的 $\alpha \approx 10^4 \sim 10^5 \, cm^{-1}$，所以金属实际上对可见光是不透明的。

10.1.4.4 非金属材料对光的散射

非金属材料散射光的原因是其结构的不均匀。研究表明，光在均匀介质中只能沿折射率确定的方向传播，这是由于介质中的偶极子发出的次级波具有与入射光相同的频率，而且偶极子之间有一定的相位关系，使次级波是相干光，在与折射方向不同的方向上相互抵消。所以各处折射率相同的均匀介质对光不产生散射。如果介质中含有折射率不同的第二相粒子、晶界、气孔、夹杂物等不均匀结构，不均匀结构产生的次级波与主波方向不一致，并与主波合成产生干涉现象，使光偏离原来的折射方向，从而引起光的散射。

对于相分布均匀的材料，散射引起的光强度的衰减与吸收引起的衰减有相似的规律，即经散射后的射出介质的光强度为：

$$I = I_0 e^{-Sx} \tag{10-19}$$

式中，I_0 为光射入介质时的强度；x 为介质的厚度；S 为材料对光的散射系数，单位与吸收系数相同。可见散射后的光强度随材料厚度增大也呈指数衰减。

一般是通过透射率和反射率的测试来间接测量吸收系数 α 或散射系数 S 的，所以吸收和散射引起的光强度衰减难于区分。在很多情况下，α 或 S 中一个往往比另一个小得多，小到可以忽略不计。如果二者相差不大，则它们光强度的总衰减可用下式表示：

$$I = I_0 e^{-(\alpha+S)x} \tag{10-20}$$

这一规律称为 Bouguer 定律。

散射光的波长可能与入射光相同，此时称为瑞利散射；也可能与入射光不同，这种情形称为拉曼散射或联合散射。散射系数不仅与介质中的缺陷，如散射颗粒的大小、分布、数量等有关，还与散射相和基体的相对折射率有关。部分散射强烈依赖于入射光的波长，称为 Reayleigh 散射；另一部分散射与入射光的波长没有关系，称为米氏（Mie）散射。

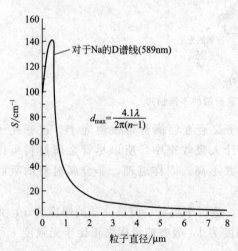

图 10-14 含有 1% 的 TiO_2 散射点的玻璃的散射系数与质点尺寸的关系

图 10-14 给出了以 Na 的 D 谱线（波长 $\lambda = 589nm$ 的光）入射含有 1% 的 TiO_2 散射点的玻璃的散射系数与质点尺寸的关系。可见随粒子尺寸的增大散射系数先增大后减小，散射系数最大时的质点直径可用以下经验公式表示：

$$d_{max} = \frac{4.1\lambda}{2\pi(n-1)} \tag{10-21}$$

式中，n 为散射质点与玻璃基体间的相对折射率；λ 为入射光的波长。可见不同波长的光可在不同的颗粒直径下得到最大散射系数。在本例中，$n=1.8$，可计算出 $d_{max}=481nm$。

散射系数随粒子尺寸的增大先增大后减小，说明在不同的粒子尺寸下起主要作用的散射机制不同。

当 $d>\lambda$ 时，反射、折射引起的总体散射起主要作用。此时由于散射质点与基体折射率的差别，光线遇到质点与基体的界面时即产生反射与折射。由于连续多次的反射与折射，使光线偏离透射方向，总的效果即光线被散射。可以认为，这种散射引起的散射系数与散射质点的投影面积成正比，即：

$$S = KN\pi R^2 \qquad (10\text{-}22)$$

式中，N 为单位体积内的散射质点数；R 为散射质点的平均半径；K 为基体与散射质点的相对折射率决定的系数，当两者的折射率相近时，由于无界面反射与折射，$K \approx 0$。假设散射质点的体积分数为 V，则有：

$$V = \frac{4}{3}\pi R^3 N \qquad (10\text{-}23)$$

$$S = \frac{3KV}{4R} = \frac{3KV}{2d} \qquad (10\text{-}24)$$

式中，d 为质点的直径。可见散射质点体积分数一定时，质点直径越大，散射系数越小。

当 $d < \lambda/3$ 时，可近似认为是 Reayleigh 散射，其散射系数为：

$$S = \frac{32\pi^4 R^3 V}{\lambda^4}\left(\frac{n^2-1}{n^2+2}\right)^2 \qquad (10\text{-}25)$$

式中，n 为散射质点与基体间的相对折射率；λ 为波长。当 $d \approx \lambda$ 时为以 Mie 散射为主的散射，其散射系数不在这里讨论。

10.1.4.5 非金属材料的透光性

如图 10-15 所示，使介质 1（此处假设为空气或真空）中强度为 I_0 的光从左面垂直入射到厚度为 x 的材料（介质 2）中，经反射、折射、散射后一部分光从材料右面透射出来又进入介质 1。在介质 2 左表面上的反射损失为：

$$E_1 = RI_0 = \left(\frac{n-1}{n+1}\right)^2 I_0 \qquad (10\text{-}26)$$

式中，R 为反射率；n 为介质 2 的折射率。所以进入介质 2 的光强度为 $I_0(1-R)$，经吸收和散射后其能量损失为：

$$E_{23} = I_0(1-R)\left[1 - e^{-(\alpha+S)x}\right] \qquad (10\text{-}27)$$

式中，α 和 S 分别为介质 2 的吸收系数和

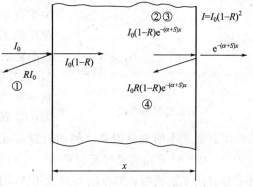

图 10-15　光透过材料时的能量损失

散射系数。所以光线到达介质 2 的右表面的强度只有 $I_0(1-R)e^{-(\alpha+S)x}$。这些光线还有一部分又由界面反射回介质 2，其强度为：

$$E_4 = I_0 R(1-R)e^{-(\alpha+S)x} \qquad (10\text{-}28)$$

所以传出介质 2 的透射光强度只有：

$$I = I_0(1-R)^2 e^{-(\alpha+S)x} \qquad (10\text{-}29)$$

此时的 I/I_0 才是近似的透射率，其中未考虑 E_4 的反射光反射回左界面后还有一部分会再反射到右界面而形成少量透射光。由于计算中忽略了二次、三次反射后形成的透射光，实际测得的透射率往往略高于理论计算值。

从以上分析可见，吸收系数、散射系数和反射率都影响材料对光的透射率。对非金属材料，由于其禁带宽度大，吸收系数较低，吸收对透射率影响不大。影响反射率的除了两种介质的折射率外，还有界面的光洁度。影响非金属材料透射率的主要因素是散射系数。

如前所述，材料中的宏观和微观缺陷，如第二相粒子、夹杂物、气孔、孔洞等与基体的折射率不同，均会在相界面产生散射。其中气孔和孔洞的折射率近似为 1，与基体的相对折

射率就是基体的折射率 n，由于相对折射率大，引起的散射损失大。一般陶瓷材料的气孔直径约为 $1\mu m$，大于可见光波长，其散射系数可由式（10-24）计算。

例如，假设陶瓷中气孔体积分数 $V=0.2\%$，平均气孔直径 $d=4\mu m$，实验测得 $K=2$，则可计算 $S=\dfrac{3\times 2\times 0.002}{2\times 0.0004}=1.5mm^{-1}$。如果陶瓷片厚度为 3mm，根据式（10-19）可计算出散射后的光强度 $I=I_0 e^{-1.5\times 3}=0.011I_0$，即仅气孔散射已经损失了 99% 的光强度，可认为该陶瓷片不透光。因此制备光学陶瓷时一般都要采用特殊的工艺，如真空热压、热等静压等方法消除气孔和孔洞，特别是消除大尺寸气孔，才可获得好的透光性。对氧化铝的陶瓷片（折射率 $n=1.76$），使气孔直径减小到 $d=0.01\mu m$，保持气孔体积分数不变，由于对可见光 $d<\lambda/3$，散射系数可用式（10-25）计算：

$$S=\frac{32\pi^4(0.01\times 10^{-3}/2)^3\times 0.002}{(0.6\times 10^{-3})^4}\left(\frac{1.76^2-1}{1.76^2+2}\right)^2=0.0010mm^{-1}$$

此处假设光的波长 $\lambda=0.6\mu m$。根据式（10-19）可计算出散射后的光强度 $I=I_0 e^{-0.0010\times 3}=0.997I_0$，即气孔散射损失可以忽略，该氧化铝的陶瓷片可以是透明的。

多晶材料晶粒的取向差是透射率降低的另一重要原因。取向不同的晶粒之间同一晶轴的

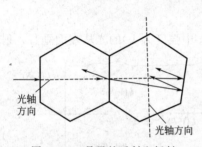

图 10-16 晶界的反射和折射
引起散射示意图

方向有差别。图 10-16 给出了这样一个例子，图中的两个晶粒晶轴方向互相垂直。当光线沿左晶粒的光轴方向入射时，在左晶粒中只存在常光折射率 n_0；右晶粒的光轴垂直于晶界处的入射光，会发生双折射现象，即同时存在常光折射率 n_0 和非常光折射率 n_e。左晶粒的 n_0 和右晶粒的 n_0 的相对折射率为 1，在晶界上的反射率 $R=0$，无反射损失。但左晶粒的 n_0 和右晶粒的 n_e 的相对折射率 $n_0/n_e\neq 1$，在晶界上的反射率 $R\neq 0$，即产生反射损失，形成散射系数。因此多晶不均匀介质的双折射率也是影响其透光率的主要因素。例如，对 α-Al_2O_3（刚玉），n_0 和 n_e 分别为 1.760 和 1.768，由式（10-12）计算出其晶界反射率 $R=5.14\times 10^{-6}$，对一般的晶粒尺寸和材料厚度，即使经过了晶界的多次反射，其反射损失也不大，即晶界散射引起的损失不大，所以氧化铝可能制成透光率很高的耐高温灯管。而对于金红石晶体，其 n_0 和 n_e 分别为 2.854 和 2.567，可计算出其晶界反射率 $R=2.8\times 10^{-3}$。如果其平均晶粒直径为 $3\mu m$，厚度为 3mm，则光线穿过晶体经 $3000\mu m/3\mu m=1000$ 次晶界反射损失，透过率只有 $(1-R)^{1000}=0.06$，再加上其他原因引起的散射，导致金红石不透光。

若要提高材料的透光性，可以采用高纯原料，既防止异相的生成增大散射，又防止杂质能级提高吸收率。通过掺杂微量成分降低气孔率，并形成与主晶相折射率相近的固溶体降低散射，也可提高透光性。例如，向 Al_2O_3 中加入少量 MgO、Y_2O_3、La_2O_3 等可提高其透光性。采用热压、热锻、热等静压等工艺方法降低气孔率也可提高透光性。

要使非金属材料不透明，即呈乳浊态，则要使光线到达具有不同光学特性的底面之前被散射、漫反射或吸收掉。通过生成尺寸与入射光波长相近、体积分数大、与基体折射率相差大的颗粒可实现这一目的。例如，向硅酸盐玻璃（$n\approx 1.5$）中加入 TiO_2、SnO_2、ZrO_2、$ZrSiO_4$ 等乳浊剂颗粒，加入气孔，加入 NaF、$CaTiSiO_5$、As_2O_5 等乳浊剂使之在玻璃中结晶析出细小颗粒，都可以降低透光性，被广泛应用于要求高乳浊度的搪瓷釉中。通过适当调整这些因素，还可以获得半透明陶瓷。

10.1.4.6　非金属材料的颜色

非金属材料的颜色取决于其对光线的选择性吸收。不透明材料的颜色由选择性吸收后的反射光的波长决定，透明材料的颜色由反射和选择性吸收后的透射光波长决定。

图10-17是光线照射一种绿色玻璃时的反射率、透射率和吸收率与波长的关系，这里的吸收率包括散射率。可见不同波长（颜色）的光的透射率有很大的差异。不同比例的各颜色光的混合光谱决定透射光的波长。

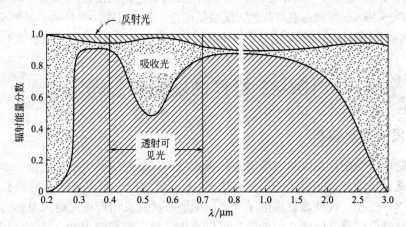

图 10-17　光线照射一种绿色玻璃时的反射率、透射率和吸收率与波长的关系

实际上，用仪器测得的透射光有两个来源：非吸收光和按图10-13的机制吸收后又重新发射的光波，这些光的混合波的波长（颜色）决定透明材料的颜色。图10-18为蓝宝石和红宝石对不同波长的光的透射率。蓝宝石是氧化铝单晶，对各种波长的可见光的透射率相近，因而是无色的。而红宝石是掺杂有少量 Cr_2O_3 的氧化铝单晶，由于在氧化铝的禁带中引入了 Cr^{3+} 杂质能级，造成了对波长 $0.4\mu m$ 左右的蓝紫光和波长 $0.6\mu m$ 左右的黄绿光的较强的吸收，使非吸收光和重新发射光的混合光谱决定其呈红色。

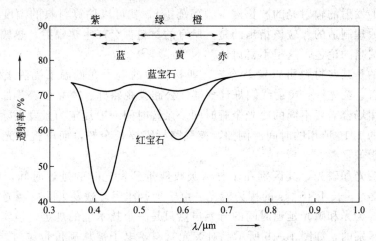

图 10-18　蓝宝石和红宝石对不同波长可见光的透射率

对陶瓷、玻璃、搪瓷、水泥等无机材料，通常采用分子着色剂和胶体着色剂改变其颜色。分子着色剂通过加入不同的离子在基体材料的禁带中形成杂质能级而选择性吸收某些波长的光而改变颜色。例如，Co^{2+} 吸收橙、黄和部分绿光而呈现蓝紫色，Cu^{2+} 吸收红、橙、

黄、紫光而呈现蓝绿色，Cr^{3+} 吸收橙、黄光而呈现鲜艳的紫色。有些简单离子不显色，但形成复合离子后离子间的强烈作用产生极大的极化，使电子轨道变形，改变能级结构，而对光发生选择性吸收。例如，Cr^{6+}、Mn^{2+}、O^{2-} 均无色，但 $CrO_4{}^{2-}$ 呈黄色，MnO_4^- 呈紫色。在不同温度和气氛下烧制陶瓷可能形成不同的氧化物，使颜色发生改变，产生所谓"窑变"，形成绚丽多彩的效果。

胶体着色剂有胶体金（红色）、银（黄色）、铜（红色）等金属着色剂，其颜色与胶体粒子大小有关。例如，粒径小于 20nm 的胶体金水溶液为弱黄色，粒径为 20～50nm 时则为强烈的红色，粒径为 100～150nm 时则透射呈蓝色，反射呈棕色。非金属胶体着色剂的颜色与粒度关系不大。例如，硫硒化镉胶体总能使玻璃着色为大红，只有粒度小于 10nm 时才使玻璃不透明。

10.2　材料的发光和激光

10.2.1　发光和热辐射

材料中的电子受能量激发进入激发态，再衰变回较低能级时会放出能量，如果能量以电磁辐射的形式射出，且其能量子的能量在 1.8～3.1eV 之间，则电磁辐射的波长在可见光范围内，即放出可见光。这种激发态电子衰变回低能级同时发出可见光的现象称为发光。使电子受激发的能量可以是不同形式的能量，可以是热激发、高能辐射如 X 射线、紫外线照射、电子轰击等，也可能是短波长的可见光照射。

材料中的电子被热激发，跳回低能级可发射光子。在温度较低时，电子能量低，跳回时发射长波光量子，其波长处于红外线的范围，即发生红外辐射。例如在 500℃ 以下的材料，虽然看不到光发射，但可明显感受到红外线的热辐射。温度升高，电子能量升高，高能量的电子增多，跳回时发射的光子能量增大，产生不同颜色可见光。例如在 500～600℃ 的材料，即可发出能量较低的红光。温度继续升高，电子能量进一步增高，跳回时发射所有颜色可见光，即呈现白光，就是高温下所见到的白炽光。白炽灯就是根据这一原理制造的。而且，通过测量材料中的发射的辐射光的波长谱（频率范围），就可以估算材料的温度，辐射高温计就是依据这一原理制造的。应该指出的是，所有的材料都会产生热辐射，热辐射发光在普通物理中已经有清晰的论述，这里不再讨论。

这里讨论的是某些材料可以发射冷光，即材料中的电子在低温下受激发而发光。荧光灯、阴极射线管、荧光屏、X 射线闪烁计数器、公路夜视路标、夜光仪表等都是冷光应用的例子。不同应用场合需要不同的冷光余辉时间。余辉时间一般规定为激发去除后发光强度降低到初始强度的 1/10 所用的时间。例如，夜视路标需要长余辉，而电视荧光屏的余辉时间过长则会产生影像重叠。

冷光分为荧光和磷光，其区别在于材料吸收能量到发光时的延迟时间，延迟时间短于 10^{-8}s 的称为荧光，长于 10^{-8}s 的称为磷光。由于延迟作用，激发去除后磷光材料仍可在一定时间内发光。荧光和磷光延迟时间的分界虽然只是一个技术上的规定，但实际上其发光机制一般也是有区别的，如图 10-19 所示。对荧光材料，电子被从满价带越过能隙 E_g 激发到空导带后，直接从导带跳回价带，同时发射一个光子。而磷光材料中往往含有杂质，在禁带中建立了施主能级 E_d，当受激发的电子从导带跳回价带时，首先要经过 E_d 并被捕获，再从捕获陷阱中逸出跳回价带并发射光子，因此光子的发射时间被延迟。

激发去除后光的强度的降低符合以下规律：

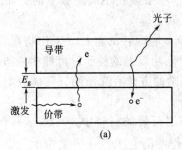
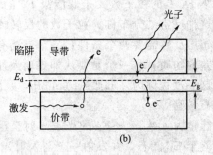

图 10-19　荧光材料和磷光材料的发光机制示意图

(a) 荧光材料；(b) 磷光材料

$$\ln\left(\frac{I}{I_0}\right) = -\frac{t}{\tau} \tag{10-30}$$

式中，I_0 为初始发光强度；I 为时间 t 后的发光强度；τ 为弛豫时间。

10.2.2　激光的产生

10.2.2.1　受激辐射和布居反转

光波照射材料可将其中的电子激发到较高能态，使光波被吸收。激发态的电子处于不稳定的高能态，必然返回低能态，同时发射光子或放热。这一自发的发光过程即荧光或磷光。除了自发辐射以外，发光还有另一途径，即受激辐射。爱因斯坦从辐射与物质系统相互作用的量子观点出发，提出辐射应该包含自发辐射、受激辐射和受激吸收跃迁三种过程。

在材料的多个能级中，考虑与自发辐射相关的两个能级 E_1 和 E_2，令 $E_1 < E_2$。处于热平衡时，在两个能态上的粒子数 N_1 和 N_2 遵从玻耳兹曼分布：

$$\frac{N_2}{N_1} = \exp\left(-\frac{E_2 - E_1}{kT}\right) \tag{10-31}$$

式中，T 是温度；k 为玻耳兹曼常数。在常温下，$kT \approx 0.025\text{eV}$。所讨论的能级差为可见光的光量子的能量，$E_2 - E_1 \gg kT$，故平衡状态下总有 $N_1 > N_2$。一束能量为 $h\nu = E_2 - E_1$ 的光子照射到材料上，可能产生如下结果：第一，是将 E_1 能级的粒子激发到 E_2 能级，光子消失，这一过程为受激吸收跃迁。第二，是处于 E_2 能级的粒子按一定几率随机地跃迁至 E_1 能级，同时产生一个能量为 $h\nu = E_2 - E_1$ 的光子，这一过程称为自发辐射。自发辐射不需要外来诱导，各粒子相互独立地发光，发出的光随机朝向各个方向，开始发光时间也不同，光的周相也没有固定关系，是非相干光，即荧光与磷光。第三，与 E_2 能级的粒子作用，使粒子返回 E_1 能级，并同时发射另一个光子，这一过程称为受激辐射，如图 10-20 所示。受激辐射光子与入射光子的特征完全相同，即它们的频率、周相、振动方向、传播方向都相同，是完全相干的，这是激光产生的物理基础。

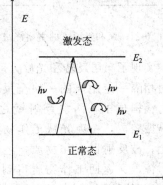

图 10-20　受激辐射示意图

一束能量为 $h\nu = E_2 - E_1$ 的光子照射到材料上时，既能产生受激辐射，也能产生吸收。由于热平衡状态下 $N_1 > N_2$，受激吸收光子数总是大于受激辐射光子数，不可能有净受激辐射光子产生，总的效果是净吸收使光的强度降低。为使受激辐射占优势，要求 $N_2 > N_1$，即

处于高能级 E_2 上的粒子数大于低能级 E_1 的粒子数，粒子数在不同能级上的分布与正常分布相反。这种反常的分布称为粒子数的反转或布居反转。

实现布居反转需要两个条件：一个是要有适合于布居反转的材料（工作物质），即有合适的能级差的物质；另一个是要从外界输入能量，把低能级上的粒子尽可能多地激发到高能级上去，这一过程称为外部激励（pump，泵浦）。激励的方法有光激励、气体放电激励、化学激励和核激励等。

一个能量为 $h\nu = E_2 - E_1$ 的光子入射至已处于布居反转的材料中，可诱导一个 E_2 能态的粒子回落至 E_1 能态，并发射一个与入射光子完全相同的光子。这两个光子继续与材料作用，可诱导出更多状态完全相同的光子。随着光在材料中的传播路径越来越长，光强度越来越大，这一过程称为光放大。光放大是激光产生的必要条件。

10.2.2.2 氦-氖激光器工作原理

上面讨论光放大采用的是一个简化的二能级系统。实际上即使有外部激励，二能级系统也难于实现布居反转。为实现有效的布居反转，工作物质（材料）至少为三能级系统。下面以氦-氖激光器为例说明三能级系统产生激光的过程。

氦-氖激光器工作物质是按一定比例混合的氦-氖气体。图 10-21 是氦和氖原子的主要能级示意图。

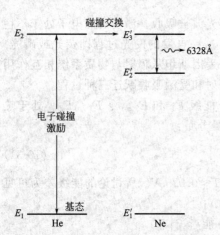

图 10-21　氦和氖原子的主要能级示意图

一方面，气体放电时，被电场加速的电子与氦原子碰撞，把能量传给氦原子，使其由基态能级 E_1 跃迁到能级 E_2。氦原子在能级 E_2 上的时间（即寿命）较长，所以该能级上积累了大量氦原子。而且 E_2 与氖原子的 E_3' 能级很接近，所以 E_2 能级的氦原子很容易通过与氖原子的碰撞将能量转移给氖原子，使氖原子由基态 E_1' 跃迁到 E_3' 能级。激光器设计成氦原子比氖原子数量多几倍，碰撞结果使大量氖原子跃迁到 E_3' 能级。另一方面，氦原子没有与氖原子 E_2' 能级相近的能级，不可能通过碰撞使氖原子跃迁到 E_2' 能级上。所以与氦原子碰撞的结果使氖原子高能级 E_3' 上的原子数反而多于能级 E_2' 上的原子数，实现了两个能级之间的布居反转。

实现了布居反转和光放大后还要有谐振腔才能产生激光。图 10-22 是谐振腔示意图，它是由相隔一定距离的一块全反射镜和一块部分反射镜构成的，两块反射镜之间是工作物质。在谐振腔内，一束光从工作物质射到一块反射镜上，被反射回工作物质，经放大碰到另一块反射镜，又返回工作物质得到进一步放大，使

图 10-22　谐振腔示意图

光强度不断增大。同时，反射镜的透射和吸收、工作物质的散射、光的衍射等因素会形成损耗使光强度减弱。如果光放大超过了所有损耗，谐振腔内储存的能量将随时间而增大，直至单程饱和增益恰好等于损耗时才在腔内达到稳态自振荡，产生激光。

在光放大过程中，传播方向与谐振腔轴线偏离较大的受激发射光会很快逸出腔外被淘汰，不能形成激光。只有沿谐振腔轴线传播的受激发射光会往返穿过工作物质被不断增强，累积起很强的相干光，从部分反射镜一端输出。所以激光有很好的方向性。由于工作物质受激辐射的谱线宽度很窄，使激光有很好的单色性。

10.2.2.3 固体激光器的结构和原理

固体激光工作物质激活离子密度大、振荡频带宽、产生的谱线窄，并且有良好的力学性能和化学稳定性，因此固体激光器已经成为最常用的激光器。下面以红宝石激光器为例说明固体激光器的结构和原理。

红宝石激光器的结构示意图如图 10-23 所示，中间的柱状红宝石棒为工作物质，其两端为精细抛光后的平行平面，经不同的工艺镀银后一端为全反射镜，另一端为部分透光的反射镜。工作物质红宝石是在蓝宝石（Al_2O_3 单晶）中加入 0.05% 的 Cr^{3+} 后得到的产物。Cr^{3+} 不仅使红宝石呈红色，更重要的是提供了能够发生布居反转所需要的电子能态，如图 10-24 所示。在激光管内，用氙气闪光灯（波长 560nm）照射红宝石，使 Cr^{3+} 中基态的电子受激转变为高能态，并形成粒子数反转。处于高能态的电子可从两种途径返回基态：一条途径为从高能态直接返回基态，同时发射一个光子，这是自发辐射，产生的光不是激光；另一条途径为首先衰变到亚稳态能级，在亚稳态能级上停留 3ns（$1ns = 10^{-9}s$）后返回基态并发射光子。在电子运动过程中 3ns 是很长的一段时间，因此在亚稳态能级上聚集了很多电子，当有几个电子自发地从亚稳态返回基态时，会带动更多的电子以"雪崩"的形式返回基态，发射出越来越多的状态完全相同的光子。

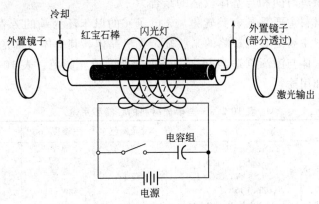

图 10-23　红宝石激光器的结构示意图

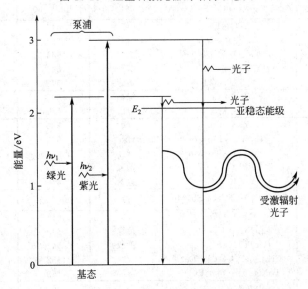

图 10-24　红宝石激光器发射过程中的能级图

那些基本平行于红宝石柱轴向传播的光子一部分穿过部分反射镜，一部分被两个反射镜来回反射，在红宝石中来回传播，激发出更多状态完全相同的光子，使相干光的强度越来越强，直至透过部分反射镜，发射出高度准直的高强度相干波。这种单色激光的波长为694.3nm。可见该激光器的核心部分是工作物质，即由激活物质 Cr^{3+} 提供亚稳态能级的 Al_2O_3 单晶。该激光器是从基态到激发态经亚稳态能级构成的三能级激光器。

10.3 光学材料

10.3.1 发光材料

发光材料是指用来发出荧光或磷光的材料。例如，在灯罩上涂特制的钨酸盐或硅酸盐作为荧光物质，利用水银辉光放电产生的紫外线激发出荧光，即可制成荧光灯。又如，在真空管中涂磷光体，通过输入信号控制电子束的扫描特性，使一定强度的电子束射到磷光体上形成图像，即可制成显示器、显像管。尽管近年来液晶显示器已经是应用最广泛的显示器，但在特殊场合仍然用电子管作显示器。对发光材料的一般性能要求包括高的发光效率、希望的发光色彩、适当的余辉时间和与基体较强的结合力。

能发出荧光的材料主要是具有共轭键（π 电子）的以苯环为基的芳香族和杂环化合物；而能发出磷光的材料主要是具有缺陷的某些复杂无机晶体，其基体通常是金属硫化物，激活剂通常是重金属。基体与激活剂适当配合可获得合适的磷光颜色。表 10-2 列出了已知的一些磷光材料的性能和用途。

表 10-2 一些磷光材料的性能和用途

激发方式	用途	材料	发光颜色	主波长/nm	余辉时间	转换效率/%
电子	彩色电视机	$ZnS:Ag+$蓝色颜料	蓝	450	MS	21
		$ZnS:Cu,Al$	黄绿	530	MS	17~23
		$ZnS:Au,Cu,Al$	黄绿	535	MS	16
		$(ZnCd)S:Cu,Al$	黄绿	530~560	MS	17
		$Y_2O_2S:Eu+$红色颜料	红	626	M	13
	黑白电视机	$ZnS:Ag+(ZnCd)S:Cu,Al$	白	450~560		
	显像管(投射式阴极射线光)	$Y_2O_3:Eu$	红	611	M	
		$Zn_2SiO_4:Mn$	绿	525	M	8.7
		$Gd_2O_2S:Tb$	黄绿	544	M	8
		$Y_3Al_5O_{12}:Tb$	黄绿	545	M	15
		$Y_2SiO_5:Tb$	黄绿	545	M	
	磷光显像管	$ZnO:Zn$	绿白	505	S	
		$(ZnCd)S:Ag+In_2O_3$	红	650	MS	
		$ZnS:Cu$	绿	530	MS	
		$Zn_2SiO_4:Mn,As$	绿	525	L	
		$r-Zn_3(PO_4)_2:Mn$	红	636	L	
		$Y_3Al_5O_{12}:Ce$	黄绿	535	VS	
		$Y_2SiO_5:Ce$	蓝紫	410	VS	
紫外线	普通荧光灯	$Ca_5(PO_4)_3(FCl):Sb,Mn$	白	460~577		
	高显色荧光灯	$Y_2O_3:Eu$	红	611		
		$LaPO_4:Ce,Tb$	黄绿	543		
		$(CeTb)MgAl_{11}O_{19}$	黄绿	541		
		$(CrCa)_5(PO_4)_3Cl:Eu^{2+}$	蓝	452		
		$BaMg_2Al_{16}O_{17}:Eu^{2+}$	红	453		
		$Y(P,V)O_4:Eu$	红	620		

激发方式	用途	材料	发光颜色	主波长/nm	余辉时间	转换效率/%
X 射线		$CaWO_4$	蓝	420		
		$Gd_2O_2S：Tb$	绿	545		
		$BaFCl：Eu^{2+}$	蓝	380		
红外线	把红外线转换成可见光	$YF_2：Yb；NaYF_4：Yb，Er；$ $LaF_3：Yb，Er$	绿	538		

注：VS 表示<$1\mu s$，S 表示 $1\sim10\mu s$，MS 表示 $10\mu s\sim1ms$，M 表示 $1\sim100ms$，L 表示 $100ms\sim1s$。

10.3.2　固体激光工作物质

激光工作物质有固体、液体和气体。此处所说的激光材料是指固体激光工作物质，它包括晶体和玻璃两大类，其中人工晶体占绝大多数。激光工作物质一定要在基质中加入激活离子，以提供亚稳态能级，实现泵浦作用激发振荡产生激光。由于三能级激光器的激活离子效率低，振荡阈值高，因此常要求激活离子提供四能级，构成四能级激光器。

Nd^{3+}-$Y_3Al_5O_{12}$（YAG）和 Nd^{3+}-玻璃都可以构成四能级激光器。Nd^{3+}-YAG 激光工作物质中含 $0.5\%\sim2\%$ 的 Nd^{3+}，分别可产生波长为 $0.92\mu m$、$1.06\mu m$、$1.35\mu m$ 的激光。如果用 Ho^{3+} 代替 Nd^{3+} 作为激活离子，则可产生波长为 $2.10\mu m$ 的激光。Nd^{3+}-玻璃激光工作物质与晶体基质工作物质的区别在于，其产生的激光谱线宽度不同，前者为 30nm，后者仅为 1nm。其典型的玻璃基质是硅酸盐、磷酸盐和磷酸氟化物，如 $60SiO_2$-$27.5Li_2O$-$10.0CaO$-$2.5Al_2O_3$、$59P_2O_5$-$8BaO$-$25K_2O$-$5Al_2O_3$-$3SiO_2$、$4Al(PO_3)_3$-$36AlF_3$-$10MgF_2$-$30CaF_2$-$10SrF_2$-$10BaF_2$（其中化合物的含量为摩尔分数）。

掺杂型晶体中，如果掺杂的激活离子浓度过高，会产生浓度猝灭效应，使激光寿命降低。如果以晶体中的一种组分为激活离子，则可制成自激活激光晶体。例如，NdP_5O_{14} 自激活晶体中，Nd^{3+} 含量比 Nd^{3+}-YAG 晶体的高 30 倍，但荧光寿命未产生明显降低。由于激活浓度高，很薄的晶体即可获得足够大的增益，因此可制成高效、小型化的激光器。30 年前激光还只能在物理实验室中见到，现在小型的激光笔、玩具已随处可见。激光工作物质的小型化促进了激光器的小型化。

利用半导体的特殊能级结构可制成半导体激光工作物质，使半导体激光器成为一类重要的激光器，其特点是体积小、效率高、运行简单、成本低，但单色性差。采用不同的半导体激光器，几乎能够产生从近紫外到红外的全部波段的激光。图 10-25 示出了半导体激光器的波长分布。

借助于过渡金属离子 d-d 跃迁易受晶格影响的特点能制成可调谐激光晶体，使其产生的激光波长在一定范围内可调谐，制成的激光器已应用于空间遥感、医疗、光存储和光谱学等领域。

在 Nd^{3+}-YAG 晶体基础上发展的优质大尺寸钆镓石榴石 Nd-$Gd_3Ga_5O_{12}$（Nd-GGG）输出功率达 $2\sim3kW$。目前已有 6kW 级别的商用激光器，用于激光加工和军事等方面。更高功率的激光器虽有军事应用，但还处于技术封锁阶段。

10.3.3　光导纤维

自 20 世纪 60 年代激光被发现之后人们就预言可以通过光传输信息，但当时的光导纤维（光纤）损耗太大，技术上达不到实用水平。到 90 年代才实现了大规模的光纤传输。现在光

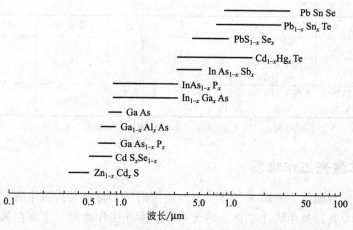

图 10-25　半导体激光器的波长分布

纤传输已广泛应用于通信、传感、医学等领域。光纤的基本结构是用低折射率材料制成的包层包覆高折射率材料制成的芯，为维持机械强度并保证传输材料不受机械损伤，通信光纤包层外通常还带有保护层，保护层一般用尼龙制成，其折射率高于包层。

　　光导纤维的工作原理如图 10-26 所示。芯材料的折射率 n_g 大于包层材料的折射率 n_c，所以光线从芯射入包层时的折射角大于入射角，当入射角大于某一临界值时，折射角大于 90°，即发生全反射。由于光线不进入包层，始终在芯中经多次反射而传输，可以做到长距离传输后光的强度损失很小。光从折射率为 n_a 的介质中入射到纤维端面，经折射到纤维芯与包层的界面，由折射定律可知在端面有：

$$n_g \sin i_c' = n_a \sin i_c \tag{10-32}$$

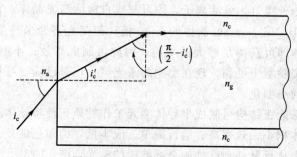

图 10-26　光导纤维的工作原理

在纤维芯与包层的界面，应用折射定律可知产生全反射的临界条件为：

$$n_g \sin\left(\frac{\pi}{2} - i_c'\right) = n_c \sin \frac{\pi}{2} \tag{10-33}$$

$$\frac{n_c}{n_g} = \cos i_c' \tag{10-34}$$

　　所以：

$$n_a \sin i_c = n_g \sqrt{1 - \cos^2 i_c'} = n_g \sqrt{1 - \left(\frac{n_c}{n_g}\right)^2} = \sqrt{n_g^2 - n_c^2} \tag{10-35}$$

$$i_c = \arcsin \frac{\sqrt{n_g^2 - n_c^2}}{n_a} \tag{10-36}$$

只要入射角小于临界值 i_c，光线即可在光纤内经多次全反射传输到远处的光纤另一端。

式(10-33) 所限定的 n_g 和 n_c 的关系也是选择芯材料和包层材料要考虑的因素之一。

对光纤材料的主要性能要求有：在一定波段（红外线、可见光、紫外线）透明性好，有足够的力学性能，如抗拉、抗弯等性能，对光的吸收率低，信号的衰减损耗、失真小。光纤材料可分成玻璃光纤和塑料光纤两大类，玻璃光纤又可分为石英质玻璃光纤和多组分玻璃光纤两类。石英光纤以 SiO_2 为主要原料，掺杂 CeO_2、P_2O_5 等提高折射率或掺杂 B_2O_3 降低折射率，其优点是损耗小、抗拉强度高、频带宽。多组分玻璃光纤由 SiO_2 和 Na_2O、K_2O、CaO、B_2O_3 等多种原料制成，其优点是熔点低、易加工、易获得大芯径和大折射率差值的光纤，但其损耗大。当然，芯材料和包层材料要用不同的玻璃。例如，芯材料可以采用掺杂有 CeO_2、P_2O_5 等的非晶态 SiO_2，通过成分的合理设计可获得一定的折射率；包覆层可采用与之匹配的高硅玻璃，以获得所需的低折射率并提高强度，减少光的散射损失。

塑料光纤主要以苯乙烯为芯、异丁烯树脂为包层或以异丁烯为芯、掺氟异丁烯为包层，其优点是柔韧性好、端面易加工、价格低廉、频谱宽，但其耐热性差、直径均匀性差、损耗大。塑料光纤一般直径较大，为 1mm 的数量级，一般用于几十米内的近距离传输。此外，紫外线、红外线也可用特殊的光纤传输。例如，紫外光纤主要以熔融石英、蓝宝石和硅树脂等制成，红外光纤可用氟锆酸盐玻璃、氟铝酸盐玻璃制成。

光纤中的损耗主要有吸收损耗和散射损耗。吸收损耗又分为本征吸收和杂质吸收。本征吸收来自离子或原子的电子跃迁所致的光吸收和分子振动所致的红外吸收，由材料的物理结构决定，不可克服。杂质吸收来自杂质能级决定的选择性吸收。通过提高纯度可降低杂质吸收。散射损耗来自瑞利散射和缺陷所致的散射。通过改善制备工艺可降低气泡、杂质颗粒、内应力等所引起的散射。经过人们的不懈努力，人们已经用 $1.55\mu m$ 的波长在硅玻璃纤维中得到了低于 $0.2dB/km$（最低 $0.16dB/km$）的损耗。波长超过 $1.6\mu m$ 时，硅玻璃本身吸收作用增强，损耗难于再降低。为此必须研究新的材料系统。理论预测可获得 $0.01dB/km$ 以下的损耗。

思考题和习题

1 掌握下列重要名词含义

反射　吸收　透射　散射　透射率　吸收率　反射率　散射率　均质介质　非均质介质　双折射现象　色散　消色差镜头　朗伯特定律　Bouguer 定律　吸收系数　散射系数　发光　荧光　磷光　余辉时间　受激吸收跃迁　自发辐射　受激辐射　布居反转　激光工作物质　外部激励（泵浦）　光放大　发光材料　光导纤维

2 简述光子作用于材料引起折射、吸收和反射的本质原因。

3 从能带结构解释金属不透明的原因，并说明为什么金属对入射光线表现出的不是高吸收率而是高反射率。解释金属呈现不同颜色的原因。

4 简述离子半径、晶态结构、应力等因素对折射率的影响。

5 简述色散的概念、表征方法及克服镜头色散的方法。

6 简述第二相质点尺寸对散射系数的影响。

7 简述影响材料透光性的因素和提高透射率的方法。

8 为什么聚苯乙烯、聚甲基丙烯酸甲酯等非晶态塑料是透明的，而像聚乙烯、聚四氟乙烯等结晶塑料往往是半透明或不透明的？

9　为什么许多常见的陶瓷材料虽然禁带很宽，但仍然是不透明的？

10　透明材料的颜色由什么决定？简述分子着色剂和胶体着色剂改变透明材料颜色的不同机制。

11　简述荧光、磷光和热辐射发光的区别。

12　从玻耳兹曼分布解释双能级材料布居反转的概念。

13　从实现布居反转的条件解释激光产生的原理。

14　以红宝石激光器为例解释三能级固体激光器的工作原理。

15　说明荧光屏和夜视路标所用的荧光材料对余辉时间的不同要求。

16　举出常用固体激光工作物质的实例。

17　简述光导纤维的工作原理、对材料性能要求和常用的材料。

18　已知金刚石的相对介电常数 $\varepsilon_r = 5.5$，磁化率 $\chi = -2.17 \times 10^{-5}$，试求金刚石中的光速和金刚石的折射率。

19　某种实际应用要求光垂直入射到透明固体材料表面时反射率小于 4.5%，折射率为 1.60 的聚苯乙烯能否满足该要求？

20　已知碲化锌的 $E_g = 2.26eV$，它对哪一部分可见光透明？

21　已知可见光波长范围为 $400 \sim 700nm$，计算对可见光透明材料的禁带宽度范围。

22　已知某透明材料的折射率为 1.6，可见光从空气中垂直射入 $20mm$ 厚的该材料时，透射率为 0.85，求该材料增加到 $40mm$ 厚时，透射率为多少？（不考虑二次反射，近似认为空气的折射率为 1）

物理常量名称	符号、公式	数值	单位	不确定度/$\times 10^{-8}$
光速	c	299792458	$m \cdot s^{-1}$	精确
普朗克常量	h	$6.62606896(33) \times 10^{-34}$	$J \cdot s$	0.05
约化普朗克常量(狄拉克常量)	$h = h/2\pi$	$1.054571628(53) \times 10^{-34}$	$J \cdot s$	0.05
电子电荷	e	$1.602176487(40) \times 10^{-19}$	C	0.025
电子质量	m_e	$9.10938215(45) \times 10^{-31}$	kg	0.05
质子质量	m_p	$1.672621637(83) \times 10^{-27}$	kg	0.05
真空介电常数	ε_0	$8.854187817 \times 10^{-12}$	$F \cdot m^{-1}$	精确
真空磁导率	μ_0	$4\pi \times 10^{-7} = 12.566370614 \times 10^{-7}$	$N \cdot A^{-2}$	精确
阿伏伽德罗常量	N_A	$6.02214179(30) \times 10^{23}$	mol^{-1}	0.05
玻耳兹曼常量	k	$1.3806504(24) \times 10^{-23}$	$J \cdot K^{-1}$	1.7
斯忒潘-玻耳兹曼常量	$\sigma = \pi^2 k^4/60h^3 c^2$	$5.670400(40) \times 10^{-8}$	$W \cdot m^{-2} \cdot K^{-4}$	7.0
玻尔磁子	$\mu_B = eh/2m_e$	$927.400915 \times 10^{-26}$	$J \cdot T^{-1}$	0.025
核磁子	$\Phi_N = eh/2m_p$	$5.05078324 \times 10^{-27}$	$J \cdot T^{-1}$	0.025

① 国际科协联合会科学技术数据委员会（The Committee on Data for Science and Technology，CODATA）2006 年推荐值。数值栏括号内的两位数表示该值的不确定度，它的含义是括号前两位数字存疑，如普朗克常量 $h = 6.62606896$ $(33) \times 10^{-34}$ J·s 表示括号前的数字 96 存疑，为不准确数字。

参 考 文 献

[1] 田莳. 材料物理性能. 北京：北京航空航天大学出版社，2001.

[2] 熊兆贤. 材料物理导论. 北京：科学出版社，2001.

[3] 冯端，师昌绪，刘治国. 材料科学导论. 北京：化学工业出版社，2002.

[4] 关振铎，张中太，焦金生. 无机材料物理性能. 北京：清华大学出版社，1992.

[5] 谢希文，过梅丽. 材料科学基础. 北京：北京航空航天大学出版社，1999.

[6] 刘志林，李志林，刘伟东. 界面电子结构与界面性能. 北京：科学出版社，2002.

[7] 杨兵初，钟心刚. 固体物理学. 长沙：中南大学出版社，2002.

[8] 周玉. 陶瓷材料学. 哈尔滨：哈尔滨工业大学出版社，1995.

[9] 杨尚林，张宇，桂太龙. 材料物理导论. 哈尔滨：哈尔滨工业大学出版社，1999.

[10] 宋学孟. 金属物理性能分析. 北京：机械工业出版社，1981.

[11] 胡赓祥，蔡珣. 材料科学基础. 上海：上海交通大学出版社，2000.

[12] 胡赓祥，钱苗根. 金属学. 上海：上海科学技术出版社，1980.

[13] 刘云旭. 金属热处理原理. 北京：机械工业出版社，1981.

[14] 黄昆，韩汝琦. 固体物理学. 北京：高等教育出版社，2002.

[15] 何贤昶. 陶瓷材料概论. 上海：上海科学技术普及出版社，2005.

[16] 曹萱龄. 物理学下册. 北京：人民教育出版社，1980.

[17] Zhilin Li, Huibin Xu, Shengkai Gong. Journal of Physical Chemistry B, 2004, 108 (39): 15165-15171.

[18] Walton D. The Journal of Chemical Physics, 1962, 37 (10): 2182-2188.

[19] 金属机械性能编写组. 金属机械性能. 北京：机械工业出版社，1982.

[20] 王焕庭，李芋华，徐善国. 机械工程材料. 大连：大连理工大学出版社，1991.

[21] 潘金声，全健民，田民波. 材料科学基础. 北京：清华大学出版社，1998.

[22] Yan Y, Chisholm M F, Duscher G, et al. Phys Rev Lett, 1998, 81: 3675.

[23] William F Smith, Javad Hashemi. Foundations of Materials Science and Engineering. 4th ed. McGraw-Hill Companies Inc, 2006.

[24] Porter D A, Easterling K E. Phase Transformations in Metals and Alloys. Van Nostrand Reinhold Co, 1981.

[25] 崔忠圻. 金属学与热处理. 北京：机械工业出版社，1989.

[26] Kittel C. Introduction to Solid State Physics. 7th ed. New York: John Wiley & Sons Inc, 1996.

[27] Hummel R E. Electronic Properties of Materials. 2nd ed. Springer: Springer International Student Edition, 1994.

[28] O'Handely Robert C. Modern Magnetic Materials. New York: John Wiley & Sons Inc, 2000.

[29] Hench L L, West J K. Principles of Electronic Ceramics. New York: John Wiley & Sons Inc, 1999.

[30] Brg R, Dienes J. An Introduction in Solid State Diffusion. Boston: Academic Press, 1988.

[31] Moya E G, Moya F. Mater Sci Forum, 1988, 29: 237-250.

[32] Yang L, Birchenall C E, Pound G M, Simnad M T. Acta Metall, 1954, 2: 462.

[33] Dopnald R Askeland, Pradeep P Phule. The Science and Engineering of Materials. 4th ed. Brooks/Cole: Thomson Learing, 2004.

[34] Shechtman D, Blech I, Gratias D, Cahn J W. Metallic phase with long range orientational order and no translation symmetry. Physical Review Letters, 1984, 53 (20): 1951-1954.

[35] ［美］基泰尔 C. 固体物理导论. 项金钟，吴兴惠译. 北京：化学工业出版社，2005：199-202.